高等学校测绘工程系列教材

GPS测量原理及应用

（第四版）

徐绍铨　张华海　杨志强　王泽民
张小红　余学祥　高　伟　编著

图书在版编目(CIP)数据

GPS 测量原理及应用/徐绍铨等编著．—4 版．—武汉：武汉大学出版社，2017.1(2021.12 重印)
高等学校测绘工程系列教材
ISBN 978-7-307-19192-1

Ⅰ.G…　Ⅱ.徐…　Ⅲ. 全球定位系统—测量—高等学校—教材
Ⅳ.P228.4

中国版本图书馆 CIP 数据核字(2016)第 326901 号

责任编辑：任　翔　　责任校对：李孟潇　　版式设计：马　佳

出版发行：**武汉大学出版社**　(430072　武昌　珞珈山)
(电子邮箱：cbs22@ whu.edu.cn 网址：www.wdp.com.cn)
印刷：武汉图物印刷有限公司
开本：787×1092　1/16　印张：17.25　字数：429 千字
版次：1998 年 10 月第 1 版　2003 年 1 月第 2 版
2008 年 7 月第 3 版　2017 年 1 月第 4 版
2021 年 12 月第 4 版第 8 次印刷
ISBN 978-7-307-19192-1　定价：35. 00 元

第四版前言

《GPS原理及应用》是由中国全球定位系统技术应用协会(2012年更名为中国卫星导航定位协会，简称中位协，英文名称为GNSS and LBS Association of China，英文缩写“GLAC”)教育与发展专业委员会，于1998年组织国内有关高等院校联合编写的教材。2002年进行第一次修订(第二版)，2008年进行第二次修订(第三版)，本书是第三次修订(第四版)。

自第二次修订版出版以来，特别是我国北斗卫星导航系统(BeiDou Satellite Navigation System，BDS)自2012年12月正式提供区域服务以来，全球导航定位技术及应用又有了新的进展。故本书第四版在保持原有章节体系结构不变的前提下，进一步补充了近年来全球导航定位系统及技术的新发展、新变化。本次修订的主要内容主要有：

第一章，修订了GPS系统的星座现状及其现代化的内容；增加了GLONASS系统的星座现状；修订了GALILEO系统的发展计划及星座现状；重写了北斗卫星导航系统小节内容，对系统概况、系统发展战略、系统现状和系统应用进行了简要介绍；介绍了GPS、GLONASS、BDS、GALILEO四系统的主要参数等。第二章，明确了BDS坐标系统，增加了对BDS时间系统介绍的内容。第三章，增加了BDS和GALILEO系统的广播星历实例数据，增补了GPS、GLONASS、BDS、GALILEO四系统混合精密星历文件的实例。第四章，增加了BDS导航电文格式和卫星位置计算内容。第六章，调整完善了GPS/惯性组合导航和精密单点定位技术两节的内容。第八章，根据新版的相关GPS测量规范，对相关内容进行了修订。第十章，增加了GNSS技术在煤矿开采沉陷自动化监测、GNSS遥感、GNSS电离层等方面的应用介绍。补充了部分参考文献，便于读者参考使用。此外，对第三版中部分章节的标题和内容也进行了适当的调整和完善，使其更为合理。

本次修订较客观地反映近年来全球导航定位技术的发展和应用新变化。

第四版的修订工作主要由武汉大学张小红、安徽理工大学余学祥、天津城建大学高伟等三位教授共同完成，原书的四位编者对修订内容进行了审阅。

由于编者水平有限，书中不足之处恳请读者批评指正。

编著者

2016年7月于武汉

第三版前言

1998 年，中国全球定位系统技术应用协会“教育与发展”专业委员会组织有关高等院校教授编写并出版了《GPS 测量原理及应用》一书。2003 年又对第一版作了修订。因本书通俗易懂，适用面广，深受高校与广大测绘工作者的欢迎。

自修订版出版以来，全球导航定位技术及应用又有了新的进展，故本书第三版在维持原有章节结构的前提下，补充了近年来全球导航定位技术的新发展、新应用，以及我们取得的一些研究成果。修改内容主要有：

第一章中，增加了 GLONASS 现代化计划；重写了 GALILEO 系统，对 GALILEO 系统的组成、服务体系等做了较为详细的介绍；重写了北斗导航定位系统，较详细地介绍了北斗导航定位系统组成、定位原理、优缺点，简要介绍了北斗二代卫星导航定位系统的概况；介绍了 GPS、GLONASS、GALILEO 三个系统的主要参数，以及构建 GNSS 前景的概述。第二章中，增加了岁差、章动参数的计算内容；2000 国家大地坐标系的定义、参数；PZ-90 坐标系的定义、参数及转换到 WGS-84 的转换参数；在时间系统中，增加了不同时间系统之间的转换内容。第四章中，增加了 GPS 卫星位置计算示例和软件 GPS 接收机的概况介绍。第五章中，重写了 GPS 现代化和多基准站 RTK(网络 RTK)的内容，有较多的更新，概述了全球导航卫星系统连续运行参考站网建设；此外，还增加了全球实时 GPS 差分原理及系统组成。第六章中，增加了精密单点定位技术的主要内容。第七章中，增加了在野外检测两个 GPS 天线相位中心在垂直方向上偏差之差的方法。第八章中，增加了 GPS 卫星可见性预报示例和 GPS 网技术设计示例。第九章中，增加了 GPS 基线向量解算及分析示例；较详细地介绍了 GAMIT/GLOBK 软件和 BERNESE 软件的特征和功能，简述了使用方法。第十章中，增加了 GPS 滑坡监测专用 Gqicks 软件的介绍。

因此，第三版修订部分较客观地反映了近年来全球导航定位技术的发展和应用。

编著者

2008 年 4 月于武汉

第二版前言

为普及 GPS 技术和知识，中国全球定位系统技术应用协会“教育与发展”专业委员会于 1996 年组织有关院校的教授，共同编写了《GPS 测量原理及应用》一书。该书就 GPS 而言，注重测量原理和应用，避免了 GPS 系统理论，因而通俗易懂，适用面广，深受广大测绘工作者的欢迎，自 1998 年初版后，已先后重印了 6 次。

这些年来，GPS 技术又进一步完善，GPS 应用的方法不断创新，应用领域有新的突破或拓宽。故本书再版时，在尽量维持原有章节结构的前提下，做了以下修改：

第一章中，进一步完善 GLONASS 全球定位系统的介绍，并增补了伽利略(GALILEO)全球定位系统和我国北斗双星定位系统的介绍和论述。第五章中，重写了载波相位测量观测方程一节，并增补了整周跳变的修复一节；增加了 GPS 现代化计划及美国的 GPS 政策；增加了多基准站 RTK 技术等内容。第八章的内容，按 2001 年国家质量技术监督局发布的《全球定位系统(GPS)测量规范》中的新内容、新标准、新要求进行了改写。第九章中，重写了 GPS 定位成果转换一节，使它更符合目前 GPS 生产的实践。第十章中，增加了我国 GPS 2000 网介绍；GPS 在滑坡外观变形监测中的应用；GPS 在交通智能(ITS)中的应用；中国地壳运动 GPS 监测网络；南极菲尔德斯海峡形变 GPS 监测网等内容。

除上述各章增补内容外，另对第二章、第三章、第四章、第六章及第七章中不恰当和过时的内容也都做了删改和完善。

我们认为，修订后的《GPS 测量原理及应用》在保持原有内容要点和风格的基础上，不仅注入了较多的新技术、新知识，同时又对保留内容进行了完善和修改，因而修订版更能客观地反映 2002 年以来 GPS 理论和应用的现况。

由于我们水平有限，书中不足之处恳请读者批评指正。

编著者

2002 年 10 月于武汉

前　　言

全球定位系统(Global Positioning System，GPS)是美国从20世纪70年代开始研制，历时20年，耗资200亿美元，于1994年全面建成，具有在海、陆、空进行全方位实时三维导航与定位能力的新一代卫星导航与定位系统。经近10年我国测绘等部门的使用表明，GPS以全天候、高精度、自动化、高效益等显著特点，赢得广大测绘工作者的信赖，并成功地应用于大地测量、工程测量、航空摄影测量、运载工具导航和管制、地壳运动监测、工程变形监测、资源勘察、地球动力学等多种学科，从而给测绘领域带来一场深刻的技术革命。

随着全球定位系统的不断改进，硬、软件的不断完善，应用领域正在不断地开拓，目前已遍及国民经济各部门，并开始逐步深入人们的日常生活。

为了普及GPS技术和知识，中国全球定位系统技术应用协会“教育与发展”专业委员会组织武汉测绘科技大学、中国矿业大学、西安工程学院、内蒙古林学院、南方冶金学院、长春科技大学等院校，长期从事GPS教学和研究的专业委员会成员，共同编写了《GPS测量原理及应用》教材，以适应普通工科院校开设GPS课程教学的需要。

本书重在论述GPS的基本原理、基本方法，着重介绍应用，省略了各种数学模型的推演过程，力求做到概念清晰、通俗易懂、适应面广、应用性强，以满足30~40学时的教学要求。

本书由徐绍铨组稿，共分十章。其中第一章由张华海、杨志强执笔，第二章、第三章由张华海执笔，第四章由王泽民执笔，第五章由张华海、常同元执笔，第六章由王泽民执笔，第七章由杨志强、刘小生执笔，第八章由杨志强执笔，第九章由张华海、徐绍铨执笔，第十章由徐绍铨、张华海、杨志强、王泽民、常同元、杨国东、刘小生、陈小明、刘志赵等执笔。全书由张华海、杨志强协调统稿，最后由徐绍铨修改定稿。全书插图由王翠华完成。

王广运教授审阅了本教材，提出了宝贵修改意见，在此表示诚挚的感谢。

由于作者水平有限，不足之处恳请读者批评指正。

中国全球定位系统技术应用协会
“教育与发展”专业委员会
1998年8月

目　　录

第一章　绪　　论

§1.1　卫星导航定位系统的发展

1.1.1　早期的卫星定位技术

卫星定位技术是利用人造地球卫星进行点位测量的技术。当初，人造地球卫星仅仅作为一种空间的观测目标，由地面观测站对它进行摄影观测，测定测站至卫星的方向，建立卫星三角网；也可以用激光技术对卫星进行距离观测，测定测站至卫星的距离，建立卫星测距网。这种对卫星的几何观测能够解决用常规大地测量技术难以实现的远距离陆地海岛联测定位的问题。20 世纪 60~70 年代，美国国家大地测量局在英国和德国测绘部门的协助下，用卫星三角测量的方法花了几年时间测设了有 45 个测站的全球三角网，点位精度5 m。但是这种观测方法受卫星可见条件及天气的影响，费时费力，不仅定位精度低，而且不能测得点位的地心坐标。因此，卫星三角测量很快就被卫星多普勒定位所取代，使卫星定位技术从仅仅把卫星作为空间观测目标的低级阶段，发展到了把卫星作为动态已知点的高级阶段。

1.1.2　子午卫星导航系统的应用及其缺陷

20 世纪 50 年代末期，美国开始研制用多普勒卫星定位技术进行测速、定位的卫星导航系统，叫做子午卫星导航系统(NNSS)。子午卫星导航系统的问世开创了海空导航的新时代，揭开了卫星大地测量学的新篇章。70 年代，部分导航电文解密交付民用。自此，卫星多普勒定位技术迅速兴起。多普勒定位具有经济快速、精度均匀、不受天气和时间的限制等优点。只要在测点上能收到从子午卫星上发来的无线电信号，便可在地球表面的任何地方进行单点定位或联测定位，获得测站点的三维地心坐标。70 年代中期，我国开始引进多普勒接收机，进行了西沙群岛的大地测量基准联测。国家测绘局和总参测绘局联合测设了全国卫星多普勒大地网，石油和地质勘探部门也在西北地区测设了卫星多普勒定位网。

在美国子午卫星导航系统建立的同时，前苏联也于 1965 年开始建立了一个卫星导航系统，叫做 CICADA。该系统有 12 颗所谓宇宙卫星。

NNSS 和 CICADA 卫星导航系统虽然将导航和定位推向了一个新的发展阶段，但是它们仍然存在着一些明显的缺陷，比如卫星少、不能实时定位。子午卫星导航系统采用 6 颗卫星，并都通过地球的南北极运行。地面上点上空子午卫星通过的间隔时间较长，而且低纬度地区每天的卫星通过次数远低于高纬度地区。而对于同一地点两次子午卫星通过的间隔时间为 0.8~1.6 h,对于同一子午卫星，每天通过次数最多为 13 次，间隔时间更长。由于一台多普勒接收机一般需观测 15 次合格的卫星通过，才能使单点定位精度达10 m左右，而各个测站观测了公共的 17 次合格的卫星通过时，联测定位的精度才能达到0.5 m 左右。间隔时间和观测时间长，不能为用户提供实时定位和导航服务，而精度较低限制了它的应用领域。子午卫星轨道低(平均高度1 070 km)，难以精密定轨，以及子午卫星射电频率低(400 MHz和150 MHz)，难以补偿电离层效应的影响，致使卫星多普勒定位精度局限在米级水平(精度极限 0.5~1 m)。

总之，用子午卫星信号进行多普勒定位时，不仅观测时间长(需要一两天的观测时间)，而且既不能进行连续、实时定位，又不能达到厘米级的定位精度，因此其应用受到了较大的限制。为了实现全天候、全球性和高精度的连续导航与定位，第二代卫星导航系统——GPS 卫星全球定位系统便应运而生。卫星定位技术发展到了一个辉煌的历史阶段。

1.1.3 GPS 全球定位系统的建立

1973 年 12 月，美国国防部批准陆海空三军联合研制新的卫星导航系统：NAVSTAR/GPS (Navigation Satellite Timing and Ranging/Global Positioning System)，其意为"卫星测时测距导航/全球定位系统"，简称 GPS 系统。该系统是以卫星为基础的无线电导航定位系统，具有全能性(陆地、海洋、航空和航天)、全球性、全天候、连续性和实时性的导航、定位和定时的功能，能为各类用户提供精密的三维坐标、速度和时间。

自 1974 年以来，GPS 计划已经历了方案论证(1974—1978 年)、系统论证(1979—1987 年)、生产实验(1988—1993 年)三个阶段，总投资超过 200 亿美元。整个系统分为卫星星座、地面控制和监测站、用户设备三大部分。论证阶段共发射了 11 颗叫作 BLOCKI的试验卫星，生产实验阶段发射 BLOCKIIR 型第三代 GPS 卫星，GPS 系统以此为基础改建而成。

GPS 卫星星座见图 1-1。其基本参数是：卫星颗数为 21+3，卫星轨道面个数为 6，卫星高度为20 200 km，轨道倾角为 55°，卫星运行周期为11 h 58 min(恒星时12 h)，载波频率为1 575.42 MHz和1 227.60 MHz。卫星通过天顶时，卫星可见时间为5 h，在地球表面上任何地点任何时刻，在高度角 15°以上，平均可同时观测到 6 颗卫星，最多可达 9 颗卫星。

图 1-2 是 GPS 工作卫星的外部形态。GPS 工作卫星的在轨重量是843.68 kg，其设计寿命为 7.5 年。当卫星入轨后，星内机件靠太阳能电池和镉镍蓄电池供电。每个卫星有一个推力系统，以便使卫星轨道保持在适当位置。GPS 卫星通过 12 根螺旋型天线组成的阵列天线发射张角大约为 30°的电磁波束，覆盖卫星的可见地面。卫星姿态调整采用三轴稳定方式，由四个斜装惯性轮和喷气控制装置构成三轴稳定系统，致使螺旋天线阵列所辐射的波速对准卫星的可见地面。

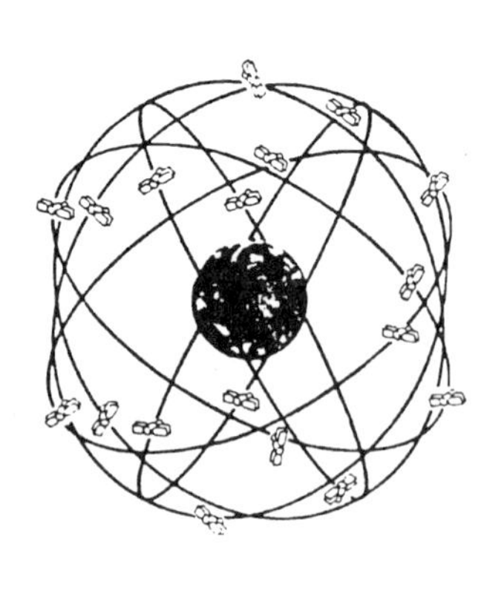

图 1-1　GPS 卫星星座

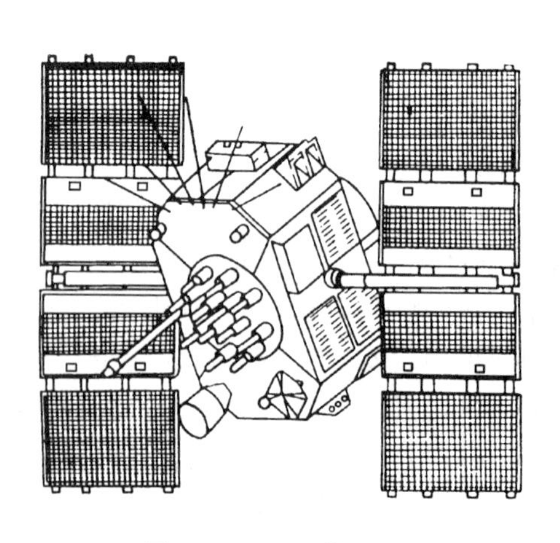

图 1-2　GPS 工作卫星

2000 年 5 月，美国政府取消了限制民用精度的 SA 政策，仅在局部或个别卫星上实施 SA 技术。

目前(截止到 2016 年 6 月 15 日)在轨 GPS 卫星共有 32 颗(1 颗卫星处于维护状态)，其中 II-R 型卫星 12 颗、IIR-M 型卫星 7 颗、II-F 型卫星 13 颗。GPS 卫星星座的当前状态可参阅网站 http：//www. gps. gov/systems/gps/space/上的内容。

GPS 系统是当今世界上功能最强、性能最好、应用最广泛的天基导航系统，不管是和平年代的日常活动，还是战时军事行动，美国都已离不开 GPS 系统，但其在应用过程中暴露出了一些问题：容易受到干扰，安全性较差，使用不可控。因此，1998 年，美国副总统戈尔提出了 GPS 现代化计划，其实质是要加强 GPS 对美军现代化战争的支撑和保持全球民用导航领域中的领导地位。GPS 现代化包括军事和民用两部分。GPS 现代化的军事部分包括 4 项措施：增加 GPS 卫星发射的信号强度，以增强抗电子干扰能力；增加具有更好的保密性和安全性的新的军用码(M 码)，并与民用码分开；军用接收设备比民用的有更好的保护装置，特别是抗干扰能力和快速初始化能力；创造新的技术，以阻止或阻扰敌方使用 GPS。GPS 现代化的民用部分包括 3 项措施：在一年一度的评估基础上，决定是否将 SA 信号强度降为零(已于 2000 年 5 月 1 日零点取消了 SA)；在 L_2 频道上增加第二民用码(即 C/A 码)，有利于提高定位精度和进行电离层改正；增加 L_5 民用频率，可有利于提高民用实时定位的精度和导航的安全性。

美国国防部(DoD)制订了具体的现代化计划，包括采购性能更好的新型 GPS 卫星、对地面运行控制系统进行改造、采购 M 码信号接收机等，以期大幅提升 GPS 的各项性能。美国(DoD)的升级计划将全面覆盖 GPS 系统的 3 个组成部分：采购 GPSII-F、GPS Ⅲ卫星替换整个星座；升级改造地面控制系统；研制开发新型军用接收机。2012—2016 年期间总投资约 73 亿美元，在随后的 15 年，还需投资约 150 亿美元。到 2030 年全部计划完成时，DoD 将实现 GPS 系统的全面升级，有效提升系统在干扰环境下的性能。

① 空间段卫星的替换。GPS II-F 和 GPS Ⅲ是能播发 M 码信号的新型卫星。GPS II-F 共计划发 12 颗，目前实际已发 13 颗。2014—2018 年间发射 8 颗 GPS Ⅲ-A 卫星，2018—2024 年间发射 16 颗 GPS Ⅲ-B 卫星；2025—2030 年间发射 8 颗 GPS Ⅲ-C 卫星。

② 地面控制系统的升级改造。只更新 GPS 卫星星座，是不可能使 GPS 系统的抗干扰及其他性能全面提升的。因此，升级改造地面控制系统，提高其对新型卫星的运行控制能力是十分必要的。地面控制系统升级后应具备的能力是：能监控所有在轨运行卫星播发的军用 M 码信号；可以连续更新卫星播发的时间和卫星位置校正信息(而目前的系统每天只可以更新 1 次)；能够有效控制 GPS Ⅲ-C 卫星“点波束功率增强”天线(GPS Ⅲ-C 卫星配备一个大型天线，可实现地面上指定区域的功率增强，即“点波束功率增强”)。

③ 新型军用接收机的开发。对于新型接收机的开发，DoD 计划在 2012—2016 年间，完成全功能 M 码接收机的研发。2013 年完成样机研制，2016 年开始各种武器平台的应用测试工作。

GPS 现代化最具标志性的是在 2009 年 4 月实现了 GPS 卫星 L_5 频道的发播。这意味着 GPS 用户可以收到 3 个频率(L_1、L_2、L_5)的导航无线电信号，有更完善的电离层改正，更好的定位、定时和导航的可靠性和精度。此外，与已有的 GPS 民用导航码相比，L_5 有较高的芯片运行速率，可以进行更精确的码和相位测量。

GPS 现代化计划的全面实施，将使 GPS 系统的生存能力及其各种性能得到非常显著的增强，美军武器装备的作战效能、部队的整体战斗力会有大幅度提升。

1.1.4　GLONASS 全球卫星导航系统

GLONASS 的起步晚于 GPS 9 年。从前苏联于 1982 年 10 月 12 日发射第一颗 GLONASS 卫星开始，到 1996 年，13 年时间内历经周折，虽然遭遇了苏联的解体，由俄罗斯接替部署，但始终没有终止或中断 GLONASS 卫星的发射。1995 年初只有 16 颗 GLONASS 卫星在轨工作，1995 年进行了三次成功发射，将 9 颗卫星送入轨道，完成了 24 颗工作卫星加 1 颗备用卫星的布局。经过数据加载、调整和检验，已于 1996 年 1 月 18 日，整个系统正常运行。

GLONASS 系统在系统组成和工作原理上与 GPS 类似，也是由空间卫星星座、地面控制和用户设备三大部分组成。

1. 卫星星座

GLONASS 卫星星座的轨道为三个等间隔椭圆轨道，轨道面间的夹角为 120°，轨道倾角为 64. 8°，轨道的偏心率为 0. 01，每个轨道上等间隔地分布 8 颗卫星。卫星离地面高度 19 100 km，绕地运行周期约11 h 15 min 44 s，地迹重复周期 8 天，轨道同步周期 17 圈。由于 GLONASS 卫星的轨道倾角大于 GPS 卫星的轨道倾角，所以在高纬度(50°以上)地区的可视性较好。

每颗 GLONASS 卫星上装有铯原子钟，以产生卫星上高稳定时标，并向所有星载设备的处理提供同步信号。星载计算机将从地面控制站接收到的专用信息进行处理，生成导航电文向用户广播。导航电文包括：①星历参数；②星钟相对于 GLONASS UTC 时(SU)的偏移值；③时间标记；④GLONASS 历书。

GLONASS 卫星向空间发射两种载波信号。L_1频率为 1. 602 ~ 1. 616 MHz，L_2频率为 1. 246 ~ 1. 256 MHz，L_1为民用，L_1和 L_2供军用。信号格式为伪随机噪声扩频信号，测距码用最长序列码，511 码元素。同步码重复周期2 s，30 位，并有 100 周方波振荡的二进制码信息调制。各卫星之间的识别方法采用频分复用制(FDMA)，L_1频道间隔0. 562 5 MHz，L_2频道间隔0. 437 5 MHz。FDMA 占用频段较宽，24 个卫星的 L_1频段占用约14 MHz。

2. 地面控制系统

地面控制站组(GCS)包括一个系统控制中心(在莫斯科区的 Golitsyno-2)，一个指令跟踪站(CTS)，网络分布于俄罗斯境内。CTS 跟踪着 GLONASS 可视卫星，它遥测所有卫星，进行测距数据的采集和处理，并向各卫星发送控制指令和导航信息。

在 GCS 内有激光测距设备对测距数据作周期修正，为此，所有 GLONASS 卫星上都装有激光反射镜。

3. 用户设备

GLONASS 接收机接收 GLONASS 卫星信号并测量其伪距和速度，同时从卫星信号中选出并处理导航电文。接收机中的计算机对所有输入数据处理，并算出位置坐标的三个分量、速度矢量的三个分量和时间。

GLONASS 系统进展较快，运行正常，但生产用户设备的厂家较少，生产的接收机多为专用型。美国的 3S 公司研制 GLONASS 接收机以及 GPS/GLONASS 联合接收机。GPS 与 GLONASS 联合型接收机有很多优点：用户同时可接收的卫星数目增加约一倍，可以明显改善观测卫星的几何分布，提高定位精度(单点定位精度可达16 m)；由此可见，卫星数目增加，在一些遮挡物较多的城市、森林等地区进行测量定位和建立运动目标的监控管理比较容易开展；利用两个独立的卫星定位系统进行导航和定位测量，可有效地削弱美俄两国对各自定位系统的可能控制，提高定位的可靠性和安全性。

4. 俄罗斯联邦政府对GLONASS系统的使用政策

早在1991年，俄罗斯首先宣称：GLONASS系统可供国防民间使用，不带任何限制，也不计划对用户收费，该系统将在完全布满星座后遵照已公布的性能运行至少15年。民用的标准精度通道（CSA）精度数据为：水平精度50~70 m，垂直精度75 m，并声明不引入选择可用性（SA）。测速精度为15 cm/s。授时精度为1 μs。俄罗斯空间部队的合作科学信息中心已作为GLONASS状态信息的用户接口，正式向用户公布GLONASS咨询通告。

1995年3月7日，俄罗斯联邦政府签署了一项法令"有关GLONASS面向民用的行动指导"。此法令确认了GLONASS系统由民间用户使用的早期启用的可能性。

GLONASS卫星的平均工作寿命超过4.5年。1995年底，俄罗斯建成了24颗卫星加1颗备用卫星的GLONASS星座。2000年初，该系统只有7颗健康卫星保持连续工作。2006年底，在轨卫星增加到17颗。计划到2009年底，GLONASS星座将有24颗健康工作卫星，并向全球用户提供服务。

图1-3为GLONASS卫星星座。

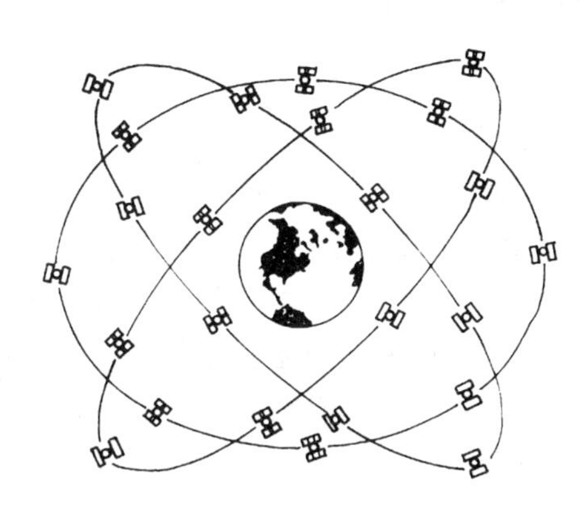

图1-3　GLONASS卫星星座

5. GLONASS系统的现代化计划

为提高GLONASS系统的定位精度、定位能力及其可靠性，GLONASS系统的现代化计划分两步实施。第一步实施的主要内容为：

① 于2004年发射具有更好性能的GLONASS-M卫星，卫星设计寿命为7~8年。

② 改进地面测控站设施。

③ 民用频率由1个增加到2个。

④ 位置精度提高到10~15 m，定时精度提高到20~30 ns，测速精度提高到0.01 m/s。

第二步实施的主要内容为：

研制进一步提高系统的精度和可靠性的第三代GLONASS-K卫星，卫星工作寿命在10年以上。GLONASS-K卫星拟增设第三个导航定位信号，载波频率为1 201.74~1 208.51 MHz。计划于2015年开始研发GLONASS-KM卫星，以便进一步增强系统功能，扩大系统应用领域，提高系统的竞争能力。

目前(2016年7月23日)在轨GLONASS卫星共有29颗，其中工作卫星25颗、备用卫星2颗，1颗卫星处于维修状态，1颗卫星处于测试状态。GLONASS卫星星座的当前状态可参阅网站https：//www.glonass-iac.ru/en/GLONASS/上的内容。

自2011年底GLONASS系统全面恢复以来，除2014年因系统故障造成2次服务短时中断外，俄罗斯基本保证了GLONASS系统的稳定运行与服务，提升了俄罗斯在全球定位、导航与授时领域的地位和全球影响力。而且，更加开放的态度也使GLONASS系统的发展受益。

2015年3月，俄罗斯航天系统公司(RCS)与信息卫星系统-列舍特涅夫公司(ISS Reshetnev)共同宣布，将研发全部由俄罗斯部件组成的GLONASS-K卫星。GLONASS-K卫星在GLONASS系统的未来发展中占有非常重要的位置，是GLONASS系统全面融入全球卫星导航体系，提升俄罗斯在全球定位、导航与授时领域地位的重要支撑。GLONASS分为2个型号，即GLONASS-K1和GLONASS-K2，按最初的研发计划，GLONASS-K1为试验卫星，用于卫星结构、功能、新信号与新技术的试验与验证；GLONASS-K2为工作星，计划采购数量27颗，用于替代现役的GLONASS-M卫星，并将GLONASS系统空间段扩展为30颗卫星组成的星座。

1.1.5 伽利略(GALILEO)全球卫星导航系统

1. 概述

伽利略(GALILEO)系统的实施计划分四个阶段。第一个阶段是系统可行性评估阶段(2000—2001年)，其任务是评估系统实施的必要性、可行性以及具体实施措施。第二个阶段是系统开发和检测阶段(2001—2005年)，其任务是研制卫星及地面设施，系统在轨验证；这一阶段将建设部分地面控制设施，并发射2~4颗卫星进行在轨试验。第三个阶段是建设阶段(2006—2007年)，其任务是制造和发射卫星，建成全部的地面设施；这一阶段发射余下的26~28颗卫星并布网，完成整个地面设施的安装和系统联合调试。第四个阶段是运行阶段，计划从2008年开始试验，2011年完成全系统部署并投入使用。

由于种种原因，GALILEO系统未能按计划实施。在2010年1月欧盟委员会的一份报告中，重新调整了伽利略计划正式运行的时间节点。根据新的时间节点，该计划从启动到实现运营的4个发展阶段如下：

2002—2005年为定义阶段，论证计划的必要性、可行性及具体实施措施；

2005—2011年为在轨验证阶段，其任务是成功研制、实施和验证伽利略空间段及地面段设施，进行系统在轨验证；

2011—2014年为全面部署阶段，包括制造和发射正式运行的卫星，建成整个地面基础设施；

2014年之后为开发利用阶段，提供运营服务，按计划更新卫星并进行系统维护等。

目前，GALILEO系统在轨卫星12颗，分别为4颗伽利略-在轨验证(GALILEO-IOV)和8颗GALILEO-FOC卫星。GALILEO系统尚处于系统部署阶段，不提供定位、导航与授时服务。

2015年，欧洲航天局(ESA)发布了3个GALILEO系统用户文件，标志着GALILEO系统信号与服务定义工作持续推进，包括：2015年4月发布的《GALILEO系统NeQuick电离层修正模型》1.1 版，2015 年 9 月发布的《GALILEO 系统开放服务空间信号接口控制文件》1.2 版和《GALILEO 系统空间信号运行状态定义》1.2 版。

鉴于 GALILEO 系统在轨卫星数量不足，2015 年欧洲再次调整了 GALILEO 系统的发展计划，系统投入全面运行的时间从 2014 年推迟到 2020 年。

GALILEO 系统建成后，将为欧洲公路、铁路、空中和海洋运输、共同防务及徒步旅行者提供定位导航服务。从设计的目标来看，GALILEO 定位精度优于 GPS(最高的精度比 GPS 高 10 倍)。GALILEO 系统可为地面用户提供 3 种信号，即免费使用的信号，加密且需交费使用的信号和加密且需满足更高要求的信号，免费使用的信号精度可达到6 m。

GALILEO 系统能与美国的 GPS、俄罗斯的 GLONASS 系统相互兼容，GALILEO 的接收机还可采集各个系统的数据或者通过各个系统数据的组合来实现定位导航的要求。

2. GALILEO 系统的组成

GALILEO 系统主要由空间星座部分、地面监控与服务部分和用户部分组成。此外，GALILEO 系统还提供与外部系统(如 COSPAS-SARSAT 系统)以及地区增值服务运营系统的接口。

(1)GALILEO 系统的空间部分

GALILEO 系统的卫星星座由分布在三个轨道面上的 30 颗中等高度轨道卫星(MEO)构成，轨道面高度为23 616 km，每个轨道面均匀分布 10 颗卫星，其中 1 颗备用，轨道面倾角为 56°，卫星围绕地球运行一周约14 h。卫星设计寿命为 20 年，重量为680 kg，功耗为 1.6 kW。每颗卫星上装载氢钟和铷钟各两台，一台启用，其余备用。

GALILEO 和 GPS 类似，都采用被动式导航定位原理和扩频技术发送导航定位信号。GALILEO 提供四个载波频率，分别为 $E_2-L_1-E_1$：1 575.42 MHz，E_6：1 278.75 MHz，E_5b：1 207.14 MHz (1 196.91~1 207.14 MHz，待定)和 E_5a：1 176.45 MHz(即与 GPS 现代化后的 L_5频率相同)。GALILEO 信号分为公用信号和专用信号(专门为商业服务和对政府事业部门的有控服务设立的，且被加密)，采用数据压缩技术进行某些分量的编码，这样不仅可提高导航卫星的多用性，也可缩短首次导航定位的时间。此外，每一颗 GALILEO 卫星还装备一种 SAR 信号收发器，接收来自遇险用户的救援信号。可见，GALILEO 系统具有多载波、多服务、多用途等特点，它不仅具有全球导航定位功能，而且还具有全球搜救(SAR)功能。

(2)GALILEO 系统的地面监控与服务部分

GALILEO 系统的地面监控部分由监测站、遥测、遥控和跟踪站、注入站以及通信网络组成。

① 30 个监测站(GALILEO Sensor Station，GSS)。其任务是进行被动式测距并接收卫星信号，以进行定轨、时间同步、完备性监测，并对系统所提供的服务进行监管。

② 5 个分布于全球遥测、遥控和跟踪站(Telemetry，Telecommand and Ranging，TT&C)。其任务是负责控制 GALILEO 卫星和星座。每个站配有11 m长的 S 波段碟形天线。

③ 5 个 C 波段的注入站(Up-Link Station，ULS)。其任务是在 C 波段上行注入导航、完备性、SAR 和其他与导航相关的信号。注入站的功能是：①每 100 min 注入更新的导航数据；②向一个子卫星群注入实时分发的完备性数据。

④ 2 个 GALILEO 控制中心(GALILEO Control Center，GCC)。其任务是负责卫星星座控制、卫星原子钟同步、所有内部和外部数据完好性信号处理、分发。

⑤ 1 个互联的高性能通信网络。

(3)用户部分

GALILEO 系统的用户设备分为四种。一是仅能接收 GALILEO 系统信号的导航定位接收机，二是可同时接收 GALILEO、GPS、GLONASS 信号的组合导航定位接收机，三是 GALILEO 授时机，四是 GALILEO 系统 SAR 信号收发器。

3. GALILEO 系统的服务

GALILEO 系统的服务分两种方式。一是作为单独系统运行有四种服务，即公开服务、商业服务、公共管制服务、生命安全服务；二是与其他系统组合运行有两种服务，即与局部通信系统组合，提供局部搜索与救援服务；与 GPS 和 GLONASS 组合，提供全球导航与定位服务。

(1)单独系统运行服务

公开服务(Open Service，OS)：这种服务是面向大众的免费的定位、导航和定时服务。公开服务的双频定位精度在水平方向约为4 m，在垂直方向约为8 m；单频定位精度在水平方向约为15 m，在垂直方向约为34 m，有效性为 99.8%，但是没有完备性服务。

商业服务(Commerical Service，CS)：这种服务是在公开服务基础上提供的增值服务，需付费。在世界范围内保证达到亚米级定位精度，若有局部增强增值服务，精度可提高到10 cm以内。商业服务内容包括分发加密的导航相关数据，为专业应用领域提供测距和定时服务以及导航定位和无线通信网络的集成应用。这种服务提供完备性信息，保证质量。

生命安全服务(Safety of Life Service，SoL)：这种服务符合国际组织(如国际民航组织 ICAO、国际海事组织 IMO)的相关要求，相关参数见表 1-1。

表 1-1　**GALILEO 生命安全服务系统参数**

覆盖范围		全　球	
精度(95%，双频)		4~6 m	
完备性	警告限值 AL	H：4 m　V：8 m[1]	H：56 m[2]
	警告时间	6 s	10 s
	完备性风险	$1.5\times10^{-7}/150$ s	10^{-7}/h
连续性风险		$8\times10^{-6}/15$ s	$10^{-4}\sim10^{-8}$/h
定时精度		50 ns	
可靠性验证		是	
可获得性		99.8%	

注：[1]表示关键级应用，[2]表示非关键级应用。

公共管制服务(Public Regulated Service，PRS)：这种服务有稳定的信号，并在系统成员国政府的控制之下，以保证成员国对 GALILEO 系统的特殊使用(如用于国防、执法等)，相关参数见表 1-2。

表 1-2　　**GALILEO 公共管制服务系统参数**

覆盖范围		全　球
精度(95%)	全球	H：6.5 m，V：12 m
	局部增强	1 m
完备性	警告限值 AL	H：12 m　V：20 m
	警告时间	10 s
	完备性风险	3.5×10^{-7}/150 s
连续性风险		10^{-5}/15 s
定时精度		100 ns

(2)与其他系统组合运行服务

搜索与救援服务(Search and Rescue，SAR)：在每颗卫星上安装支持 SAR 的有效荷载，加入现有的 COSPAS/SARSAT 系统，SAR 求救信息将被 GALILEO 卫星在 406~406.1 MHz频带检出，并用1 544~1 545 MHz频带(称为 L_6 频带，保留为紧急服务使用)传播到专门接收的地面站。地面部分实现与救援协调中心(Rescue Coordination Center)的连接，并为求救者提供反馈信号。GALILEO 救援体系能够满足 IMO(International Maritime Organization)和 ICAO(International Civil Aviation Organization)在求救信号探测方面的要求，相关参数见表 1-3。

表 1-3　　**GALILEO 支持 SAR 服务系统参数**

能力描述	每颗卫星能转发 150 个同步信标的信号
预计系统延时	从信标到 SAR 地面站的时间少于 10 min
服务质量	码误差率 $<10^{-5}$
数据速率	6 messages×100 bits/min
可获得性	>99%

与 GPS 和 GLONASS 组合提供全球导航与定位服务：GALILEO 系统可与现有的 GPS 和 GLONASS 系统组合，实现全球导航与定位，并使定位的精度更高、更可靠。

1.1.6　北斗卫星导航试验系统

1. 概述

早在 20 世纪 60 年代末，我国就开展了卫星导航系统的研制工作。70 年代，中国开始研究卫星导航系统的技术和方案，但之后这项名为“灯塔”的研究计划被取消。自 20 世纪 70 年代后期以来，国内开展了探讨适合国情的卫星导航系统的体制研究，先后提出过单星、双星、三星和 3~5 星的区域性系统方案，以及多星的全球系统的设想，并考虑到导航定位与通信等综合运用问题，但是由于种种原因，这些方案和设想都没能得以实现。我国的北斗卫星导航试验系统(北斗一号)是 20 世纪 80 年代提出的“双星快速定位系统”

的发展计划。方案于1983年提出，2000年10月31日和12月21日两颗试验的导航卫星成功发射，标志着我国已建立起第一代独立自主导航定位系统。2003年5月25日，第三颗北斗卫星发射成功，一个完整的卫星导航系统完全建成，可确保全天候实时提供卫星导航定位服务。北斗卫星导航试验系统突出的特点是：系统的空间卫星数目少、用户终端设备简单(一切复杂性均集中于地面中心处理站)。“北斗一号”卫星导航系统覆盖的范围为东经70°~140°、北纬5°~55°。北斗导航系统三维定位精度约±20 m，授时精度约100 ns，工作频率为2 491.75 MHz，系统能容纳的用户数为每小时540 000户。

2. 北斗卫星导航试验系统的组成

北斗卫星导航试验系统包括空间部分、地面控制部分和用户接收部分。

空间部分：由3颗地球静止轨道卫星组成，两颗工作卫星定位于东经80°和140°赤道上空，另有一颗位于东经110.5°的备份卫星，可在某工作卫星失效时予以接替。其覆盖范围是北纬5°~55°、东经70°~140°之间的心脏地区，上大下小，最宽处在北纬35°左右。

地面控制部分：由中心控制系统和标校系统组成。中心控制系统主要用于卫星轨道的确定、电离层校正、用户位置确定、用户短报文信息交换等。标校系统可提供距离观测量和校正参数。

用户接收部分：即北斗导航定位接收机。目前北斗用户机分为四类：一是基本型，适合于一般导航定位，可接收和发送定位及通信信息，与中心站及其他用户终端双向通信；二是通信型，适合于野外作业、水文测报、环境监测等各类数据采集和数据传输用户，可接收和发送短信息、报文，与中心站和其他用户终端进行双向或单向通信；三是授时型，适合于授时、校时、时间同步等用户，可提供数十纳秒级的时间同步精度；四是指挥型，适合小型指挥中心指挥调度、监控管理等应用，具有鉴别、指挥下属其他北斗用户机的功能，可与下属北斗用户机及中心站进行通信，接收下属用户的报文，并向下属用户发播指令。

3. 北斗卫星导航试验系统的定位原理

北斗卫星导航试验系统的定位原理是利用两颗地球同步卫星进行双向测距，配合数字高程地图完成三维定位。导航定位有两种方式：一是由用户向中心站发出请求，中心站对其进行定位后将位置信息广播出去，由该用户接收获取；二是由中心站主动进行指定用户的定位，定位后不将位置信息发送给用户，而由中心站保存。导航定位系统的工作原理如图1-4所示。

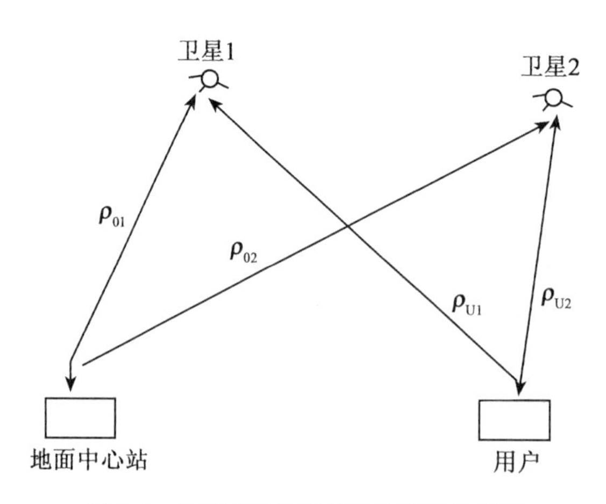

图1-4　北斗卫星导航试验系统工作原理

地面中心站通过向卫星 1 和卫星 2 同时发送询问信号，经卫星转发器向服务区内的用户广播。有导航定位要求的用户接收机向两颗卫星发送响应信号，经卫星转发回地面中心站。地面中心站接收并解调用户发来的信号，然后根据用户的申请服务内容进行相应的数据处理，再由中心将最终计算出的用户所在点的三维坐标经加密通过卫星发送给用户，完成导航定位。

设询问信号由地面中心站到卫星 1，由卫星 1 到用户，再由用户返至卫星 1 并回到地面中心站的时间为 Δt_1，可列出式(1-1)；询问信号由地面中心站到卫星 2，由卫星 2 到用户，再由用户返至卫星 2 并回到地面中心站的时间为 Δt_2，可列出式(1-2)。

$$\rho_{01} + \rho_{U1} = C\Delta t_1/2 \tag{1-1}$$

$$\rho_{02} + \rho_{U2} = C\Delta t_2/2 \tag{1-2}$$

由于地面中心站和两颗卫星的位置均是已知的，因此式(1-1)和式(1-2)中的 ρ_{01}、ρ_{02}、Δt_1、Δt_2 由中心站测出，C 是光速，所以 ρ_{U1}、ρ_{U2} 可解算出。ρ_{U1}、ρ_{U2} 又可写成以下方程：

$$\rho_{U1}^2 = (X_{S1} - X)^2 + (Y_{S1} - Y)^2 + (Z_{S1} - Z)^2 \tag{1-3}$$

$$\rho_{U2}^2 = (X_{S2} - X)^2 + (Y_{S2} - Y)^2 + (Z_{S2} - Z)^2 \tag{1-4}$$

式(1-3)、式(1-4)中，卫星 1、卫星 2 的三维坐标已知，Z 通过存储在地面中心站内的数字化地形图查到，故可解算出用户所在点的三维坐标。

4. 北斗卫星导航试验系统的优缺点

北斗卫星导航试验系统的优点是：卫星数量少，投资小，用户设备简单、价廉，能实现一定区域的导航定位；卫星还具备短信通信功能，可满足当前我国陆、海、空运输导航定位的需求。它不仅能使用户测定自己的点位坐标，而且还可以告诉别人自己处在什么点位，特别适用于导航与移动数据通信场所，如交通运输中的管理、指挥、调度，防灾救灾中的搜索、营救、抢险等。北斗导航定位系统是我国独立自主建立的卫星导航系统，它的研制成功标志着我国打破了美、俄在此领域的垄断地位，解决了中国自主卫星导航系统的有无问题。

北斗卫星导航试验系统的缺点是：不能覆盖两极地区，赤道附近定位精度差，只能二维主动式定位，且需提供用户高程数据，不能满足高动态和保密的军事用户要求，用户数量受到一定限制。

鉴于北斗卫星导航试验系统（北斗一号）的性能和技术指标方面的差距，我国已于 2012 年建成北斗卫星导航区域系统（北斗二号），计划在 2020 年左右全面建成北斗卫星导航系统，形成全球服务能力。当前，北斗卫星导航系统的现状参见“1.3 BDS 系统组成”部分的相关内容。

1.1.7 全球卫星导航系统(GNSS)

全球卫星导航系统(Global Navigation Satellite System，GNSS)是泛指所有的卫星导航系统，包括全球的、区域的和增强的，如美国的 GPS 系统、俄罗斯的 GLONASS 系统、中国的 BDS 系统、欧洲的 GALILEO 系统，以及相关的增强系统，如美国的广域增强系统(Wide Area Augmentation System，WAAS)、俄罗斯的差分校正和监测系统(System of Differential Correction and Monitoring，SDCM)、欧洲的欧洲地球静止导航重叠服务(European Geostationary Navigation Overlay Service，EGNOS)、日本的准天顶卫星系统(Quasi-Zenith Satellite System，QZSS)和多功能卫星星基增强系统(Multi-Functional Satellite

Augmentation System，MSAS）、印度的区域导航卫星系统（Indian Regional Navigation Satellite System，IRNSS）和GPS辅助静地轨道增强导航系统（GPS Aided Geo Augmented Navigation，GAGAN）等，还涵盖在建和以后要建设的其他卫星导航系统。国际GNSS系统是个多系统、多层面、多模式的复杂组合系统，不久的将来，全球导航卫星将超过一百颗，定位精度、定位速度和可靠性都将大幅提高。

GPS、GLONASS、BDS、GALILEO四大卫星导航系统的参数及主要性能比较如表1-4所示。

表1-4　**GPS、GLONASS、BDS、GALILEO四大系统的参数及主要性能比较表**

比较内容	GPS	GLONASS	BDS		GALILEO
			IGSO	MEO	
卫星数(标准配置)	24	24	35(含GEO)		30
卫星分布轨道数	6	3	3	3	3
卫星轨道面倾角/(°)	55	64.8	55	55	56
卫星轨道高度/km	20 180	19 130	36 000	21 500	23 616
卫星运行周期	11时58分	11时15分40秒			14时21分36秒
卫星信号模式	CDMA	FAMA	CDMA	CDMA	CDMA
一般定位精度/m	广播星历 ±100	广播星历 ±50	广播星历 ±10		广播星历 ±10
精密定位精度/m	精密星历 ±10	精密星历 ±16	/		精密星历 ±1
有否通信功能	无	无	有		有
发射信号功率	低	低	低		高
完备性功能	无	无	有		有
采用的频率数	2(将增加到3)	2(将增加到3)	4		4
兼容性	不能	不能	能		能

能同时接收GPS、GLONASS、BDS、GALILEO等卫星信号的接收机，简称为GNSS卫星定位接收机。使用GNSS接收机具有以下优越性：

① 增加接收卫星数。使用GPS接收机时，接收到的卫星数一般为5～11颗；而使用GNSS接收机时，目前一般可接收到的卫星数达20～30颗。这样非常有利于在山区或城市有障碍物遮挡的地区作业。

② 提高效率。因GNSS接收机可观测到的卫星数增加，所以求解整周模糊度的时间缩短，从而可减少野外观测时间，提高生产效率。

③ 提高定位的可靠性和精度。因观测到的卫星数增加，用于定位计算的卫星数增加，卫星几何分布（DOP值）也更好，所以可提高定位的可靠性和精度。

§1.2　GPS 系统组成

GPS 系统包括三大部分：空间部分——GPS 卫星星座；地面控制部分——地面监控系统；用户设备部分——GPS 信号接收机。

1.2.1　GPS 工作卫星及其星座

由 21 颗工作卫星和 3 颗在轨备用卫星组成 GPS 卫星星座，记作(21+3)GPS 星座。如图 1-1 所示，24 颗卫星均匀分布在 6 个轨道平面内，轨道倾角为 55°，各个轨道平面之间相距 60°，即轨道的升交点赤经各相差 60°。每个轨道平面内各颗卫星之间的升交角距相差 90°，一轨道平面上的卫星比西边相邻轨道平面上的相应卫星超前 30°。

在 2 万 km 高空的 GPS 卫星，当地球对恒星来说自转一周时，它们绕地球运行 2 周，即绕地球一周的时间为 12 恒星时。这样，对于地面观测者来说，每天将提前4 min见到同一颗 GPS 卫星。位于地平线以上的卫星颗数随着时间和地点的不同而不同，最少可见到 4 颗，最多可以见到 11 颗。在用 GPS 信号导航定位时，为了解算测站的三维坐标，必须观测 4 颗 GPS 卫星，称为定位星座。这 4 颗卫星在观测过程中的几何位置分布对定位精度有一定的影响。对于某地某时，甚至不能测得精确的点位坐标，这种时间段叫做间隙段。但这种时间间隙段是很短暂的，并不影响全球绝大多数地方的全天候、高精度、连续实时的导航定位测量。

GPS 工作卫星的编号和试验卫星基本相同。其编号方法有：按发射先后次序编号；按 PRN(卫星所采用的伪随机噪声码)的不同编号；NASA 编号(美国航空航天局对 GPS 卫星的编号)；国际编号(第一部分为该星发射年代，第二部分表示该年中发射卫星的序号，字母 A 表示发射的有效负荷)；按轨道位置顺序编号等。在导航定位测量中，一般采用 PRN 编号。

在 GPS 系统中，GPS 卫星的作用如下：

① 用 L 波段的两个无线载波(19 cm 和 24 cm 波)向广大用户连续不断地发送导航定位信号。每个载波用导航信息 $D(t)$ 和伪随机码(PRN)测距信号进行双相调制。用于捕获信号及粗略定位的伪随机码叫 C/A 码(又叫 S 码)，精密测距码(用于精密定位)叫 P 码。由导航电文可以知道该卫星当前的位置和卫星的工作情况。

② 在卫星飞越注入站上空时，接收由地面注入站用 S 波段(10 cm波段)发送到卫星的导航电文和其他有关信息，并通过 GPS 信号电路适时地发送给广大用户。

③ 接收地面主控站通过注入站发送到卫星的调度命令，适时地改正运行偏差或启用备用时钟等。

GPS 卫星的核心部件是高精度的时钟、导航电文存储器、双频发射和接收机以及微处理机。而对于 GPS 定位成功的关键在于高稳定度的频率标准。这种高稳定度的频率标准由高度精确的时钟提供。因为10^{-9} s的时间误差将会引起30 cm的站星距离误差。为此，每颗 GPS 工作卫星一般安设两台铷原子钟和两台铯原子钟，并计划未来采用更稳定的氢原子钟(其频率稳定度优于 10^{-14})。GPS 卫星虽然发送几种不同频率的信号，但是它们均源于一个基准信号(其频率为10.23 GHz)，所以只需启用一台原子钟，其余作为备用。卫星钟由地面站检验，其钟差、钟速连同其他信息由地面站注入卫星后，再转发给用户设备。

1.2.2 地面监控系统

对于导航定位来说，GPS 卫星是一动态已知点。星的位置是依据卫星发射的星历——描述卫星运动及其轨道的参数算得的。每颗 GPS 卫星所播发的星历是由地面监控系统提供的。卫星上的各种设备是否正常工作，以及卫星是否一直沿着预定轨道运行，都要由地面设备进行监测和控制。地面监控系统另一重要作用是保持各颗卫星处于同一时间标准——GPS 时间系统。这就需要地面站监测各颗卫星的时间，求出钟差，然后由地面注入站发给卫星，卫星再由导航电文发给用户设备。

GPS 工作卫星的地面监控系统包括 1 个主控站、3 个注入站和 5 个监测站。

主控站设在美国本土科罗拉多。主控站的任务是收集、处理本站和监测站收到的全部资料，编算出每颗卫星的星历和 GPS 时间系统，将预测的卫星星历、钟差、状态数据以及大气传播改正编制成导航电文传送到注入站。主控站还负责纠正卫星的轨道偏离，必要时调度卫星，让备用卫星取代失效的工作卫星。另外还负责监测整个地面监测系统的工作，检验注入给卫星的导航电文，监测卫星是否将导航电文发送给了用户。

3 个注入站分别设在大西洋的阿森松岛、印度洋的迪戈加西亚岛和太平洋的卡瓦加兰。任务是将主控站发来的导航电文注入到相应卫星的存储器。每天注入 3 次，每次注入 14 天的星历。此外，注入站能自动向主控站发射信号，每分钟报告一次自己的工作状态。

5 个监测站除了位于主控站和 3 个注入站以外，还在夏威夷设立了一个监测站。监测站的主要任务是为主控站提供卫星的观测数据。每个监测站均用 GPS 信号接收机对每颗可见卫星每6 min进行一次伪距测量和积分多普勒观测，采集气象要素等数据。在主控站的遥控下自动采集定轨数据并进行各项改正，每15 min平滑一次观测数据，依此推算出每 2 min间隔的观测值，然后将数据发送给主控站。

1.2.3 GPS 信号接收机

GPS 信号接收机的任务是：能够捕获到按一定卫星高度截止角所选择的待测卫星的信号，并跟踪这些卫星的运行，对所接收到的 GPS 信号进行变换、放大和处理，以便测量出 GPS 信号从卫星到接收机天线的传播时间，解译出 GPS 卫星所发送的导航电文，实时地计算出测站的三维位置，甚至三维速度和时间。

静态定位中，GPS 接收机在捕获和跟踪 GPS 卫星的过程中固定不变，接收机高精度地测量 GPS 信号的传播时间，利用 GPS 卫星在轨的已知位置，解算出接收机天线所在位置的三维坐标。而动态定位则是用 GPS 接收机测定一个运动物体的运行轨迹。GPS 信号接收机所位于的运动物体叫做载体(如航行中的船舰、空中的飞机、行走的车辆等)。载体上的 GPS 接收机天线在跟踪 GPS 卫星的过程中相对地球而运动，接收机用 GPS 信号实时地测得运动载体的状态参数(瞬间三维位置和三维速度)。

接收机硬件和机内软件以及 GPS 数据的后处理软件包，构成完整的 GPS 用户设备。GPS 接收机的结构分为天线单元和接收单元两大部分。对于测地型接收机来说，两个单元一般分成两个独立的部件，观测时将天线单元安置在测站上，接收单元置于测站附近的适当地方，用电缆线将两者连接成一个整机。也有的将天线单元和接收单元制作成一个整体，观测时将其安置在测站点上。

GPS 接收机一般用蓄电池作电源。同时采用机内机外两种直流电源。设置机内电池的目的在于更换外电池时不中断连续观测。在用机外电池的过程中，机内电池自动充电。关机后，机内电池为 RAM 存储器供电，以防止数据丢失。

近几年，国内引进了许多种类型的 GPS 测地型接收机。各种类型的 GPS 测地型接收机用于精密相对定位时，其双频接收机精度可达$5\ \mathrm{mm}+1\times10^{-6}D$，单频接收机在一定距离内精度可达$10\ \mathrm{mm}+2\times10^{-6}D$。用于差分定位，其精度可达亚米级至厘米级。

目前，各种类型的 GPS 接收机体积越来越小，重量越来越轻，便于野外观测；兼容 GPS、GLONASS、BDS、GALILEO 的 GNSS 接收机国内外也已有众多产品。

§1.3　BDS 系统组成

1.3.1　系统概述

北斗卫星导航系统(BeiDou Navigation Satellite System，BDS)是中国正在实施的自主发展、独立运行的全球卫星导航系统。系统建设目标是：建成独立自主、开放兼容、技术先进、稳定可靠的覆盖全球的北斗卫星导航系统，促进卫星导航产业链形成，形成完善的国家卫星导航应用产业支撑、推广和保障体系，推动卫星导航在国民经济社会各行业的广泛应用。

按照“质量、安全、应用、效益”的总要求，坚持“自主、开放、兼容、渐进”的发展原则，遵循“先区域、后全球”的总体思路，“北斗”卫星导航系统正在按照“三步走”的发展战略稳步推进。具体发展步骤如下：

第一步，北斗卫星导航试验系统。1994 年，中国启动北斗卫星导航试验系统建设；2000 年相继发射两颗北斗导航试验卫星，初步建成北斗卫星导航试验系统，成为世界上第三个拥有自主卫星导航系统的国家；2003 年发射第 3 颗北斗导航试验卫星，进一步增强了北斗卫星导航试验系统的性能。

北斗卫星导航试验系统主要功能和性能指标如下：

① 主要功能：定位、单双向授时、短报文通信；

② 服务区域：中国及周边地区；

③ 定位精度：优于 20 m；

④ 授时精度：单向 100 ns，双向 20 ns；

⑤ 短报文通信：120 个汉字/次。

第二步，北斗卫星导航区域系统。2004 年中国启动北斗卫星导航系统工程建设，2012 年底完成 5 颗 GEO 卫星、5 颗 IGSO 卫星和 4 颗 MEO 卫星，具备区域服务能力。

北斗卫星导航区域系统的主要功能和性能指标如下：

① 主要功能：定位、测速、单双向授时、短报文通信；

② 服务区域：中国及周边地区；

③ 定位精度：平面 10 m，高程 10 m；

④ 测速精度：优于 0. 2 m/s；

⑤ 授时精度：单向 50 ns；

⑥ 短报文通信：120 个汉字/次。

第三步，2020 年左右全面建成北斗卫星导航系统，形成全球服务能力。

1.3.2 空间星座

北斗卫星导航系统由空间星座、地面控制和用户终端等三大部分组成。组网完成之后的北斗卫星导航系统空间星座部分由 5 颗地球静止轨道卫星和 30 颗非地球静止轨道卫星组成。非地球静止轨道卫星由 27 颗中圆地球轨道卫星和 3 颗倾斜地球同步轨道卫星组成。其中，中圆地球轨道卫星轨道高度21 500 km，轨道倾角 55°，均匀分布在 3 个轨道面上；倾斜地球同步轨道卫星轨道高度36 000 km，均匀分布在 3 个倾斜同步轨道面上，轨道倾角 55°，3 颗倾斜地球同步轨道卫星星下点轨迹重合，交叉点经度为东经 118°，相位差 120°。图 1-5 为 BDS 系统星座模拟图。

图 1-5 BDS 系统星座模拟图

北斗卫星有四种频率的卫星信号，分别为 B1、B2、B3 和 B1-2。B1 信号和 B2 信号分别由 I、Q 两个支路的导航电文和 PRN 码对载波进行正交调制构成，其中 B1I、B1Q 信号的载波频率为1 561. 098 MHz，B2I、B2Q 信号的载波频率为1 207. 140 MHz，B1I、B1Q 和 B2I 信号的码率均为2. 046 Mcps，码长均为2 046，B2Q 码率为10. 23 Mcps。B3 载波频率为 1 268. 52 MHz，码率为10. 23 Mcps。B1-2I 和 B1-2Q 载波频率均为1 589. 742 MHz，码率均为2. 046 Mcps。北斗卫星发射的信号均是利用 QPSK（正交相移键控）调制方式来对载波进行调制的。

1.3.3 地面控制

地面控制部分由若干主控站、注入站和监测站组成。主控站主要任务是收集各个监测站的观测数据，进行数据处理，生成卫星导航电文、广域差分信息和完好性信息，完成任务规划与调度，实现系统运行控制与管理等；注入站主要任务是在主控站的统一调度下，完成卫星导航电文、广域差分信息和完好性信息注入，有效载荷的控制管理；监测站对导航卫星进行连续跟踪监测，接收导航信号，发送给主控站，为卫星轨道确定和时间同步提供观测数据。

1.3.4 用户终端部分

用户终端部分是指各类北斗用户终端，包括与其他卫星导航系统兼容的终端，以满足不同领域和行业的应用需求。主要类型包括：(1)普通型：定位和点对点的通信，适用于一般车辆、船舶及便携等用户的定位导航应用，可接收和发送定位及通信信息，与中心站及其他用户终端双向通信；(2)通信型：适用于野外作业、水文测量、环境检测等各类数据采集和数据传输用户，可接收和发送短信息、报文，与中心站和其他用户终端进行双向或单向通信；(3)授时型：适合于授时、校时、时间同步等用户，可提供数十纳秒级的时间同步精度；(4)指挥型：指挥型用户机是供拥有一定数量用户的上级集团管理部门所使用，除具有普通用户机所具有的功能外，还能够播发和接收中心控制系统发给所属用户的定位通信信息；(5)多模型用户机：此种用户机既能接收北斗卫星定位和通信信息，又可利用GPS、GLONASS、GALILEO等系统或GPS增强系统导航定位，适合于对位置信息要求比较高的用户。

用户终端部分由各类北斗用户终端，以及与其他卫星导航系统兼容的终端组成，能够满足不同领域和行业的应用需求。

北斗卫星导航系统建成后将为全球用户提供卫星定位、导航和授时服务，并为我国及周边地区用户提供定位精度1 m的广域差分服务和120个汉字/次的短报文通信服务。

1.3.5 系统现状

到2016年6月25日，北斗卫星导航系统已发射23颗卫星，其中7颗GEO卫星(地球静止轨道卫星)、8颗IGSO卫星(倾斜地球同步轨道)和8颗MEO卫星(中圆地球轨道卫星)。北斗卫星导航系统的状态参见网站http://www.beidou.gov.cn/中的相关内容。北斗卫星导航系统已于2012年底前组网运行，形成了区域服务能力。北斗系统在继续保留北斗卫星导航试验系统有源定位、双向授时和短报文通信服务基础上，面向我国周边大部分地区提供无源定位、导航、授时等服务。

为鼓励国内外相关企业参与北斗应用终端研发，推动北斗广泛应用，中国卫星导航系统管理办公室于2013年12月发布了《北斗卫星导航系统空间信号接口控制文件公开服务信号》(2.0版)。该文件定义了北斗系统公开服务信号B1I的卫星与用户终端之间的接口关系，明确了北斗系统所采用的坐标系统和时间系统，规范了B1I信号结构和基本特性参数以及测距码等相关内容，给出了北斗导航电文，是开发制造接收终端和芯片所必备的文件。

1.3.6 系统应用

北斗卫星导航试验系统自2003年正式提供服务以来，我国卫星导航应用在理论研究、应用技术研发、接收机制造及应用与服务等方面取得了长足进步。随着北斗系统建设和无源导航定位服务能力的发展，北斗及其与其他卫星导航系统的多模芯片、天线、板卡等关键技术已取得突破，掌握了自主知识产权，实现了产品化，在交通运输、海洋渔业、水文监测、气象测报、森林防火、通信时统、电力调度、救灾减灾和国家安全等诸多领域得到广泛应用，产生了显著的社会效益和经济效益。特别是在南方冰冻灾害、四川汶川和青海玉树抗震救灾、北京奥运会以及上海世博会中发挥了重要作用。

① 在交通运输方面，北斗卫星导航系统广泛应用于重点运输过程监控管理、公路基础设施安全监控、港口高精度实施定位调度监控等领域。

② 在海洋渔业方面，基于北斗卫星导航系统的海洋渔业综合信息服务平台，为渔业管理部门提供船位监控、紧急救援、信息发布、渔船出入港管理等服务。

③ 在水文监测方面，成功应用于多山地域水文测报信息的实时传输，提高灾情预报的准确性，为制订防洪抗旱调度方案提供重要的保障。

④ 在气象测报方面，成功研制一系列气象测报型北斗终端设备，启动大气海洋和空间监测预警示范应用，形成实用可行的系统应用解决方案，解决气象站之间的数字报文自动传输。

⑤ 在森林防火方面，北斗系统成功应用于森林防火，定位与短报文通信功能在实际应用中发挥了较大作用。

⑥ 在通信时统方面，成功开展北斗双向授时应用示范，突破光纤拉远等关键技术，研制出一体化卫星授时系统。

⑦ 在电力调度方面，成功开展基于北斗的电力时间同步应用示范，为电力事故分析、电力预警系统、保护系统等高精度时间应用创造了条件。

⑧ 在救灾减灾方面，基于北斗系统的导航定位、短报文通信以及位置报告功能，提供全国范围的实时救灾指挥调度、应急通信、灾情信息快速上报与共享等服务，显著提高了灾害应急救援的快速反应能力和决策能力。

北斗卫星导航系统建成后，将为民航、航运、铁路、金融、邮政、国土资源、农业、旅游等行业提供更高性能的定位、导航、授时和短报文通信服务。

北斗卫星导航系统的快速发展得益于中国综合国力的提升和经济持续发展。中国将一如既往地推动卫星导航系统建设和产业发展，鼓励运用卫星导航新技术不断拓展应用领域，满足人们不断增长的多样化需求；将积极推动国际交流与合作，实现北斗卫星导航系统与世界其他卫星导航系统的兼容与互操作，为全球用户提供高性能、高可靠的定位、导航与授时服务。

§1.4 GPS在国民经济建设中的应用

1.4.1 GPS系统的特点

GPS导航定位以其高精度、全天候、高效率、多功能、操作简便、应用广泛等特点著称。

1. 定位精度高

应用实践已经证明，GPS相对定位精度在50 km以内可达10^{-6}，100~500 km可达10^{-7}，1 000 km以上可达10^{-9}。在300~1 500 m工程精密定位中，1 h以上观测的解其平面位置误差小于1 mm，与MEv5000电磁波测距仪测定的边长比较，其边长较差最大为0.5 mm，较差中误差为0.3 mm。

2. 观测时间短

随着GPS系统的不断完善，软件的不断更新，目前，20 km以内相对静态定位，仅需

15~20 min；快速静态相对定位测量时，当每个流动站与基准站相距在15 km以内时，流动站观测时间只需1~2 min；动态相对定位测量时，流动站出发时观测1~2 min，然后可随时定位，每站观测仅需几秒钟。

3. 测站间无需通视

GPS 测量不要求测站之间互相通视，只需测站上空开阔即可，因此可节省大量的造标费用。由于无需点间通视，点位位置可根据需要，可稀可密，使选点工作甚为灵活，也可省去经典大地网中的传算点、过渡点的测量工作。

4. 可提供三维坐标

经典大地测量将平面与高程采用不同方法分别施测。GPS 可同时精确测定测站点的三维坐标。目前 GPS 水准可满足四等水准测量的精度。

5. 操作简便

随着 GPS 接收机不断改进，自动化程度越来越高，有的已达"傻瓜化"的程度；接收机的体积越来越小，重量越来越轻，极大地减轻了测量工作者的紧张程度和劳动强度，使野外工作变得轻松愉快。

6. 全天候作业

目前 GPS 观测可在一天24 h内的任何时间进行，不受阴天黑夜、起雾刮风、下雨下雪等气候的影响。

7. 功能多，应用广

GPS 系统不仅可用于测量、导航，还可用于测速、测时。测速的精度可达0.1 m/s，测时的精度可达几十毫微秒。其应用领域不断扩大。

1.4.2 GPS 系统的应用前景

当初，设计 GPS 系统的主要目的是用于导航、收集情报等军事目的。但是，后来的应用开发表明，GPS 系统不仅能够达到上述目的，而且用 GPS 卫星发来的导航定位信号能够进行厘米级甚至毫米级精度的静态相对定位，米级至亚米级精度的动态定位，亚米级至厘米级精度的速度测量和毫微秒级精度的时间测量。因此，GPS 系统展现了极其广阔的应用前景。

1. GPS 系统用途广泛

用 GPS 信号可以进行海、空和陆地的导航、导弹的制导、大地测量和工程测量的精密定位、时间的传递和速度的测量等。对于测绘领域，GPS 卫星定位技术已经用于建立高精度的全国性的大地测量控制网，测定全球性的地球动态参数；用于建立陆地海洋大地测量基准，进行高精度的海岛陆地联测以及海洋测绘；用于监测地球板块运动状态和地壳形变；用于工程测量，成为建立城市与工程控制网的主要手段；用于测定航空航天摄影瞬间的相机位置，实现仅有少量地面控制或无地面控制的航测快速成图，导致地理信息系统、全球环境遥感监测的技术革命。

2. 多元化空间资源环境的出现

目前，GPS、GLONASS、BDS 等系统都具备了导航定位功能，形成了多元化的空间资源环境。这一多元化的空间资源环境促使国际民间形成了一个共同的策略，即一方面对现有系统充分利用，另一方面积极筹建民间 GNSS 系统，到 2020 年前后，形成全球 GNSS 之势，从根本上摆脱对单一系统的依赖，形成国际共有、国际共享的安全资源环境，世界才可进入将卫星导航作为单一导航手段的最高应用境界。国际民间的这一策略反过来又影响和迫使美国对其 GPS 使用政策做出更开放的调整。

总之，由于多元化空间资源环境的确立，给 GPS 的发展应用创造了一个前所未有的良好的国际环境。

3. 发展 GPS 产业

今后 GPS 将像目前的汽车、无线电通信等一样形成产业化。美国已将广域增强系统 WAAS(即将广域差分系统中的发送修正数据链转为地球同步卫星发送，使地球同步卫星也具有 C/A 码功能，形成广域 GPS 增强系统)计划发展成国际标准。美国已成立 GPS 产业协会(USGIS)，1994 年美国车载 GPS 系统销量为 1.8 亿美元，1995 年为 3.1 亿美元，到 2000 年为 30 亿美元。日本在 1994 年的车载导航也有 12 万套，1995 年为 47 万套，1996 年为 70 万套。我国的车载导航产业起步于 2002 年，目前有许多单位生产车载 GPS 系统(如山东天星北斗信息科技有限公司、深圳赛格导航科技股份有限公司等)。最近几年，随着中国汽车产业的高速发展，私家车的不断普及，车载导航行业也随之快速成长。2012 年、2013 年和 2014 年，我国前装车载导航市场出货量分别为 130.9 万台、182.3 万台和 251.1 万台，初装率分别为 8.45%、10.17%和 12.75%。

4. GPS 的应用已经进入人们的日常生活

GPS 信号接收机在人们生活中的应用是一个难以用数字预测的广阔天地，手表式、手机式的 GPS 接收机已经成为旅游者的忠实导游。尽管目前大多数人并不清楚什么是 GPS，但 GPS 已经在改变我们的生活方式。今后，所有运载器都将依赖于 GPS。GPS 就像移动电话、传真机、计算机互联网对我们生活的影响一样，人们日常生活将离不开它。

1.4.3 我国的 GPS 定位技术应用和发展情况

新中国成立后，我国的航天科技事业在自立更生、艰苦创业的征途上逐步建立和发展，跻身于世界先进水平的行列，成为世界空间强国之一。从 1970 年 4 月把第一颗人造卫星送入轨道以来，我国已成功地发射了三十多颗不同类型的人造卫星，为空间大地测量工作的开展创造了有利条件。

20 世纪 70 年代后期，有关单位在从事多年理论研究的同时，引进并试制成功了各种人造卫星观测仪器。其中有人卫摄影仪、卫星激光测距仪和多普勒接收机。根据多年的观测实践，完成了全国天文大地网的整体平差，建立了 1980 年国家大地坐标系，进行了南海群岛的联测。

80 年代初，我国一些院校和科研单位已开始研究 GPS 技术。十多年来，我国的测绘工作者在 GPS 定位基础理论研究和应用开发方面作了大量工作。

80 年代中期，我国引进 GPS 接收机，并应用于各个领域，同时着手研究建立我国自己的卫星导航系统。至今十多年来，据有关人士估计，目前我国的 GPS 接收机拥有量约在 10 万台左右，其中测量类约 800~1 200台，航空类约几百台，航海类约 6 万多台，车载类约 2 万多台，而且以每年 2 万台的速度增加，足以说明 GPS 技术在我国各行业中应用的广泛性。

在大地测量方面，利用 GPS 技术开展国际联测，建立全球性大地控制网，提供高精度的地心坐标，测定和精化大地水准面。组织各部门(10 多个单位，30 多台 GPS 双频接收机)参加 1992 年全国 GPS 定位大会战。经过数据处理，GPS 网点地心坐标精度优于

0.2 m，点间位置精度优于 10^{-8}。在我国建成了平均边长约100 km的 GPS A 级网，提供了亚米级精度地心坐标基准。此后，在 A 级网的基础上，我国又布设了边长为30~100 km的 B 级网，全国约2 500个点。A、B 级 GPS 网点都联测了几何水准。这样，就为我国各部门的测绘工作建立各级测量控制网提供了高精度的平面和高程三维基准。我国已完成西沙、南沙群岛各岛屿与大陆的 GPS 联测，使海岛与全国大地网联结成一整体。

在工程测量方面，应用 GPS 静态相对定位技术，布设精密工程控制网，用于城市和矿区油田地面沉降监测、大坝变形监测、高层建筑变形监测、隧道贯通测量等精密工程。加密测图控制点，应用 GPS 实时动态定位技术(简称 RTK)测绘各种比例尺地形图和用于工程建设中的施工放样。

在航空摄影测量方面，我国测绘工作者也应用 GPS 技术进行航测外业控制测量、航摄飞行导航、机载 GPS 航测等航测成图的各个阶段。

在地球动力学方面，GPS 技术用于全球板块运动监测和区域板块运动监测。我国已开始用 GPS 技术监测南极洲板块运动、青藏高原地壳运动、四川鲜水河地壳断裂运动，建立了中国地壳形变观测网、三峡库区形变观测网、首都圈 GPS 形变监测网等。

GPS 技术已经用于海洋测量、水下地形测绘。

此外，在军事国防、智能交通、邮电通信、地矿、煤矿、石油、建筑以及农业、气象、土地管理、环境监测、金融、公安等部门和行业，在航空航天、测时授时、物理探矿、姿态测定等领域，也都开展了 GPS 技术的研究和应用。

在静态定位和动态定位应用技术及定位误差方面作了深入的研究，研制开发了 GPS 静态定位和高动态高精度定位软件以及精密定轨软件。在理论研究与应用开发的同时，培养和造就了一大批技术人才和产业队伍。

近几年，我国已建成了北京、武汉、上海、西安、拉萨、乌鲁木齐等永久性的 GPS 跟踪站，进行对 GPS 卫星的精密定轨，为高精度的 GPS 定位测量提供观测数据和精密星历服务，致力于我国连续运行参考站网(Continuously Operating Reference System，CORS)系统建设，参与全球导航卫星系统(GNSS)和 GPS 增强系统(WAAS)的筹建。同时，我国正在建立自己的北斗卫星导航系统，已经在生产导航型和测地型 GNSS 接收机。

为了适应 GNSS 技术的应用与发展，1995 年成立了中国全球定位系统技术应用协会，2012 年 9 月正式更名为中国卫星导航定位协会(简称“中位协”)，英文名称为 GNSS and LBS Association of China，英文缩写“GLAC”。中位协是我国卫星导航与位置服务领域的全国性行业协会，协会现有会员单位近2 000个，理事和常务理事单位 450 个，会员单位包括从事全球导航卫星系统和位置服务技术应用的科研、生产、经营企事业单位、社会团体、科研院所、高等院校等单位。协会设有空间定位专业委员会、导航应用专业委员会、教育与发展专业委员会、市场专业委员会等 18 个专业委员会。

第二章　坐标系统和时间系统

GPS 卫星定位技术是通过安置在地球表面的 GPS 接收机同时接收 4 颗以上的 GPS 卫星发出的信号测定接收机的位置。观测站固定在地球表面，其空间位置随同地球的自转而运动，而观测目标——GPS 卫星却总是围绕地球质心旋转且与地球自转无关。这样，在卫星定位中，需要研究建立卫星在其轨道上运动的坐标系，并寻求卫星运动的坐标系与地面点所在的坐标系之间的关系，实现坐标系之间的转换。

卫星定位中常采用空间直角坐标系及其相应的大地坐标系，一般取地球质心为坐标系的原点。根据坐标轴指向的不同分为两类坐标系，即天球坐标系和地球坐标系。地球坐标系随同地球自转，可看做固定在地球上的坐标系，便于描述地面观测站的空间位置；天球坐标系与地球自转无关，便于描述人造地球卫星的位置。

§2.1　天球坐标系与地球坐标系

采用空间直角坐标系便于进行坐标转换。它可以通过平移和旋转从一个坐标系方便地转换至另一坐标系。空间直角坐标系用位置矢量在三个坐标轴上的投影作为表示空间点位置的一组参数(X，Y，Z)。完全定义一个空间直角坐标系必须明确：①坐标原点的位置；②三个坐标轴的指向；③长度单位。

根据选择的参数不同，还可以有其他形式的坐标系。例如天球坐标系(球面坐标系)、大地坐标系等。不管采用什么形式，在一个坐标系中，一组具体的参数值(坐标值)只表示唯一的空间点位，一个空间点位也对应唯一的一组参数值(坐标值)。经常使用的球面坐标系和大地坐标系与空间直角坐标系存在着明确、唯一的转换关系，在使用中它们是等价的。

2.1.1　天球坐标系

描述人造卫星的位置采用球面坐标系是方便的。在已定义的右手直角坐标系中，可按如下方式定义一个等价的球面坐标系。

图 2-1 为球面坐标系与直角坐标系。球面坐标系原点与直角坐标系原点重合，以原点 O 至空间点 P 的距离 r 作为第一参数；以 OP 与 OZ 轴的夹角 θ(取小于 π 的值)作为第二参数(在实际工作中，常以 $\delta=90°-\theta$ 代替 θ 作为第二参数)；第三参数 α 为 ZOX 平面与 ZOP 平面的夹角，自 ZOX 平面起算右旋为正。

对同一空间点，直角坐标系与其等效的球面坐标系参数间有如下转换关系：

$$\begin{cases} X = r\cos\alpha\cos\delta \\ Y = r\sin\alpha\cos\delta \\ Z = r\sin\delta \end{cases} \tag{2-1}$$

$$\begin{cases} r = \sqrt{X^2 + Y^2 + Z^2} \\ \alpha = \arctan(Y/X) \\ \delta = \arctan(Z/\sqrt{X^2 + Y^2}) \end{cases} \tag{2-2}$$

2.1.2 大地坐标系

在大地测量中，表示地面点的位置常使用大地坐标系。大地坐标系是通过一个辅助面(参考椭球面)定义的。在已定义的右手直角坐标系中，可按如下方式定义一个等价的大地坐标系。

图 2-2 表示大地坐标系与直角坐标系的关系。大地坐标系中的参考面是长半轴为 a、以短半轴 b 为旋转轴的椭球面。椭球面几何中心与直角坐标系原点重合；短半轴与直角坐标系的 Z 轴重合。大地坐标系的第一个参数——大地纬度 B 为过空间点 P 的椭球面法线与 XOY 平面的夹角，自 XOY 面向 OZ 轴方向量取为正；第二个参数——大地经度 L 为 ZOX 平面与 ZOP 平面的夹角，自 ZOX 平面起算右旋为正；第三个参数——大地高程 H 为过 P 点的椭球面法线上自椭球面至 P 点的距离，以远离椭球面中心方向为正。

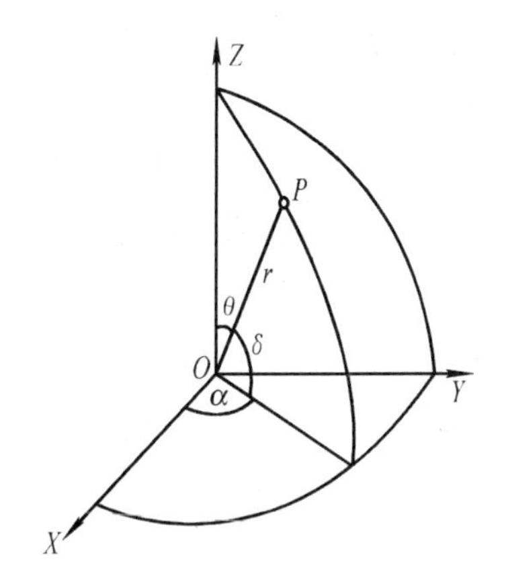

图 2-1 球面坐标系与直角坐标系

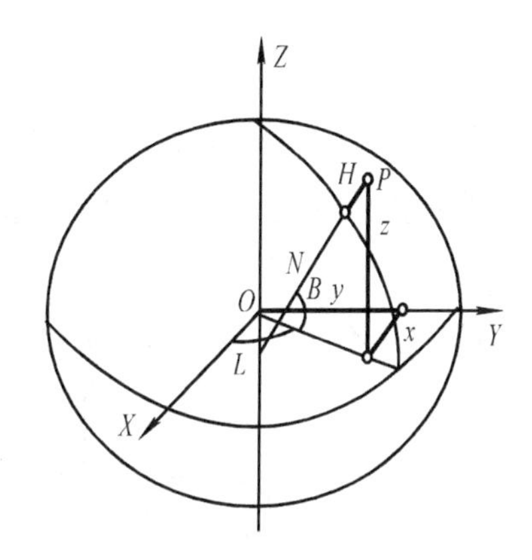

图 2-2 大地坐标系与直角坐标系

对同一空间点，直角坐标系与大地坐标系参数间的转换关系如下：

$$\begin{cases} X = (N + H)\cos B\cos L \\ Y = (N + H)\cos B\sin L \\ Z = [N(1 - e^2) + H]\sin B \end{cases} \tag{2-3}$$

$$\begin{cases} L = \arctan(Y/X) \\ B = \arctan\{Z(N + H)/[\sqrt{X^2 + Y^2}(N(1 - e^2) + H)]\} \\ H = Z/\sin B - N(1 - e^2) \end{cases} \tag{2-4}$$

式中, $N = a/\sqrt{1 - e^2\sin^2 B}$, N 为该点的卯酉圈曲率半径；$e^2 = (a^2 - b^2)/a^2$，a、e 分别为该大地坐标系对应椭球的长半轴和第一偏心率。

2.1.3 站心赤道直角坐标系与站心地平直角坐标系

使用站心地平坐标系能够比较直观方便地描述卫星与观测站之间的瞬时距离、方位角和高度角，了解卫星在天空中的分布情况。

图 2-3 为站心赤道直角坐标系与站心地平直角坐标系。

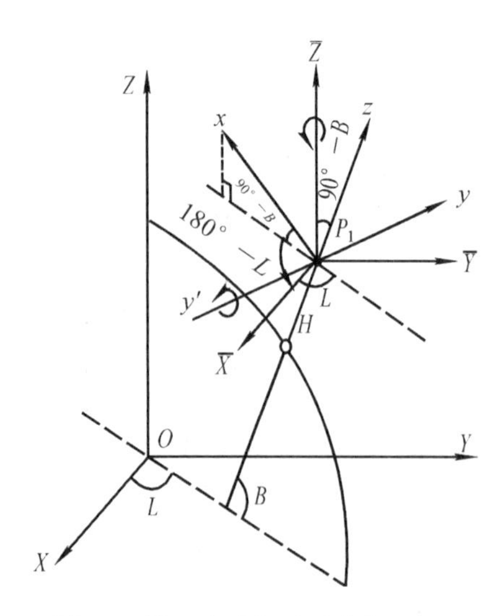

图 2-3　站心赤道与地平直角坐标系

如图 2-3 所示，P_1 是测站点，O 为球心。以 O 为原点建立球心空间直角坐标系 O-XYZ。以 P_1 为原点建立与 O-XYZ 相应坐标轴平行的 P_1-$\bar{X}\bar{Y}\bar{Z}$ 坐标系，叫做站心赤道直角坐标系。

显然，P_1-$\bar{X}\bar{Y}\bar{Z}$ 同 O-XYZ 坐标系有简单的平移关系：

$$\begin{bmatrix} X \\ Y \\ Z \end{bmatrix} = \begin{bmatrix} \bar{X} \\ \bar{Y} \\ \bar{Z} \end{bmatrix} + \begin{bmatrix} (N+H)\cos B\cos L \\ (N+H)\cos B\sin L \\ [N(1-e^2)+H]\sin B \end{bmatrix} \tag{2-5}$$

建立以 P_1 为原点的站心左手地平直角坐标系 P_1-xyz：以 P_1 点的法线为 z 轴（指向天顶为正），以子午线方向为 x 轴（向北为正），y 轴与 x、z 轴垂直（向东为正）。通过旋转变换，可将地平直角坐标系变换为站心赤道直角坐标系。先将 y 轴反向得 y'，绕 y' 轴旋转 $(90°-B)$，再绕 z 轴旋转 $(180°-L)$，即可将 P_1-xyz 化为 P_1-$\bar{X}\bar{Y}\bar{Z}$。

$$\begin{bmatrix} \bar{X} \\ \bar{Y} \\ \bar{Z} \end{bmatrix}_{站赤} = \boldsymbol{R}_z(180°-L)\,\boldsymbol{R}_y(90°-B)\,\boldsymbol{P}_y \begin{bmatrix} x \\ y \\ z \end{bmatrix}_{地平}$$

$$= \begin{bmatrix} -\sin B\cos L & -\sin L & \cos B\cos L \\ -\sin B\sin L & \cos L & \cos B\sin L \\ \cos B & 0 & \sin B \end{bmatrix} \begin{bmatrix} x \\ y \\ z \end{bmatrix}_{地平} \tag{2-6}$$

代入式（2-4）可得出站心左手地平直角坐标系与球心空间直角坐标系的关系式：

$$
\begin{bmatrix} X \\ Y \\ Z \end{bmatrix}_{\text{地心}} = \begin{bmatrix} -\sin B\cos L & -\sin L & \cos B\cos L \\ -\sin B\sin L & \cos L & \cos B\sin L \\ \cos B & 0 & \sin B \end{bmatrix} \begin{bmatrix} x \\ y \\ z \end{bmatrix}_{\text{地平}} + \begin{bmatrix} (N+H)\cos B\cos L \\ (N+H)\cos B\sin L \\ [N(1-e^2)+H]\sin B \end{bmatrix} \tag{2-7}
$$

类似于球面坐标系和直角坐标系的关系，以测站 P_1 为原点，用测站 P_1 至卫星 s 的距离 r、卫星的方位角 A、卫星的高度角 h 可建立与站心地平直角坐标系 $P_1\text{-}xyz$ 相等价的站心地平极坐标系 $P_1\text{-}rAh$。其中，方位角 A 为 zox 平面与 zos 的夹角，自 zox 平面起算左旋为正，高度角 h 为 os 与 xoy 平面的夹角。站心地平极坐标系与站心地平直角坐标系之间的关系可依据式(2-1)、式(2-2)写出：

$$
\begin{cases} x = r\cos A\cos h \\ y = r\sin A\cos h \\ z = r\sin h \end{cases} \tag{2-8}
$$

$$
\begin{cases} r = \sqrt{x^2 + y^2 + z^2} \\ A = \arctan(y/x) \\ h = \arctan(z/\sqrt{x^2 + y^2}) \end{cases} \tag{2-9}
$$

2.1.4　卫星测量中常用坐标系

卫星测量是利用空中卫星的位置确定地面观测点的位置。由于卫星围绕地球质心运动，所以卫星测量中通常定义地球质心为坐标系原点，按其三轴指向分别定义天球坐标系和地球坐标系，前者指向天球上的参考点(或方向)，后者指向地球上的参考点(或方向)。地球坐标系随地球自转而不断地相对于天球坐标系旋转。显然，地面上观测站使用地球坐标系表示其位置是方便的，而不随地球自转一起运动的天体和人造卫星则使用天球坐标系表示位置更为方便。

1. 瞬时极天球坐标系与地球坐标系

卫星定轨与导航定位中，接收机的位置通常是在地球坐标系内表示的，而卫星的位置通常在天球坐标系内表示。应用中需要把表示卫星位置的天球坐标系与表示测站位置的地球坐标系互相变换。由于地球的自转，地球坐标系与天球坐标系之间存在相对运动。如果使两坐标系原点重合，取为地球质心，两坐标系 z 轴重合，取为瞬时地球自转轴，则所定义的瞬时天球坐标系与瞬时地球坐标系具有最简便的变换关系。

瞬时极天球坐标系也称真天球(赤道)坐标系：原点位于地球质心，z 轴指向瞬时地球自转方向(真天极)，x 轴指向瞬时春分点(真春分点)，y 轴按构成右手坐标系取向。

瞬时极地球坐标系：原点位于地球质心，z 轴指向瞬时地球自转轴方向，x 轴指向瞬时赤道面和包含瞬时地球自转轴与平均天文台赤道参考点的子午面之交点，y 轴按构成右手坐标系取向。

瞬时极地球坐标系与瞬时极天球坐标系的转换关系为：

$$
\begin{bmatrix} x \\ y \\ z \end{bmatrix}_{et} = \boldsymbol{R}_z(\theta_G) \begin{bmatrix} x \\ y \\ z \end{bmatrix}_{ct} \tag{2-10}
$$

式中，下标 et 表示对应 t 时刻的瞬时极地球坐标系；ct 表示对应 t 时刻的瞬时极天球坐标系；θ_G为对应平格林尼治子午面的真春分点时角。

图 2-4 为瞬时极天球与地球坐标系的关系图。

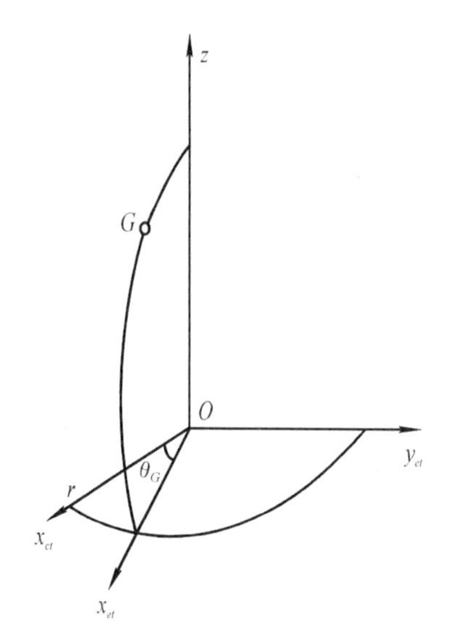

图 2-4 瞬时极天球与地球坐标系的关系

2. 固定极天球坐标系——平天球坐标系

瞬时极天球坐标系，即真天球坐标系可以方便地与地球坐标系相互变换，但由于真天极和真春分点方向不断变化，使瞬时极天球坐标系的坐标轴指向不断变化。

由于地球近似为旋转椭球，日、月对地球的引力产生力距，从而使地球自转轴在空间产生进动，即地球自转轴的方向在天球上缓慢地移动。地球自转轴的变化引起与它垂直的赤道面的倾斜，从而使春分点(黄道与赤道的交点)变化。这种运动取决于日、月、地球三者的相关位置，其结果使运动十分复杂。可以将运动分解为一个长周期变化和一系列短周期变化的叠加。地球自转轴的长周期变化约25 800年绕黄极一周。使春分点产生每年约50. 2″的长期变化，称之为日月岁差。一系列短周期变化中幅值最大的约为 9″，周期为18. 6 年，这些短周期变化统称为章动。春分点除因地球自转轴方向改变引起的变化外，还因黄道的缓慢变化(行星引力对地球绕日运动轨道的摄动)而变化，称为行星岁差。

瞬时极天球坐标系的坐标轴指向是不断变化的，也就是说它是一个不断旋转的坐标系。一个旋转的坐标系不是惯性系统，在这样的坐标系中不能直接使用牛顿第二定律，这对研究卫星的运动是很不方便的。因此需要建立一个三轴指向不变的天球坐标系，以便在这个坐标系内研究人造卫星的运动(计算卫星的位置)。而这个坐标系中所得到的卫星位置又可以方便地变换为瞬时极天球坐标系中的值，以便与地球坐标系进行坐标变换。

历元平天球坐标系(简称平天球坐标系)就是三轴指向不变的坐标系。选择某一个历元时刻(即时刻的起算点)，以此瞬间的地球自转轴和春分点方向分别扣除此瞬间的章动值作为 z 轴和 x 轴指向，y 轴按构成右手坐标系取向，坐标系原点与真天球坐标系相同。这样的坐标系称为该历元时刻的平天球坐标系。

瞬时极天球坐标系与历元平天球坐标系之间的坐标变换可以通过岁差与章动两次旋转

变换来实现。

(1)岁差旋转变换

ZM(t_0)表示历元 J2000.0 年(2000 年 1 月 1.5 日)平天球坐标系 z 轴指向，ZM(t)表示所论历元时刻 t 真天球坐标系 z 轴指向，由于岁差导致地球自转轴的运动使两坐标系 z 轴产生夹角 θ_A；同理，因岁差导致春分点的运动使两坐标系的 x 轴 XM(t_0)与 XM(t)产生夹角 ζ_A、Z_A。通过旋转变换得到这两个坐标系间的变换式为：

$$\begin{bmatrix} x \\ y \\ z \end{bmatrix}_{M(t)} = \boldsymbol{R}_z(-Z_A)\,\boldsymbol{R}_y(\theta_A)\,\boldsymbol{R}_z(-\zeta_A)\begin{bmatrix} x \\ y \\ z \end{bmatrix}_{M(t_0)} \tag{2-11}$$

式中，ζ_A、θ_A、Z_A为岁差参数。

(2)章动旋转变换

在已进行岁差旋转变换的基础上，还要进行章动旋转变换。类似地有：

$$\begin{bmatrix} x \\ y \\ z \end{bmatrix}_{c(t)} = \boldsymbol{R}_x(-\varepsilon-\Delta\varepsilon)\,\boldsymbol{R}_z(-\Delta\psi)\,\boldsymbol{R}_x(\varepsilon)\begin{bmatrix} x \\ y \\ z \end{bmatrix}_{M(t)} \tag{2-12}$$

式中，ε 为所论历元的平黄赤交角；$\Delta\psi$、$\Delta\varepsilon$ 分别为黄经章动和交角章动参数。

(3)岁差参数与章动参数的计算

岁差参数的计算公式为：

$$\begin{cases} \zeta_A = 2\,306.208\,1''t + 0.301\,88''\,t^2 + 0.017\,988''\,t^3 \\ \theta_A = 2\,004.310\,9''t - 0.042\,665''\,t^2 - 0.041\,833''\,t^3 \\ Z_A = 2\,306.218\,1''t + 1.094\,68''\,t^2 + 0.018\,203''\,t^3 \end{cases} \tag{2-13}$$

式中，$t = \dfrac{J_D - 2\,452\,545.0}{36\,525}$，为从历元 J2000.0 算至观测瞬间 J_D(以儒略日计)的儒略世纪数，即 t 为观测瞬间的 TAI 与 2000 年 1 月 1 日 TAI12 时的时间差以日为单位再除以36 525(注：儒略日是自公元前 4713 年 1 月 1 日格林尼治平午开始起算的累计天数，儒略历元 2 000.0历元对应的儒略日为2 452 545.0，对应的白塞尔历元为2 000.001 278。白塞尔年的长度对应的回归世纪长度为36 524.22平太阳日，儒略年的长度对应的儒略世纪长度为36 524.22平太阳日)。

章动参数的计算公式：

观测瞬间的平黄赤交角为：

$$\varepsilon_A = 84\,381.448'' - 46.815\,0''t - 0.000\,59''\,t^2 + 0.001\,813''\,t^3 \tag{2-14}$$

黄经章动 $\Delta\psi$ 和交角章动 $\Delta\varepsilon$ 的计算公式为：

$$\Delta\psi = \sum_{i=1}^{106}\left[(A_i + A_i't)\sin\left(\sum_{j=1}^{5} K_{ji}\,\alpha_j(t)\right)\right] \tag{2-15}$$

$$\Delta\varepsilon = \sum_{i=1}^{106}\left[(B_i + B_i't)\cos\left(\sum_{j=1}^{5} K_{ji}\,\alpha_j(t)\right)\right] \tag{2-16}$$

式中，t 同前，其余系数 A、B、K 和 $\alpha(t)$可在天文年历中查取。

3. 固定极地球坐标系——平地球坐标系

地球瞬时自转轴在地球上随时间而变，称为地极移动，简称极移。瞬时极地球坐标系是依瞬时地球自转轴定向的，这将使地球上的测站在该坐标系内不能得到一个确定不变的坐标表示。与天球坐标系一样，需要定义一个在地球上稳定不变的坐标系。这一稳定不变的坐标系与瞬时极地球坐标系应能方便地进行坐标转换。

1900 年国际大地测量与地球物理联合会以 1900. 00～1905. 05 年地球自转轴瞬时位置的平均位置作为地球的固定极称为国际协定原点 CIO。定义平地球坐标系的 z 轴指向国际协定原点。

由于地球不是刚体及其他一些地球物理因素的影响，地球瞬时极相对协定原点(也称平地极)的运动十分复杂，难以用解析式表示它们之间的关系，国际极移局 IPMS 通过观测于事后公布各时刻瞬时极对应平地极的坐标 x_p、y_p。取平地极为原点，x_p 轴指向格林尼治平子午圈，指向经度为 0°的方向，y_p 轴指向经度为 270°的方向。

图 2-5 为瞬时极与平极关系图。

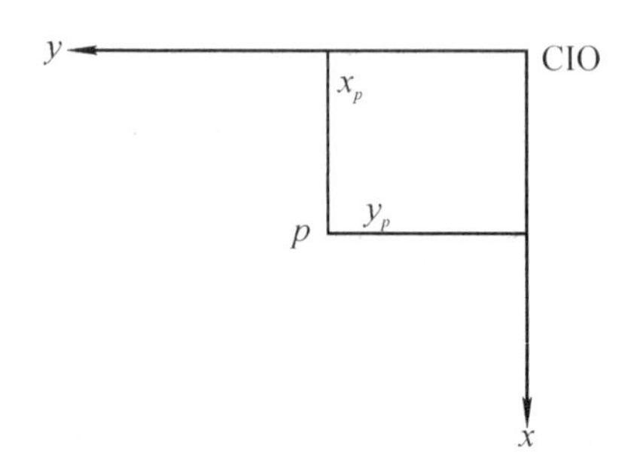

图 2-5　瞬时极与平极的关系

国际时间局发表的极坐标是根据所属约 40 个台站的观测结果推算的。初步坐标的间隔为 10 天，每一期包括2 030天，刊于该局出版的“B 通报”上。间隔为 10 天的最后坐标刊载于时间局出版的“时间公报”上，约迟 1 年出版。

平地球坐标系与瞬时地球坐标系的转换关系为：

$$\begin{bmatrix} x \\ y \\ z \end{bmatrix}_{em} = \boldsymbol{R}_y(-x''_p)\ \boldsymbol{R}_x(y''_p)\begin{bmatrix} x \\ y \\ z \end{bmatrix}_{et} \tag{2-17}$$

式中，下标 em 表示平地球坐标系；et 表示 t 时的瞬时地球坐标系；x''_p 与 y''_p 为 t 时刻以角度表示的极移值。

4. 坐标系的两种定义方式与协定坐标系

通常，理论上坐标系的定义过程是先选定一个尺度单位(一般采用标准米)，然后定义坐标原点的位置和坐标轴的指向。坐标系一经定义，任意几何点都具有一组在坐标系内的坐标值。反之亦然，即一组该坐标系内的坐标值就定义了一个几何点。实际应用中，在已知若干测站点的坐标值后，通过观测又可反过来定义该坐标系。可以将前一种方式称为坐标系的理论定义。而由一系列已知测站点所定义的坐标系称为协定坐标系。在点位坐标值不存在误差的情况下，这两种方式对坐标系的定义是一致的。

事实上，点位的坐标值通常是通过一定的测量手段得到的，它们总是含有误差的。由它们反过来定义的协定坐标系与原来的理论定义的坐标系会有所不同。尤其是所采用的已知点坐标值的个数多于坐标系定义所必需的参数时，只能通过平差的方法求得协定坐标系的有关参数。凡依据这些已知点位测定的其他点位的坐标值均属于这一协定坐标系而不属于理论定义的坐标系。例如，所测定的卫星轨道及利用卫星轨道所测定的点位均属于卫星跟踪站及其坐标值所定义的协定坐标系。GPS 所采用的坐标系统是测轨跟踪站及其坐标值所定义的协定坐标系。由于可以采用激光测卫、激光测月和甚长干涉等高精度测量手段，可以使 GPS 跟踪站的坐标误差很小(分米级)，即这种协定坐标系与理论定义的坐标系偏差不大。

GPS 卫星位置采用 WGS-84 大地坐标系。

§2.2　WGS-84 坐标系和我国大地坐标系

GPS 单点定位的坐标以及相对定位中解算的基线向量属于 WGS-84 大地坐标系，因为 GPS 广播星历是以 WGS-84 坐标系为根据而提供的。而实用的测量成果往往是属于某一国家坐标系或地方坐标系(或叫局部的参考坐标系)，应用中必须进行坐标转换。本节先介绍 WGS-84 坐标系及国家大地坐标系的有关常识、坐标系之间的转换。

2.2.1　WGS-84 大地坐标系

WGS-84 大地坐标系的几何定义是：原点位于地球质心，Z 轴指向 BIH1984.0 定义的协议地球极(CTP)方向，X 轴指向 BIH1984.0 的零子午面和 CTP 赤道的交点，Y 轴与 Z、X 轴构成右手坐标系。对应于 WGS-84 大地坐标系有一 WGS-84 椭球。

WGS-84 椭球及有关常数采用国际大地测量(IAG)和地球物理联合会(IUGG)第 17 届大会大地测量常数的推荐值，四个基本常数为：

长半轴 $a=6\ 378\ 137\pm2$ m；

地心引力常数(含大气层)$GM=(3\ 986\ 005\pm0.6)\times10^{8}(\mathrm{m}^{3}\cdot\mathrm{s}^{-2})$；

正常化二阶带谐系数 $\bar{C}_{2.0}=-484.166\ 85\times10^{-6}\pm1.30\times10^{-9}$(不用 J_2，而用 $\bar{C}_{2.0}=J_2\sqrt{5}$ 是为了保持与 WGS-84 的地球重力场模型系数相一致)；

地球自转角速度 $\omega=7\ 292\ 115\times10^{-11}\pm0.150\ 0\times10^{-11}(\mathrm{rad}\cdot\mathrm{s}^{-1})$。

利用以上 4 个基本常数，可以计算出其他的椭球常数，如第一、第二偏心率 e^2、e'^2 和扁率 α 分别为：

$$e^2=0.006\ 694\ 379\ 990\ 13$$

$$e'^2=0.006\ 739\ 496\ 742\ 27$$

$$\alpha=1/298.257\ 223\ 563$$

WGS-84 大地水准面高 N 等于由 GPS 定位测定的点的大地高 H 减该点的正高 $H_{正}$。N 值可以利用球谐函数展开式和一套 $n=m=180$ 阶项的 WGS-84 地球重力场模型系数计算得出；也可以用特殊的数学方法精确计算局部大地水准面高 N。一旦大地水准面高 N 确定之后，便可利用 $H_{正}=H-N$ 计算各 GPS 点的正高 $H_{正}$。

WGS-84 坐标系(参考框架)由美国军方于 1987 年建立，用于子午卫星系统(TRANSIT)。美国在发展第二代卫星导航系统 GPS 时，仍采用 WGS-84 坐标系。使用后发现，同一测点 GPS 与 TRANSIT 测定的点位坐标有差异，尤其在大地高方向存在系统性的偏差。经分析，偏差是由 TRANSIT 局限性造成的。为消除这一偏差，根据 GPS 在全球的跟踪网站的观测结果，计算出对 WGS-84 的修正。截至 2004 年 8 月，WGS-84 进行了 3 次修正(分别是 1994 年、1996 年和 2001 年)，分别表示为 WGS-84(G730)、WGS-84(G873)和 WGS-84(G1150)。括号中的 G 表示用 GPS 观测计算出的，G 后面的数字表示 GPS 周数。

2.2.2 国家大地坐标系

我国目前常用的国家大地坐标系有 1954 年北京坐标系、1980 年国家大地坐标系和 2000 国家大地坐标系，其中 2000 国家大地坐标系是我国北斗卫星导航系统(BDS)采用的坐标系统。

1. 1954 年北京坐标系

20 世纪 50 年代，在我国天文大地网建立初期，鉴于当时的历史条件，采用了克拉索夫斯基椭球元素(a=6 378 245 m，α=1/298.3)，并与前苏联 1942 年普尔科沃坐标系进行联测，通过计算建立了我国大地坐标系，定名为 1954 年北京坐标系。

1954 年北京坐标系和前苏联 1942 年普尔科沃坐标系有一定的关系(椭球参数和大地原点一致)，但又不完全是前苏联 1942 年普尔科沃坐标系。如大地点高程是以 1956 年青岛验潮站求出的黄海平均海水面为基准，高程异常是以前苏联 1955 年大地水准面重新平差结果为起算值，按我国天文水准路线推算出来的。

几十年来，我国按 1954 年北京坐标系完成了大量的测绘工作，在该坐标系上实施了天文大地网局部平差，通过高斯-克吕格投影得到点的平面坐标，测制了各种比例尺地形图。这一坐标系在国家经济建设和国防建设的各个领域中发挥了巨大的作用。该坐标系在今后相当长一个时期内，在一些部门还将继续使用。

2. 1980 年国家大地坐标系

为了进行全国天文大地网整体平差，采用了新的椭球元素和进行了新的定位与定向，1978 年以后，建立了 1980 年国家大地坐标系。

1980 年国家大地坐标系的大地原点设在我国中部——陕西省泾阳县永乐镇。

该坐标系是参心坐标系。椭球短轴 Z 轴平行于由地球地心指向 1968.0 地极原点(JYD)的方向；大地起始子午面平行于格林尼治平均天文台子午面，X 轴在大地起始子午面内与 Z 轴垂直指向经度零方向；Y 轴与 Z、X 轴成右手坐标系。椭球参数采用 1975 年国际大地测量与地球物理联合会第十六届大会的推荐值，四个基本常数是：

$$a = 6\ 378\ 140 \pm 5\ \text{m}$$

$$GM = (3\ 986\ 005 \pm 3) \times 10^{-8}\ \text{m}^3 \cdot \text{s}^{-2}$$

$$J_2 = (108\ 263 \pm 1) \times 10^{-8}$$

$$\omega = 7\ 292\ 115 \times 10^{-11}\ \text{rad} \cdot \text{s}^{-1}$$

由以上四个参数求出：

$$a = 6\ 378\ 140\ \text{m}$$

$$\alpha = 1/298.257$$

椭球定位时按我国范围内高程异常值平方和最小为原则求解参数。高程系统基准是 1956 年青岛验潮站求出的黄海平均海水面。

1980 年国家大地坐标系建立后，实施了全国天文大地网整体平差，提供了属于 1980 年国家大地坐标系的大地点成果。这种成果与原大地点局部平差成果属于两个不同的参心坐标系，这给实际的使用带来一定问题。使用部门和单位大量成果是 1954 年北京坐标系的。因而也有的部门和单位将 1980 年国家大地坐标系的空间直角坐标经三个平移参数平移变换至克氏椭球中心，椭球参数保持与 1954 年北京坐标系相同而建立所谓新 1954 年北京坐标系，这样新 1954 年坐标系与原 1954 年坐标系坐标接近，但其精度和 1980 年国家大地坐标系完全一样。

3. 2000 国家大地坐标系

我国目前使用的 1954 年北京坐标系和 1980 年国家大地坐标系(又称 1980 西安坐标系)，都是采用常规的大地测量技术建立的二维参心坐标系。随着科学技术的发展，尤其是空间技术的发展，迫切需要建立三维地心坐标系。

2000 国家大地坐标系(China Geodetic Coordinate System 2000，简称 CGCS2000)是由 2000 国家 GPS 大地控制网、2000 国家重力基本网及用常规大地测量技术建立的国家天文大地网联合平差获得的三维地心坐标系统。

2000 国家大地坐标系的参考历元为 2000.0，坐标系的定义为：

原点：包括海洋和大气的整个地球的质心；

定向：初始定向由 1984.0 时 BIH(国际时间局)定向给定；

CGCS2000 是右手地固直角坐标系。原点在地心，Z 轴为国际地球旋转局(IERS)参考极(IRP)方向，X 轴为 IERS 的参考子午面(IRM)与垂直于 Z 轴的赤道面的交线，Y 轴与 Z 轴和 X 轴构成右手正交坐标系。

参考椭球采用 2000 参考椭球，其参数是：

长半轴 $a=6\ 378\ 137$ m

地球(包括大气)引力常数 $GM=3.986\ 004\ 418\times10^{14}\ \mathrm{m^3\cdot s^{-2}}$

地球动力形状因子 $J_2=0.001\ 082\ 629\ 832\ 258$

地球旋转速度 $\omega=7.292\ 115\times10^{-5}\ \mathrm{rad\cdot s^{-1}}$

正常椭球与参考椭球一致。

2000 国家大地坐标系将是全国统一采用的大地基准。国家平面坐标系统采用高斯-克吕格投影的平面坐标系统，并以经度差 6°或 3°分带。

CGCS2000 是国家三维地心大地测量基准，几何与物理参数统一。CGCS2000 的建立使我国大地坐标框架的地心坐标精度由 ±5 m 提高到了 ±0.3 m，重力基本点的精度由 $\pm25\times10^{-8}\ \mathrm{m\cdot s^{-2}}$提高到$\pm7\times10^{-8}\ \mathrm{m\cdot s^{-2}}$。CGCS2000 是采用最小二乘平差、抗差估计和方差分量估计相结合的现代数据处理技术，提高了成果的精度和可靠性。

2.2.3 地方独立坐标系

我国许多城市、矿区基于实用、方便和科学的目的，将地方独立测量控制网建立在当地的平均海拔高程面上，并以当地子午线作为中央子午线进行高斯投影求得平面坐标。仔细地分析研究这些地方独立测量控制网，可以发现，这些网都有自己的原点、自己的定向，也就是说，这些控制网都是以地方独立坐标系为参考的。而地方独立坐标系则隐含着一个与当地平均海拔高程对应的参考椭球。该椭球的中心、轴向和扁率与国家参考椭球相同，其长半径则有一改正量。我们将该参考椭球称为地方参考椭球。下面讨论地方参考椭球长半径与国家参考椭球长半径的关系。

设某地方独立坐标系位于海拔高程为 h 的曲面上，该地方的大地水准面差距为 ζ，则该曲面离国家参考椭球的高度为：

$$\mathrm{d}N = h + \zeta \tag{2-18}$$

根据假定，两椭球的中心一致、轴向一致、扁率相等，仅长半径有一变值 $\mathrm{d}a$，即有：

$$\mathrm{d}N/N = \mathrm{d}a/a \tag{2-19}$$

即

$$\mathrm{d}a = (a/N) \cdot \mathrm{d}N$$

此处 a 为国家参考椭球长半径，N 为相应于该椭球的地方独立控制网原点的卯酉圈曲率半径。这样，使得地方参考椭球的长半径 a_L 为：

$$a_L = a + \mathrm{d}a$$

根据假定有：

$$\alpha_L = \alpha$$

α_L和 α 分别为地方参考椭球和国家参考椭球的扁率。

于是，地方参考椭球和国家参考椭球的关系可以表述为：

中心一致：

$$X_0 = 0,\ Y_0 = 0,\ Z_0 = 0 \tag{2-20}$$

轴向一致：

$$\varepsilon_x = 0,\ \varepsilon_y = 0,\ \varepsilon_z = 0 \tag{2-21}$$

扁率相等：

$$\alpha_L = \alpha \tag{2-22}$$

长半径有一增量：

$$\begin{cases} \mathrm{d}a = (\mathrm{d}N/N) \cdot a \\ a_L = a + \mathrm{d}a \end{cases} \tag{2-23}$$

2.2.4 ITRF 坐标框架简介

国际地球参考框架 ITRF(International Terrestrial Reference Frame)是一个地心参考框架。它是由空间大地测量观测站的坐标和运动速度来定义的，是国际地球自转服务 IERS (International Earth Rotation Service)的地面参考框架。由于章动、极移影响，国际协定地极原点 CIO 变化，所以 ITRF 框架每年也都在变化。根据不同的时间段可定义不同的 ITRF，如 ITRF-93 框架、ITRF-94 框架、ITRF_{96}框架(1996 年 7 月 1 日以后的 IGS 星历都是在此框架下给出的)等。它们的尺度和定向参数分别由人卫激光测距和 IERS 公布的地球定向参数序列确定。

ITRF 框架实质上也是一种地固坐标系，其原点在地球体系(含海洋和大气圈)的质心，以 WGS-84 椭球为参考椭球。

ITRF 框架为高精度的 GPS 定位测量提供较好的参考系，近几年已被广泛地用于地球动力学研究、高精度大区域控制网的建立等方面，如青藏高原地球动力学研究、国家 A 级网平差、深圳市 GPS 框架网的建立等都采用了 ITRF 框架。一个测区在使用 ITRF 框架时，一般以高级约束点的参考框架来确定本测区的框架。例如，在深圳市 GPS 框架建立时，选用了 96 国家 A 级网的贵阳、广州、武汉三个 A 级站(其中武汉为 IGS 永久跟踪站)为约束基准，而 96A 级网的参考框架为 ITRF-93 框架，参考历元为 96.365，所以深圳市 GPS 框架的基准也选用 ITRF-93 框架为参考点。

在 ITRF 框架提出前，对全球性及大区域精密定位问题几乎都采用 VLBI 及 SLR 获取有关点的资料而建立坐标系。目前几乎所有的 IGS 精密星历都是在 ITRF 框架下提供的。所以在应用精密星历进行 GPS 数据处理时，应当注意所提供的精密星历的参考框架问题。

2.2.5 GLONASS 卫星导航系统采用的 PZ-90 坐标系

GLONASS 卫星导航系统在 1993 年以前采用前苏联的 1985 年地心坐标系(1985 Sovit Geodetic System，SGS-85)，1993 年后改用 PZ-90 坐标系(Parameter of the Earth)，2007 年 9 月得到更新，更新后的 PZ-90.02 与 ITRF 基本一致。PZ-90 坐标系和 GPS 采用的 WGS-84 坐标系均属于地心地固坐标系。

PZ-90 坐标系的定义是：坐标原点位于地球质心，Z 轴指向国际地球自转服务局(IERS)推荐的协议地极原点，即 1900—1905 年的平均北极，X 轴指向地球赤道与 BIH 定义的零子午线的交点，Y 轴按右手坐标系定义。

PZ-90 大地坐标系采用的参考椭球参数为：

椭球长半径 $a=6\ 378\ 136$ m；

扁率 $f=1/298.257\ 839\ 303$，二阶带谐系数 $J_2=108\ 262.57\times10^{-8}$；

地球引力常数 $GM=398\ 600.44\times10^{9}\ \mathrm{m^3/s^2}$；

地球自转角速度 $\omega=7\ 292\ 115\times10^{-11}$ rad/s。

PZ-90 坐标系与 WGS-84 坐标系之间的关系：由于存在测轨跟踪站坐标误差和测量误差，定义的坐标系与实际使用的坐标系存在一定的差距。PZ-90 与 WGS-84 两者之间也存在差异。PZ-90 与 WGS-84 在地球表面的坐标差异可达20 m。近年来，通过地面点在两坐标系中的坐标求解两坐标系之间的转换参数，利用空间技术确定卫星在两个坐标系中的坐标求解转换参数等方法，求取了不少组转换参数。1997 年，俄罗斯任务控制中心(MCC)利用全球激光跟踪测轨数据，采用从控制中心获取的 GLONASS 精密星历，在卫星轨道确定中顾及地球极移的影响，计算了由 PZ-90 转换为 WGS-84 较为精确的转换参数，它们分别为：

三个平移参数：-0.47 m，-0.51 m，-1.56 m；

一个尺度比参数：22×10^{9}；

三个旋转角参数：0.076×10^{-6} rad，0.017×10^{-6} rad，-1.728×10^{-6} rad。

§2.3 坐标系统之间的转换

坐标系统之间的转换包括不同参心大地坐标系统之间的转换、参心大地坐标系与地心大地坐标系之间的转换以及大地坐标与高斯平面坐标之间的转换等。实际应用中需要将 GPS 点的 WGS-84 坐标转换为地面网的坐标。因此，需要讨论坐标系统之间的转换问题。

2.3.1 不同空间直角坐标系统之间的转换

进行两个不同空间直角坐标系统之间的坐标转换，需要求出坐标系统之间的转换参数。转换参数一般是利用重合点的两套坐标值通过一定的数学模型进行计算。当重合点数为 3 个以上时，可以采用布尔萨 7 参数法进行转换。

设 $\boldsymbol{X}_{Di}$ 和 $\boldsymbol{X}_{Gi}$ 分别为地面网点和 GPS 网点的参心和地心坐标向量。由布尔萨模型可知：

$$\boldsymbol{X}_{Di}=\Delta\boldsymbol{X}+(1+k)\boldsymbol{R}(\varepsilon_z)\boldsymbol{R}(\varepsilon_y)\boldsymbol{R}(\varepsilon_x)\boldsymbol{X}_{Gi} \tag{2-24}$$

式中，$\boldsymbol{X}_{Di}=(X_{Di}, Y_{Di}, Z_{Di})$，$\boldsymbol{X}_{Gi}=(X_{Gi}, Y_{Gi}, Z_{Gi})$，$\Delta\boldsymbol{X}=(\Delta X, \Delta Y, \Delta Z)$是平移参数矩阵；$k$是尺度变化参数；

$$\boldsymbol{R}(\varepsilon_z)=\begin{bmatrix}\cos\varepsilon_z & \sin\varepsilon_z & 0\\ -\sin\varepsilon_z & \cos\varepsilon_z & 0\\ 0 & 0 & 1\end{bmatrix},\quad \boldsymbol{R}(\varepsilon_y)=\begin{bmatrix}\cos\varepsilon_y & 0 & -\sin\varepsilon_y\\ 0 & 1 & 0\\ \sin\varepsilon_y & 0 & \cos\varepsilon_y\end{bmatrix}$$

$$\boldsymbol{R}(\varepsilon_x)=\begin{bmatrix}1 & 0 & 0\\ 0 & \cos\varepsilon_x & \sin\varepsilon_x\\ 0 & -\sin\varepsilon_x & \cos\varepsilon_x\end{bmatrix}$$为旋转参数矩阵。

通常将ΔX、ΔY、ΔZ、k、ε_x、ε_y、ε_z称为坐标系间的转换参数。

为了简化计算，当k、ε_x、ε_y、ε_z为微小量时，忽略其间的互乘项，且$\cos\varepsilon\approx 1$，$\sin\varepsilon\approx\varepsilon$，则上述模型变为：

$$\begin{bmatrix}X_{Di}\\ Y_{Di}\\ Z_{Di}\end{bmatrix}=\begin{bmatrix}\Delta X\\ \Delta Y\\ \Delta Z\end{bmatrix}+(1+k)\begin{bmatrix}X_{Gi}\\ Y_{Gi}\\ Z_{Gi}\end{bmatrix}+\begin{bmatrix}0 & \varepsilon_z & -\varepsilon_y\\ -\varepsilon_z & 0 & \varepsilon_x\\ \varepsilon_y & -\varepsilon_x & 0\end{bmatrix}\begin{bmatrix}X_{Gi}\\ Y_{Gi}\\ Z_{Gi}\end{bmatrix} \tag{2-25}$$

令$\boldsymbol{R}=(\Delta X, \Delta Y, \Delta Z, k, \varepsilon_x, \varepsilon_y, \varepsilon_z)^{\mathrm{T}}$，

$$\boldsymbol{C}_i=\begin{bmatrix}1 & 0 & 0 & X_{Gi} & 0 & -Z_{Gi} & Y_{Gi}\\ 0 & 1 & 0 & Y_{Gi} & Z_{Gi} & 0 & -X_{Gi}\\ 0 & 0 & 1 & Z_{Gi} & -Y_{Gi} & X_{Gi} & 0\end{bmatrix}$$

式(2-25)可简写为：

$$\boldsymbol{X}_{Di}=\boldsymbol{X}_{Gi}+\boldsymbol{C}_i\boldsymbol{R} \tag{2-26}$$

通过上述模型，利用重合点的两套坐标值$\boldsymbol{X}_{Di}$和$\boldsymbol{X}_{Gi}(i=1, 2, \cdots, N)$，采取平差的方法可以求得转换参数。求得转换参数后，再利用上述模型进行各点的坐标转换(包括重合点和非重合点的坐标转换)。对于重合点来说，转换后的坐标值与已知值有一差值，其差值的大小反映转换后坐标的精度。其精度与被转换的坐标精度有关，也与转换参数的精度有关。

实际应用中对于局部 GPS 网还可应用基线向量求解转换参数的方法，这种方法是先求出各重合点相对地面网原点的基线向量，然后利用基线向量求定转换参数。具体做法如下：

对于地面网原点，由式(2-24)有：

$$\boldsymbol{X}_{D0}=\Delta\boldsymbol{X}+(1+k)\boldsymbol{R}(\varepsilon_z)\boldsymbol{R}(\varepsilon_y)\boldsymbol{R}(\varepsilon_x)\boldsymbol{X}_{G0} \tag{2-27}$$

式(2-24)减去式(2-27)得：

$$\boldsymbol{X}_{Di}=\boldsymbol{X}_{D0}+(1+k)\boldsymbol{R}(\varepsilon_z)\boldsymbol{R}(\varepsilon_y)\boldsymbol{R}(\varepsilon_x)(\boldsymbol{X}_{Gi}-\boldsymbol{X}_{G0}) \tag{2-28}$$

可以假定$i=1$为原点。式(2-28)实际上是以一点为原点，其余点与原点的坐标差——基线向量为已知值的坐标转换式。利用此式可列出误差方程式，求转换参数(只有 3 个旋转角ε_x、ε_y、ε_z和尺度变化参数k)。

实际数据计算表明，第二种方法的精度优于第一种方法。

2.3.2 不同大地坐标系的换算

不同大地坐标系的换算，除了上述 7 个参数外，还应增加两个转换参数，这就是两种大地坐标系所对应的地球椭球参数(da，$d\alpha$)。不同大地坐标系的换算公式又称大地坐标微分公式或变换椭球微分公式。这部分公式比较复杂，可参见有关大地测量教科书。

2.3.3 将大地坐标(B，L)转换为高斯平面坐标(x，y)

将大地坐标(B，L)转换为高斯平面坐标，按照高斯投影正算公式进行。具体内容可参照有关大地测量教科书，这里仅列出公式部分项目。

高斯投影正算公式为：

$$\begin{cases} x = X_0 + 0.5N\sin B\cos B \cdot l^2 + \cdots \\ y = N\cos B \cdot l + 1/6N\cos^3 B \cdot l^3(1 - t^2 + \eta^2) + \cdots \end{cases} \tag{2-29}$$

式中，X_0为由赤道到地面点 P 在参考椭球上的投影点 P_0之间的子午线弧长；N 为 P_0点的卯酉圈曲率半径；l 为 P_0点的经度 L 与投影带的中央子午线经度 L_0之差。

§2.4 时间系统

在 GPS 卫星定位中，时间系统有着重要的意义。作为观测目标的 GPS 卫星以每秒几公里的速度运动。对观测者而言，卫星的位置(方向、距离、高度)和速度都在不断地迅速变化。因此，在卫星测量中，例如在由跟踪站对卫星进行定轨时，每给出卫星位置的同时，必须给出对应的瞬间时刻。当要求 GPS 卫星位置的误差小于1 cm时，相应时刻的误差应小于2.6 μs。又如在卫星定位测量中，GPS 接收机接收并处理 GPS 卫星发射的信号，测定接收机至卫星之间的信号传播时间，再乘以光速换算成距离，进而确定测站的位置。因此，要准确地测定观测站至卫星的距离，必须精确地测定信号的传播时间。如果要求距离误差小于1 cm，则信号传播时间的测定误差应小于0.03 ns。所以，任何一个观测量都必须给定取得该观测量的时刻。为了保证观测量的精度，对观测时刻要有一定的精度要求。

时间系统与坐标系统一样，应有其尺度(时间单位)与原点(历元)。只有把尺度与原点结合起来，才能给出时刻的概念。

理论上，任何一个周期运动，只要它的运动是连续的，其周期是恒定的，并且是可观测和用实验复现的，都可以作为时间尺度(单位)。实际上，我们所能得到的(或实用的)时间尺度能在一定的精度上满足这一理论要求。随着观测技术的发展和更加稳定的周期运动的发现而不断趋近这一理论要求。实践中，由于所选用的周期运动现象不同，便产生了不同的时间系统。

2.4.1 恒星时 ST(Sidereal Time)

以春分点为参考点，由春分点的周日视运动所定义的时间系统为恒星时系统。其时间尺度为：春分点连续两次经过本地子午圈的时间间隔为一恒星日，一恒星日分为 24 个恒星时。恒星时以春分点通过本地上子午圈时刻为起算原点，所以恒星时在数值上等于春分点相对于本地子午圈的时角。恒星时具有地方性，同一瞬间对不同测站的恒星时是不同的，所以恒星时也称为地方恒星时。

恒星时是以地球自转为基础的。由于岁差、章动的影响，地球自转轴在空间的指向是变化的，春分点在天球上的位置并不固定。对于同一历元所相应的真天极和平天极，有真春分点和平春分点之分。因此，相应的恒星时也有真恒星时和平恒星时之分。恒星时在天文学中有着广泛的应用。

2.4.2 平太阳时 MT(Mean Solar Time)

由于地球围绕太阳的公转轨道为一椭圆，太阳的视运动速度是不均匀的。假设一个平太阳以真太阳周年运动的平均速度在天球赤道上做周年视运动，其周期与真太阳一致。则以平太阳为参考点，由平太阳的周日视运动所定义的时间系统为平太阳时系统。其时间尺度为：平太阳连续两次经过本地子午圈的时间间隔为一平太阳日，一平太阳日分为 24 平太阳时。平太阳时以平太阳通过本地上子午圈时刻为起算原点，所以平太阳时在数值上等于平太阳相对于本地子午圈的时角。同样，平太阳时也具有地方性，故常称其为地方平太阳时或地方平时。

2.4.3 世界时 UT(Universal Time)

以平子夜为零时起算的格林尼治平太阳时定义为世界时 UT。世界时与平太阳时的尺度相同，但起算点不同。1956 年以前，秒被定义为一个平太阳日的1/86 400。这是以地球自转这一周期运动作为基础的时间尺度。由于地球自转的不稳定性，在 UT 中加入极移改正即得到 UT1。由于高精度石英钟的普遍采用以及观测精度的提高，人们发现地球自转周期存在着季节变化、长期变化及其他不规则变化。UT1 加上地球自转速度季节性变化后为 UT2。1956 年，国际上采用新的秒长定义，即历书时秒等于回归年长度的 1/31 556 925.974 7。就时间尺度而言，世界时已被历书时 ET 所代替，之后，又于 1976 年为原子时所取代。但是 UT1 在卫星测量中仍被广泛使用，只是它不再作为时间尺度，而是因它数值上表征了地球自转相对恒星的角位置，故用于天球坐标系与地球坐标系之间的转换计算。

2.4.4 原子时 ATI(International Atomic Time)

随着对时间准确度和稳定度要求的不断提高，以地球自转为基础的世界时系统难以满足要求。20 世纪 50 年代，便开始建立以物质内部原子运动的特征为基础的原子时系统。原子时的秒长被定义为铯原子Cs^{133}基态的两个超精细能级间跃迁辐射振荡9 192 631 170周所持续的时间。原子时的起点，按国际协定取为 1958 年 1 月 1 日 0 时 0 秒(UT2)(事后发现在这一瞬间 ATI 与 UT2 相差0.003 9 s)。就目前的观测水平而言，这一时间尺度是均匀的(所依据的周期运动具有稳定的周期)。这一时间尺度被广泛地应用于动力学作为时间单位，其中包括卫星动力学。

2.4.5 协调世界时 UTC(Coordinated Universal Time)

目前许多应用部门仍然要求时间系统接近世界时 UT。协调世界时 UTC 即是一种折中办法。它采用原子时秒长，但因原子时比世界时每年快约1 s，两者之差逐年积累，便采用跳秒(闰秒)的方法使协调时与世界时的时刻相接近，其差不超过1 s。它既保持时间尺度的均匀性，又能近似地反映地球自转的变化。按国际无线电咨询委员会(CCIR)通过的关于 UTC 的修正案，从 1972 年 1 月 1 日起 UTC 与 UT1 之间的差值最大可以达到±0.9 s，超过或接近时以跳秒补偿，跳秒一般安排在每年 12 月末或 6 月末。具体日期由国际时间局安排并通告。为了使用 UT1 的用户能得到精度较高的 UT1 时刻，时间服务部门在发播 UTC 时号的同时，还给出了与 UTC 差值的信息(目前我国的授时部门仍然在直接发播的 UT1 时号)。这样可以方便地自协调时 UTC 得到世界时 UT1：

$$T_{UT1} = T_{UTC} + \Delta T \tag{2-30}$$

式中，$\Delta T = T_{UT1} - T_{UTC}$ 即为所发播的差值。

2.4.6 GPS 时间系统

GPS 系统是测时测距系统。时间在 GPS 测量中是一个基本的观测量。卫星的信号、卫星的运动、卫星的坐标都与时间密切相关。对时间的要求既要稳定又要连续。为此，GPS 系统中卫星钟和接收机钟均采用稳定而连续的 GPS 时间系统。

GPS 时间系统采用原子时 ATI 秒长作为时间基准，但时间起算的原点定义在 1980 年 1 月 6 日 UTC0 时。启动后不跳秒，保持时间的连续。以后随着时间的积累，GPS 时与 UTC 时的整秒差以及秒以下的差异通过时间服务部门定期公布(至 1995 年相差达10 s)。卫星播发的卫星钟差也是相对 GPS 时间系统的钟差，在利用 GPS 直接进行时间校对时应注意到这一问题。

GPS 时与 ATI 时在任一瞬间均有一常量偏差：

$$T_{ATI} - T_{GPS} = 19(\mathrm{s})$$

GPS 时间系统与各种时间系统的关系如图 2-6 所示。

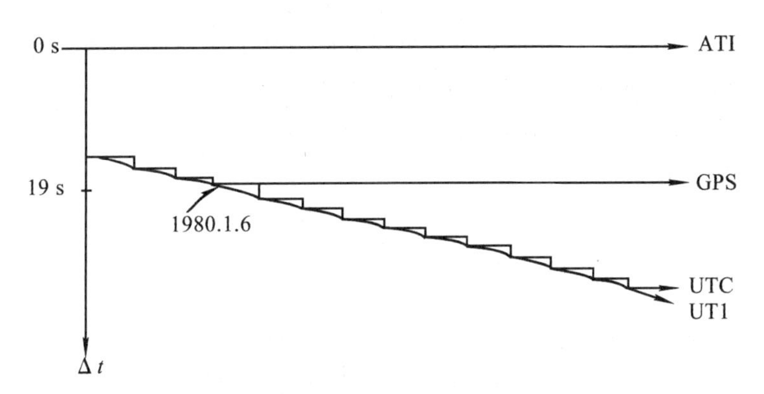

图 2-6　GPS 时间系统与各种时间系统

2.4.7 时间系统之间的关系

(1)真恒星时 LS 与平恒星时 MS

地面某点的$(T_{LS}-T_{MS})$=格林尼治原点的$(T_{LS}-T_{MS}) = \Delta\psi \cdot \cos\varepsilon$

式中，$\Delta\psi$、ε 分别为黄经章动和黄赤交角。

地面某点真恒星时(或平恒星时)与格林尼治真恒星时(或平恒星时)之差等于地面该点的经度 λ。也可以说地面两点之间的恒星时之差等于两点之间的经度之差。

(2)世界时 UT 与平太阳时 MT

根据定义，世界时 UT 与平太阳时 MT 之间的关系为：

$$T_{\mathrm{UT}} = T_{\mathrm{GMT}}(\text{格治平太阳时}) + 12\ \mathrm{h}$$
$$T_{\mathrm{UT1}} = T_{\mathrm{UT0}}(\text{未经改正}) + \Delta\lambda(\text{极移改正}) \tag{2-31}$$

式中，

$$\Delta\lambda = \frac{1}{15}(x_p \sin\lambda - y_p \cos\lambda)\tan\varphi \tag{2-32}$$

$$T_{\mathrm{UT2}} = T_{\mathrm{UT1}} + \Delta TS(\text{地球自转速度季节变化改正}) \tag{2-33}$$

式中，$\Delta TS = 0.022\sin 2\pi t - 0.012\cos 2\pi t - 0.006\sin 4\pi t + 0.007\cos 4\pi t$，$t$ 为白塞尔年岁首回归年的小数部分。

(3)恒星时与平太阳时时间段之间的关系

根据平太阳 1 回归年为 365.242 2 平太阳日，同时又等于 366.242 2 恒星日，不难得出恒星时与平太阳时时间段之间的关系为：

1 平太阳日 =(366.242 2/365.242 2) * 1 恒星日 = 1.002 737 909 26 恒星日

或　　1 恒星日 = 0.997 269 566 42 平太阳日

(4)原子时 TAI 与世界时 UT2 的关系

$$T_{\mathrm{TAI}} = T_{\mathrm{UT2}} - 0.003\ 9\ \mathrm{s} \tag{2-34}$$

(5)原子时 TAI 与协调世界时 UTC、GPS 时的关系

$$T_{\mathrm{TAI}} = T_{\mathrm{UTC}} + n = T_{\mathrm{GPS}} + 19\ \mathrm{s} \tag{2-35}$$

式中，n 为跳秒(或闰秒)的调整参数。

(6)力学时 TDT 与原子时 TAI

天文学中，以天体动力学理论编算天体的星历而建立的时间系统定义为力学时。相对于太阳系质心的运动方程所采用的时间系统叫太阳系质心力学时 TDB；相对于地球质心的运动方程所采用的时间系统叫地球质心力学时 TDT。

TDT 与原子时的尺度一致，国际天文学联合会(IAU)决定，1977 年 1 月 1 日原子时(TAI)0 与 TDT 的关系为：

$$T_{\mathrm{TDT}} = T_{\mathrm{TAI}} + 32.184\ \mathrm{s} \tag{2-36}$$

2.4.8 BDS 时间系统

北斗卫星导航系统时间基准为北斗时(BDT)。BDT 采用国际单位制(SI)秒为基本单位连续累计，不闰秒，起始历元为 2006 年 1 月 1 日协调世界时(UTC)00 时 00 分 00 秒，采用周和周内秒计数。BDT 通过 UTC(NTSC——中国科学院国家授时中心)与国际 UTC 建立联系，BDT 与 UTC 的偏差保持在100 ns以内(模1 s)。BDT 与 UTC 之间的闰秒信息在导航电文中播报。

对于某一历元，BDT 与 GPST 之间差 14 s 常数，当进行 GPS 与 BDS 融合数据处理时，要注意这一差异，即

$$\mathrm{BDT} = \mathrm{GPST} - 14\ \mathrm{s}$$

第三章　卫星运动基础及 GPS 卫星星历

§3.1　概述

人造地球卫星绕地球的运动状态取决于它所受到的各种作用力。这些作用力主要有地球对卫星的引力、太阳、月亮对卫星的引力、大气阻力、太阳光压、地球潮汐力等。在这些作用力中，地球引力是主要的。如果将地球引力视为 1，则其他作用力均小于 10^{-5}。在这多种力的作用下，卫星在空间运行的轨迹极其复杂，难以用简单而精确的数学模型表达。为了研究卫星运动的基本规律，可将卫星受到的作用力分为两类，第一类是地球质心引力，即将地球看做密度均匀或由无限多密度均匀的同心球层所构成的圆球，可以证明它对球外一点的引力等效于质量集中于球心的质点所产生的引力，这种引力姑且叫做中心引力。然而地球实际为非球形对称(近似为椭球体)，这种非球形对称的地球引力场便对卫星产生非中心的引力，加上日月引力、大气阻力、太阳光压、地球潮汐力等便产生了第二类名为摄动力的非中心引力。摄动力与中心引力相比，仅为 10^{-3}量级。

我们可以把卫星只受地心引力的作用作为一种近似于研究卫星的运动。忽略所有的摄动力，仅考虑地球质心引力研究卫星相对于地球的运动，在天体力学中，称之为二体问题。二体问题下的卫星运动虽然是一种近似描述，但能得到卫星运动的严密分析解，从而可以在此基础上再加上摄动力来推求卫星受摄运动的轨道。在摄动力的作用下，卫星的运动将偏离二体问题的运动轨道，通常称考虑了摄动力作用的卫星运动为卫星的受摄运动。

GPS 卫星的高度为 2 万 km。利用 GPS 卫星进行定位测量，要达到 10^{-7}的相对定位精度，要求 GPS 卫星的定轨精度应能保证达到2 m的精度。在这种情况下，任何摄动力的模型必须满足和达到2 m级精度。目前，GPS 卫星的广播星历轨道误差约为30 m。广播星历30 m的误差将以 1.2×10^{-6}的误差引入基线。因此，广播星历误差构成了 GPS 相对定位的主要误差来源。若要进行高精度的相对定位，在实际应用中必须研究 GPS 卫星的运行规律，改进 GPS 卫星的定轨精度。

本章对卫星的二体问题、卫星的受摄运动以及 GPS 卫星星历作简要的介绍。

§3.2　卫星的无摄运动

3.2.1　卫星运动的轨道参数

只考虑地球质心引力作用的卫星运动称为卫星的无摄运动。在研究卫星的无摄运动中，将地球和卫星看做两个质点，作为二体问题研究两个质点在万有引力作用下的运动。

卫星 S 围绕地球质心 O 的运动关系如图 3-1 所示。

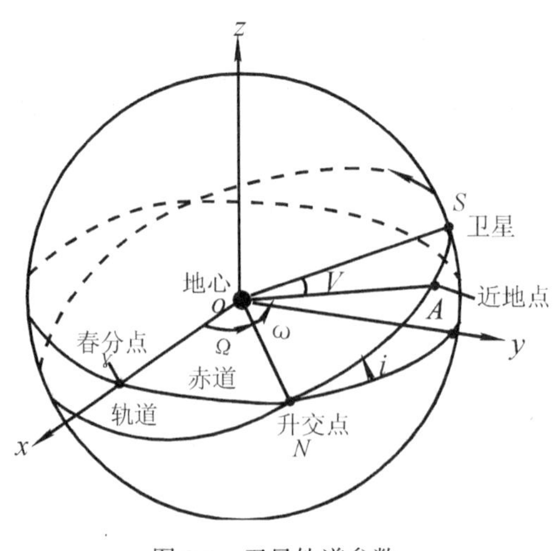

图 3-1　卫星轨道参数

由开普勒定律可知，卫星运行的轨道是通过地心平面上的椭圆，且椭圆的一个焦点与地心相重合。确定椭圆形状和大小需要两个参数，即椭圆的长半径 a 及其偏心率 e(或椭圆的短半径 b)。另外，为了确定任意时刻卫星在轨道上的位置，需要一个参数，可以取真近点角 V(在轨道平面上卫星与近地点之间的地心角距)。

参数 a、e 和 V 唯一地确定了卫星轨道的形状、大小以及卫星在轨道上的瞬时位置。但是，这时卫星轨道平面与地球体的相对位置和方向还无法确定。根据开普勒第一定律，轨道椭圆的一个焦点与地球的质心相重合，所以，为了确定该椭圆在天球坐标系中的方向，尚需三个参数，它们是：

Ω——升交点的赤径，即在地球赤道平面上，升交点 N 与春分点 γ 之间的地心夹角。升交点 N 即当卫星由南向北运动时，其轨道与地球赤道面的一个交点。

i——轨道面的倾角，即卫星轨道平面与地球赤道面之间的夹角。

Ω、i 两个参数唯一地确定了卫星轨道平面与地球体之间的相对定向。

ω——近地点角距，即在轨道平面上近地点 A 与升交点 N 之间的地心角距。这一参数表达了开普勒椭圆在轨道平面上的定向。

卫星的无摄运动一般可通过一组适宜的参数来描述，但是，这组参数的选择并不是唯一的。上述一组应用广泛的参数(a, e, V, Ω, i, ω)称为开普勒轨道参数，或称轨道根数。

顺便指出，选用上述 6 个参数来描述卫星的轨道运动，一般来说是合理而必要的。但在特殊情况下，例如当卫星轨道为一圆形轨道，即 $e=0$ 时，参数 ω 和 V 便失去意义。对于 GPS 卫星来说，$e\approx0.01$，所以采用上述 6 个轨道参数是适宜的。至于参数 a、e、Ω、i、ω 的大小，则是由卫星的发射条件决定的。

3.2.2　二体问题的运动方程

研究卫星 S 绕地球 O 的运动，主要是研究卫星运动状态随时间的变化规律。根据物理学中牛顿定律可以很方便地得到二体问题的卫星运动方程。

图 3-1 中，O 为地球质心，S 为卫星，设 M 和 m 分别为地球和卫星的质量，$r=OS$ 为卫星的位置矢量。根据万有引力定律，O 与 S 之间的引力大小为 GMm/r^2。二体问题中，地球 O 和卫星 S 两个质点均受到万有引力的作用，它们的大小相等、方向相反。

用 F_s、F_e分别表示卫星与地球所受到的引力作用力，则有：

$$\begin{cases} F_s = -(GMm/r^2) \cdot r^{\circ} \\ F_e = +(GMm/r^2) \cdot r^{\circ} \end{cases} \tag{3-1}$$

式中，G 为万有引力常数，$G=(6\ 672\pm4.1)\times10^{-14}\ \mathrm{N\cdot m^2\cdot kg^{-2}}$。

设 a_s、a_e为 S、O 在万有引力作用下所产生的加速度，则根据牛顿第二定律，可得卫星与地球的运动方程：

$$\begin{cases} a_s = -(GM/r^2) \cdot r^{\circ} \\ a_e = +(Gm/r^2) \cdot r^{\circ} \end{cases} \tag{3-2}$$

因牛顿第二定律只适用于惯性坐标系，故式(3-2)为 O 和 S 在某一惯性坐标系内的运动方程。若要讨论卫星 S 相对于地球质心 O 的运动，必须将坐标系原点移至地球质心，并设 a 为卫星 S 相对于 O 的加速度，则

$$a = a_s - a_e = -(G(M+m)/r^2) \cdot r^{\circ} \tag{3-3}$$

上式即为卫星 S 相对于地球质心 O 的运动方程。

在讨论卫星与地球这样的二体问题时，由于地球质量(5.97×10^{21}吨)远远大于卫星质量，通常略去卫星质量 m 项，式(3-3)可写为：

$$a = -(GM/r^2) \cdot r^{\circ} \tag{3-4}$$

通常取$\mu=GM$ 为地球引力常数，为便于计算，选取地球赤道半径$a=6\ 378\ 140$ m作为长度单位，时间单位取为806.811 66 s，地球引力常数$\mu=1$，这样的单位称为人卫单位。此时式(3-4)可写为：

$$a = -(1/r^2) \cdot r^{\circ} \tag{3-5}$$

设以 O 为原点的直角坐标系为 O-XYZ，S 点的坐标为(X, Y, Z)，则卫星 S 的地心向径 $r=(X, Y, Z)$，加速度 $a=(\ddot{X}, \ddot{Y}, \ddot{Z})$，代入式(3-4)即得：

$$\begin{cases} \ddot{X} = -\mu X/r^3 \\ \ddot{Y} = -\mu Y/r^3 \\ \ddot{Z} = -\mu Z/r^3 \end{cases} \tag{3-6}$$

式中，$r=\sqrt{X^2+Y^2+Z^2}$。

式(3-6)就是卫星大地测量中常用的在地心直角坐标系中二体问题分量形式的微分方程。它是三个二阶非线性常微分方程组。

解算二体问题微分方程(3-6)，必须找出包含有 6 个相互独立的积分常数，这 6 个积分常数可以用上述 6 个轨道参数代替。其解的一般形式为：

$$\begin{cases} r = g(a, e, i, \Omega, \omega, \tau, t) \\ \mathrm{d}r/\mathrm{d}t = g'(a, e, i, \Omega, \omega, \tau, t) \end{cases} \tag{3-7}$$

从式(3-7)可以看出，在二体问题情况下，给定 6 个轨道参数，即可确定任意时刻 t 的卫星位置及其运动速度。

3.2.3 二体问题微分方程的解

二体问题微分方程的解是与轨道参数有关的卫星运动的状态方程，即卫星位置、速度与轨道参数和时间的关系式。

1. 卫星运动的轨道平面方程

直接由微分方程(3-6)求积分，可以得到卫星运动的轨道平面方程：

$$AX + BY + CZ = 0 \tag{3-8}$$

式中，X、Y、Z 是卫星在地心天球直角坐标系中的坐标；而 A、B、C 则是三个待定的积分常数。令 $h = \sqrt{A^2 + B^2 + C^2}$，可以证明：

$$\begin{cases} A = h\sin\Omega\sin i \\ B = -h\cos\Omega\sin i \\ C = h\cos i \end{cases} \tag{3-9}$$

可以用比较直观的 i、Ω、h 三个独立参数代替 A、B、C 三个积分常数。i、Ω 的意义同前述。h 的意义为其值恰好等于卫星 S 对地心 O 的向径在单位时间内所扫过的面积(又叫面积速度)的两倍，即面积速度是常量，这是符合开普勒第二定律的。可以证明 $h^2 = \mu a(1-e^2)$。

2. 卫星运动的轨道方程

二体问题微分方程解的另外 3 个积分常数需进一步在轨道平面上进行轨道积分确定。为此，先建立轨道平面坐标系 O-xy，原点 O 仍在地球质心，x 轴指向升交点 N，自 x 轴按卫星运行方向旋转 90°为 y 轴。在这一平面坐标系中建立二体运动微分方程(类似式(3-6)的前两式)，通过解算可以得到其通解，即卫星运动的轨道方程：

$$r = (h^2/\mu)/(1 + e\cos(\theta - \omega)) \tag{3-10}$$

式中，e、ω 为新的积分常数；θ 为从 x 轴至卫星向径 r 的角度。

由于 $\theta = \omega + V$，$h^2 = \mu a(1-e^2)$，式(3-10)还可以真近点角 V 表示：

$$r = a(1 - e^2)/(1 + e\cos V) \tag{3-11}$$

式(3-11)就是以真近点角 V 表示的轨道方程。

由二体运动的微分方程还可求出常用的表示卫星运动速度 U 的活力积分：

$$U^2 = \mu(2/r - 1/a) \tag{3-12}$$

至此，已导出了 5 个积分常数(i，Ω，a，e，ω)。轨道方程中的 θ 或 V 是与时间 t 有关的变量。要确定第 6 个积分常数，尚需进行一些变换。

3. 用偏近点角 E 代替真近点角 V

图 3-2 表示偏近点角 E 与真近点角 V 的关系。在卫星轨道椭圆上，以椭圆中心 O' 为圆心、以椭圆长半径 a 为半径作一辅助圆 O'-$AS'A'$，过卫星点 S 作 OA 的垂线 SR，延长 RS 交辅助圆于 S'，连接 $O'S'$，则 $O'S'$ 与 OA 的夹角 E 称为偏近点角。

不难证明，$OR = r\cos V = a(\cos E - e)$，于是轨道方程式(3-11)可表示为：

$$r = a(1 - e\cos E) \tag{3-13}$$

这就是以偏近点角 E 表示的轨道方程。

还可以导出 V 与 E 的关系式：

$$\begin{cases} \cos V = (\cos E - e)/(1 - e\cos E) \\ \tan(V/2) = \sqrt{(1 + e)/(1 - e)}\tan(E/2) \end{cases} \tag{3-14}$$

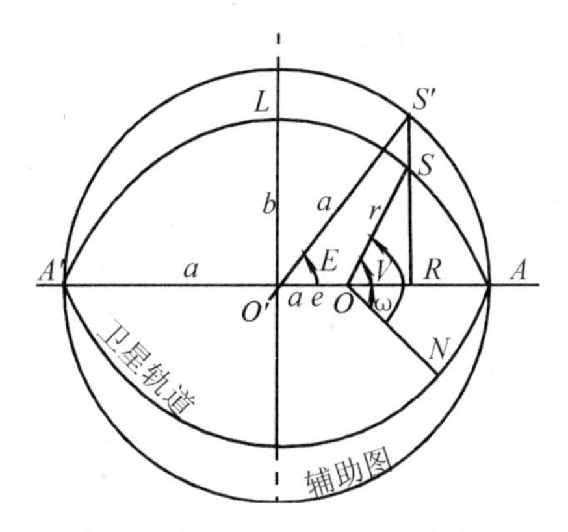

图 3-2　偏近点角 E 与真近点角 V

可以看出，偏近点角 E 也是一个与时间有关的辅助参数。

4. 开普勒方程

卫星绕地球质心运行的轨迹是一椭圆，并且卫星至地心的向径所扫过的面积速度保持不变，表明卫星在不同位置的角速度是不同的，在近地点处角速度最大，而在远地点角速度最小。设卫星沿椭圆运动的周期为 T，则平均角速度为：

$$n = 2\pi / T \tag{3-15}$$

由此得出开普勒第三定律的数学表达式：

$$n^2 a^3 = \mu \tag{3-16}$$

建立以地球质心为坐标原点，x 轴指向近地点，y 轴重合于轨道的短轴，z 轴为轨道平面的法线方向，构成右手坐标系。在此坐标系内列出卫星运动的微分方程并求解，可以得出著名的开普勒轨道方程：

$$n(t - \tau) = E - e\sin E \tag{3-17}$$

式中，τ 为第 6 个积分常数，它给出了辅助参数 E 与时间 t 的函数关系。

由开普勒轨道方程知，当 $t=\tau$ 时，$E=0$。顾及轨道方程式(3-13)，可得 $r=a(1-e)$。这说明此时卫星正位于近地点处，从而证明了 τ 是卫星过近地点的时刻。

令 $M=n(t-\tau)$，则 M 随时间 t 以平均角速度 n 变化，故称 M 为平近点角。又令 $M_0=n\tau$ 为过近地点的平近点角，则

$$M = n(t - \tau) = nt - M_0 \tag{3-18}$$

开普勒轨道方程可写为：

$$M = E - e\sin E \tag{3-19}$$

也可以用 M_0 代替 τ 作为积分常数。

至此，我们得到了以轨道参数表示的 6 个积分常数(i，Ω，a，e，ω，τ)。若已知 6 个轨道参数，就可以唯一地确定卫星的运动状态。也就是说，已知 6 个轨道参数，可以确定任意时刻的卫星位置及其运动速度。

§3.3　卫星的受摄运动

对于卫星精密定位来说，在只考虑地球质心引力情况下计算卫星的运动状态(即研究

二体问题)是不能满足精度要求的。必须考虑地球引力场摄动力、日月摄动力、大气阻力、光压摄动力、潮汐摄动力对卫星运动状态的影响。考虑了摄动力作用的卫星运动称为卫星的受摄运动。

讨论二体问题时，6 个轨道参数均为常数。其中卫星过近地点的时刻 τ 也可用平近点角 M_0 代替。在考虑了摄动力的作用后，卫星的受摄运动的轨道参数不再保持为常数，而是随时间变化的轨道参数。卫星在地球质心引力和各种摄动力总的影响下的轨道参数称为瞬时轨道参数。卫星运动的真实轨道称为卫星的摄动轨道或瞬时轨道。瞬时轨道不是椭圆，轨道平面在空间的方向也不是固定不变的。

研究卫星的受摄运动与研究二体问题的方法相类似，首先按卫星受到的各种作用力的物理特性导出其数学表达式，然后建立受摄运动的微分方程，最后解算微分方程而得出卫星运动的方程。

3.3.1 各种作用力的特性及其影响

1. 地球引力

地球引力场对卫星的引力包括地球质心引力和地球引力场摄动力(由于地球形状不规则及其质量不均匀而引起)两部分。地球引力是一种保守力，可以建立一个位函数 $U(r, \varphi, \lambda)$ 来表示地球外部空间一个质点所受的作用力。其位函数的一般形式为：

$$U(r, \varphi, \lambda) = GM/r + R \tag{3-20}$$

式中，r 为质点地心矢径的模；φ、λ 为质点的球面坐标；GM/r 为地球形状规则和密度均匀所产生的正常引力位，卫星在它的作用下做二体运动，其轨道为正常轨道；R 为摄动位函数。由于地球形状很不规则，其内部质量的分布也不均匀，摄动位函数 R 不能用一个简单的封闭公式表示，可用无穷级数(球函数展开式)表示。R 是卫星位置的函数，它使卫星运动的轨道参数随时间而变化。略去 10^{-6} 及更小量级的地球引力场摄动力的位函数可写为：

$$R = -J_2(3\sin^2\varphi - 1)/(2r^3) \tag{3-21}$$

式中，J_2 是地球引力场位函数的二阶带谐系数。考虑到 $\sin\varphi = \sin i \sin(\omega + V)$，则有：

$$R = -J_2[(0.5 - 0.75\sin^2 i) + 0.75\sin^2 i \sin 2(\omega + V)]/r^3 \tag{3-22}$$

式(3-22)的 J_2 为已知的引力场常量，它为 10^{-3} 量级(天体力学中常称为一阶小量)；i、w 为轨道参数；r 为卫星矢径的模；V 为真近点角。r 和 V 可以进一步化为轨道参数 a、e、M 和时间 t 的函数。

2. 日月引力

卫星和地球同时受到日月的引力。日月引力造成卫星相对于地球的摄动力可表示为：

$$\begin{aligned} \boldsymbol{F}_s + \boldsymbol{F}_m = & GM_s[(\boldsymbol{r}_s - \boldsymbol{r})/|\boldsymbol{r}_s - \boldsymbol{r}|^3 - \boldsymbol{r}_s/|\boldsymbol{r}|^3] \\ & + GM_m[(\boldsymbol{r}_m - \boldsymbol{r})/|\boldsymbol{r}_m - \boldsymbol{r}|^3 - \boldsymbol{r}_m/|\boldsymbol{r}|^3] \end{aligned} \tag{3-23}$$

式中，M_s、M_m 分别表示太阳与月球的质量；$\boldsymbol{r}_s$、$\boldsymbol{r}_m$ 与 $\boldsymbol{r}$ 分别表示太阳、月球和卫星的位置矢量。

日月引力的量级约为 5×10^{-6} m/s^2，在五天弧段对卫星位置的影响可达1~3 km。这意味着需要以 10^{-4} ~ 10^{-5} 的相对精度确定这些引力，即精确至 10^{-10} m/s^2。对于太阳、月亮位置的计算应按这一相对精度要求。

3. 太阳辐射压力

卫星在运动中受到的太阳光辐射的压力为：

$$F_p = - K\rho_p S r_s^\circ \tag{3-24}$$

式中，K 为卫星表面反射系数；ρ_p为光压强度，在距太阳为地球轨道半径处，太阳光压强度通常取为$4.560\ 5\times10^{-6}$ N/m；S 为垂直于太阳光线的卫星截面积；r_s°为太阳在坐标系中的位置单位矢量。

对于 GPS 卫星五天弧段，太阳辐射压力可使卫星位置的偏差达到约1 km。当卫星运行至地影区域内，由于地球的遮挡，卫星不受太阳辐射压力的影响。

4. 地球潮汐作用力

日月引力作用于地球，使之产生形变(固体潮)或质量移动(海潮)，从而引起地球质量分布的变化，这一变化将引起地球引力的变化。可以将这种变化视为在不变的地球引力中附加一个小的摄动力——潮汐作用力。在五天的弧段中，潮汐作用力对 GPS 卫星位置的影响可达1 m。

5. 大气阻力

大气阻力对低轨道的卫星较大。但在 GPS 卫星的高度上(2 万 km)，大气阻力已微不足道，可不考虑。

综上所述，在人造地球卫星所受的摄动力中，地球引力场摄动力最大，约为 10^{-3} 量级，其他摄动力大多小于或接近于 10^{-6}量级。这些摄动力引起卫星位置的变化，引起轨道参数的变化。例如，考虑地球引力场摄动力中 J_2项的影响，使轨道参数 Ω 不断减小，即轨道平面不断西退，这种现象称为轨道面的进动。进动速度主要取决于轨道倾角 i 和轨道长半径 a。对于 2 万 km 高度、倾角约为 55°的 GPS 卫星来说，其进动速度约为 0.039°/d。轨道参数 ω 的变化使得近地点在轨道面内不断旋转，或者说轨道椭圆以其不变的形状在轨道面内旋转。

通过解算卫星受摄运动的微分方程，可以得到卫星轨道参数的变化规律。

3.3.2 卫星受摄运动方程

1. 用直角坐标表示的受摄运动方程

在直角坐标系中，卫星的受摄运动方程形式简洁。设作用于卫星上的摄动力位函数为 R，则受摄运动方程的分量形式可写为：

$$\begin{cases} \ddot{x} = -(\mu/r^3)x + \partial R/\partial x \\ \ddot{y} = -(\mu/r^3)y + \partial R/\partial y \\ \ddot{z} = -(\mu/r^3)z + \partial R/\partial z \end{cases} \tag{3-25}$$

式中，$-(\mu/r^3)x$、$-(\mu/r^3)y$、$-(\mu/r^3)z$ 分别为卫星在地球质心引力作用下产生的加速度沿三个坐标轴的分量。这种形式的微分方程不适合用分析的方法求解，但可以用数值方法求解。在求解的过程中不涉及卫星的轨道参数，难以得到关于卫星的运动轨道及其变化规律。而以轨道参数表示的受摄运动方程则既可以用于数值解法，也可用于分析解法。

2. 用轨道参数表示的受摄运动方程

拉格朗日用参数变易法解式(3-25)，得到以二体问题轨道参数为变量的受摄运动方程：

$$
\left\{
\begin{aligned}
\frac{\mathrm{d}a}{\mathrm{d}t} &= \frac{2}{na}\frac{\partial R}{\partial M_0} \\
\frac{\mathrm{d}e}{\mathrm{d}t} &= \frac{1-e^2}{n\,a^2 e}\frac{\partial R}{\partial M_0} - \frac{\sqrt{1-e^2}}{n\,a^2 e}\frac{\partial R}{\partial \omega} \\
\frac{\mathrm{d}i}{\mathrm{d}t} &= \frac{\cot i}{n\,a^2\sqrt{1-e^2}}\frac{\partial R}{\partial \Omega} \\
\frac{\mathrm{d}\Omega}{\mathrm{d}t} &= \frac{1}{n\,a^2\sqrt{1-e^2}\sin i}\frac{\partial R}{\partial i} \\
\frac{\mathrm{d}\omega}{\mathrm{d}t} &= \frac{1-e^2}{n\,a^2 e}\frac{\partial R}{\partial e} - \frac{\cot i}{n\,a^2\sqrt{1-e^2}}\frac{\partial R}{\partial i} \\
\frac{\mathrm{d}\,M_0}{\mathrm{d}t} &= -\frac{2}{na}\cdot\frac{\partial R}{\partial a} - \frac{1-e^2}{n\,a^2 e}\cdot\frac{\partial R}{\partial e}
\end{aligned}
\right. \tag{3-26}
$$

拉格朗日行星运动方程说明受摄运动与二体问题不同，这时的轨道参数已不是常数，其随时间的变化率取决于等式右端的函数(包括轨道参数和摄动函数对轨道参数的偏导数)。

应用拉格朗日行星运动方程解卫星受摄运动可按下述步骤进行：

① 导出式(3-26)右端摄动函数 R 的具体表达式，将 R 改化为卫星轨道参数的函数，以便求导。

② 解受摄运动方程，得到指定时刻的瞬时轨道参数。一般给定的初始条件是对应历元时刻 t_0的轨道参数 $\sigma(t_0)$。如果给定的初始条件是历元时刻的运动状态 $r(t_0)$、$\mathrm{d}r/\mathrm{d}t$，也可以按二体问题改化为 $\sigma(t_0)$。

③ 计算对应时刻的卫星位置 $r(t)$ 及速度 $\mathrm{d}r/\mathrm{d}t$。依瞬时轨道参数 $\sigma(t)$ 按二体问题的公式计算卫星在 t 时刻的位置与速度。

以上过程称为分析解。在分析法中，通常使用级数解法，即将含有轨道参数 σ 的函数按 σ 的近似值展开为级数，而后逐步迭代的方法求得一定精度的解。

但是，如果摄动力的性质为非保守力时，例如太阳辐射压力、大气阻力因不存在位函数，显然不能使用拉格朗日行星运动方程解卫星受摄运动。此时，可将摄动力所产生的加速度分解为互相垂直的三个分量 S、T、W。S 为沿卫星矢径方向的分量，T 为在轨道平面上垂直于矢径方向并指向卫星运动的分量，W 为沿轨道平面法线并按 S、T、W 组成右手坐标系取向的分量。这样，便可导出牛顿受摄运动方程：

$$
\left\{
\begin{aligned}
\frac{\mathrm{d}a}{\mathrm{d}t} &= \frac{2}{n\sqrt{1-e^2}}[e\sin V\cdot S + (1+e\cos V)T] \\
\frac{\mathrm{d}e}{\mathrm{d}t} &= \frac{\sqrt{1-e^2}}{na}[\sin V\cdot S + (\cos E+\cos V)T] \\
\frac{\mathrm{d}i}{\mathrm{d}t} &= \frac{r\cos(\omega+V)}{n\,a^2\sqrt{1-e^2}}W \\
\frac{\mathrm{d}\Omega}{\mathrm{d}t} &= \frac{r\cos(\omega+V)}{n\,a^2\sqrt{1-e^2}\sin i}W \\
\frac{\mathrm{d}\omega}{\mathrm{d}t} &= \frac{\sqrt{1-e^2}}{nae}\left[-\cos V\cdot S + \left(l+\frac{r}{p}\sin V\cdot T\right)\right] - \cos i\frac{\mathrm{d}\Omega}{\mathrm{d}t} \\
\frac{\mathrm{d}M}{\mathrm{d}t} &= n - \frac{1-e^2}{nae}\left[-\left(\cos V - 2e\frac{r}{p}\right)S + \left(1+\frac{r}{p}\right)\sin V\cdot T\right]
\end{aligned}
\right. \tag{3-27}
$$

不论摄动力的性质如何，都可以使用牛顿受摄运动方程解卫星的受摄运动。其解算过程与使用拉格朗日行星运动方程相似。只是在导出方程右端函数时不需要摄动函数对轨道参数的偏导数，而是代之以摄动力的三个加速度分量 S、T、W。

通过研究卫星运动的二体问题可知，如果已知卫星运动的轨道参数，可以计算出卫星的状态，即卫星的位置和速度。二体问题中，轨道参数是不变的常数。由于卫星在运动中受到各种摄动力作用的影响，其轨道参数随时间而变化。若已知某一初始时刻的轨道参数，通过分析解算含有轨道参数的受摄运动方程，可以求得轨道参数的变率，从而求得任一时刻的轨道参数。这样，利用二体问题的运动方程就可以求得任一时刻的卫星位置和速度。

GPS 卫星定位中，需要知道 GPS 卫星的位置。通过卫星的导航电文将已知的某一初始历元的轨道参数及其变率发给用户(接收机)，即可计算出任一时刻的卫星位置。另外，通过在已知的地面站对 GPS 卫星进行观测，求得卫星在某一时刻的位置，可以反求出卫星的轨道参数，从而对卫星的轨道进行改进，实现精密定轨，用于 GPS 精密定位。

§3.4 GPS 卫星星历

卫星星历是描述卫星运动轨道的信息。也可以说卫星星历就是一组对应某一时刻的轨道参数及其变率。有了卫星星历，就可以计算出任一时刻的卫星位置及其速度。GPS 卫星星历分为预报星历和后处理星历。

预报星历又叫广播星历。通常包括相对某一参考历元的开普勒轨道参数和必要的轨道摄动改正项参数。相应参考历元的卫星开普勒轨道参数也叫参考星历。参考星历只代表卫星在参考历元的轨道参数，但是在摄动力的影响下，卫星的实际轨道随后将偏离参考轨道。偏离的程度主要取决于观测历元与所选参考历元之间的时间差。如果用轨道参数的摄动项对已知的卫星参考星历加以改正，就可以外推出任一观测历元的卫星星历。广播星历参数的选择采用了开普勒轨道参数加调和项修正的方案。GPS 卫星的运动在二体运动的基础上加入了长期摄动和周期摄动。其中主要的周期摄动是周期约6 h的二阶带谐项引起的短周期摄动。

GPS 广播星历参数共有 16 个，其中包括 1 个参考时刻，6 个对应参考时刻的开普勒轨道参数和 9 个反映摄动力影响的参数。这些参数通过 GPS 卫星发射的含有轨道信息的导航电文传递给用户。

GPS 卫星广播星历预报参数及其定义如下(参见 SNR/8000 用户手册)：

t_{oe}——星历表参考历元(s)，

IODE(AODE)——星历表数据龄期(N)，

M_0——按参考历元 t_{oe} 计算的平近点角(rad)，

Δn——由精密星历计算得到的卫星平均角速度与按给定参数计算所得的平均角速度之差(rad/s)，

e——轨道偏心率，

$\sqrt{a}$ ——轨道长半径的平方根(0.5 m)，

Ω_0——按参考历元 t_{oe} 计算的升交点赤径(rad)，

i_0——按参考历元 t_{oe} 计算的轨道倾角(rad)，

ω——近地点角距(rad),

$\dot{\Omega}$——升交点赤经变化率(rad/s),

$\dot{I}$——轨道倾角变化率(rad/s),

C_{uc}——纬度幅角的余弦调和项改正的振幅(rad),

C_{us}——纬度幅角的正弦调和项改正的振幅(rad),

C_{rc}——轨道半径的余弦调和项改正的振幅(m),

C_{rs}——轨道半径的正弦调和项改正的振幅(m),

C_{ic}——轨道倾角的余弦调和项改正的振幅(rad),

C_{is}——轨道倾角的正弦调和项改正的振幅(rad),

GPD——周数(周),

T_{gd}——载波 L_1、L_2的电离层时延迟差(s),

IODC——星钟的数据龄期(N),

a_0——卫星钟差(s)——时间偏差,

a_1——卫星钟速(s/s)——频率偏差系数,

a_2——卫星钟速变率(s/s^2)——漂移系数,

卫星精度——(N),

卫星健康——(N)。

其中 Δn 中包括了轨道参数 ω 的长期摄动。Δn 中主要是二阶带谐项引起的 ω 的长期漂移，也包括了日月引力摄动和太阳光压摄动。在 Ω 中主要是二阶带谐项引起 Ω 的长期漂移，也包括了极移的影响。

星历表参考历元 t_{oe}是从星期日子夜零点开始计算的参考时刻，星历表数据龄期 IODE 为从 t_{oe}时刻至作预报星历测量的最后观测时刻之间的时间，故 IODE 是预报星历的外推时间间隔。

表 3-1 列出了一组 GPS 卫星广播星历(时间：1997Y 11M 09d 02h 00m 0. 0s)。

表 3-1　**GPS 卫星广播星历**

星历参数	卫星 PRN06	卫星 PRN09
a_0(s)	-0. 231 899 321 079E-06	-0. 176 629 982 889E-04
a_1(s/s)	0	-0. 136 424 205 266E-11
a_2(s/s^2)	0	0
t_{oe}(s)	0. 720 000 000 000E+04	0. 720 000 000 000E+04
IODE(s)	0. 970 000 000 000E+02	0. 236 000 000 000E+03
$\sqrt{a}$ (m)	0. 515 365 263 176E+04	0. 515 372 833 443E+04
e	0. 678 421 219 345E-02	0. 679 769 460 112E-02
i_0(rad)	0. 958 512 160 302E+00	0. 944 330 399 837E+00
ω(rad)	-0. 258 419 417 299E+01	0. 268 325 835 957E+00

续表

星历参数	卫星 PRN06	卫星 PRN09
Ω_0(rad)	-0. 137 835 982 556E+01	0. 278 150 082 653E+01
M_0(rad)	-0. 290 282 040 486E+00	-0. 313 083 539 563E+00
Δn(rad/s)	0. 451 411 660 250E-08	0. 506 342 519 770E-08
$\dot{\Omega}$(rad/s)	-0. 819 426 989 566E-08	-0. 838 284 917 932E-08
$\dot{I}$ (rad/s)	-0. 253 939 149 013E-09	0. 333 585 323 739E-09
C_{us}(rad)	0. 912 137 329 578E-05	0. 850 856 304 169E-05
C_{uc}(rad)	0. 189 989 805 222E-06	0. 259 280 204 773E-05
C_{is}(rad)	0. 949 949 026 108E-07	0. 745 058 059 692E-08
C_{ic}(rad)	0. 130 385 160 446E-07	0. 894 069 671 631E-07
C_{rs}(m)	0. 406 250 000 000E+01	0. 482 187 500 000E+02
C_{rc}(m)	0. 201 875 000 000E+03	0. 207 437 500 000E+03
GPD(周)	0. 931 000 000 000E+03	0. 931 000 000 000E+03
T_{gd}(s)	0. 186 264 514 923E-08	0. 512 227 416 039E-08
IODC(N)	0. 353 000 000 000E+03	0. 236 000 000 000E+03
卫星精度(N)	0. 700 000 000 000E+01	0. 700 000 000 000E+01
卫星健康(N)	0	0

GPS 卫星向全球用户播发的星历是用两种波码进行传送的。一种是用叫做 C/A 码所传送的 GPS 卫星星历(简称 C/A 码星历)，其星历精度为数十米。1991 年后，美国对 GPS 工作卫星实施了 SA 技术，C/A 码星历精度降低，使 GPS 单点定位精度由原来的几十米降低到近百米。另一种用 P 码所传送的 GPS 卫星星历(简称 P 码星历)精度提高到5 m左右，只有工作于 P 码的接收机才能从 P 码中解译出精密的 P 码星历。精密的 P 码星历主要用于军事目的导航定位。C/A 码星历交付民用。目前绝大多数的商品接收机都是工作于C/A 码的，只能使用降低了精度的 C/A 码星历。C/A 码星历精度的人为降低给用户的 GPS 定位引入相应误差。这是非特许用户进行高精度的 GPS 测量时必须解决的一个问题。利用精密的后处理星历能够解决这一问题。

对于我国的北斗卫星导航系统(BDS)，其广播星历格式与 GPS 卫星的相同。下面是北斗卫星导航系统的 C06 号卫星 2015 年 4 月 30 日 1 时的广播星历(RINEX 3. 03 版)：

```
C 06 2015 04 30 01 00 00-6. 290 690 507 740E-04-2. 864 286 585 691E-11 0. 000 000 000 000E+00
   1. 000 000 000 000E+00 2. 304 531 250 000E+02 7. 096 724 178 476E-10-9. 627 585 360 374E-01
   7. 273 629 307 747E-06 3. 933 898 638 934E-03 2. 169 702 202 082E-05 6. 493 987 049 103E+03
   3. 492 000 000 000E+05-3. 445 893 526 077E-08-2. 170 035 112 958E-01-1. 480 802 893 639E-07
   9. 488 447 031 676E-01-4. 207 812 500 000E+02-2. 734 705 626 209E+00-1. 792 217 510 196E-09
   8. 321 775 206 769E-11 0. 000 000 000 000E+00 4. 860 000 000 000E+02 0. 000 000 000 000E+00
```

2. 000 000 000 000E+00 0. 000 000 000 000E+00 1. 050 000 000 000E-08-1. 400 000 000 000E-09
3. 492 000 000 000E+05 0. 000 000 000 000E+00

后处理星历是一些国家某些部门根据各自建立的卫星跟踪站所获得的对 GPS 卫星的精密观测资料，应用与确定广播星历相似的方法而计算的卫星星历。它可以向用户提供在用户观测时间内的卫星星历，避免了星历外推的误差。由于这种星历是在事后向用户提供的在其观测时间内的精密轨道信息，因此称为后处理星历或精密星历。这种星历不是通过 GPS 卫星的导航电文向用户传递，而是需要用户从专门的网站（如 ftp：//cddis. gsfc. nasa. gov/pub/gps/products）根据 GPS 周进行下载。精密星历包括 igs（最终精密星历）、igr（快速精密星历）、igu（预报精密星历）三种 IGS 提供的星历类型，用户可根据数据处理目的下载使用。精密星历采用 sp3 格式，其存储方式为 ASCII 文本文件，内容包括文件头信息以及记录信息，文件记录中每隔15 min给出目前在轨卫星的三维坐标（单位：km）信息和卫星钟钟差（单位：us）信息，有的还给出卫星的三维速度及相关精度指标信息。

目前 IGS 也提供 GPS、BDS、GLONASS、GALILEO 等系统的混合精密星历，可以从网站 ftp：//cddis. gsfc. nasa. gov/pub/gps/products/mgex 进行下载。

第四章　GPS 卫星信号和导航电文

§4.1　GPS 卫星信号

4.1.1　概述

GPS 卫星信号是 GPS 卫星向广大用户发送的用于导航定位的调制波，它包含有载波、测距码和数据码。时钟基本频率为10.23 MHz。GPS 信号的产生如图 4-1 所示。

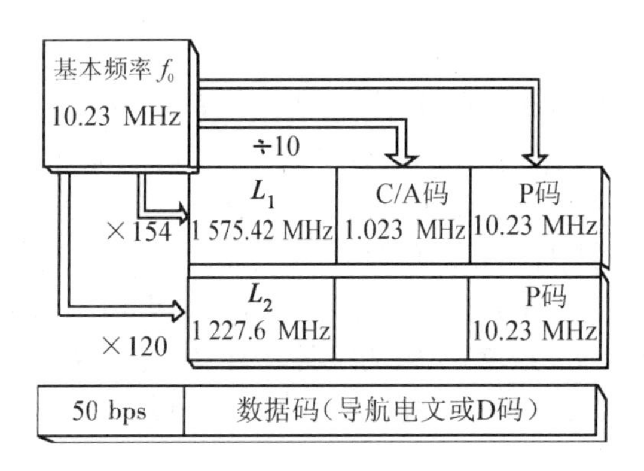

图 4-1　GPS 信号的产生

GPS 使用 L 波段的两种载频：

L_1载波：$f_{L_1}=154\times f_0=1\ 575.42$ MHz，波长 $\lambda_1=19.032$ cm；

L_2载波：$f_{L_2}=120\times f_0=1\ 227.6$ MHz，波长 $\lambda_2=24.42$ cm。

选择这两个载频，目的在于测量出或消除掉由于电离层效应而引起的延迟误差。

在无线电通信技术中，为了有效地传播信息，都是将频率较低的信号加载在频率较高的载波上，此过程称为调制。然后载波携带着有用信号传送出去，到达用户接收机。

GPS 卫星的测距码和数据码是采用调相技术调制到载波上的。调制码的幅值只取 0 或 1。如果当码值取 0 时，对应的码状态取为+1，而码值取 1 时，对应的码状态取为−1，那么载波和相应的码状态相乘后便实现了载波的调制。这时，当载波与码状态+1 相乘时，其相位不变，而当与码状态−1 相乘时，其相位改变 180°。所以当码值从 0 变为 1 或从 1 变为 0 时，都将使载波相位改变 180°。这时的载波信号实现了调制码的相位调制（见图 4-2(a)）。

根据这一原理，GPS 中的三种信号将按图 4-2(b)的线路进行合成，然后向全球发射，形成今天随时都可以接收到的 GPS 信号。在 L_1载频上由数据流和两种伪随机码分别以同相和正交方式进行调制，其信号结构为：

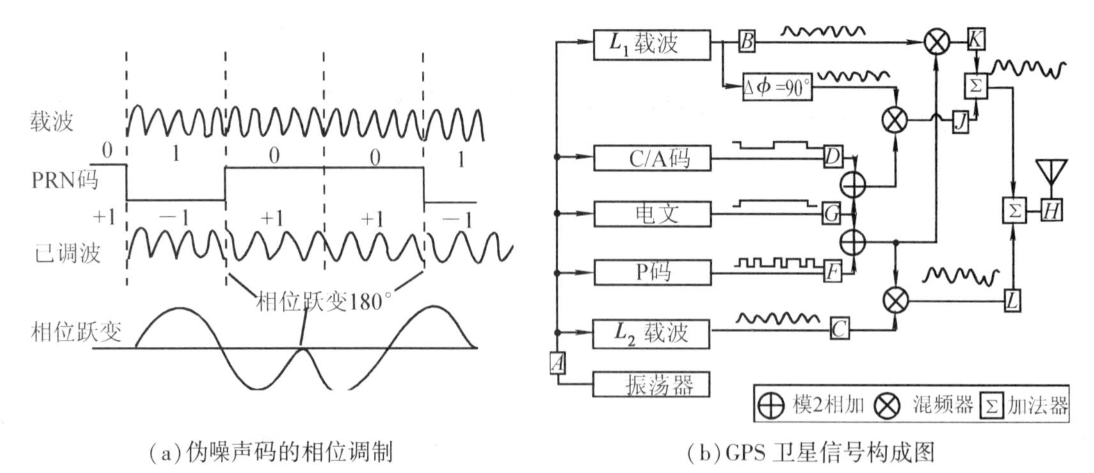

(a)伪噪声码的相位调制　　　　(b)GPS卫星信号构成图

图 4-2　伪噪声码的相位调制和GPS卫星信号构成图

$$S_{L_1}^i(t)=A_P\,P_i(t)\,D_i(t)\cos(\omega_{L_1}t+\varphi_1)+A_C\,C_i(t)\,D_i(t)\cdot\sin(\omega_{L_1}t+\varphi_1)\qquad(4\text{-}1)$$

在L_2载频上，只有P码进行双相调制，其信号结构为：

$$S_{L_2}^i(t)=B_P\,P_i(t)\,D_i(t)\cos(\omega_{L_2}t+\varphi_2)\qquad(4\text{-}2)$$

式中，A_P、B_P、A_C分别为P码和C/A码的振幅；$P_i(t)$、$C_i(t)$分别为精码和粗码；$D_i(t)$为数据码；ω_{L_1}、ω_{L_2}为载波L_1和L_2的角频率；φ_1、φ_2为信号的起始相位。

从图4-2(b)看出，卫星发射的所有信号分量都是由同一基本频率f_0(A点)产生的，其中包括载波L_1(B点)、L_2(C点)、粗测距码C/A(D点)、精测距码(F点)和数据码(G点)。经卫星发射天线(H点)发射出去。发射的信号分量包括：L_1-C/A码(J点)、L_1-P信号(K点)、L_2-P信号(L点)。

4.1.2　伪随机噪声码的产生及特性

伪随机噪声码又叫伪随机码或伪噪声码，简称PRN，是一个具有一定周期的取值为0和1的离散符号串。它不仅具有高斯噪声所有的良好的自相关特征，而且具有某种确定的编码规则。GPS信号中使用了伪随机码编码技术，识别和分离各颗卫星信号，并提供无模糊度的测距数据。

伪随机码的产生方式很多。GPS技术采用m序列，即产生于最长线性反馈移位寄存器。下面以一个由四级反馈移位寄存器组成的m序列为例，如图4-3所示。假设初始状态为$(a_3,\ a_2,\ a_1,\ a_0)=(1,\ 0,\ 0,\ 0)$，则在每移一位时，由$a_3$和$a_0$模2相加，产生新的输入$a_3\oplus a_0$，使状态变为(1，1，0，0)。这样移位15次，又回到初始状态。在完成这一过程中，其输出端产生一个随机码——000111101011001。

任何一个n级移位寄存器经过适当的反馈，就能构成一个m序列。但是，从哪一级反馈，需要几个反馈点，这是一个非常复杂的问题。

m序列有下列特性：

① 均衡性：在一个周期中，“1”与“0”的数目基本相等，“1”比“0”的数目多一个。它不允许存在全“0”状态。

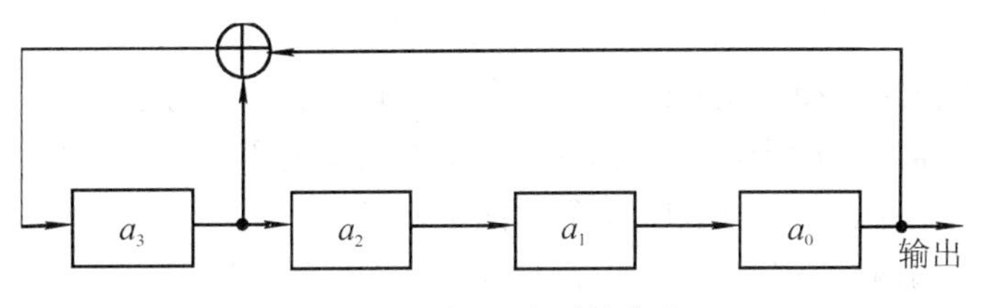

图 4-3　4 级 m 序列的产生

② 游程分布：在序列中，相同的码元连在一起称为一个游程。一般说来，长度为 1 的游程占总数的 1/2，长度为 2 的游程占总数的 1/4，依此类推。连“1”的游程和连“0”的游程各占一半。

③ 移位相加特性：一个 m 序列 m_P 与其经过任意次延迟移位产生的另一个序列 m_r 模 2 相加，得到的 m_s 仍是 m 序列，即

$$m_P \oplus m_r = m_s \quad (m\text{ 序列}) \tag{4-3}$$

④ 自相关函数：根据自相关函数的定义，可求得 m 序列的自相关函数：

$$R(j) = \frac{A-D}{A+D} = \frac{A-D}{m} \tag{4-4}$$

式中，A 为 m 序列与其 j 次移位序列一个周期中对应元素相同的数目；D 为 m 序列与其 j 次移位序列一个周期中对应元素不同的数目；$m=2^n-1$ 为 m 序列的周期。

根据以上 m 序列的特性，其自相关函数为：

$$R(j) = \begin{cases} 1, & \text{当 } j = 0, \ \pm m, \ \pm 2m, \cdots \\ -\dfrac{1}{m}, & \text{当 } j \neq 0, \ \pm m, \ \pm 2m, \cdots \end{cases} \tag{4-5}$$

现将 m 序列的自相关函数示于图 4-4 中。由此图看出，m 序列的自相关函数只有两种取值 1 或 $-1/m$。这一特性非常重要。GPS 信号接收机就是利用这一特征使所接收的伪噪声码和机内产生的伪噪声码达到对齐同步，进而捕获和识别来自不同 GPS 卫星的伪噪声码，解译出它们所传送的导航电文，测定从卫星到测站之间的距离等。

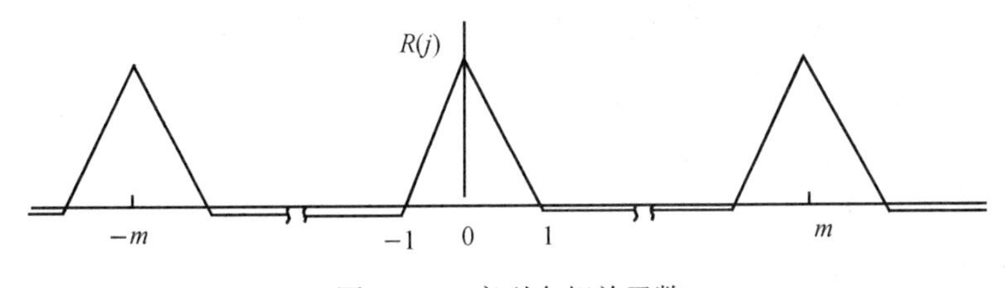

图 4-4　m 序列自相关函数

⑤伪噪声特性：如果我们对随机噪声取样，并将每次取样按次序排成序列，发现其功率谱为正态分布，由此形成的随机码具有噪声码的特性。m 序列在出现概率、游程分布和自相关函数等特性上与随机噪声十分相似。正因为这样，我们将 m 序列称为伪随机码，或人工能复制出来的噪声码。

4.1.3 粗码 C/A 码

C/A 码是用于粗测距和捕获 GPS 卫星信号的伪随机码。它是由两个 10 级反馈移位寄存器构成的 G 码产生的。两个移位寄存器于每星期日子夜零时，在置"1"脉冲作用下全处于 1 状态，同时在码率1.023 MHz驱动下，两个移位寄存器分别产生码长为 $N=2^{10}-1=1\ 023$、周期为1 ms的两个 m 序列 $G_1(t)$ 和 $G_2(t)$。$G_2(t)$ 序列经过相位选择器，输入一个与 $G_2(t)$ 平移等价的 m 序列，然后与 $G_1(t)$ 模 2 相加，便得到 C/A 码。如图 4-5 所示。

$$C/A(t)=G_1(t)\cdot G_2(t+i\,t_0) \tag{4-6}$$

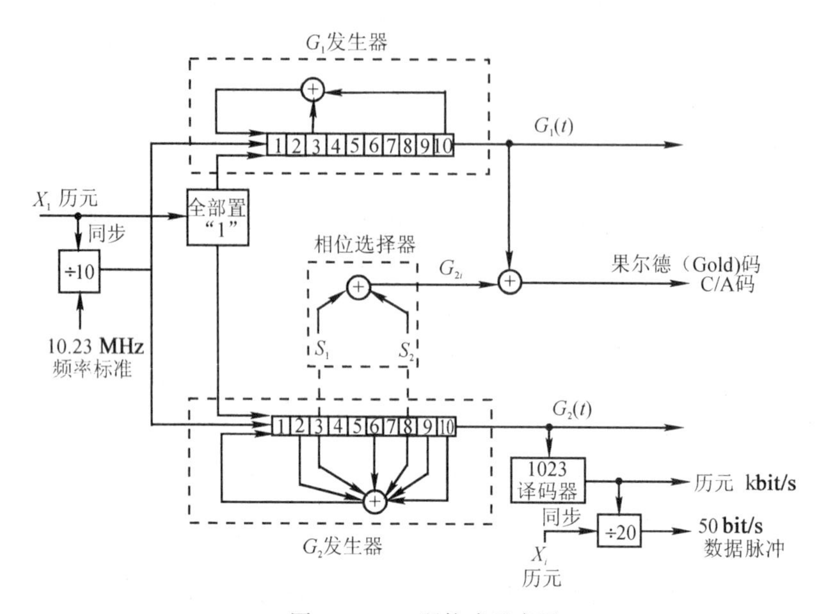

图 4-5 C/A 码构成示意图

采用不同的 it_0 值，可能产生1 023个 $G_2(t)$，再加上 $G_1(t)$ 和 $G_2(t)$ 本身，共可能产生 1 025种结构不同的 C/A 码供选用。这些 C/A 码具有相同的码长 $N=2^{10}-1=1\ 023$ bit，相同的码元宽 $t_u=\dfrac{1}{f_1}=0.98\ \mu s$（相当于293.1 m）和相同的周期 $T_u=Nt_u=1$ ms。

从这些 $G(t)$ 码中选择 32 个码，以 PRN1、…、PRN32 命名各种 GPS 卫星。由于 C/A 码长很短，易于捕获，所以 C/A 码除了作为粗测码外，还作为 GPS 卫星信号的捕获码，并由此过渡到捕获 P 码。

C/A 码的码元宽度较大。假设两个序列的码元对齐误差为码宽的 1/10~1/100，则此时相应的测距误差为 29.3~2.93 m。随着现代科学技术的发展，测距分辨率大大提高。一般最简单的导航接收机的伪距测量分辨率达到0.1 m。

4.1.4 精码 P(Y)码

P 码是卫星的精测码，码率为10.23 MHz。它是由两个伪随机码 $PN_1(t)$ 和 $PN_2(t)$ 的乘积得到的。

$PN_1(t)$是由两级12位移位寄存器构成的。两个移位寄存器分别采用反馈点八进制编码14501和17147形成周期为1.5 s的m序列$PN_1(t)$。一周期的码位数为：

$$N_1 = 10.23 \times 10^6 \times 1.5 = 15.345 \times 10^6 \text{ 位}$$

$PN_2(t)$是由另两级12位移位寄存器构成的。两个移位寄存器分别采用反馈点八进制编码17673和11435形成两个m序列。码率与$PN_1(t)$相同，但码位比其多37个码元，即码长为：

$$N_2 = 15.345 \times 10^6 + 37$$

因此P码为：

$$\mathrm{P}(t) = \mathrm{P}N_1(t) \cdot \mathrm{P}N_2(t + n_i\tau), \quad 0 \leqslant n_i \leqslant 36 \tag{4-7}$$

其相应的码元数为： $N = N_1 \cdot N_2 = 2.35 \times 10^{14}$

相应的周期为：

$$T_\mathrm{P} = \frac{N}{f_\mathrm{P}} \approx 267 \text{ 天} \approx 38 \text{ 星期}$$

在乘积$\mathrm{P}(t)$中，n_i可取0，1，2，…，36，这样可得到37种P码。在实际应用中，P码采用7天的周期，即在$PN_1(t) \cdot PN_2(t+n_i\tau)$中截取一段周期为7天的P码，并规定每星期六午夜零点使P码置全“1”状态作为起始点。在这37个P码中，32个供GPS卫星使用，5个供地面站使用。

因为P码的码长为6.19×10^{12} bit，所以采用C/A码的搜索方式是无法实现的。一般都是先捕获C/A码，然后根据导航电文给出的有关信息来实现P码的捕获。

由于P码的码元宽度为0.098 μs，相当于距离29.3 m，所以，若码元对齐误差仍采用码元宽的1/10~1/100时，则测距误差约为2.93~0.293 m，仅为C/A码的1/10。

根据美国国际部规定，P码是专为军用的。目前只有极少数高档次测地型接收机才能接收P码，且价格昂贵。即使如此，美国国防部从1994年1月31日起实施AS政策，即在P码上增加一个极度保密的W码，形成新的Y码，绝对禁止非特许用户应用。

§4.2 GPS卫星的导航电文

GPS卫星的导航电文(简称卫星电文)是用户用来定位和导航的数据基础。它主要包括卫星星历、时钟改正、电离层时延改正、工作状态信息以及C/A码转换到捕获P码的信息。这些信息是以二进制码的形式按规定格式组成的，按帧向外播送，卫星电文又叫数据码(D码)。它的基本单位是长1 500 bit的一个主帧(如图4-6所示)，传输速率是50 bit/s，30 s传送完毕一个主帧。一个主帧包括5个子帧，第1、2、3子帧各有10个字码，每个字码有30 bit；第4、5子帧各有25个页面，共有37 500 bit。第1、2、3子帧每30 s重复一次，内容每小时更新一次。第4、5子帧的全部信息则需要750 s才能够传送完。即第4、5子帧是12.5 min播完一次，然后再重复之，其内容仅在卫星注入新的导航数据后才得以更新。

4.2.1 遥测码

遥测码(Telemetry Word，TLW)位于各子帧的开头，它用来表明卫星注入数据的状态。遥测码的第1~8 bit是同步码，便于用户解释导航电文；第9~22 bit为遥测电文，其中包括

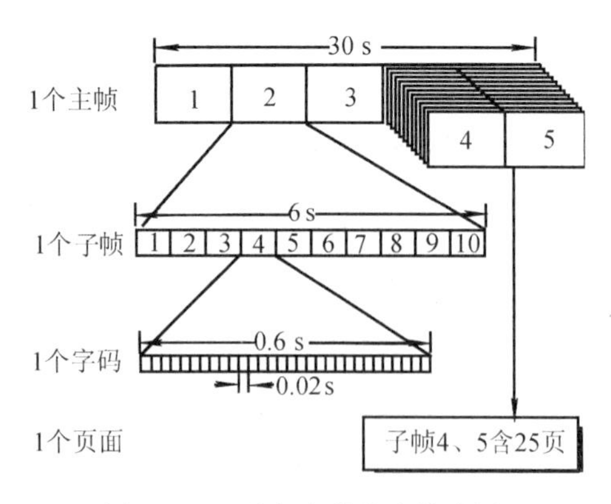

图 4-6　卫星电文的基本构成图

地面监控系统注入数据时的状态信息、诊断信息和其他信息。第23 bit和第24 bit是连接码；第25~30 bit为奇偶检验码，它用于发现和纠正错误。

4.2.2　转换码

转换码(Hand Over Word，HOW)位于每个子帧的第 2 个字码。其作用是帮助用户从所捕获的 C/A 码转换到捕获 P 码的 Z 计数。Z 计数实际上是一个时间计数，它以从每星期起始时刻开始播发的 D 码子帧数为单位，给出了一个子帧开始瞬间的 GPS 时间。由于每一子帧持续时间为6 s，所以下一子帧开始的时间为$6\times Z$ s，用户可以据此将接收机时钟精确对准 GPS 时，并快速捕获 P(Y)码。

4.2.3　第一数据块

第一数据块位于第 1 子帧的第 3~10 字码，它的主要内容包括：①标识码，时延差改正；②星期序号；③卫星的健康状况；④数据龄期；⑤卫星时钟改正系数等。

1. 时延差改正 T_{gd}

时延差改正 T_{gd}表示信号在卫星内部的时延差($T_{P_1}-T_{P_2}$)，即 $P_1(y_1)$、$P_2(y_2)$码从产生到卫星发射天线所走时间的差异。

2. 数据龄期 AODC

卫星时钟的数据龄期 AODC 是时钟改正数的外推时间间隔，它指明卫星时钟改正数的置信度。

$$AODC = t_{oc} - t_l \tag{4-8}$$

式中，t_{oc}为第一数据块的参考时刻；t_l是计算时钟改正参数所用数据的最后观测时间。

3. 星期序号 WN

WN 表示从 1980 年 1 月 6 日子夜零点(UTC)起算的星期数，即 GPS 星期数。

4. 卫星时钟改正

GPS 时间系统是以地面主控站的主原子钟为基准。由于主控站主钟的不稳定性，使得 GPS 时间和 UTC 时间之间存在差值。地面监控系统通过监测确定出这种差值，并用导航电文播发给广大用户。

每一颗 GPS 卫星的时钟相对 GPS 时间系统存在差值，需加以改正，这便是卫星时钟改正。

$$\Delta t_s = a_0 + a_1(t - t_{oc}) + a_2(t - t_{oc})^2 \tag{4-9}$$

式中，a_0、a_1、a_2含义见 § 3.4。

4.2.4 第二数据块

包含第 2 和第 3 子帧，其内容表示 GPS 卫星的星历，这些数据为用户提供了有关计算卫星运动位置的信息。描述卫星的运行及其轨道的参数(如图 4-7 所示)包括下列三类。

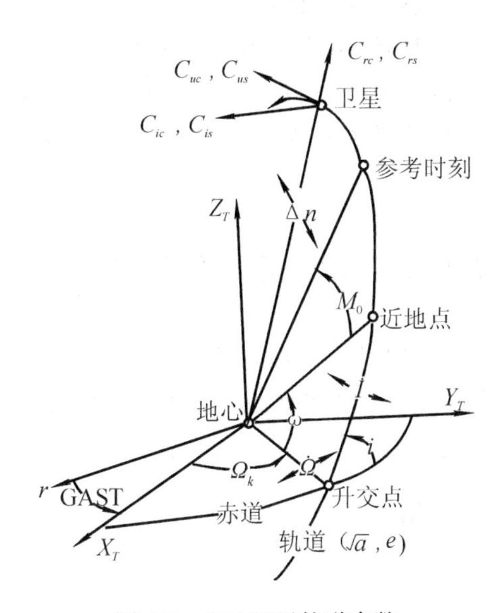

图 4-7 GPS 卫星轨道参数

1. 开普勒六参数

这 6 个参数分别为 $\sqrt{a}$、e、i_0、Ω_0、ω、M_0 (其含义同 § 3.4)。

2. 轨道摄动九参数

这 9 个参数分别为 Δn、$\dot{\Omega}$、$\dot{I}$、C_{uc}、C_{us}、C_{rc}、C_{rs}、C_{ic}、C_{is}(其含义同 § 3.4)。

3. 时间二参数

① 从星期日子夜零点开始度量的星历参考时刻 t_{oe}；

② 星历表的数据龄期 AODE，有：

$$\text{AODE} = t_{oe} - t_l \tag{4-10}$$

式中，t_l为作预报星历测量的最后观测时间，因此 AODE 就是预报星历的外推时间长度。

4.2.5 第三数据块

第三数据块包括第 4 和第 5 两个子帧，其内容包括了所有 GPS 卫星的历书数据。当接收机捕获到某颗 GPS 卫星后，根据第三数据块提供的其他卫星的概略星历、时钟改正、卫星工作状态等数据，用户可以选择工作正常和位置适当的卫星，并且较快地捕获到所选择的卫星。

1. 第 4 子帧

① 第 2、3、4、5、7、8、9、10 页面提供第 25~32 颗卫星的历书；

② 第 17 页面提供专用电文，第 18 页面给出电离层改正模型参数和 UTC 数据；

③ 第 25 页面提供所有卫星的型号、防电子对抗特征符和第 25~32 颗卫星的健康状况；

④ 第 1、6、11、12、16、19、20、21、22、23、24 页面作备用，第 13、14、15 页面为空闲页。

2. 第 5 子帧

① 第 1~24 页面给出第 1~24 颗卫星的历书；

② 第 25 页面给出第 1~24 颗卫星的健康状况和星期编号。

在第三数据块中，第 4 和第 5 子帧的每个页面的第 3 字码，其开始的8 bit是识别字符，且分成两种形式：①第1 bit和第2 bit为电文识别(DATAID)；②第3~8 bit为卫星识别(SVID)。

§4.3 GPS 卫星位置的计算

在用 GPS 信号进行导航定位以及制定观测计划时，都必须已知 GPS 卫星在空间的瞬时位置。卫星位置的计算是根据卫星电文所提供的轨道参数按一定的公式计算的。本节专门讨论观测瞬间 GPS 卫星在地固坐标系中坐标的计算方法。

4.3.1 GPS 卫星位置计算的步骤

1. 计算卫星运行的平均角速度 n

根据开普勒第三定律，卫星运行的平均角速度 n_0可以用下式计算：

$$n_0 = \sqrt{GM/a^3} = \sqrt{\mu}/(\sqrt{a})^3 \tag{4-11}$$

式中，μ 为 WGS-84 坐标系中的地球引力常数，且 $\mu = 3.986\ 005\times10^{14}\ \mathrm{m^3/s^2}$。平均角速度 n_0加上卫星电文给出的摄动改正数 Δn，便得到卫星运行的平均角速度 n：

$$n = n_0 + \Delta n \tag{4-12}$$

2. 计算归化时间 t_k

首先对观测时刻 t'作卫星钟差改正：

$$t = t' - \Delta t$$

$$\Delta t = a_0 + a_1(t' - t_{oc}) + a_2(t' - t_{oc})^2$$

然后将观测时刻 t 归化到 GPS 时系：

$$t_k = t - t_{oe} \tag{4-13}$$

式中，t_k称做相对于参考时刻 t_{oe}的归化时间(注意：$t_{oc} \neq t_{oe}$)。

3. 观测时刻卫星平近点角 M_k的计算

$$M_k = M_0 + n\,t_k \tag{4-14}$$

式中，M_0是卫星电文给出的参考时刻 t_{oe}的平近点角。

4. 计算偏近点角 E_k

$$E_k = M_k + e\sin E_k \quad (E_k\text{、}M_k \text{ 以弧度计}) \tag{4-15}$$

上述方程可用迭代法进行解算，即先令 $E_k = M_k$，代入式(4-15)，求出 E_k 再代入式(4-15)计算，因为 GPS 卫星轨道的偏心率 e 很小，因此收敛快，只须迭代计算两次便可求得偏近点角 E_k。

5. 真近点角 V_k 的计算

由于

$$\cos V_k = (\cos E_k - e)/(1 - e\cos E_k) \tag{4-16}$$

$$\sin V_k = (\sqrt{1 - e^2} \cdot \sin E_k)/(1 - e\cos E_k) \tag{4-17}$$

因此

$$V_k = \arctan[(\sqrt{1 - e^2} \cdot \sin E_k)/(\cos E_k - e)] \tag{4-18}$$

6. 升交距角 Φ_k 的计算

$$\Phi_k = V_k + \omega \tag{4-19}$$

式中，ω 为卫星电文给出的近地点角距。

7. 摄动改正项 δu、δr、δi 的计算

$$\begin{cases} \delta u = C_{uc} \cdot \cos(2\Phi_k) + C_{us} \cdot \sin(2\Phi_k) \\ \delta r = C_{rc} \cdot \cos(2\Phi_k) + C_{rs} \cdot \sin(2\Phi_k) \\ \delta i = C_{ic} \cdot \cos(2\Phi_k) + C_{is} \cdot \sin(2\Phi_k) \end{cases} \tag{4-20}$$

式中，δu、δr、δi 分别为升交距角 u、卫星矢径 r 和轨道倾角 i 的摄动量。

8. 计算经过摄动改正的升交距角 u_k、卫星矢径 r_k 和轨道倾角 i_k

$$\begin{cases} u_k = \Phi_k + \delta u \\ r_k = a(1 - e\cos E_k) + \delta r \\ i_k = i_0 + \delta i + \dot{I}\, t_k \end{cases} \tag{4-21}$$

9. 计算卫星在轨道平面坐标系的坐标

卫星在轨道平面直角坐标系(X 轴指向升交点)中的坐标为：

$$\begin{cases} x_k = r_k \cos u_k \\ y_k = r_k \sin u_k \end{cases} \tag{4-22}$$

10. 观测时刻升交点经度 Ω_k 的计算

升交点经度 Ω_k 等于观测时刻升交点赤经 Ω(春分点和升交点之间的角距)与格林尼治视恒星时 GAST(春分点和格林尼治起始子午线之间的角距)之差，即

$$\Omega_k = \Omega - \mathrm{GAST} \tag{4-23}$$

且

$$\Omega = \Omega_{oe} + \dot{\Omega}\, t_k \tag{4-24}$$

式中，Ω_{oe} 为参考时刻 t_{oe} 的升交点的赤经；$\dot{\Omega}$ 是升交点赤经的变化率，卫星电文每小时更新一次 $\dot{\Omega}$ 和 t_{oe}。

此外，卫星电文中提供了一周的开始时刻 t_W 的格林尼治视恒星时 GAST_W。由于地球自转作用，GAST 不断增加，所以

$$\mathrm{GAST} = \mathrm{GAST}_W + \omega_e t \tag{4-25}$$

式中，$\omega_e=7.29211567\times10^{-5}$ rad/s 为地球自转的速率；t 为观测时刻。

由式(4-24)和式(4-25)，得：

$$\Omega_k=\Omega_{oe}+\dot{\Omega}t_k-\mathrm{GAST}_W-\omega_e t \tag{4-26}$$

由式(4-13)得：

$$\Omega_k=\Omega_0+(\dot{\Omega}-\omega_e)t_k-\omega_e t_{oe} \tag{4-27}$$

式中，$\Omega_0=\Omega_{oe}-\mathrm{GAST}_W$，$\Omega_0$、$\dot{\Omega}$、$t_{oe}$的值可从卫星电文中获取。

11. 计算卫星在地心固定坐标系中的直角坐标

把卫星在轨道平面直角坐标系中的坐标进行旋转变换，可得出卫星在地心固定坐标系中的三维坐标：

$$\begin{bmatrix}X_k\\Y_k\\Z_k\end{bmatrix}=\begin{bmatrix}x_k\cos\Omega_k-y_k\cos i_k\sin\Omega_k\\x_k\sin\Omega_k+y_k\cos i_k\cos\Omega_k\\y_k\sin i_k\end{bmatrix} \tag{4-28}$$

12. 计算卫星在协议地球坐标系中的坐标

考虑极移的影响，卫星在协议地球坐标系中的坐标为：

$$\begin{bmatrix}X\\Y\\Z\end{bmatrix}_{\mathrm{CTS}}=\begin{bmatrix}1&0&X_P\\0&1&-Y_P\\-X_P&Y_P&1\end{bmatrix}\begin{bmatrix}X_k\\Y_k\\Z_k\end{bmatrix} \tag{4-29}$$

4.3.2 GPS 卫星位置计算的示例

以 1997 年 11 月 9 日 2 时 0 秒对 GPS6 号卫星位置的计算为例，采用 §3.4 所提供的 GPS 卫星星历，按照上述步骤计算 GPS6 号卫星星历预报时刻的位置。

(1)卫星运行的平均角速度 n

按式(4-11)计算平均角速度 $n_0=0.0001458557$ rad/s，加上卫星电文给出的摄动改正项 Δn，按式(4-12)计算卫星运行的平均角速度 $n=0.0001458602$ rad/s

(2)计算归化时间 t_k

卫星星历预报时刻(t_{oe})为 1997 年 11 月 9 日(星期日)2 时 0 秒，由题意，加上钟差改正后的观测时刻 t 也为 2 时 0 秒，则归化时刻 $t_k=t-t_{oe}=0$。

(3)观测时刻卫星平近点角 M_k的计算

$$M_k=M_0+n\,t_k=-0.2902820405\ \mathrm{rad}$$

(4)按式(4-15)计算卫星的偏近点角 E_k

$$E_k=M_k+e\sin E_k$$

经迭代计算得 $E_k=-0.2922365358$ rad。

(5)计算卫星的真近点角 V_k

按式(4-18)计算 $V_k=-0.2941974225$ rad。

(6)升交距角 Φ_k的计算

按式(4-19)计算结果为 $\Phi_k=V_k+\omega=-2.8783915955$ rad。

(7)摄动改正项 δu、δr、δi 的计算

按式(4-20)计算结果分别为：0.000 004 747 1 rad，176.586 334 897 6 m，0.000 000 059 0 rad。

(8)经摄动改正后的升交距角、卫星矢径和轨道倾角(u_k, r_k, i_k)

按式(4-21)分别计算结果为：-2.878 386 848 4 rad，263 877 62.130，0.958 512 219 3 rad。

(9)卫星在轨道平面直角坐标系的坐标(x_k, y_k)

按式(4-22)分别计算结果为：-25 478 990.388 m，-6 865 496.270 m。

(10)观测时刻升交点经度Ω_k的计算

升交点经度Ω_k是升交点的地球坐标，按式(4-27)计算。式中，Ω_0为按参考历元t_{0e}计算的卫星升交点赤经Ω_{0e}减去本周起始时刻格林尼治恒星时之差，Ω_0、$\dot{\Omega}$、t_{0e}的值从导航电文中查取。Ω_k计算结果为-1.903 392 116 1 rad。

(11)计算卫星在地固坐标中的直角坐标(X_k, Y_k, Z_k)

按式(4-28)计算分别为：4 580 259.395 2 m，25 371 005.873 0 m，-5 618 292.299 1 m。

(12)如果有极移参数X''_P、Y''_P，可按式(4-29)计算卫星在协议地球坐标系中的坐标。对6号卫星计算的结果综合列于表4-1。

表4-1 **卫星位置参数计算结果**

参数＼卫星	PRN06	参数＼卫星	PRN06	参数＼卫星	PRN06
n_0	0.000 145 855 7	δu	0.000 004 747 1	x_k	-25 478 990.388 160 631 0
n	0.000 145 860 2	δr	176.586 334 397 6	y_k	-6 865 496.270 445 642 1
t_k	0.000 000 000 0	δi	0.000 000 059 0	Ω_k	-1.903 392 116 1
M_k	-0.290 282 040 5	u_k	-2.878 386 848 4	X_k	4 589 209.395 211 591 4
E_k	-0.292 236 535 8	r_k	26 387 762.130 189 911 0	Y_k	25 371 005.873 006 325 0
V_k	-0.294 197 422 5	i_k	0.958 512 219 3	Z_k	-5 618 292.299 112
Φ_k	-2.878 391 595 5				

对于GALILEO系统，其卫星位置计算的方法步骤与GPS卫星的完全相同。

§4.4 BDS导航电文与卫星坐标计算

4.4.1 BDS卫星信号

目前，BDS导航信号占用3个频带，采用码分多址的扩频通信体制，在B1、B2、B3三个频段上调制了导航信号。

1. 信号特征

B1、B2信号由I、Q两个支路的测距码+导航电文正交调制在载波上构成，信号复用方式为码分多址(CDMA)。B1I信号和B2I信号的载波频率在卫星上由共同的基准时钟源产生，其中，B1I信号的标称载波频率为1 561.098 MHz，B2I信号的标称载波频率为1 207.140 MHz。

星上设备时延指从卫星的时间基准到发射天线相位中心的时延。基准设备时延含在导航电文的钟差参数 a_0 中，不确定度小于0.5 ns(1σ)。B1I、B2I 信号的设备时延与基准设备时延的差值分别由导航电文中的 TGD1 和 TGD2 表示，其不确定度小于1 ns(1σ)。

2. 测距码特性

B1I 和 B2I 信号测距码(以下简称 C_{B1I}码和 C_{B2I}码)的码速率为2.046 Mcps，码长为2 046。C_{B1I}码和 C_{B2I}码均由两个线性序列 G_1 和 G_2 模二和产生平衡 Gold 后截短 1 码片生成。G_1 和 G_2 序列分别由两个 11 级线性移位寄存器生成，其生成多项式为：

$$G_1(X)=1+X+X^7+X^8+X^9+X^{10}+X^{11}$$

$$G_2(X)=1+X+X^2+X^3+X^4+X^5+X^8+X^9+X^{11}$$

G_1 序列初始相位为：01010101010；G_2 序列初始相位为：01010101010。C_{B1I}码和 C_{B2I}码发生器如图 4-8 所示。通过对产生 G_2 序列的移位寄存器不同抽头的模二和可以实现 G_2 序列相位的不同偏移，与 G_1 序列模二和后可生成不同卫星的测距码。

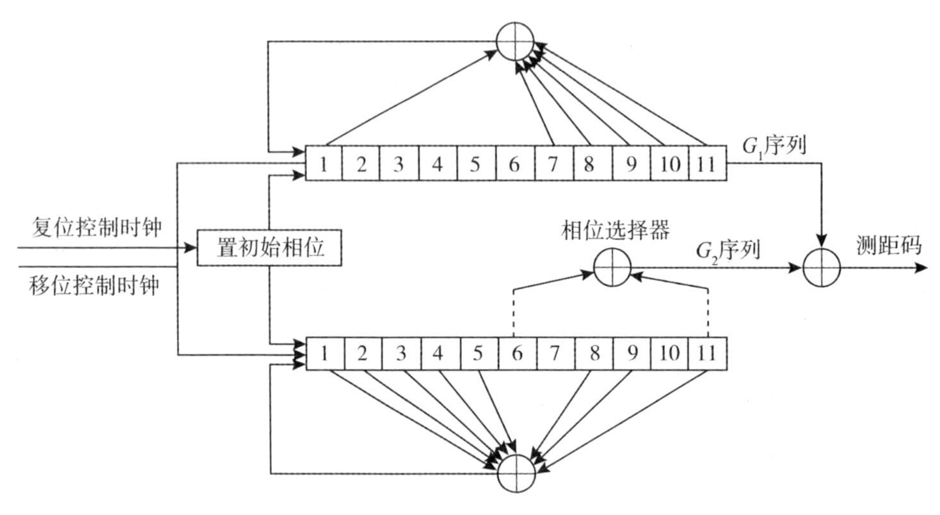

图 4-8　C_{B1I}码和 C_{B2I}码发生器

4.4.2　BDS 卫星导航电文

1. 导航电文的划分

根据速率和结构不同，北斗卫星导航系统的导航电文分为 D1 导航电文和 D2 导航电文。D1 导航电文速率为50 bps，并调制有速率为1 kbps的二次编码，内容包含基本导航信息(本卫星基本导航信息、全部卫星历书信息、与其他系统时间同步信息)；D2 导航电文速率为500 bps，内容包含基本导航信息和增强服务信息(北斗系统的差分及完好性信息和格网点电离层信息)。

MEO/IGSO 卫星的 B1I 和 B2I 信号播发 D1 导航电文，GEO 卫星的 B1I 和 B2I 信号播发 D2 导航电文。

导航电文中基本导航信息和增强服务信息的类别及播发特点见表 4-2。

表 4-2　　　　　　　　　　**D1、D2 导航电文信息类别及播发特点**

<table>
<tr><th colspan="2">电文信息类别</th><th>比特数</th><th colspan="2">播发特点</th></tr>
<tr><td colspan="2">帧同步码(Pre)</td><td>11</td><td rowspan="3">每子帧重复一次。</td><td rowspan="16">基本导航信息，所有卫星都播发</td></tr>
<tr><td colspan="2">子帧计数(FraID)</td><td>3</td></tr>
<tr><td colspan="2">周内秒计数(SOW)</td><td>20</td></tr>
<tr><td rowspan="9">本卫星基本导航信息</td><td>整周计数(WN)</td><td>13</td><td rowspan="9">D1：在子帧 1、2、3 中播发，30 s重复周期。
D2：在子帧 1 页面 1~10 的前 5 个字中播发，30 s 重复周期。更新周期：1 h。</td></tr>
<tr><td>用户距离精度指数(URAI)</td><td>4</td></tr>
<tr><td>卫星自主健康标识(SatH1)</td><td>1</td></tr>
<tr><td>星上设备时延差(T_{GD1}，T_{GD2})</td><td>20</td></tr>
<tr><td>时钟数据龄期(AODC)</td><td>5</td></tr>
<tr><td>钟差参数(t_{oc}，a_0，a_1，a_2)</td><td>74</td></tr>
<tr><td>星历数据龄期(AODE)</td><td>5</td></tr>
<tr><td>星历参数(t_{oe}，$\sqrt{a}$，e，ω，Δn，M_0，Ω_0，$\dot{\Omega}$，i_0，IDOT，C_{uc}，C_{us}，C_{rc}，C_{rs}，C_{ic}，C_{is})</td><td>371</td></tr>
<tr><td>电离层模型参数(α_n，β_n，$n=0\sim3$)</td><td>64</td></tr>
<tr><td colspan="2">页面编号(Pnum)</td><td>7</td><td>D1：在第 4 和第 5 子帧中播发。
D2：在第 5 子帧中播发。</td></tr>
<tr><td rowspan="3">历书信息</td><td>历书参数
(t_{oa}，$\sqrt{a}$，e，ω，M_0，Ω_0，$\dot{\Omega}$，δi，a_0，a_1)</td><td>176</td><td>D1：在子帧 4 页面 1~24、子帧 5 页面 1~6 中播发，12 min重复周期。
D2：在子帧 5 页面 37~60、95~100 中播发，6 min重复周期。
更新周期：小于 7 天。</td></tr>
<tr><td>历书周计数(WN_a)</td><td>8</td><td rowspan="2">D1：在子帧 5 页面 7~8 中播发，12 min重复周期。
D2：在子帧 5 页面 35~36 中播发，6 min重复周期。
更新周期：小于 7 天。</td></tr>
<tr><td>卫星健康信息(Hea_i，$i=1\sim30$)</td><td>9×30</td></tr>
<tr><td rowspan="4">与其他系统时间同步信息</td><td>与 UTC 时间同步参数(A_{0UTC}，A_{1UTC}，Δt_{LS}，Δt_{LSF}，WN_{LSF}，DN)</td><td>88</td><td rowspan="4">D1：在子帧 5 页面 9~10 中播发，12 min重复周期。
D2：在子帧 5 页面 101~102 中播发，6 min重复周期。
更新周期：小于 7 天。</td><td rowspan="4">基本导航信息，所有卫星都播发</td></tr>
<tr><td>与 GPS 时间同步参数(A_{0GPS}，A_{1GPS})</td><td>30</td></tr>
<tr><td>与 GALILEO 时间同步参数(A_{0Gal}，A_{1Gal})</td><td>30</td></tr>
<tr><td>与 GLONASS 时间同步参数(A_{0GLO}，A_{1GLO})</td><td>30</td></tr>
</table>

续表

<table>
<tr><th colspan="2">电文信息类别</th><th>比特数</th><th colspan="2">播发特点</th></tr>
<tr><td colspan="2">基本导航信息页面编号(Pnum1)</td><td>4</td><td>D2：在子帧 1 全部 10 个页面中播发。</td><td rowspan="9">完好性，差分信息、格网点电离层信息只由 GEO 卫星播发</td></tr>
<tr><td colspan="2">完好性及差分信息页面编号(Pnum2)</td><td>4</td><td>D2：在子帧 2 全部 6 个页面中播发。</td></tr>
<tr><td colspan="2">完好性及差分自主健康信息(SatH2)</td><td>2</td><td>D2：在子帧 2 全部 6 个页面中播发。
更新周期：3 s。</td></tr>
<tr><td colspan="2">北斗完好性及差差信息卫星标识($BDID_i$，$i=1\sim30$)</td><td>1×30</td><td>D2：在子帧 2 全部 6 个页面中播发。
更新周期：3 s。</td></tr>
<tr><td rowspan="3">北斗卫星完好性及差分信息</td><td>用户差分距离误差指数($UDREI_i$，$i=1\sim18$)</td><td>4×18</td><td>D2：在子帧 2 中播发。
更新周期：3 s。</td></tr>
<tr><td>区域用户距离精度指数($RURAI_i$，$i=1\sim18$)</td><td>4×18</td><td rowspan="2">D2：在子帧 2、3 中播发。
更新周期：18 s。</td></tr>
<tr><td>等效钟差改正数(Δt_i，$i=1\sim18$)</td><td>13×18</td></tr>
<tr><td rowspan="2">格网点电离层信息</td><td>电离层格网点垂直延尺($d\tau$)</td><td>9×320</td><td rowspan="2">D2：在子帧 5 页面 1～13、61～73 中播发。
更新周期：6 min。</td></tr>
<tr><td>电离层格网点垂直延尺误差指数(GIVEI)</td><td>4×320</td></tr>
</table>

2. D1 导航电文

D1 导航电文由超帧、主帧和子帧组成。每个超帧为36 000 bit，历时 12 min，每个超帧由 24 个主帧组成(24 个页面)；每个主帧为 1 500 bit，历时 30 s，每个主帧由 5 个子帧组成；每个子帧为 300 bit，历时 6 s，每个子帧由 10 个字组成；每个字为 30 bit，历时 0. 6 s。

每个字由导航电文数据及校验码两部分组成。每个子帧第 1 个字的前 15 bit 信息不进行纠错编码，后 11 bit 信息采用 BCH(15，11，1)方式进行纠错，信息位共有 26 bit；其他 9 个字均采用 BCH(15，11，1)加交织方式进行纠错编码，信息位共有 22 bit。

D1 导航电文帧结构如图 4-9 所示。

D1 导航电文包含有基本导航信息，包括：本卫星基本导航信息(包括周内秒计数、整周计数、用户距离精度指数、卫星自主健康标识、电离层延迟模型改正参数、卫星星历参数及数据龄期、卫星钟差参数及数据龄期、星上设备时延差)、全部卫星历书及与其他系统时间同步信息(UTC、其他卫星导航系统)。整个 D1 导航电文传送完毕需要 12 min。

D1 导航电文主帧结构及信息内容如图 4-10 所示。子帧 1 至子帧 3 播发基本导航信息；子帧 4 和子帧 5 的信息内容由 24 个页面分时发送，其中子帧 4 的页面 1～24 和子帧 5

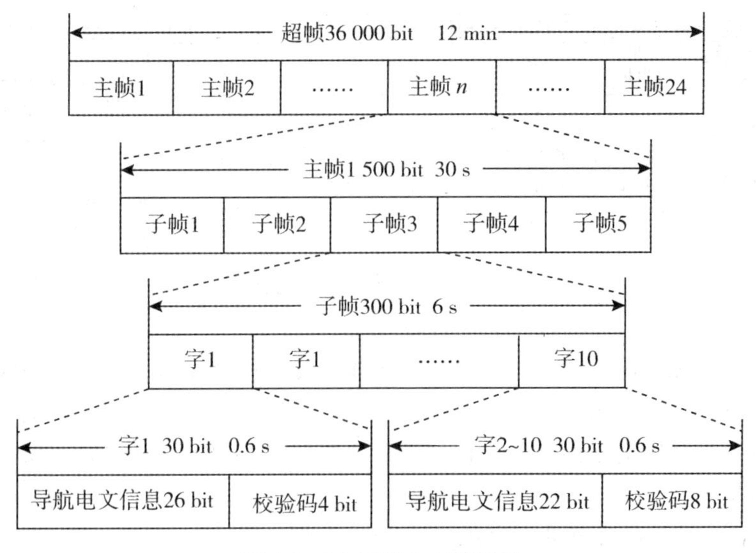

图 4-9 D1 导航电文帧结构

的页面 1~10 播发全部卫星历书信息及与其他系统时间同步信息；子帧 5 的页面 11~24 为预留页面。

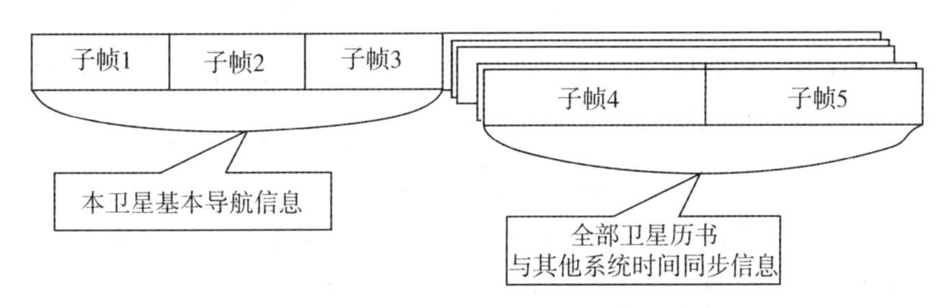

图 4-10 D1 导航电文主帧结构及信息内容

3. D2 导航电文内容

D2 导航电文包括：本卫星基本导航信息，全部卫星历书，与其他系统时间同步信息，北斗系统完好性及差分信息，格网点电离层信息。

主帧结构及信息内容如图 4-11 所示。子帧 1 播发基本导航信息，由 10 个页面分时发送，子帧 2~4 信息由 6 个页面分时发送，子帧 5 中信息由 120 个页面分时发送。

4.4.3 BDS 卫星位置计算的步骤

北斗卫星导航系统的坐标系统、时间系统、星座、信号频率与 GPS 系统不同，但广播星历的格式仍采用与 GPS 系统一致的 RINEX 格式。空间星座由 5 颗地球静止轨道(GEO)卫星和 30 颗非地球静止轨道卫星(27 颗中圆地球轨道(MEO)卫星和 3 颗倾斜地球同步轨道(IGSO)卫星)组成。计算 BDS 的 MEO 卫星和 IGSO 卫星的位置时，与计算 GPS 卫星瞬时坐标的方法和过程是一致的；但对于 GEO 卫星，在计算其在空间直角坐标系下的坐标时，与计算 GPS 卫星瞬时坐标的方法是不同的。计算 BDS 卫星位置时，取地心引

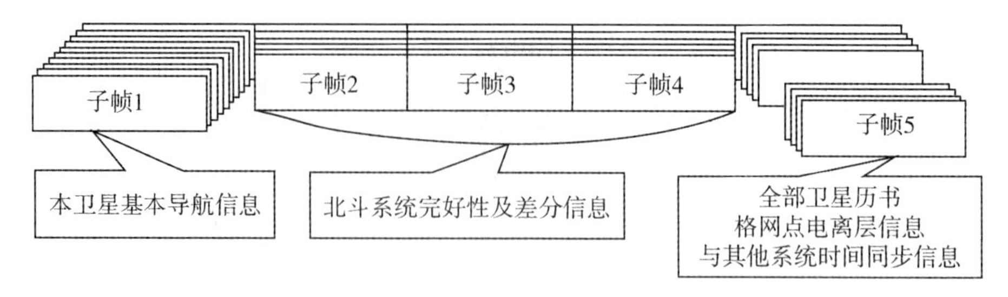

图 4-11　D2 导航电文信息内容

力常数 $\mu=GM=3.986\ 004\ 418\times10^{14}\ \mathrm{m^3/s^2}$，地球自转角速度 $w_e=7.292\ 115\ 0\times10^{-5}\ \mathrm{rad/s}$。

与计算 GPS 卫星位置相似，利用广播星历计算北斗卫星位置时，一般分两个环节进行：首先计算卫星在轨道平面直角坐标系下的坐标，然后计算其在 CGCS2000 地固坐标系中的空间直角坐标。

(1)计算北斗卫星在轨道平面直角坐标系下的坐标

计算北斗卫星在轨道平面直角坐标系下的坐标过程与 §4.3.1 的第 1～第 9 步是一致的，但地心引力常数取为 $\mu=3.986\ 004\ 418\times10^{14}\ \mathrm{m^3/s^2}$。通过计算可得 BDS 卫星在轨道平面坐标系中的坐标：

$$\begin{cases} x_k = r_k\cos u_k \\ y_k = r_k\sin u_k \end{cases} \tag{4-30}$$

(2)计算 MEO 卫星和 IGSO 卫星在 CGCS2000 地固坐标系中的空间直角坐标

① 计算观测时刻升交点经度 Ω_k(地固坐标系)

$$\Omega_k = \Omega_0 + (\dot{\Omega} - w_e)t_k - w_e t_{0e} \tag{4-31}$$

式中，$w_e=7.292\ 115\ 0\times10^{-5}$ rad/s，为地球自转角速度，其他有关参数从电文中得到。

② 计算卫星在 CGCS2000 地固坐标系中的空间直角坐标

$$\begin{bmatrix} X_k \\ Y_k \\ Z_k \end{bmatrix} = \begin{bmatrix} x_k\cos\Omega_k - y_k\cos i_k\sin\Omega_k \\ x_k\sin\Omega_k + y_k\cos i_k\cos\Omega_k \\ y_k\sin i_k \end{bmatrix} \tag{4-32}$$

(3)计算 GEO 卫星在 CGCS2000 地固坐标系中的空间直角坐标

① 计算观测时刻升交点经度 Ω_k(惯性系)

$$\Omega_k = \Omega_0 + \dot{\Omega}t_k - w_e t_{0e} \tag{4-33}$$

式中，$w_e=7.292\ 115\ 0\times10^{-5}$ rad/s，为地球自转角速度，其他有关参数从电文中得到。

② 计算 GEO 卫星在自定义坐标系中的空间直角坐标

$$\begin{bmatrix} X_{Gk} \\ Y_{Gk} \\ Z_{Gk} \end{bmatrix} = \begin{bmatrix} x_k\cos\Omega_k - y_k\cos i_k\sin\Omega_k \\ x_k\sin\Omega_k + y_k\cos i_k\cos\Omega_k \\ y_k\sin i_k \end{bmatrix} \tag{4-34}$$

③ 计算 GEO 卫星在 CGCS2000 地固坐标系中的空间直角坐标

$$\begin{bmatrix} X_k \\ Y_k \\ Z_k \end{bmatrix} = \boldsymbol{R}_Z(\omega_e t_k)\boldsymbol{R}_X(-5°)\begin{bmatrix} X_{Gk} \\ Y_{Gk} \\ Z_{Gk} \end{bmatrix} \tag{4-35}$$

其中，

$$\boldsymbol{R}_X(\varphi) = \begin{bmatrix} 1 & 0 & 0 \\ 0 & \cos\varphi & \sin\varphi \\ 0 & -\sin\varphi & \cos\varphi \end{bmatrix}; \ \boldsymbol{R}_Z(\varphi) = \begin{bmatrix} \cos\varphi & \sin\varphi & 0 \\ -\sin\varphi & \cos\varphi & 0 \\ 0 & 0 & 1 \end{bmatrix}$$

利用§3.4节中北斗卫星导航系统的C06号卫星2015年4月30日1时的广播星历，对C06号卫星进行计算的结果综合列于表4-3。

表4-3　**BDS卫星位置参数计算结果**

卫星参数	C06	卫星参数	C06	卫星参数	C06
n_0	0.000 072 901 193	δu	−0.000 016 468 054	x_k	−35 574 246.291 960 1
n	0.000 072 901 902	δr	−388.871 676 529 076	y_k	22 471 563.659 909 2
t_k	0.000 000 000 0	δi	0.000 000 118 916	Ω_k	−25.680 048 170 105
M_k	−0.963 779 162 67	u_k	2.578 203 680 321	X_k	−23 564 717.650 845 1
E_k	−0.967 017 532 528	r_k	42 077 288.084 694 6	Y_k	29 692 472.726 216 4
V_k	5.312 925 774 583	i_k	0.948 844 820 918	Z_k	18 263 606.379 935 7
Φ_k	2.578 220 148 374				

§4.5　GPS接收机基本工作原理

GPS卫星发送的导航定位信号是一种可供无数用户共享的信息资源。对于陆地、海洋和空间的广大用户，只要用户拥有能够接收、跟踪、变换和测量GPS信号的接收设备，即GPS信号接收机，就可以在任何时候用GPS信号进行导航定位测量。由于使用目的不同，用户要求的GPS信号接收机也各有差异。目前世界上已有几十家工厂生产GPS接收机，产品也有几百种。目前国内主要的大地型GPS接收机的型号、性能、用途见表4-4。

表4-4　**国内主要大地型GPS接收机的型号、性能、用途**

型　号	性　能	用　途	生产厂家
Leica GPS1200系列，如GX1230双频接收机、GRX1200系列GPS参考站接收机等	使用GPS和GLONASS；与Leica TPS1200和Smartstation兼容；可支持未来的GNSS信号，如GPSL5和GALILEO。	精密定位，快速RTK测量，整合GPS全站仪多用途测量。	徕卡测量系统有限公司

续表

型　号	性　能	用　途	生产厂家
Trimble 5700/5800 双频接收机，Trimble 5700CORS 参考站接收机等	使用 GPS 系统信号，有各种用途的接收机。	精密定位，快速 RTK 测量，GPS 全站仪。	美国天宝导航有限公司
GPS 单、双频接收机，灵锐 S82 双频 RTK 等	新一代高度集成一体化，天线蓝牙通信技术。	精密定位，网络 RTK 测量。	南方测绘仪器公司
X90GNSSRTK 等各种 GPS 接收机	一体化蓝牙设计。实时动态 RTK 水平精度 10+1，垂直精度 20+1；静态和快速静态水平精度 5+1，垂直精度 10+2。	应用于 CORS 网络的国产 RTK	中国华测公司
NET-G3 参考站接收机，GR-3 一体化三星接收机，Hiper 系列双星 GNSS 接收机	三星系统或双星系统 GNSS 接收机，也可用于网络 RTK。	精密定位，网络 RTK	拓普康公司
静态测量型 GPS 接收机，双频 RTKGPS，网络 RTK（V8CORSRTK）	网络 RTK 超长距离 RTK 技术，GPS 卫星 L5 信号接收技术，可升级为双频双星系统。	精密定位，网络 RTK	中海达测绘仪器有限公司
网络 RTK（E650）等各种 GPS 接收机	一体化的 RTK 基准站和流动站系统。	精密定位，网络 RTK	北京合众思壮科技责任公司

4.5.1 GPS 接收机的分类

1. 按接收机的用途分类

按接收机用途可分为：

（1）导航型接收机

此类型接收机主要用于运动载体的导航，它可以实时给出载体的位置和速度。这类接收机一般采用 C/A 码伪距测量，单点实时定位精度较低，一般为±25 m。这类接收机价格便宜，应用广泛。根据应用领域的不同，此类接收机还可以进一步分为：

车载型——用于车辆导航定位；

航海型——用于船舶导航定位；

航空型——用于飞机导航定位。由于飞机运行速度快，因此，在航空上用的接收机要求能适应高速运动。

星载型——用于卫星的导航定位。由于卫星的运动速度高达 7 km/s 以上，因此对接收机的要求更高。

（2）测地型接收机

测地型接收机主要用于精密大地测量和精密工程测量。这类仪器主要采用载波相位观测值进行相对定位，定位精度高。仪器结构复杂，价格较贵。

(3)授时型接收机

这类接收机主要利用 GPS 卫星提供的高精度时间标准进行授时，常用于天文台及无线电通信中时间同步。

2. 按接收机的载波频率分类

(1)单频接收机

单频接收机只能接收 L_1 载波信号，测定载波相位观测值进行定位。由于不能有效消除电离层延迟影响，单频接收机只适用于短基线(小于 15 km)的精密定位。

(2)双频接收机

双频接收机可以同时接收 L_1、L_2 载波信号。利用双频对电离层延迟的不一样，可以消除电离层对电磁波信号延迟的影响，因此双频接收机可用于长达几千公里的精密定位。

3. 按接收机通道数分类

GPS 接收机能同时接收多颗 GPS 卫星的信号，为了分离接收到的不同卫星的信号，以实现对卫星信号的跟踪、处理和量测，具有这样功能的器件称为天线信号通道。根据接收机所具有的通道种类，可分为多通道接收机、序贯通道接收机、多路多用通道接收机。

4. 按接收机工作原理分类

(1)码相关型接收机

码相关型接收机是利用码相关技术得到载波伪距观测值。

(2)平方型接收机

平方型接收机是利用载波信号的平方技术去掉调制信号来恢复完整的载波信号，通过相位计测定接收机内产生的载波信号与接收到的载波信号之间的相位差，测定载波伪距观测值。

(3)混合型接收机

这种仪器是综合上述两种接收机的优点，既可以得到码相位伪距，也可以得到载波相位观测值。

(4)干涉型接收机

这种接收机是将 GPS 卫星作为射电源，采用干涉测量方法，测定两个测站间的距离。

4.5.2 GPS 接收机的组成及工作原理

GPS 接收机主要由 GPS 接收机天线单元、GPS 接收机主机单元和电源三部分组成。接收机主机由变频器、信号通道、微处理器、存储器及显示器组成(见图 4-12)。

1. GPS 接收机天线

天线由接收机天线和前置放大器两部分所组成。天线的作用是将 GPS 卫星信号的极微弱的电磁波能转化为相应的电流，而前置放大器则是将 GPS 信号电流予以放大。为便于接收机对信号进行跟踪、处理和量测，对天线部分有以下要求：

——天线与前置放大器应密封一体，以保障其正常工作，减少信号损失；

——能够接收来自任何方向的卫星信号，不产生死角；

——有防护与屏蔽多路径效应的措施；

——天线的相位中心保持高度的稳定，并与其几何中心尽量一致。

GPS 接收机天线有下列几种类型：

(1)单板天线

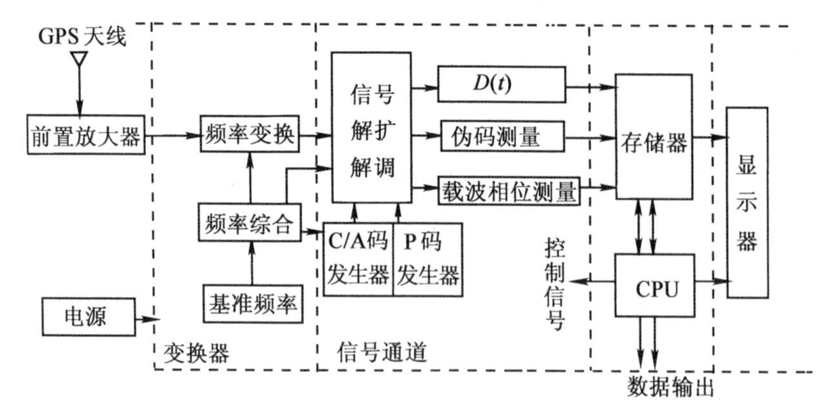

图 4-12　GPS 接收机原理图

这种天线结构简单、体积较小，需要安装在一块基板上，属单频天线。

(2)四螺旋形天线

四螺旋形天线是由四条金属管线绕制而成，底部有一块金属抑制板。这种天线频带宽，全圆极化性能好，可捕捉低高度角卫星；缺点是不能进行双频接收，抗震性差，常用做导航型接收机天线。

(3)微带天线

微带天线是在厚度为 $h(h \leqslant \lambda)$ 的介质板两边贴以金属片。一边为金属底板，一边做成矩形或圆形等规则形状，如图 4-13 所示。这种天线也称为贴片天线。微带天线的特点是高度低，重量轻，结构简单并且坚固，易于制造；既可用于单频机，又可用于双频机。缺点是增益较低。目前大部分测地型天线都是微带天线。这种天线更适用于飞机、火箭等高速飞行物上。

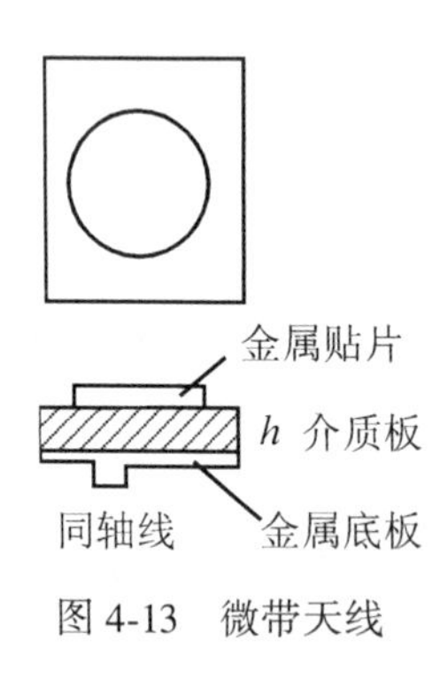

图 4-13　微带天线

(4)锥形天线

锥形天线是在介质锥体上利用印刷电路技术在其上制成导电圆锥螺旋表面，也称盘旋螺线型天线。这种天线可以同时在两个频率上工作。锥形天线的特点是增益好。但是由于其天线较高，并且在水平方向上不对称，天线相位中心与几何中心不完全一致。因此，在安置天线时，要仔细定向，并且要给予补偿。

GPS 天线接收来自 20 000 km 高空的卫星信号很弱，信号电平只有-50～-180 dB；输入功率信噪比为 S/N=-30 dB，即信号源淹没在噪声中。为了提高信号强度，一般在天线后端设有前置放大器。对于双频接收机，设有两路前置放大器，以减少带宽，控制外来信号干扰，以防止f_1、f_2信号干扰。大部分 GPS 天线都与前置放大器结合在一起，但也有些导航型接收机为减少天线重量、便于安置、避免雷电事故，而将天线和前置放大器分开。

2. 接收机主机

(1)变频器及中频放大器

经过 GPS 前置放大器的信号仍然很微弱，为了使接收机通道得到稳定的高增益，并且使 L 频段的射频信号变成低频信号，必须采用变频器。

(2)信号通道

信号通道是接收机的核心部分，GPS 信号通道是硬软件结合的电路。不同类型的接收机其通道是不同的。

GPS 信号通道的作用有三：①搜索卫星，牵引并跟踪卫星；②对广播电文数据信号实行解扩，解调出广播电文；③进行伪距测量、载波相位测量及多普勒频移测量。图 4-14 为相关通道的电路原理图。

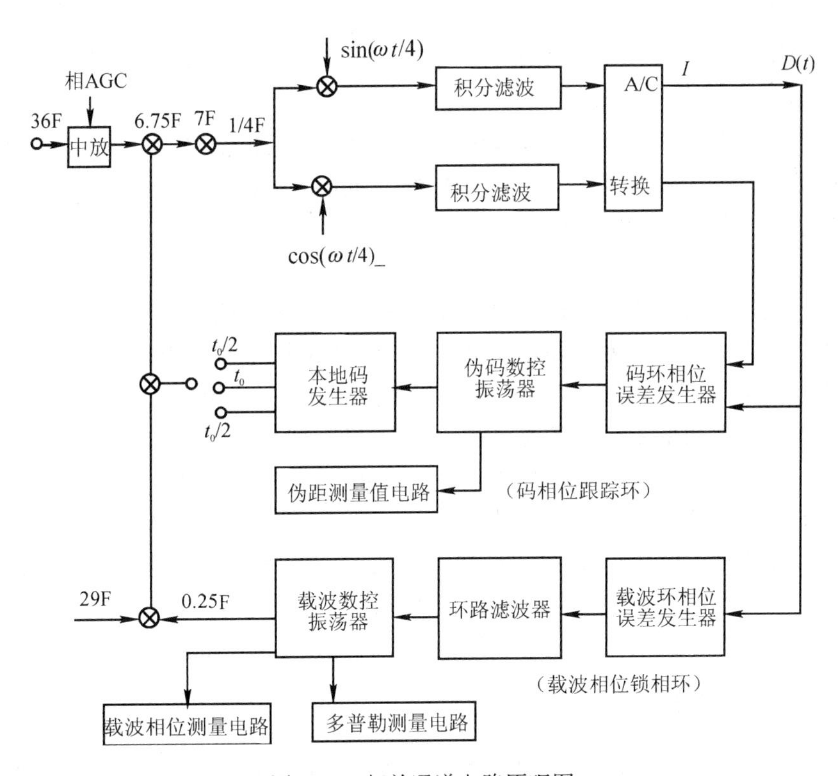

图 4-14　相关通道电路原理图

从卫星接收到的信号是扩频的调制信号，所以要经过解扩、解调才能得到导航电文。为了达到此目的，在相关通道电路中设有伪码相位跟踪环和载波相位跟踪环。

(3)存储器

接收机内设有存储器或存储卡，以存储卫星星历、卫星历书、接收机采集到的码相位伪距观测值、载波相位观测值及多普勒频移。目前，GPS 接收机都装有半导体存储器(简称内存)，接收机内存数据可以通过数据口传到微机上，以便进行数据处理和数据保存。在存储器内还装有多种工作软件，如自测试软件、卫星预报软件、导航电文解码软件、GPS 单点定位软件等。

(4)微处理器

微处理器是 GPS 接收机工作的灵魂，GPS 接收机工作都是在微机指令统一协同下进行的。其主要工作步骤为：

① 接收机开机后，首先对整个接收机的工作状况进行自检，并测定、校正、存储各通道的时延值。

② 接收机对卫星进行搜索，捕捉卫星。当捕捉到卫星后，即对信号进行牵引和跟踪，并将基准信号译码得到 GPS 卫星星历。当同时锁定 4 颗卫星时，将 C/A 码伪距观测值连同星历一起计算测站的三维坐标，并按预置位置更新率计算新的位置。

③ 根据机内存储的卫星历书和测站近似位置，计算所有在轨卫星的升降时间、方位和高度角。

④ 根据预先设置的航路点坐标和单点定位测站位置计算导航的参数、航偏距、航偏角、航行速度等。

⑤ 接收用户输入信号。如测站名、测站号、作业员姓名、天线高、气象参数等。

(5)显示器

GPS 接收机都有液晶显示屏，以提供 GPS 接收机的工作信息，并配有一个控制键盘。用户可通过键盘控制接收机工作。对于导航接收机，有的还配有大显示屏，在屏幕上直接显示导航的信息，甚至显示数字地图。

3. 电源

GPS 接收机电源有两种，一种为内电源，一般采用锂电池，主要用于 RAM 存储器供电，以防止数据丢失。另一种为外接电源，这种电源常用于可充电的 12 V 直流镉镍电池组，或采用汽车电瓶。当用交流电时，要经过稳压电源或专用电流交换器。

综上所述，接收机的主要任务是：当 GPS 卫星在用户视界升起时，接收机能够捕获到按一定卫星高度截止角所选择的待测卫星，并能够跟踪这些卫星的运行；对所接收到的 GPS 信号，具有变换、放大和处理的功能，以便测量出 GPS 信号从卫星到接收天线的传播时间，解译出 GPS 卫星所发送的导航电文，实时地计算出测站的三维位置，甚至三维速度和时间。GPS 信号接收机不仅需要功能较强的机内软件，而且需要一个多功能的 GPS 数据测后处理软件包。接收机加处理软件包，才是完整的 GPS 信号用户设备。

4.5.3 软件 GPS 接收机

随着 GPS 现代化计划的实施，就需要开发新一代的 GPS 接收机。但不管哪一种卫星导航定位接收机，其工作原理都相同，都是用于捕捉、跟踪、变换和处理卫星微弱信号的无线电接收设备。如何实现一机多用，且可随需要更新，是测绘工作者面临的新挑战。在这种背景下，软件 GPS 接收机(有的称 GPS 软件接收机)就自然而然地产生了。它是将软件无线电技术应用于卫星导航定位接收机上，达到目前硬件卫星导航定位接收机的技术水平。

1. 软件 GPS 接收机的基本结构

软件 GPS 接收机的结构框图如图 4-15 所示。

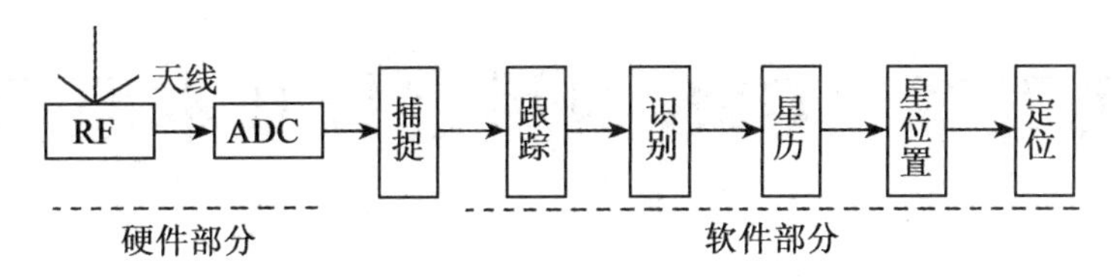

图 4-15　软件 GPS 接收机结构框图

软件 GPS 接收机的硬件部分由天线、RF、ADC 等三部分组成，天线接收 GPS 卫星信号，RF 将信号放大、转换并输出，ADC(A/D 转换器)将信号数字化。

软件 GPS 接收机的软件由信号捕捉、跟踪、子帧识别、获取星历数据和伪距、卫星视位置计算、用户定位计算等六部分组成。软件平台目前一般采用 PC 平台，也可采用数字信号处理芯片。

从软件 GPS 接收机结构框图可看出，硬件部分较少，因而非常有利于接收机小型化。

2. 软件 GPS 接收机的优点

(1)有利于提高测量精度

在软件 GPS 接收机中，可使数据处理模块更靠近接收机天线，减少信号在接收机中传输的时间及衰变，有利于快速捕捉信号和提高定位测量的精度。

(2)便于 GPS 信号的升级换代

GPS 信号个数在不断增加，需更换新的接收机。若是软件 GPS 接收机，只需加载相应的软件，用原有硬件平台，就可接收不同的卫星导航信号。这样就不需更换接收机也能实现 GPS 接收机的升级换代，也便于将一台 GPS 接收机按需要变成 GNSS 接收机。

(3)便于多种算法集成于一台接收机

目前各种 GPS 接收机只采用一种捕捉信号的方法，也只采用一种跟踪算法。若是软件 GPS 接收机，就可采用几种信号捕捉、跟踪算法。这样便于比较，可提高效率和可靠性。

(4)便于接收机低功耗、小型化

由于软件 GPS 接收机的绝大部分功能由软件实现，硬件部分达到最小化，从而使接收机功耗更少、体积更小、重量更轻、价格更低廉。

软件 GPS 接收机目前还处在开发、试验阶段，其难点在于将信号波道进行软件化及高效的信号处理算法。随着科学技术的发展，软件 GPS 接收机将会走进我们的生活。

第五章　GPS卫星定位基本原理

§5.1　概述

测量学中有测距交会确定点位的方法。与其相似，无线电导航定位系统、卫星激光测距定位系统，其定位原理也是利用测距交会的原理确定点位的。

就无线电导航定位来说，设想在地面上有三个无线电信号发射台，其坐标已知，用户接收机在某一时刻采用无线电测距的方法分别测得了接收机至三个发射台的距离 d_1、d_2，d_3。只需以三个发射台为球心，以 d_1、d_2、d_3为半径作出三个定位球面，即可交会出用户接收机的空间位置。如果只有两个无线电发射台，则可根据用户接收机的概略位置交会出接收机的平面位置。这种无线电导航定位是迄今为止仍在使用的飞机、轮船的一种导航定位方法。

近代卫星大地测量中的卫星激光测距定位也是应用了测距交会定位的原理和方法。虽然用于激光测距的卫星(表面上安装有激光反射镜)是在不停的运动中，但总可以利用固定于地面上三个已知点上的卫星激光测距仪同时测定某一时刻至卫星的空间距离 d_1、d_2、d_3，应用测距交会的原理便可确定该时刻卫星的空间位置。如此，可以确定三颗以上卫星的空间位置。如果在第四个地面点上(坐标未知)也有一台卫星激光测距仪同时参与测定了该点至三颗卫星点的空间距离，则利用所测定的三个空间距离可以交会出该地面点的位置。

将无线电信号发射台从地面点搬到卫星上，组成一颗卫星导航定位系统，应用无线电测距交会的原理，便可由三个以上地面已知点(控制站)交会出卫星的位置，反之利用三颗以上卫星的已知空间位置又可交会出地面未知点(用户接收机)的位置。这便是GPS卫星定位的基本原理。

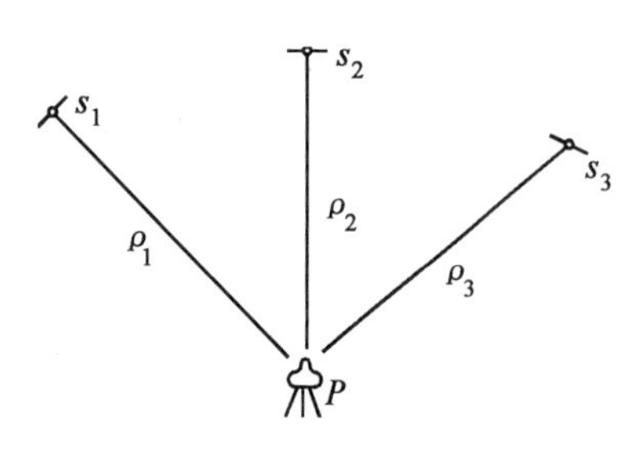

图 5-1　GPS 卫星定位原理

GPS卫星发射测距信号和导航电文，导航电文中含有卫星的位置信息。用户用GPS接收机在某一时刻同时接收三颗以上的GPS卫星信号，测量出测站点(接收机天线中心)P至三颗以上GPS卫星的距离，并解算出该时刻GPS卫星的空间坐标，据此利用距离交会法解算出测站P的位置。如图5-1所示，设在时刻 t_i，在测站点P用GPS接收机同时测得P点至三颗GPS卫星 S_1、S_2、S_3的距离ρ_1、ρ_2、ρ_3，通过GPS电文解译出该时刻三颗GPS卫星的三维坐标(X^j，

Y^j，Z^j)，$j=1$，2，3。用距离交会的方法求解 P 点的三维坐标(X，Y，Z)的观测方程为：

$$\begin{cases}\rho_1^2=(X-X^1)^2+(Y-Y^1)^2+(Z-Z^1)^2\\ \rho_2^2=(X-X^2)^2+(Y-Y^2)^2+(Z-Z^2)^2\\ \rho_3^2=(X-X^3)^2+(Y-Y^3)^2+(Z-Z^3)^2\end{cases} \tag{5-1}$$

在 GPS 定位中，GPS 卫星是高速运动的卫星，其坐标值随时间在快速变化着。需要实时地由 GPS 卫星信号测量出测站至卫星之间的距离，实时地由卫星的导航电文解算出卫星的坐标值，并进行测站点的定位。依据测距的原理，其定位原理与方法主要有伪距法定位、载波相位测量定位以及差分 GPS 定位等。对于待定点来说，根据其运动状态可以将 GPS 定位分为静态定位和动态定位。静态定位指的是对于固定不动的待定点，将 GPS 接收机安置于其上，观测数分钟乃至更长的时间，以确定该点的三维坐标，又叫绝对定位。若以两台 GPS 接收机分别置于两个固定不变的待定点上，则通过一定时间的观测，可以确定两个待定点之间的相对位置，又叫相对定位。而动态定位则至少有一台接收机处于运动状态，测定的是各观测时刻(观测历元)运动中的接收机的点位(绝对点位或相对点位)。

利用接收到的卫星信号(测距码)或载波相位，均可进行静态定位。实际应用中，为了减弱卫星的轨道误差、卫星钟差、接收机钟差以及电离层和对流层的折射误差的影响，常采用载波相位观测值的各种线性组合(即差分值)作为观测值，获得两点之间高精度的 GPS 基线向量(即坐标差)。

本章首先论述利用测距码进行伪距测量定位的原理，然后讨论载波相位测量观测值的数学模型，着重讨论静态相对定位的原理和方法，最后简述 GPS 动态定位的原理和差分 GPS 定位技术。

§5.2　伪 距 测 量

伪距法定位是由 GPS 接收机在某一时刻测出得到四颗以上 GPS 卫星的伪距以及已知的卫星位置，采用距离交会的方法求定接收机天线所在点的三维坐标。所测伪距就是由卫星发射的测距码信号到达 GPS 接收机的传播时间乘以光速所得出的量测距离。由于卫星钟、接收机钟的误差以及无线电信号经过电离层和对流层中的延迟，实际测出的距离 ρ' 与卫星到接收机的几何距离 ρ 有一定差值，因此一般称量测出的距离为伪距。用 C/A 码进行测量的伪距为 C/A 码伪距，用 P 码测量的伪距为 P 码伪距。伪距法定位虽然一次定位精度不高(P 码定位误差约为 10 m，C/A 码定位误差为 20～30 m)，但因其具有定位速度快，且无多值性问题等优点，仍然是 GPS 定位系统进行导航的最基本的方法。同时，所测伪距又可以作为载波相位测量中解决整波数不确定问题(模糊度)的辅助资料。因此，有必要了解伪距测量以及伪距法定位的基本原理和方法。

5.2.1　伪距测量

GPS 卫星依据自己的时钟发出某一结构的测距码，该测距码经过 τ 时间的传播后到达接收机。接收机在自己的时钟控制下产生一组结构完全相同的测距码——复制码，并通过时延器使其延迟时间 τ' 将这两组测距码进行相关处理，若自相关系数 $R(\tau')\neq 1$，则继续调整延迟时间 τ'，直至自相关系数 $R(\tau')=1$ 为止。使接收机所产生的复制码与接收到的 GPS 卫星测距码完全对齐，那么其延迟时间 τ' 即为 GPS 卫星信号从卫星传播到接收机所用的时间 τ。GPS 卫星信号的传播是一种无线电信号的传播，其速度等于光速 c，卫星至接收机的距离即为 τ' 与 c 的乘积。

为什么采用码相关技术来确定伪距？

GPS 卫星发射出的测距码是按照某一规律排列的，在一周期内每个码对应某一特定的时间。应该说识别出每个码的形状特征，用每个码的某一标志即可推算出时延值 τ 进行伪距测量。但实际上每个码在产生过程中都带有随机误差，并且信号经过长距离传送后也会产生变形。所以根据码的某一标志来推算时延值 τ 就会产生比较大的误差。因此采用码相关技术在自相关系数 $R(\tau')=\max$ 的情况下来确定信号的传播时间 τ。这样就排除了随机误差的影响，实质上就是采用了多个码特征来确定 τ 的方法。由于测距码和复制码在产生的过程中均不可避免地带有误差，因而自相关系数也不可避免地带有误差，而且测距码在传播过程中还会由于各种外界干扰而产生变形，因而自相关系数往往不可能达到“1”，只能在自相关系数为最大的情况下来确定伪距，也就是本地码与接收码基本上对齐了。这样可以最大幅度地消除各种随机误差的影响，以达到提高精度的目的。

测定自相关系数 $R(\tau')$ 的工作由接收机锁相环路中的相关器和积分器来完成。如图 5-2所示，由卫星钟控制的测距码 $a(t)$ 在 GPS 时间 t 时刻自卫星天线发出，经传播延迟 τ 到达 GPS 接收机，接收机所接收到的信号为 $a(t-\tau)$。由接收机钟控制的本地码发生器产生一个与卫星发播相同的本地码 $a'(t+\Delta t)$，Δt 为接收机钟与卫星钟的钟差。经过码移位电路将本地码延迟 τ' 送至相关器与所接收到的卫星发播信号进行相关运算，经过积分器后，即可得到自相关系数 $R(\tau')$ 的输出：

$$R(\tau')=\frac{1}{T}\int_T a(t-\tau)a(t+\Delta t-\tau')\,\mathrm{d}t \tag{5-2}$$

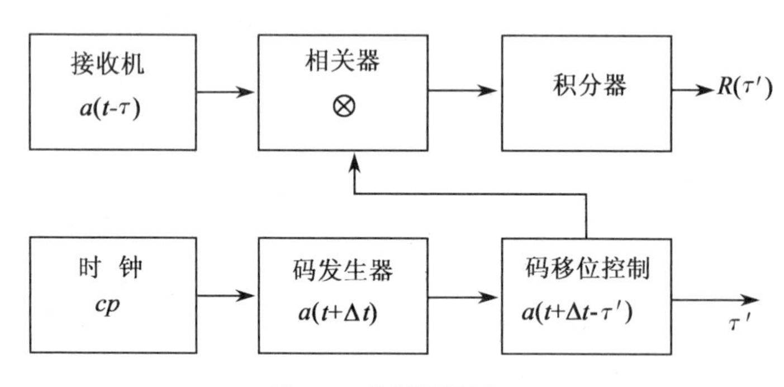

图 5-2　伪距测量原理

调整本地码延迟 τ'，可使相关输出达到最大值：

$$\begin{cases}R(t)=R_{\max}(t)\\ t-\tau=t+\Delta t-\tau'\end{cases} \tag{5-3}$$

可得：

$$
\begin{cases}\tau' = \tau + \Delta t + nT \\ \rho' = \rho + c\Delta t + n\lambda\end{cases} \tag{5-4}
$$

式中，ρ'为伪距测量值；ρ 为卫星至接收机的几何距离；T 为测距码的周期；$\lambda = cT$ 为相应测距码的波长；$n=0$，1，2，…是正整数；c 为信号传播速度；$n\lambda$ 称为测距模糊度。

式(5-4)即为伪距测量的基本方程。如果已知待测距离小于测距码的波长(如用 P 码测距)，则 $n=0$，且有：

$$
\rho' = \rho + c\Delta t \tag{5-5}
$$

称为无模糊度测距。

由式(5-5)可知，伪距观测值ρ'是待测距离与钟差等效距离之和。钟差 Δt 包含接收机钟差 δt_k与卫星钟差 δt^j，即 $\Delta t = -\delta t_k + \delta t^j$，若再考虑到信号传播经电离层的延迟和大气对流层的延迟，则式(5-5)可改写为：

$$
\rho = \rho' + \delta\rho_1 + \delta\rho_2 + c\delta t_k - c\delta t^j \tag{5-6}
$$

式(5-6)即为所测伪距与真正的几何距离之间的关系式。式中 $\delta\rho_1$、$\delta\rho_2$分别为电离层和对流层的改正项；δt_k的下标 k 表示接收机号；δt^j的上标 j 表示卫星号。

5.2.2 伪距定位观测方程

从式(5-6)中可以看出，电离层和对流层改正可以按照一定的模型进行计算，卫星钟差 δt^j可以自导航电文中取得。而几何距离 ρ 与卫星坐标(X_s，Y_s，Z_s)和接收机坐标(X，Y，Z)之间有如下关系：

$$
\rho^2 = (X_s - X)^2 + (Y_s - Y)^2 + (Z_s - Z)^2 \tag{5-7}
$$

式中，卫星坐标可根据卫星导航电文求得，所以式中只包含接收机坐标三个未知数。

如果将接收机钟差 δt_k也作为未知数，则共有 4 个未知数，接收机必须同时至少测定 4 颗卫星的距离才能解算出接收机的三维坐标值。为此，将式(5-7)代入式(5-6)，有：

$$
\begin{aligned}&[(X_s^j - X)^2 + (Y_s^j - Y)^2 + (Z_s^j - Z)^2]^{1/2} - c\delta t_k \\ &= \rho'^j + \delta\rho_1^j + \delta\rho_2^j - c\delta t^j\end{aligned} \tag{5-8}
$$

式中，j 为卫星数，$j=1$，2，3，…。

式(5-8)即为伪距定位的观测方程组。

§5.3 载波相位测量

利用测距码进行伪距测量是全球定位系统的基本测距方法。然而由于测距码的码元长度较大，对于一些高精度应用来讲，其测距精度还显得过低，无法满足需要。如果观测精度均取至测距码波长的百分之一，则伪距测量对 P 码而言量测精度为 30 cm，对 C/A 码而言为3 m左右。而如果把载波作为量测信号，由于载波的波长短，$\lambda_{L_1} = 19$ cm，$\lambda_{L_2} = 24$ cm，所以就可达到很高的精度。目前的大地型接收机的载波相位测量精度一般为 1~2 mm，有的精度更高。但载波信号是一种周期性的正弦信号，而相位测量又只能测定其不足一个波长的部分，因而存在着整周数不确定性的问题，使解算过程变得比较复杂。

在 GPS 信号中，由于已用相位调整的方法在载波上调制了测距码和导航电文，因而接收到的载波的相位已不再连续，所以在进行载波相位测量以前，首先要进行解调工作，设法将调制在载波上的测距码和卫星电文去掉，重新获取载波，这一工作称为重建载波。重建载波一般可采用两种方法，一种是码相关法，另一种是平方法。采用前者，用户可同时提取测距信号和卫星电文，但用户必须知道测距码的结构；采用后者，用户无须掌握测距码的结构，但只能获得载波信号而无法获得测距码和卫星电文。

5.3.1 载波相位测量原理

载波相位测量的观测量是 GPS 接收机所接收的卫星载波信号与接收机本振参考信号的相位差。以 $\varphi_k^j(t_k)$ 表示 k 接收机在接收机钟面时刻 t_k 时所接收到的 j 卫星载波信号的相位值，$\varphi_k(t_k)$ 表示 k 接收机在钟面时刻 t_k 时所产生的本地参考信号的相位值，则 k 接收机在接收机钟面时刻 t_k 时观测 j 卫星所取得的相位观测量可写为：

$$\Phi_k^j(t_k) = \varphi_k(t_k) - \varphi_k^j(t_k) \tag{5-9}$$

通常的相位或相位差测量只是测出一周以内的相位值。实际测量中，如果对整周进行计数，则自某一初始取样时刻(t_0)以后就可以取得连续的相位测量值。

如图 5-3 所示，在初始 t_0 时刻，测得小于一周的相位差为 $\Delta\varphi_0$，其整周数为 N_0^j，此时包含整周数的相位观测值应为：

$$\begin{aligned}\Phi_k^j(t_0) &= \Delta\varphi_0 + N_0^j \\ &= \varphi_k^j(t_0) - \varphi_k(t_0) + N_0^j\end{aligned} \tag{5-10}$$

接收机继续跟踪卫星信号，不断测定小于一周的相位差 $\Delta\varphi(t)$，并利用整波计数器记录从 t_0 到 t_i 时间内的整周数变化量 $\mathrm{Int}(\varphi)$，只要卫星 S^j 从 t_0 到 t_i 之间卫星信号没有中断，则初始时刻整周模糊度 N_0^j 就为一常数，这样，任一时刻 t_i 卫星 S^j 到 k 接收机的相位差为：

$$\Phi_k^j(t_i) = \varphi_k(t_i) - \varphi_k^j(t_i) + N_0^j + \mathrm{Int}(\varphi) \tag{5-11}$$

上式说明，从第一次开始，在以后的观测中，其观测量包括了相位差的小数部分和累计的整周数。

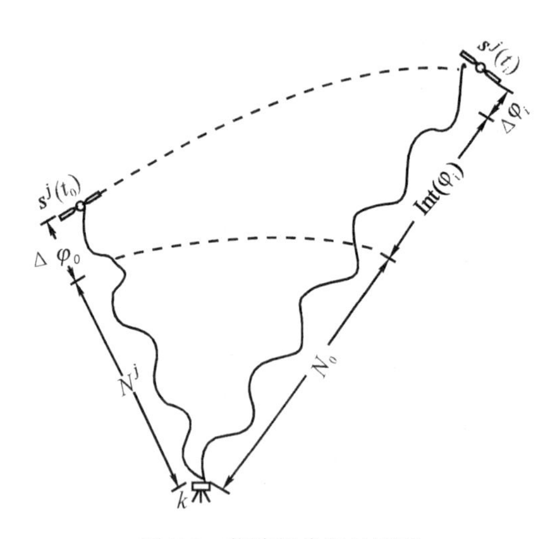

图 5-3 载波相位测量原理

5.3.2 载波相位测量的观测方程

载波相位观测量是接收机(天线)和卫星位置的函数，只有得到了它们之间的函数关系，才能从观测量中求解接收机(或卫星)的位置。

设在 GPS 标准时刻 T_a(卫星钟面时刻 t_a)，卫星 S^j发射的载波信号相位为 $\varphi(t_a)$，经传播延迟 $\Delta\tau$ 后，在 GPS 标准时刻 T_b(接收机钟面时刻 t_b)到达接收机。

根据电磁波传播原理，T_b时接收到的和 T_a时发射的相位不变，即 $\varphi^j(T_b)=\varphi^j(t_a)$，而在 T_b时，接收机本振产生的载波相位为 $\varphi(t_b)$，由式(5-9)可知，在 T_b时，载波相位观测量为：

$$\Phi = \varphi(t_b) - \varphi^j(t_a)$$

考虑到卫星钟差和接收机钟差，有 $T_a=t_a+\delta t_a$，$T_b=t_b+\delta t_b$，则有：

$$\Phi = \varphi(T_b - \delta t_b) - \varphi^j(T_a - \delta t_a) \tag{5-12}$$

对于卫星钟和接收机钟，其振荡器频率一般稳定良好，所以其信号的相位与频率的关系可表示为：

$$\varphi(t + \Delta t) = \varphi(t) + f \cdot \Delta t \tag{5-13}$$

式中，f 为信号频率；Δt 为微小时间间隔；φ 以 2π 为单位。

设 f^j为 j 卫星发射的载波频率，f_i为接收机本振产生的固定参考频率，且 $f_i=f^j=f$，同时考虑到 $T_b=T_a+\Delta\tau$，则有：

$$\varphi(T_b) = \varphi^j(T_a) + f \cdot \Delta\tau \tag{5-14}$$

顾及式(5-13)和式(5-14)两式，式(5-12)可改写为：

$$\begin{aligned}\Phi &= \varphi(T_b) - f \cdot \delta t_b - \varphi^j(T_a) + f \cdot \delta t_a \\ &= f \cdot \Delta\tau - f \cdot \delta t_b + f \cdot \delta t_a\end{aligned} \tag{5-15}$$

传播延迟 $\Delta\tau$ 中考虑到电离层和对流层的影响 $\delta\rho_1$和 $\delta\rho_2$，则有：

$$\Delta\tau = \frac{1}{c}(\rho - \delta\rho_1 - \delta\rho_2) \tag{5-16}$$

式中，c 为电磁波传播速度；ρ 为卫星至接收机之间的几何距离。代入式(5-15)，有：

$$\Phi = \frac{f}{c}(\rho - \delta\rho_1 - \delta\rho_2) + f\delta t_a - f\delta t_b \tag{5-17}$$

考虑到式(5-11)，即顾及载波相位整周数 $N_k^j = N_0^j + \mathrm{Int}(\varphi)$后，有：

$$\Phi_k^j = \frac{f}{c}\rho + f\delta t_a - f\delta t_b - \frac{f}{c}\delta\rho_1 - \frac{f}{c}\delta\rho_2 + N_k^j \tag{5-18}$$

式(5-18)即为接收机 k 对卫星 j 的载波相位测量的观测方程。

5.3.3 整周未知数 N_0的确定

确定整周未知数 N_0是载波相位测量的一项重要工作。常用的方法有下列几种。

1. *伪距法*

伪距法是在进行载波相位测量的同时又进行了伪距测量，将伪距观测值减去载波相位测量的实际观测值(化为以距离为单位)后即可得到 $\lambda \cdot N_0$。但由于伪距测量的精度较低，所以要有较多的 $\lambda \cdot N_0$取平均值后才能获得正确的整波段数。

2. 将整周未知数当做平差中的待定参数——经典方法

把整周未知数当做平差计算中的待定参数来加以估计和确定有两种方法。

(1)整数解

整周未知数从理论上讲应该是一个整数，利用这一特性能提高解的精度。短基线定位时一般采用这种方法。具体步骤如下：

首先根据卫星位置和修复了周跳后的相位观测值进行平差计算，求得基线向量和整周未知数。由于各种误差的影响，解得的整周未知数往往不是一个整数，称为实数解。然后将其固定为整数(通常采用四舍五入法)，并重新进行平差计算。在计算中，整周未知数采用整周值，并视为已知数，以求得基线向量的最后值。

(2)实数解

当基线较长时，误差的相关性将降低，许多误差消除得不够完善。所以无论是基线向量还是整周未知数，均无法估计得很准确。在这种情况下，再将整周未知数固定为某一整数往往无实际意义，所以通常将实数解作为最后解。

采用经典方法解算整周未知数时，为了能正确求得这些参数，往往需要一个小时甚至更长的观测时间，从而影响了作业效率，所以只有在高精度定位领域中才应用。

3. 多普勒法(三差法)

由于连续跟踪的所有载波相位测量观测值中均含有相同的整周未知数 N_0，所以将相邻两个观测历元的载波相位相减，就将该未知参数消去，从而直接解出坐标参数。这就是多普勒法。但两个历元之间的载波相位观测值之差受到此期间接收机钟及卫星钟的随机误差的影响，所以精度不太好，往往用来解算未知参数的初始值。三差法可以消除掉许多误差，所以使用较广泛。

4. 快速确定整周未知数法

1990 年 E. Frei 和 G. Beutler 提出了利用快速模糊度(即整周未知数)解算法进行快速定位的方法。采用这种方法进行短基线定位时，利用双频接收机只须观测一分钟便能成功地确定整周未知数。

这种方法的基本思路是：利用初始平差的解向量(接收机点的坐标及整周未知数的实数解)及其精度信息(单位权中误差和方差协方差阵)，以数理统计理论的参数估计和统计假设检验为基础，确定在某一置信区间整周未知数可能的整数解的组合，然后依次将整周未知数的每一组合作为已知值，重复地进行平差计算。其中使估值的验后方差或方差和为最小的一组整周未知数，即为整周未知数的最佳估值。

实践表明，这一快速解算整周未知数的方法，在基线长小于 15 km 时，根据数分钟的双频观测结果，便可精确地确定整周未知数的最佳估值，使相对定位的精度达到厘米级。这一方法已在快速静态定位中得到了广泛应用。

§5.4 整周跳变的修复

由载波相位测量原理可知，任意时刻 t_i 的载波相位测量的实际量值是由两部分组成的，一部分是不是一整周的相位差 $\Delta\varphi$，另一部分是整周记数部分 $\mathrm{Int}(\varphi)$，它是从初始时刻 t_0 至 t_i 时刻为止用计数器逐个累计的差频信号的整周数。加上初始 t_0 时刻的整周数 N_0，则 t_i 时刻的整周数 $N_i = N_0 + \mathrm{Int}(\varphi)$。接收机在跟踪卫星过程中，整周记数部分应当是连续的，整个观测时段接收机对某个 GPS 卫星的载波相位测量的整周数只有初始时刻 t_0时的整周数 N_0为未知数。

如果在跟踪卫星过程中，由于某种原因，如卫星信号被障碍物挡住而暂时中断，或受无线电信号干扰造成失锁，这样，计数器无法连续计数。因此，当信号重新被跟踪后，整周计数就不正确，但是不到一个整周的相位观测值仍是正确的。这种现象称为周跳。周跳的出现和处理是载波相位测量中的重要问题。

整周跳变的探测与修复是指探测出在何时发生了周跳并求出丢失的整周数，对中断后的整周记数进行改正，将其恢复为正确的计数，使这部分观测值仍可使用。如果是因为电源的故障或振荡器本身的故障使信号暂时中断，那么中断前后信号本身失去了连续性。恢复正常工作后的观测值中不但整周计数不正确，而且不足整周的部分也不对。这时，修复周跳没有什么意义，而必须将资料分为两个时段，各设一个整周未知数单独进行处理。如果是其他原因，如卫星信号被某些障碍物(如觇标橹柱、树木等)挡住，外界干扰使信号暂时失锁等，使信号整周计数暂时中断，而不足一周的相位差部分仍是正确的，则探测与修复周跳才有意义。整周跳变的探测与修复常用的方法有下列几种。

5.4.1 屏幕扫描法

此种方法是由作业人员在计算机屏幕前依次对每个站、每个时段、每个卫星的相位观测值变化率的图像进行逐段检查，观测其变化率是否连续。如果出现不规则的突然变化时，就说明在相应的相位观测中出现了整周跳变现象。然后用手工编辑的方法逐点、逐段修复。

5.4.2 用高次差或多项式拟合法

此种方法是根据有周跳现象的发生将会破坏载波相位测量的观测值 $\text{Int}(\varphi)+\Delta\varphi$ 随时间而有规律变化的特性来探测的。GPS 卫星的径向速度最大可达 0.9 km/s，因而整周计数每秒钟可变化数千周。因此，如果每 15 s 输出一个观测值，则相邻观测值间的差值可达数万周，那么对于几十周的跳变就不易发现。但如果在相邻的两个观测值间依次求差而求得观测值的一次差，则这些一次差的变化就要小得多。在一次差的基础上再求二次差、三次差、四次差、五次差时，其变化就小得更多了，此时就能发现有周跳现象的时段来。四次、五次差已趋近于零。对于稳定度为 10^{-10}的接收机时钟，观测间隔为 15 s，L_1的频率为$1.575\,42\times10^9$ Hz，由于振荡器的随机误差而给相邻的 L_1 载波相位造成的影响为 2.4 周，所以用求差的方法一般难以探测出只有几周的小周跳。

通常也采用曲线拟合的方法进行计算。根据几个相位测量观测值拟合一个 n 阶多项式，据此多项式来预估下一个观测值，并与实测值比较，从而来发现周跳并修正整周计数。

表 5-1 列出了不同历元由测站 k 对卫星 j 的相位观测值。因为没有周跳，对不同历元观测值取至 4 至 5 次差之后的差值主要是由于振荡器随机误差而引起的，具有随机特性。如果在观测过程中产生了周跳现象，高次差的随机特性受到破坏。含有周跳影响的观测值及其差值见表 5-2。

表 5-1　　　　　　　　　　**载波相位观测值及其差值**

观测历元	$\Phi_k^j(t)$	一次差	二次差	三次差	四次差
t_1	475 833. 225 1				
		11 608. 753 3			
t_2	487 441. 978 4		399. 813 8		
		12 008. 567 1		2. 507 4	
t_3	499450. 5455		402. 321 2		-0. 579 7
		12 410. 888 3		1. 927 7	
t_4	511 861. 433 8		404. 248 9		0. 963 9
		12 815. 137 2		2. 891 6	
t_5	524 676. 571 0		407. 140 5		-0. 272 1
		13 222. 277 7		2. 619 5	
t_6	537 898. 848 7		409. 760 0		-0. 421 9
		13 632. 037 7		2. 197 6	
t_7	551 530. 886 4		411. 957 6		
		14 043. 995 3			
t_8	565 574. 881 7				

表 5-2　　　　　　　　**含有周跳影响的载波相位观测值及其差值**

观测历元	$\Phi_k^j(t)$	一次差	二次差	三次差	四次差
t_1	475 833. 225 1				
		11 608. 753 3			
t_2	487 441. 978 4		399. 813 8		
		12 008. 567 1		2. 507 4	
t_3	499 450. 545 5		402. 321 2		100. 579 7
		12 410. 888 3		-98. 072 3	
t_4	511 861. 433 8		304. 248 9		300. 963 9
		12 715. 137 2		202. 891 6	
t_5	524 576. 571 0		507. 140 5		300. 272 1
		13 222. 277 7		-97. 380 5	
t_6	537 798. 848 7		409. 760 0		99. 578 1
		13 632. 037 7			
t_7	551 430. 886 4		411. 957 6		
		14 043. 995 3			
t_8	565 474. 881 7				

由表 5-2 可见，历元 t_5观测值有周跳，使四次差产生异常。利用高次插值公式，可以外推该历元的正确整周计数，也可根据相邻的几个正确的相位观测值，用多项式拟合法推求整周计数的正确值。

5.4.3　在卫星间求差法

在 GPS 测量中，每一瞬间要对多颗卫星进行观测，因而在每颗卫星的载波相位测量观测值中，所受到的接收机振荡器的随机误差的影响是相同的。在卫星间求差后，即可消除此项误差的影响。

5.4.4　用双频观测值修复周跳

对于双频 GPS 接收机，有两个载波频率 f_1 和 f_2。对某 GPS 卫星的载波相位观测值，由式(5-18)可写为：

$$\Phi_1 = \frac{f_1}{c}\rho + f_1\delta t_a - f_1\delta t_b - \frac{f_1}{c}\delta\rho_{f1} - \frac{f_1}{c}\delta\rho_1 + N_1$$

$$\Phi_2 = \frac{f_2}{c}\rho + f_2\delta t_a - f_2\delta t_b - \frac{f_2}{c}\delta\rho_{f2} - \frac{f_2}{c}\delta\rho_2 + N_2$$

采用双频载波相位观测值的组合，并考虑到电离层折射改正 $\delta\rho_f = \dfrac{A}{f^2}$（详见第七章），则有：

$$\Delta\Phi = \Phi_1 - \frac{f_1}{f_2}\Phi_2 = N_1 - \frac{f_1}{f_2}N_2 - \frac{A}{cf_1} + \frac{A}{cf_2^2/f_1}$$

该式右边已把卫星与测站间的距离项 ρ 和卫星与接收机的钟差项以及大气对流层折射改正项消去，只剩下整周数之差和电离层折射的残差项。利用组合后的 $\Delta\Phi$ 值，便可探测整周数的跳变。因为电离层残差项很小，所以这种方法又叫电离层残差法。

用双频观测值探测和修复周跳方法的优点是，双频载波相位观测值的组合 $\Delta\Phi$ 中各参数只涉及频率，取决于电离层残差影响，无须预先知道测站和卫星的坐标；缺点是不能顾及多路径效应和测量噪声的影响。另外，如果两个载波相位观测值中都出现周跳，则不能采用这种方法，而只能采用其他方法探测与修复周跳。

5.4.5 根据平差后的残差发现和修复整周跳变

经过上述处理的观测值中还可能存在一些未被发现的小周跳。修复后的观测值中也可能引入 1~2 周的偏差。用这些观测值来进行平差计算，求得各观测值的残差。由于载波相位测量的精度很高，因而这些残差的数值一般均很小。有周跳的观测值上则会出现很大的残差，据此可以发现和修复周跳。

§5.5 GPS 绝对定位与相对定位

GPS 绝对定位也叫单点定位，即利用 GPS 卫星和用户接收机之间的距离观测值直接确定用户接收机天线在 WGS-84 坐标系中相对于坐标系原点——地球质心的绝对位置。绝对定位又分为静态绝对定位和动态绝对定位。因为受到卫星轨道误差、钟差以及信号传播误差等因素的影响，静态绝对定位的精度约为米级，而动态绝对定位的精度为 10~40 m。这一精度只能用于一般导航定位中，远不能满足大地测量精密定位的要求。

GPS 相对定位是至少用两台 GPS 接收机，同步观测相同的 GPS 卫星，确定两台接收机天线之间的相对位置(坐标差)。它是目前 GPS 定位中精度最高的一种定位方法，广泛应用于大地测量、精密工程测量、地球动力学的研究和精密导航。

本节将分别介绍绝对定位和相对定位的原理和方法。

5.5.1 静态绝对定位

接收机天线处于静止状态下，确定观测站坐标的方法称为静态绝对定位。这时，可以连续地在不同历元同步观测不同的卫星，测定卫星至观测站的伪距，获得充分的多余观测量。测后通过数据处理求得观测站的绝对坐标。

1. 伪距观测方程的线性化

不同历元对不同卫星同步观测的伪距观测方程式(5-8)中，有观测站坐标和接收机钟差 4 个未知数。令$(X_0, Y_0, Z_0)^{\mathrm{T}}$、$(\delta_x, \delta_y, \delta_z)^{\mathrm{T}}$分别为观测站坐标的近似值与改正数，

将式(5-8)展开为泰勒级数，并令

$$\begin{cases}(\mathrm{d}\rho/\mathrm{d}x)_{x0}=(X_s^j-X_0)/\rho_0^j=l^j\\(\mathrm{d}\rho/\mathrm{d}y)_{y0}=(Y_s^j-Y_0)/\rho_0^j=m^j\\(\mathrm{d}\rho/\mathrm{d}z)_{z0}=(Z_s^j-Z_0)/\rho_0^j=n^j\end{cases}\tag{5-19}$$

式中，$\rho_0^j=[(X_s^j-X_0)^2+(Y_s^j-Y_0)^2+(Z_s^j-Z_0)^2]^{1/2}$，取至一次微小项的情况下，伪距观测方程的线性化形式为：

$$\rho_0^j-(l^j,\ m^j,\ n^j)\begin{bmatrix}\delta x\\\delta y\\\delta z\end{bmatrix}-c\delta t_k=\rho'^j+\delta\rho_1^j+\delta\rho_2^j-c\delta t^j\tag{5-20}$$

2. 伪距法绝对定位的解算

对于任一历元 t_i，由观测站同步观测 4 颗卫星，则 $j=1$，2，3，4，上述式(5-20)为一方程组，令 $c\delta t_k=\delta\rho$，则方程组形式如下(为书写方便，省略 t_i)：

$$\begin{bmatrix}\rho_0^1\\\rho_0^2\\\rho_0^3\\\rho_0^4\end{bmatrix}-\begin{bmatrix}l^1&m^1&n^1&-1\\l^2&m^2&n^2&-1\\l^3&m^3&n^3&-1\\l^4&m^4&n^4&-1\end{bmatrix}\begin{bmatrix}\delta x\\\delta y\\\delta z\\\delta\rho\end{bmatrix}=\begin{bmatrix}\rho'^1+\delta\rho_1^1+\delta\rho_2^1-c\delta t^1\\\rho'^2+\delta\rho_1^2+\delta\rho_2^2-c\delta t^2\\\rho'^3+\delta\rho_1^3+\delta\rho_2^3-c\delta t^3\\\rho'^4+\delta\rho_1^4+\delta\rho_2^4-c\delta t^4\end{bmatrix}\tag{5-21}$$

令

$$\boldsymbol{A}_i=\begin{bmatrix}l^1&m^1&n^1&-1\\l^2&m^2&n^2&-1\\l^3&m^3&n^3&-1\\l^4&m^4&n^4&-1\end{bmatrix},\quad\begin{cases}\delta\boldsymbol{X}=(\delta x,\ \delta y,\ \delta z,\ \delta\rho)^{\mathrm{T}}\\L^j=\rho'^j+\delta\rho_1^j+\delta\rho_2^j+c\delta t^j-\rho_0^j\\\boldsymbol{L}_i=(L^1,\ L^2,\ L^3,\ L^4)^{\mathrm{T}}\end{cases}$$

式(5-21)可简写为：

$$\boldsymbol{A}_i\delta\boldsymbol{X}+\boldsymbol{L}_i=0\tag{5-22}$$

当同步观测的卫星数多于 4 颗时，则须通过最小二乘平差求解，此时式(5-22)可写为误差方程组的形式：

$$\boldsymbol{V}_i=\boldsymbol{A}_i\delta\boldsymbol{X}+\boldsymbol{L}_i\tag{5-23}$$

根据最小二乘平差求解未知数：

$$\delta\boldsymbol{X}=-(\boldsymbol{A}^{\mathrm{T}}{}_i\boldsymbol{A}_i)^{-1}(\boldsymbol{A}^{\mathrm{T}}{}_i\boldsymbol{L}_i)\tag{5-24}$$

未知数中误差为：

$$M_x=\sigma_0\sqrt{q_{ii}}\tag{5-25}$$

式中，M_x为未知数中误差；σ_0为伪距测量中误差；q_{ii}为权系数阵 $\boldsymbol{Q}_x$ 主对角线的相应元素，即

$$\boldsymbol{Q}_x=(\boldsymbol{A}^{\mathrm{T}}{}_i\boldsymbol{A}_i)^{-1}\tag{5-26}$$

在静态绝对定位的情况下，由于观测站固定不动，可以与不同历元同步观测不同的卫星，以 n 表示观测的历元数，忽略接收机钟差随时间变化的情况，由式(5-23)可得相应的误差方程式组：

$$\boldsymbol{V}=\boldsymbol{A}\delta\boldsymbol{X}+\boldsymbol{L}\tag{5-27}$$

式中，

$$V = (V_1, V_2, \cdots, V_n)^{\mathrm{T}}$$

$$A = (A_1, A_2, \cdots, A_n)^{\mathrm{T}}$$

$$L = (L_1, L_2, \cdots, L_n)^{\mathrm{T}}$$

$$\delta X = (\delta x, \delta y, \delta z, \delta \rho)^{\mathrm{T}}$$

按最小二乘法求解得：

$$\delta \boldsymbol{X} = -(\boldsymbol{A}^{\mathrm{T}}\boldsymbol{A})^{-1}\boldsymbol{A}^{\mathrm{T}}L \tag{5-28}$$

未知数的中误差仍按式(5-25)估算。

如果观测的时间较长，接收机钟差的变化往往不能忽略。这时可将钟差表示为多项式的形式，把多项式的系数作为未知数在平差计算中一并求解。也可以对不同观测历元引入不同的独立钟差参数，在平差计算中一并解算。

在用户接收机安置在运动的载体上并处于动态情况下，确定载体瞬时绝对位置的定位方法，称为动态绝对定位。此时，一般同步观测 4 颗以上的卫星，利用式(5-24)即可求解出任一瞬间的实时解。关于动态定位的原理和方法的详细论述，请参阅第六章有关内容。

3. 应用载波相位观测值进行静态绝对定位

应用载波相位观测值进行静态绝对定位，其精度高于伪距法静态绝对定位。在载波相位静态绝对定位中，应注意对观测值加入电离层、对流层等各项改正，防止和修复整周跳变，以提高定位精度。整周未知数解算后，不再为整数，可将其调整为整数，解算出的观测站坐标称为固定解，否则称为实数解。载波相位静态绝对定位解算的结果可以为相对定位的参考站(或基准站)提供较为精密的起始坐标。

4. 绝对定位精度的评价

由式(5-26)伪距绝对定位的权系数阵 $\boldsymbol{Q}_x$ 可知，$\boldsymbol{Q}_x$ 在空间直角坐标中的一般形式为：

$$\boldsymbol{Q}_x = \begin{bmatrix} q_{11} & q_{12} & q_{13} & q_{14} \\ q_{21} & q_{22} & q_{23} & q_{24} \\ q_{31} & q_{32} & q_{33} & q_{34} \\ q_{41} & q_{42} & q_{43} & q_{44} \end{bmatrix} \tag{5-29}$$

实际应用中，为了估算测站点的位置精度，常采用其在大地坐标系统中的表达形式。假设在大地坐标系统中相应点位坐标的权系数阵为：

$$\boldsymbol{Q}_B = \begin{bmatrix} q'_{11} & q'_{12} & q'_{13} \\ q'_{21} & q'_{22} & q'_{23} \\ q'_{31} & q'_{32} & q'_{33} \end{bmatrix} \tag{5-30}$$

根据方差与协方差传播定律可得：

$$\boldsymbol{Q}_B = \boldsymbol{R}\boldsymbol{Q}_x\boldsymbol{R} \tag{5-31}$$

式中，

$$\boldsymbol{R} = \begin{bmatrix} -\sin B\cos L & -\sin B\sin L & \cos B \\ -\sin L & \cos L & 0 \\ \cos B\cos L & \cos B\sin L & \sin B \end{bmatrix}$$

$$\boldsymbol{Q}_x = \begin{bmatrix} q_{11} & q_{12} & q_{13} \\ q_{21} & q_{22} & q_{23} \\ q_{31} & q_{32} & q_{33} \end{bmatrix}$$

由权系数阵式(5-29)主对角线元素定义精度因子 DOP 后，则相应精度可表示为：

$$M_x = \mathrm{DOP} \cdot \sigma_0 \tag{5-32}$$

式中，σ_0为等效距离误差。

精度因子通常有：

(1)平面位置精度因子 HDOP 及其相应的平面位置精度：

$$\begin{cases} \mathrm{HDOP} = \sqrt{q'_{11} + q'_{22}} \\ M_H = \mathrm{HDOP} \cdot \sigma_0 \end{cases} \tag{5-33}$$

(2)高程精度因子 VDOP 及其相应的高程精度：

$$\begin{cases} \mathrm{VDOP} = \sqrt{q'_{33}} \\ M_V = \mathrm{VDOP} \cdot \sigma_0 \end{cases} \tag{5-34}$$

(3)空间位置精度因子 PDOP 及其相应的三维定位精度：

$$\begin{cases} \mathrm{PDOP} = \sqrt{q_{11} + q_{22} + q_{33}} \\ M_P = \mathrm{PDOP} \cdot \sigma_0 \end{cases} \tag{5-35}$$

(4)接收机钟差精度因子 TDOP 及其钟差精度：

$$\begin{cases} \mathrm{TDOP} = \sqrt{q_{44}} \\ M_T = \mathrm{TDOP} \cdot \sigma_0 \end{cases} \tag{5-36}$$

(5)几何精度因子 GDOP 及其三维位置和时间误差综合影响的中误差 M_G：

$$\begin{cases} \mathrm{GDOP} = \sqrt{q_{11} + q_{22} + q_{33} + q_{44}} = \sqrt{\mathrm{PDOP}^2 + \mathrm{TDOP}^2} \\ M_G = \mathrm{GDOP} \cdot \sigma_0 \end{cases} \tag{5-37}$$

精度因子的数值与所测卫星的几何分布图形有关。假设由观测站与 4 颗观测卫星所构成的六面体体积为 V，则分析表明，精度因子 GDOP 与该六面体体积 V 的倒数成正比，即

$$\mathrm{GDOP} \propto 1/V \tag{5-38}$$

一般来说，六面体的体积越大，所测卫星在空间的分布范围也越大，GDOP 值越小；反之，六面体的体积越小，所测卫星的分布范围越小，则 GDOP 值越大。实际观测中，为了减弱大气折射影响，卫星高度角不能过低，所以必须在这一条件下，尽可能使所测卫星与观测站所构成的六面体的体积接近最大。

5.5.2 静态相对定位

相对定位是用两台接收机分别安置在基线的两端，同步观测相同的 GPS 卫星，以确定基线端点的相对位置或基线向量。同样，多台接收机安置在若干条基线的端点，通过同步观测 GPS 卫星可以确定多条基线向量。在一个端点坐标已知的情况下，可以用基线向量推求另一待定点的坐标。

相对定位有静态相对定位和动态相对定位之分。动态相对定位在第六章中进行了详细叙述，这里仅讨论静态相对定位。

1. 观测值的线性组合

在两个观测站或多个观测站同步观测相同卫星的情况下，卫星的轨道误差、卫星钟差、接收机钟差以及电离层和对流层的折射误差等对观测量的影响具有一定的相关性，利用这些观测量的不同组合(求差)进行相对定位，可有效地消除或减弱相关误差的影响，

从而提高相对定位的精度。

GPS 载波相位观测值可以在卫星间求差，在接收机间求差，也可以在不同历元间求差。各种求差法都是观测值的线性组合。

将观测值直接相减的过程叫做求一次差。所获得的结果被当做虚拟观测值，叫做载波相位观测值的一次差或单差。常用的求一次差是在接收机间求一次差。设测站 1 和测站 2 分别在 t_i和 t_{i+1}时刻对卫星 k 和卫星 j 进行了载波相位观测，如图 5-4 所示，t_i时刻在测站 1 和测站 2，对 k 卫星的载波相位观测值为 $\Phi_1^k(t_i)$ 和 $\Phi_2^k(t_i)$，对 $\Phi_1^k(t_i)$ 和 $\Phi_2^k(t_i)$ 求差，得到接收机间(站间)对 k 卫星的一次差分观测值为：

$$SD_{12}^k(t_i) = \Phi_2^k(t_i) - \Phi_1^k(t_i) \tag{5-39}$$

同样，对 j 卫星，其 t_i时刻站间一次差分观测值为：

$$SD_{12}^j(t_i) = \Phi_2^j(t_i) - \Phi_1^j(t_i) \tag{5-40}$$

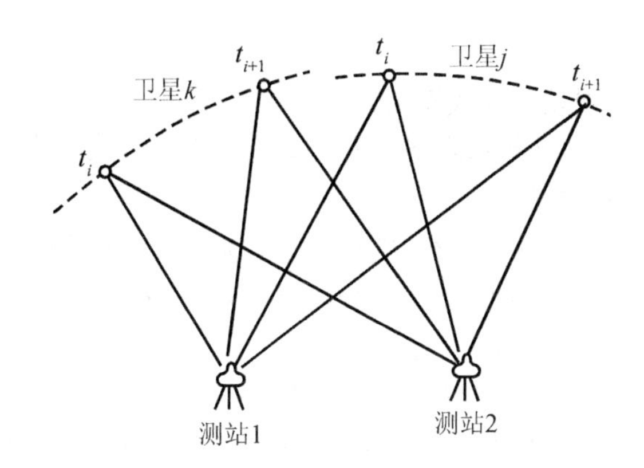

图 5-4　求差法说明图

对另一时刻 t_{i+1}，同样可以列出类似的差分观测值。

对载波相位观测值的一次差分观测值继续求差，所得的结果仍可以被当做虚拟观测值，叫做载波相位观测值的二次差或双差。常用的求二次差是在接收机间求一次差后再在卫星间求二次差，叫做星站二次差分。例如对在 t_i时刻 k、j 卫星观测值的站间单差观测值 $SD_{12}^k(t_i)$ 和 $SD_{12}^j(t_i)$ 求差，得到星站二次差分 $DD_{12}^{kj}(t_i)$，即双差观测值：

$$\begin{aligned} DD_{12}^{kj}(t_i) &= SD_{12}^j(t_i) - SD_{12}^k(t_i) \\ &= \Phi_2^j(t_i) - \Phi_1^j(t_i) - \Phi_2^k(t_i) + \Phi_1^k(t_i) \end{aligned} \tag{5-41}$$

同样在 t_{i+1}时刻，对 k、j 卫星的站间单差观测值求差也可求得双差观测值。

对二次差继续求差称为求三次差，所得结果叫做载波相位观测值的三次差或三差。常用的求三次差是在接收机、卫星和历元之间求三次差。例如，将 t_i时刻接收机 1、2 对卫星 k、j 的双差观测值 $DD_{12}^{kj}(t_i)$ 与 t_{i+1} 时刻接收机 1、2 对卫星 k、j 的双差观测值 $DD_{12}^{kj}(t_{i+1})$ 再求差，即对不同时刻的双差观测值求差，便得到三次差分观测值 $TD_{12}^{kj}(t_i, t_{i+1})$，即三差观测值：

$$TD_{12}^{kj}(t_i,\ t_{i+1}) = DD_{12}^{kj}(t_{i+1}) - DD_{12}^{kj}(t_i) \tag{5-42}$$

上述各种差分观测值模型能够有效地消除各种偏差项。单差观测值中可以消除与卫星有关的载波相位及其钟差项，双差观测值中可以消除与接收机有关的载波相位及其钟差项，三差观测值中可以消除与卫星和接收机有关的初始整周模糊度项 N。因而差分观测值模型是 GPS 测量应用中广泛采用的平差模型。特别是双差观测值即星站二次差分模型，更是大多数 GPS 基线向量处理软件包中必选的模型。

2. 观测方程的线性化及平差模型

为了求解观测站之间的基线向量，首先应将观测方程线性化，然后列出相应的误差方程式，应用最小二乘平差原理求解观测站之间的基线向量。为此，设观测站待定坐标近似值向量为 $\boldsymbol{X}_{k0}=(x_{k0},\ y_{k0},\ z_{k0})$，其改正数向量为 $\delta\boldsymbol{X}_k=(\delta x_k,\ \delta y_k,\ \delta z_k)$，对于式(5-18)中的 $\rho_k^j(t)$ 项，即观测站 k 至所测卫星 j 的距离 $\rho_k^j(t)$，按泰勒级数展开并取其一次微小项，参考式(5-19)，有：

$$\rho_k^j(t)=\rho_{k0}^j(t)-(l_k^j(t),\ m_k^j(t),\ n_k^j(t))\begin{bmatrix}\delta x_k\\ \delta y_k\\ \delta z_k\end{bmatrix}\tag{5-43}$$

式中各项含义同式(5-19)。

(1)单差观测方程的误差方程式模型

对于单差观测值模型，取两观测站为 1、2，将式(5-18)代入式(5-40)有：

$$\begin{aligned}SD_{12}^j(t)&=\Phi_2^j(t)-\Phi_1^j(t)\\&=-(f/c)[\rho_2^j(t)-\rho_1^j(t)]+f(\delta t_2(t)-\delta t_1(t))+(N_2^j-N_1^j)-\\&\quad[\varphi_2(t)-\varphi_1(t)]+(f/c)(\delta\rho_{12}(t)-\delta\rho_{11}(t))+\\&\quad(f/c)(\delta\rho_{22}(t)-\delta\rho_{21}(t))\end{aligned}\tag{5-44}$$

令
$$\Delta t(t)=\delta t_2(t)-\delta t_1(t),\qquad \Delta N^j=N_2^j(t_0)-N_1^j(t_0)$$
$$\Delta\rho_1(t)=\rho_{12}(t)-\rho_{11}(t),\qquad \Delta\rho_2(t)=\rho_{22}(t)-\rho_{21}(t)$$

则单差观测方程为：

$$\begin{aligned}SD_{12}^j(t)=&-(f/c)(\rho_2^j(t)-\rho_1^j(t))+\Delta t(t)+\Delta N^j\\&+(f/c)(\Delta\rho_2(t)+\Delta\rho_1(t))\end{aligned}\tag{5-45}$$

式中消除了卫星钟差的影响，Δt 为两观测站接收机相对钟差，最后一项为对流层和电离层的影响，如果利用模型或双频观测技术进行了修正，则为修正后的残差对相位观测值的影响，单差观测方程可简化为：

$$SD_{12}^j(t)=-(f/c)(\rho_2^j(t)-\rho_1^j(t))+\Delta t(t)+\Delta N^j\tag{5-46}$$

在两观测站中，以测站 1 为已知参考点，测站 2 为待定点，应用式(5-43)和式(5-46)可得单差观测方程线性化的形式：

$$\begin{aligned}SD_{12}^j(t)=&-(f/c)(l_2^j(t),\ m_2^j(t),\ n_2^j(t))\begin{bmatrix}\delta x_2\\ \delta y_2\\ \delta z_2\end{bmatrix}+f\Delta t(t)-\Delta N^j\\&+(f/c)(\rho_{20}^j(t)-\rho_1^j(t))\end{aligned}\tag{5-47}$$

式中，$\rho_1^j(t)$ 为由观测站 1 至卫星 j 的距离。

单差观测方程的误差方程为：

$$\Delta V^j(t)=-(f/c)(l_2^j(t),\ m_2^j(t),\ n_2^j(t))\begin{bmatrix}\delta x_2\\ \delta y_2\\ \delta z_2\end{bmatrix}+f\Delta t(t)-\Delta N^j+\Delta L^j(t)\tag{5-48}$$

式中，$\Delta L^j(t)=(f/c)(\rho_{20}^j(t)-\rho_1^j(t))-SD_{12}^j(t)$。

两站同步观测 nj 个卫星的情况下，可以列出 nj 个误差方程：

$$\boldsymbol{V}(t)=(\Delta V^1(t),\ \Delta V^2(t),\ \cdots,\ \Delta V^n(t))^{\mathrm{T}} \tag{5-49}$$

设同步观测同一组卫星的历元数为 nt，则相应的误差方程组为：

$$\boldsymbol{V}=(V(t_1),\ V(t_2),\ \cdots,\ V(t_n))^{\mathrm{T}} \tag{5-50}$$

组成法方程后，便可解算出待定点坐标改正数、钟差等未知参数。

(2)双差观测方程的误差方程式模型

设两观测站同步观测的卫星为 S^j 和 S^k，以 S^j 为参考卫星，应用式(5-41)、式(5-43)可得双差观测方程式(5-41)的线性化形式：

$$DD_{12}^{kj}(t)=-(f/c)(\Delta l_2^k(t),\ \Delta m_2^k(t),\ \Delta n_2^k(t))\begin{bmatrix}\delta x_2\\ \delta y_2\\ \delta z_2\end{bmatrix}-\Delta\Delta N^k$$

$$+(f/c)[\rho_{20}^k(t)-\rho_1^k(t)-\rho_{20}^j(t)+\rho_1^j(t)] \tag{5-51}$$

上式中消去了接收机钟差等有关项，式(5-51)被简化为：

$$DD_{12}^{jk}(t)=SD_{12}^k(t)-SD_{12}^j(t)$$

$$\begin{bmatrix}\Delta l_2^k(t)\\ \Delta m_2^k(t)\\ \Delta n_2^k(t)\end{bmatrix}=\begin{bmatrix}l_2^k(t)-l_2^j(t)\\ m_2^k(t)-m_2^j(t)\\ n_2^k(t)-n_2^j(t)\end{bmatrix}$$

$$\Delta\Delta N_2^k(t)=\Delta N^k-\Delta N^j$$

令 $$\Delta\Delta L^k(t)=(f/c)(\rho_{20}^k(t)-\rho_1^k(t)-\rho_{20}^j(t)+\rho_1^j(t))-DD_{12}^{jk}(t)$$

则式(5-51)的误差方程形式为：

$$V^k(t)=-(f/c)(\Delta l_2^k(t),\ \Delta m_2^k(t),\ \Delta n_2^k(t)\begin{bmatrix}\delta x_2\\ \delta y_2\\ \delta z_2\end{bmatrix}-\Delta\Delta N^k+\Delta\Delta L^k(t) \tag{5-52}$$

当两站同步观测的卫星数为 nj 时，误差方程组如下：

$$\boldsymbol{V}(t)=\boldsymbol{A}(t)\delta\boldsymbol{X}_2+\boldsymbol{B}(t)\Delta\Delta\boldsymbol{N}+\Delta\Delta\boldsymbol{L}(t) \tag{5-53}$$

式中，

$$\boldsymbol{V}(t)=(V^1(t),\ V^2(t),\ \cdots,\ V^{nj-1}(t))^{\mathrm{T}}$$

$$\boldsymbol{A}(t)=-(f/c)\begin{bmatrix}\Delta l_2^1 & \Delta m_2^1(t) & \Delta n_2^1\\ \Delta l_2^2 & \Delta m_2^2(t) & \Delta n_2^2\\ \vdots & \vdots & \vdots\\ \Delta l_2^{nj-1}(t) & \Delta m_2^{nj-1}(t) & \Delta n_2^{nj-1}(t)\end{bmatrix}$$

$$\boldsymbol{B}(t)=\begin{bmatrix}1 & 0 & \cdots & 0\\ 0 & 1 & \cdots & 0\\ \vdots & \vdots & & \vdots\\ 0 & 0 & \cdots & 1\end{bmatrix}$$

$$\Delta\Delta\boldsymbol{N}=(\Delta\Delta N^1,\ \Delta\Delta N^2,\ \cdots,\ \Delta\Delta N^{nj-1})^{\mathrm{T}}$$

$$\Delta\Delta\boldsymbol{L}(t)=(\Delta\Delta L^1(t),\ \Delta\Delta L^2(t),\ \cdots,\ \Delta\Delta L^{nj-1}(t))^{\mathrm{T}}$$

$$\delta\boldsymbol{X}_2=(\delta x_2,\ \delta y_2,\ \delta z_2)^{\mathrm{T}}$$

如果在基线两端对同一组卫星观测的历元数为 nt，相应的误差方程组为：

$$\boldsymbol{V} = (\boldsymbol{A},\ \boldsymbol{B})\begin{bmatrix}\delta \boldsymbol{X}_2 \\ \Delta\Delta \boldsymbol{N}\end{bmatrix} + \boldsymbol{L} \tag{5-54}$$

式中，

$$\boldsymbol{A} = (A(t_1),\ A(t_2),\ \cdots,\ A(t_{nt}))^{\mathrm{T}}$$
$$\boldsymbol{B} = (B(t_1),\ B(t_2),\ \cdots,\ B(t_{nt}))^{\mathrm{T}}$$
$$\boldsymbol{L} = (\Delta\Delta L(t_1),\ \Delta\Delta L(t_2),\ \cdots,\ \Delta\Delta L(t_{nt}))^{\mathrm{T}}$$
$$\boldsymbol{V} = (V(t_1),\ V(t_2),\ \cdots,\ V(t_{nt}))^{\mathrm{T}}$$

相应的法方程式为：

$$\boldsymbol{N}\Delta \boldsymbol{X} + \boldsymbol{U} = 0 \tag{5-55}$$

式中，

$$\Delta \boldsymbol{X} = (\delta \boldsymbol{X}_2,\ \Delta\Delta \boldsymbol{N})^{\mathrm{T}}$$
$$\boldsymbol{N} = (\boldsymbol{AB})^{\mathrm{T}}\boldsymbol{P}(\boldsymbol{AB}),\ \boldsymbol{U} = (\boldsymbol{AB})^{\mathrm{T}}\boldsymbol{PL}$$

$\boldsymbol{P}$ 为双差观测值的权阵。

与单差观测值不同的是，双差观测值之间有相关性，这里的权阵 $\boldsymbol{P}$ 不再是对角阵。如在一次观测中对 n^j 个卫星进行了相位测量，可以组成 n^j-1 个双差观测值。形成这些双差观测值时，有的单差观测值被使用多次，因而双差观测值是相关的。为使权阵形式较为简洁，可以选择一个参考卫星，其他卫星的观测值都与参考卫星的单差观测值组成双差。例如选择卫星 1 作为 t_i 观测历元的参考卫星，则观测历元 t_i 时，n^j-1 个双差观测值的相关系数为 1/2，其协因数阵为：

$$\boldsymbol{Q}_i = \begin{bmatrix} 2 & 1 & \cdots & 1 \\ 1 & 2 & \cdots & 1 \\ \vdots & \vdots & & \vdots \\ 1 & 1 & \cdots & 2 \end{bmatrix} \tag{5-56}$$

不同观测历元所取得的双差观测值彼此不相关。在一段时间内（nt 个历元）取得的双差观测值，其协因数阵为一分块对角阵：

$$\boldsymbol{Q} = \boldsymbol{P}^{-1} = \begin{bmatrix} Q_1 & & & 0 \\ & Q_2 & & \\ & & \ddots & \\ 0 & & & Q_{nt} \end{bmatrix} \tag{5-57}$$

这样，双差观测模型的基线解为：

$$\Delta \boldsymbol{X} = -\boldsymbol{N}^{-1}\boldsymbol{U} \tag{5-58}$$

对于三差模型，模型中消除了整周不定参数，通过列立误差方程、法方程，可以直接解出基线解，在此不再赘述。

§5.6 美国的 GPS 政策

5.6.1 美国的 SA 和 AS 政策

GPS 卫星发射的无线电信号含有两种精度不同的测距码，即所谓 P 码（也称精码）和

C/A 码(也称粗码)。相应两种测距码 GPS 将提供两种定位服务方式，即精密定位服务(PPS)和标准定位服务(SPS)。

精密定位服务的主要对象是美国军事部门和其他特许的部门。这类用户可利用 P 码获得精度较高的观测量，且能通过卫星发射的两种频率的信号进行测距，以消除电离层折射的影响。利用 P 码进行单点实时定位的精度可优于 10 m。

标准定位服务的主要对象是广大的民间用户。利用 SPS 所得到的观测量精度较低，且只能采用调制在一种频率上的 C/A 码进行测距，无法利用双频技术消除电离层折射的影响。其单点实时定位的精度约为 20~30 m。

美国为了防止未经许可的用户把 GPS 用于军事目的(进行高精度实时动态定位)，于 1989 年 11 月开始至 1990 年 9 月，进行 SA(Selective Availability)和 AS(Anti-Spoofing)技术的实验，并于 1991 年 7 月开始实施 SA 技术。

1. SA 技术

SA 技术称为有选择可用性技术，即人为地将误差引入卫星钟和卫星数据中，故意降低 GPS 定位精度，使 C/A 码定位的精度从原来的 20 m 降低到 100 m。

SA 技术的主要内容：

①在广播星历中，对 GPS 卫星的基准频率采用 δ 技术，使星历精度降低，其变化为无规律的随机变化。

②在卫星钟的钟频信号中加高频抖动(即 ε 技术)。

2. AS 技术

AS 技术称为反电子欺骗技术。其方法是：将 P 码与保密的 W 码相加成 Y 码，Y 码严格保密。其目的是：防止敌方使用 P 码进行精密导航定位。当实施 AS 技术时，非特许用户将不能接收到 P 码。这项技术仅在特殊情况下使用。

3. SA 和 AS 技术对定位的影响

①降低单点定位的精度；

②降低长距离相对定位的精度；

③AS 技术会对高精度相对定位数据处理、整周未知数的确定带来不便。

是否实施 SA 政策，用户可以从导航电文中的 URA(测距精度)值中判别出。如 Trimble 4000 型接收机，当 URA 为 20 以内时，说明未实施 SA 政策，当值为 30~64 时，说明实施 SA 政策。对 Ashtech Z12 型接收机，当 N 值为 2~3 时，未实施 SA 政策，否则就实施 SA 政策。表 5-3 中列出了 1994 年 2 月 20 日记录的 25 颗卫星的 URA 值。可见，只有 03、12、13、15、20 等 5 颗卫星未实施 SA 政策，其余都实施 SA 政策，并都是 BLOCK Ⅱ 卫星。

表 5-3　**1994 年 2 月 20 日记录的 25 颗卫星的 URA 值**

SV	01	02	03	04	05	07	09	12	13	14	15	16	17
URA	32	32	4	32	32	32	32	4	4	32	4	32	32
SV	18	19	20	21	22	23	24	25	26	27	28	29	31
URA	32	32	4	32	32	32	32	32	32	32	32	32	32

5.6.2 GPS 现代化计划

GPS 现代化计划包括 GPS 信号现代化、开发第三代 GPS 卫星和地面控制部分现代化。

1. GPS 信号现代化

系统计划新增 4 个信号，包括在 L_2和 L_5载波上新增两个民用信号，在 L_1和 L_2载波上新增两个军用 M 码信号。新增民用 L_5信号可用于航空无线电导航服务，其频率为 f_{L_5} = 1 176.45 MHz。增加两个民用信号对于单点实时 GPS 用户，将改善定位精度，提高信号可用性和完善性，增强服务连续性和抗射频干扰能力，有助于高精度的短基线和长基线差分应用。对于军用信号，现代化计划保护作战区内的军用服务，防止敌方使用 GPS 服务。军用 PPS 服务中提供新的军用 M 码，比现有 P(Y)码功率大 20 dB。

为了克服大气层延迟误差的影响，使用 L_2C/A 码与 L_1相结合，将使电离层误差从 7.0 m 降到 0.1 m。

2. 开发第三代 GPS 卫星

目前，GPS 卫星星座由 31 颗卫星构成，包括 16 颗 Block ⅡA、12 颗 Block ⅡR 和 3 颗 Block ⅡRM。Block ⅡRM 卫星作为 Block ⅡR 卫星的升级替代产品，可广播新的民用 L_2频率、L_2C(CodeonL_2)码和军用 M 码信号。替代 Block ⅡR 卫星、正在改造的 Block ⅡF 卫星可以广播第三种民用载波信号 L_5、两种军用 M 码以及民用 L_2C 码。

除了 Block Ⅱ和 RBlock ⅡF 卫星研发计划外，GPS 现代化计划提供了 GPS Ⅲ卫星研发计划。GPS Ⅲ卫星具有 GPS ⅡR 卫星的全部装备，并提高了 M 码信号功率，改善了信号的抗干扰性能。GPS Ⅲ卫星 M 码有望于 2021 年具备初始运行能力，整星座运行至少要到 2030 年才能实现。GPS Ⅲ卫星星座可能采用的两种星座构型为：3 轨道平面新型星座构型和现行 6 轨道平面星座构型。在轨工作卫星数目计划在 27~33 颗之间。

3. 地面控制部分现代化

地面控制部分现代化启动于 2000 年。主要通过新增 6 个美国国家图像与测图局地面站改善 GPS 卫星跟踪站网。这些跟踪站采用全新的数据上传策略，并通过控制系统卡尔曼滤波对其进行单独处理。GPS 卫星跟踪站网的改进对改善 GPS 轨道测量数据的连续性、可用性和相关参数估计，以及提高控制系统向卫星上传导航数据的更新率起到了至关重要的作用。

5.6.3 针对 SA 和 AS 政策的对策

针对美国政府的 SA 和 AS 技术政策，应采用以下几项措施：

(1)应用 P-W 技术和 L_1与 L_2交叉相关技术，使 L_2载波相位观测值得到恢复，其精度与使用 P 码相同。GPS 接收机接收到的 L_1和 L_2载波上存在着分别调制的 Y 码，而 Y 码是 P 码与一显著低速率的保密码 W 的叠加。P-W 技术的基本原理是将接收到的 L_1和 L_2信号和接收机生成的以原 P 码信号为基础的人工复制信号相关，并将频带宽度降低得到密码带宽，便可获得未知的 W 码调制信号的估值，然后，应用反向频率信号处理法，将上述接收到的信号减去 W 码的估值，就可以消除 W 码的大部分影响，从而恢复 P 码。利用 L_1与 L_2的交叉相关技术，可以辨认(Y_1-Y_2)的值，由此可得到相应的伪距差 $\rho(Y_1-Y_2)$，将它和 L_1的 C/A 码伪距ρ_{L_1}叠加，得 L_2码伪距，即$\rho_{12}=\rho_{L_1}+\rho(Y_1-Y_2)$。还有窄相关技术，使 C/A 码的多路径效应大大降低。使用 L_1波段的伪距测量精度接近 P 码技术。

(2)研制能同时接收 GPS 和 GLONASS 信号的接收机。俄罗斯的 GLONASS 与 GPS 最大的区别在于：GLONASS 无 SA 技术，即无须顾虑精度的降低和对精密信号的加密。GLONASS 接收机定位精度优于 GPS 接收机。1996 年，Ashtech 公司开发了一种先进的技术，生产出 GG24 和 GGRTK 接收机，同时接收 GPS 和 GLONASS 两个系统卫星的信号进行定位。把 GPS 和 GLONASS 构成拥有 48 颗卫星星座的组合系统，弥补 GPS 系统的局限性，在整体上改善了系统的有效性、完整性和定位精度，保证了在有障碍环境中观测时同步观测的卫星个数和定位精度。

(3)发展 DGPS 和 WADGPS 差分 GPS 系统。目前已在不少国家和地区发展了 DGPS 和 WADGPS 系统，实时差分定位精度可达厘米级。实时差分 GPS 系统的发展为 GPS 应用开辟了新的领域，在陆地、海上、空中、民用、军用等各个领域中即将得到进一步推广。

(4)建立独立的 GPS 卫星测轨系统。利用 GPS 卫星建立独立的跟踪系统，以精密地测定卫星的轨道，为用户提供精密星历服务，是一项经济有效的措施。它对开发 GPS 的广泛应用具有重大意义。

除美国一些民用部门外，加拿大、澳大利亚和欧洲的一些国家都在实施建立区域性或全球精密测轨系统的计划。其中值得注意的是，以美国为首从 1986 年开始建立的国际合作 GPS 卫星跟踪网(Cooperative International GPS Satellite Tracking Network，CIGNET)，其跟踪站的分布已扩展至南半球，预计该跟踪网的测轨精度可达分米级。建立区域性测轨系统的措施对我国利用和普及 GPS 定位技术，推进测绘科学技术的现代化，也具有重要的现实意义。

(5)建立独立的卫星导航与定位系统。目前，一些国家和地区正在发展自己的卫星导航与定位系统。尤其是俄罗斯的全球导航系统 GLONASS 引起了世界各国的兴趣。另外，欧洲空间局也正在发展一种以民用为主的卫星导航系统 NAVSAT。

建立自己的卫星导航与定位系统，尽管可以完全摆脱对美国 GPS 的依赖，但这是一项技术复杂耗资巨大的工程，对于经济和技术尚在发展中的国家来说将是困难的。

应当指出，为了克服美国 SA 政策的影响，一些学者正在致力于开发新的数据处理方法和软件，这一工作对于 GPS 的应用具有深远意义。

美国政府考虑到目前 GPS 技术发展的趋势涉及到美国 10 万人的就业，年收益 20~80 亿美元，于是克林顿总统于 1996 年 3 月 29 日发出总统对 GPS 决策指令：在下一个 10 年内终止 SA 政策。

§5.7 差分 GPS 定位原理

差分技术很早就被人们所应用。比如相对定位中，在一个测站上对两个观测目标进行观测，将观测值求差；或在两个测站上对同一个目标进行观测，将观测值求差；或在一个测站上对一个目标进行两次观测求差。其目的是消除公共误差，提高定位精度。利用求差后的观测值解算两观测站之间的基线向量，这种差分技术已经用于静态相对定位。

本节讲述的差分 GPS 定位技术是将一台 GPS 接收机安置在基准站上进行观测。根据基准站已知精密坐标，计算出基准站到卫星的距离改正数，并由基准站实时地将这一改正数发送出去。用户接收机在进行 GPS 观测的同时，也接收到基准站的改正数，并对其定位结果进行改正，从而提高定位精度。

GPS 定位中存在着三部分误差：一是多台接收机公有的误差，如卫星钟误差、星历误差；二是传播延迟误差，如电离层误差、对流层误差；三是接收机固有的误差，如内部噪声、通道延迟、多路径效应。采用差分定位，可完全消除第一部分误差，可大部分消除第二部分误差(视基准站至用户的距离)。

差分 GPS 可分为单基准站差分、具有多个基准站的局部区域差分和广域差分三种类型。

5.7.1 单站 GPS 的差分(SRDGPS)

单站差分按基准站发送的信息方式来分，可分为位置差分、伪距差分和载波相位差分三种，其工作原理大致相同。

1. *位置差分原理*

设基准站的精密坐标已知(X_0，Y_0，Z_0)，在基准站上的 GPS 接收机测出的坐标为(X，Y，Z)(包含着轨道误差、时钟误差、SA 影响、大气影响、多路径效应及其他误差)，即可按下式求出其坐标改正数为：

$$\begin{cases}\Delta X = X_0 - X \\ \Delta Y = Y_0 - Y \\ \Delta Z = Z_0 - Z\end{cases} \tag{5-59}$$

基准站用数据链将这些改正数发送出去，用户接收机在解算时加入以上改正数：

$$\begin{cases}X_p = X'_p + \Delta X \\ Y_p = Y'_p + \Delta Y \\ Z_p = Z'_p + \Delta Z\end{cases} \tag{5-60}$$

式中，X'_p、Y'_p、Z'_p 为用户接收机自身观测结果；X_p、Y_p、Z_p为经过改正后的坐标。

顾及用户接收机位置改正值的瞬时变化，上式可进一步写成：

$$\begin{cases}X_p = X'_p + \Delta X + \mathrm{d}(\Delta X)/\mathrm{d}t(t - t_0) \\ Y_p = Y'_p + \Delta Y + \mathrm{d}(\Delta Y)/\mathrm{d}t(t - t_0) \\ Z_p = Z'_p + \Delta Z + \mathrm{d}(\Delta Z)/\mathrm{d}t(t - t_0)\end{cases} \tag{5-61}$$

式中，t_0为校正的有效时刻。

这样，经过改正后的用户坐标就消去了基准站与用户站共同的误差。

这种方法的优点是：计算简单，适用于各种型号的 GPS 接收机。

这种方法的缺点是：基准站与用户必须观测同一组卫星，这在近距离可以做到，但距离较长时很难满足。故位置差分只适用于 100 km 以内。

2. *伪距差分原理*

这是应用最广的一种差分。在基准站上，观测所有卫星，根据基准站已知坐标(X_0，Y_0，Z_0)和测出的各卫星的地心坐标(X^j，Y^j，Z^j)，按下式求出每颗卫星每一时刻到基准站的真正距离 R^j：

$$R^j = [(X^j - X_0)^2 + (Y^j - Y_0)^2 + (Z^j - Z_0)^2]^{1/2} \tag{5-62}$$

其伪距为 ρ_0^j，则伪距改正数为：

$$\Delta\rho^j = R^j - \rho_0^j \tag{5-63}$$

其变化率为：

$$\mathrm{d}\rho^j = \Delta\rho^j / \Delta t \tag{5-64}$$

基准站将 $\Delta\rho^j$ 和 $\mathrm{d}\rho^j$ 发送给用户，用户在测出的伪距 ρ^j 上加改正，求出经改正后的伪距：

$$\rho_p^j(t) = \rho^j(t) + \Delta\rho^j(t) + \mathrm{d}\rho^j(t - t_0) \tag{5-65}$$

并按下式计算坐标：

$$\rho_p^j = [(X^j - X_p)^2 + (Y^j - Y_p)^2 + (Z^j - Z_p)^2]^{1/2} + C * \delta t + V_1 \tag{5-66}$$

式中，δt 为钟差；V_1 为接收机噪声。

伪距差分的优点是：基准站提供所有卫星的改正数，用户接收机观测任意 4 颗卫星就可完成定位。因提供的是 $\Delta\rho^j$ 和 $\mathrm{d}\rho^j$ 改正数，可满足 RTCMSC-104 标准(国际海事无线电委员会)。

缺点是：差分精度随基准站到用户的距离增加而降低。

3. *载波相位差分原理*

位置差分和伪距差分能满足米级定位精度，已广泛应用于导航、水下测量等。而载波相位差分可使实时三维定位精度达到厘米级。

载波相位差分技术又称 RTK(Real Time Kinematic)技术，是实时处理两个测站载波相位观测量的差分方法。载波相位差分方法分为两类：一类是修正法，另一类是差分法。所谓修正法，即将基准站的载波相位修正值发送给用户，改正用户接收到的载波相位，再解求坐标。所谓差分法即是将基准站采集的载波相位发送给用户，进行求差解算坐标。可见修正法属准 RTK，差分法为真正 RTK。将式(5-66)写成载波相位观测量形式即可得出相应的方程式：

$$\begin{aligned} &R_0^j + \lambda(N_{p0}^j - N_0^j) + \lambda(N_p^j - N^j) + \varphi_p^j - \varphi_0^j \\ &= [(X^j - X_p)^2 + (Y^j - Y_p)^2 + (Z^j - Z_p)^2]^{1/2} + \Delta\mathrm{d}\rho \end{aligned} \tag{5-67}$$

式中，N_{p0}^j 表示用户接收机起始相位模糊度；N_0^j 为基准点接收机起始相位模糊度；N_p^j 为用户接收机起始历元至观测历元相位整周数；N^j 为基准点接收机起始历元至观测历元相位整周数；φ_p^j 为用户接收机测量相位的小数部分；φ_0^j 为基准点接收机测量相位的小数部分；$\Delta\mathrm{d}\rho$ 为同一观测历元各项残差，其他符号同前。

这里关键是求解起始相位模糊度。求解起始相位模糊度通常用以下几种方法：删除法、模糊度函数法、FARA 法、消去法。用某种方法时，式(5-67)应作相应的改变。

RTK 技术可应用于海上精密定位、地形测图和地籍测绘。

RTK 技术也同样受到基准站至用户距离的限制，为解决此问题，发展成局部区域差分和广域差分定位技术。通常把一般差分定位系统叫做 DGPS，局部区域差分定位系统叫做 LADGPS，广域差分系统叫做 WADGPS。

差分定位的关键技术是高波特率数据传输的可靠性和抗干扰问题。

单站差分 GPS 系统结构和算法简单，技术上较为成熟，主要用于小范围的差分定位工作。对于较大范围的区域，则应用局部区域差分技术，对于一国或几个国家范围的广大区域，应用广域差分技术。

5.7.2 局部区域 GPS 差分系统(LADGPS)

在局部区域中应用差分 GPS 技术，应该在区域中布设一个差分 GPS 网，该网由若干个差分 GPS 基准站组成，通常还包含一个或数个监控站。位于该局部区域中的用户根据多个基准站所提供的改正信息，经平差后求得自己的改正数。这种差分 GPS 定位系统称为局部区域差分 GPS 系统，简称 LADGPS。

局部区域差分 GPS 技术通常采用加权平均法或最小方差法对来自多个基准站的改正信息(坐标改正数或距离改正数)进行平差计算，以求得自己的坐标改正数或距离改正数。其系统的构成为：有多个基准站，每个基准站与用户之间均有无线电数据通信链。用户与基准站之间的距离一般在 500 km 以内才能获得较好的精度。

5.7.3 广域差分

1. 广域差分 GPS 系统的基本思想

广域差分 GPS 的基本思想是对 GPS 观测量的误差源加以区分，并单独对每一种误差源分别加以“模型化”，然后将计算出的每一误差源的数值通过数据链传输给用户，以对用户 GPS 定位的误差加以改正，达到削弱这些误差源、改善用户 GPS 定位精度的目的。具体而言，它集中表现在三个方面：

① 星历误差：广播星历是一种外推星历，精度不高，若再受 SA 的 ε 抖动，精度降至 100 m，它是 GPS 定位的主要误差来源之一。广域差分 GPS 依赖区域精密定轨，确定精密星历，取代广播星历。

② 大气延时误差(包括电离层延时和对流层延时)：常规差分 GPS 提供的综合改正值包含参考站外的大气延时改正，当用户距离参考站很远，两地大气层的电子密度和水汽密度不同，对 GPS 信号的延时也不一样，使用参考站处的大气延时量来代替用户的大气延时必然引起误差。广域差分 GPS 技术通过建立精确的区域大气延时模型，能够精确地计算出其作用区域内的大气延时量。

③ 卫星钟差误差：精确改正上述两种误差后，残余误差中卫星钟差误差影响最大，常规差分 GPS 利用广播星历提供的卫星钟差改正数，这种改正数仅近似反映了卫星钟与标准 GPS 时间的物理差异，实际上，受 SA 的 ε 抖动影响，卫星钟差随机变化达±300 ns，等效伪距为±90 m。广域差分 GPS 可以计算出卫星钟各时刻的精确钟差值。

2. 广域差分 GPS 系统的工作流程

广域差分 GPS 系统就是为削弱这三种主要误差源而设计的一种工程系统。该系统一般由一个中心站、几个监测站及其相应的数据通信网络组成，另外还有覆盖范围内的若干用户。根据系统的工作流程，可以分解为如下 5 个步骤：

① 在已知坐标的若干监测站上，跟踪观测 GPS 卫星的伪距、相位等信息。

② 将监测站上测得的伪距、相位和电离层延时的双频量测结果全部传输到中心站。

③ 中心站在区域精密定轨计算的基础上，计算出三项误差改正，即包括卫星星历误差改正、卫星钟差改正及电离层时间延迟改正模型。

④ 将这些误差改正用数据通信链传输到用户站。

⑤ 用户利用这些误差改正自己观测到的伪距、相位和星历等，计算出高精度的 GPS 定位结果。

3. 广域差分 GPS 系统(WADGPS)的特点

广域差分 GPS 技术区分误差的目的就是最大限度地降低监测站与用户站间定位误差的时空相关，克服 LADGPS 对时空的强依赖性，改善和提高 LADGPS 中实时差分定位的精度。同 LADGPS 相比，WADGPS 有如下特点：

① 中心站、监测站与用户站的站间距离从 100 km 增加到 2 000 km，定位精度不会出

现明显的下降，这就是说，WADGPS 中用户的定位精度对空间距离的敏感程度比 LADGPS 低得多。

② 在大区域内建立 WADGPS 网，需要的监测站数量很少，投资自然减小，比 LADGPS 具有更大的经济效益。据估计，在美国大陆的任意地方要达到 5 m 的差分定位精度，使用 LADGPS 方式的参考站个数将超过 500 个，而使用 WADGPS 方式的监测站个数将小于 10 个，其间的经济效益可见一斑。

③ WADGPS 系统是一个定位精度均匀分布的系统，覆盖范围内任意地区的定位精度相当，而且定位精度较 LADGPS 高。

④ WADGPS 的覆盖区域可以扩展到 LADGPS 不易作用的地域，如远洋、沙漠、森林等。

⑤ WADGPS 使用的硬件设备及通信工具昂贵，软件技术复杂，运行和维持费用较 LADGPS 高得多，而且 WADGPS 的可靠性与安全性可能不如单个的 LADGPS。

4. 我国建立广域差分 GPS 系统的方案

目前我国已初步建立了北京、拉萨、乌鲁木齐、上海 4 个永久性 GPS 监测站，还计划增设武汉、哈尔滨两站，拟订在北京或武汉建立数据处理中心和数据通信中心(中心站)，各站之间的关系及数据流程如图 5-5 所示。

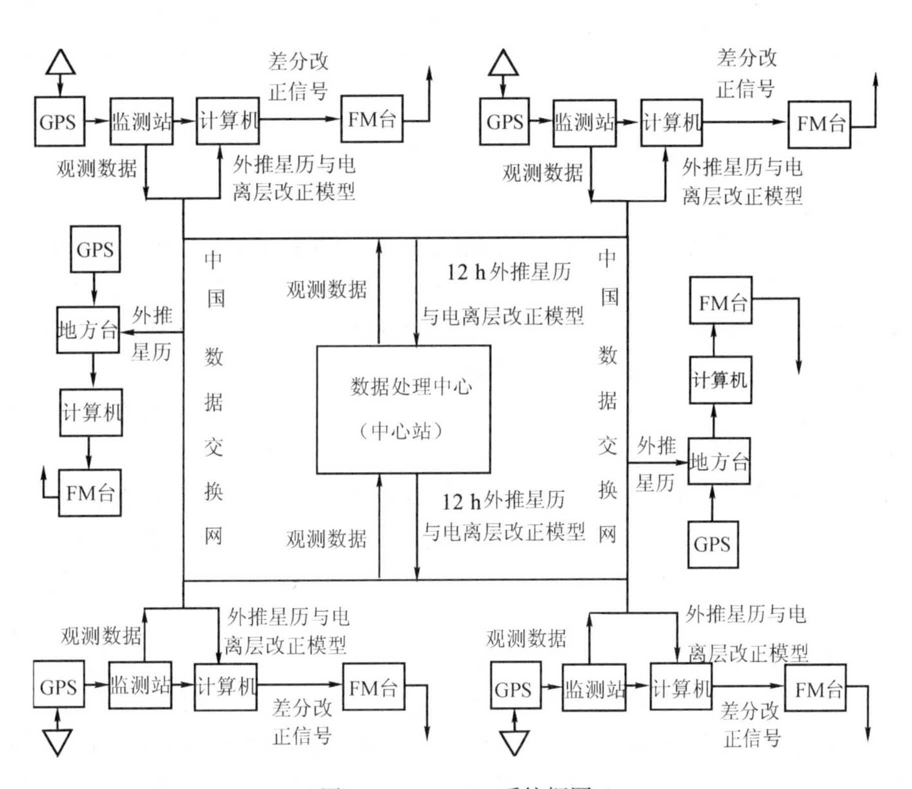

图 5-5　WADGPS 系统框图

5. 我国广域差分 GPS 系统 C/A 码单点定位试验

利用 C/A 码伪距，广播星历中提供的电离层修正参数和 NGS 精密星历(5～6 m 精度），以库尔勒、喀什、和田为监测站（测站地心坐标精度优于 0.2 m），构成小区域网，选择距离这一小网不同距离的乌鲁木齐、拉萨、狮泉河、下关作为用户位置，根据小网计算卫星相对钟差，用伪距按单站星间单差计算用户测站坐标，各用户站每个历元计算结果与国家 A 级点计算坐标差异如表 5-4 所示。表中结果表明：采用广域差分 GPS 技术进行差分定位，在3 000 km范围内，利用 C/A 码伪距单点定位精度几乎没有什么变化，其分量精度一般优于2 m，点位精度一般优于 4 m，这充分体现了广域差分 GPS 系统的精度潜力。当然，上述定位计算采用的卫星相对钟差相当于零延时，实际上是略有延时的，对定位略有影响。

表 5-4　**广域差分 GPS 系统差分单点定位精度分析**

用户位置	距“广域差分网”的距离/km	X 差/m		Y 差/m		Z 差/m	
		一般	最大	一般	最大	一般	最大
乌鲁木齐	400~600	-1.0	-2.5	+0.4	2.5	-0.5	-1.9
拉萨	900~1 000	-1.2	-2.8	+0.6	2.3	+0.4	-3.0
狮泉河	1 300~1 500	-1.2	-2.6	-0.3	2.5	+1.2	-2.5
下关	2 200~2 700	-2.0	-3.0	+0.5	2.8	-0.5	-0.2

§5.8　CORS 及网络 RTK 技术

连续运行参考站系统（Continuous Operation Reference System，CORS），也称为连续运行卫星定位服务系统，是利用 GPS 卫星导航定位、计算机、数据通信和互联网络（LAN/WAN）等技术，在一个城市、一个地区或一个国家根据需求按一定距离建立起来的长年连续运行的若干个固定 GPS 基准站组成的网络系统。

连续运行参考站系统有一个或多个数据处理中心，各个基准站与数据处理中心之间具有网络连接，数据处理中心从基准站采集数据，利用基准站网软件进行处理，然后向各种用户自动地发布不同类型的卫星导航原始数据和各种类型的误差改正数据。连续运行参考站系统能够全年 365 天、每天24 h连续不断地运行，全面取代常规大地测量控制网。用户只需一台 GPS 接收机即可进行毫米级、厘米级、分米级、米级实时、准实时的快速定位、事后定位；全天候地支持各种类型的 GPS 测量、定位、形变监测和放样作业；可满足覆盖区域内各种地面、空中和水上交通工具的导航、调度、自动识别和安全监控等功能，服务于高精度中短期天气状况的数值预报、变形监测、地震监测、地球动力学等。连续运行参考站系统还可以构成国家的新型大地测量动态框架体系和构成城市地区新一代动态基准站网体系。它们不仅满足各种测绘、基准需求，还满足环境变迁动态信息监测等多种需求。目前，发达国家基本上每几十公里就有一个基准站，发展中国家也在陆续地建立自己的参考站系统。

多基准站 RTK 技术也叫网络 RTK，是对普通 RTK 方法的改进。它是一种基于多基准站网络的实时差分定位系统，可克服常规 RTK 的缺陷，实现长距离（70~100 km）RTK 定位。多基准站 RTK 技术的基础是建立多个 GPS 基准站，即建立多个基准站连续运行卫星定位导航服务系统。中国国家测绘地理信息局已颁布了《全球卫星导航系统连续运行参考站网建设规范》，建立 CORS 已是测绘的基础建设，网络 RTK 将得到广泛应用。

目前多基准站 RTK 系统差分改正信息生成的方式有两种。一种是虚拟参考站技术，即 VRS (Virtual Reference Stations)；另一种是区域改正数技术 FKP (德语：Flachen Korrectur Parameter，即 Area Correction Parameter)

1. 多基准站 RTK 系统工作原理

(1) VRS 技术

该技术的模型由 Herbert Landau 博士提出。其工作原理是在某一大区域(或某一城市)内，建立若干个(3 个以上)连续运行的 GPS 基准站；根据这些 GPS 基准站的观测值(由于 GPS 基准站有长时间的观测，故点位坐标精度很高)，建立区域内 GPS 主要误差模型(如电离层、对流层、卫星轨道等误差模型)；系统运行时，将这些误差从基准站的观测值中减去，形成无误差的观测值；一旦接收到移动站(用户——单台 GPS 接收机)的概略坐标，即在移动站附近(几米到几十米)建立起一个虚拟参考站；移动站与虚拟参考站进行载波相位差分改正，实现实时 RTK。由于其差分改正是经多个基准站观测资料有效组合求出的，可有效地消除电离层、对流层和卫星轨道等误差，哪怕移动站远离基准站 100 km，也能很快确定自己的模糊度，实现厘米级快速实时定位。

(2) FKP 技术

该技术的模型由 Gerhard Wuebenna 博士提出。其工作原理是在某一大区域(或某一城市)内，建立若干个(三个以上)连续运行的 GPS 基准站；各基准站将每一个观测瞬间所采集的未经差分处理的同步观测值实时地传输到控制中心站；经控制中心站实时处理，产生一个 FKP 误差改正数，然后通过 RTCM 发送给区域内各移动站；移动站将自身的观测值和 FKP 误差改正数经有效地组合，完成实时 RTK。

我国测绘工作者经实践比较，普遍认为 VRS 技术在系统安全性、稳定性及软件应用等都比较成熟，故我国各省、市建立的连续运行卫星定位导航服务系统(CORS)大多选用 VRS 技术。

2. 连续运行卫星定位导航服务系统(CORS)的组成及功能

连续运行卫星定位导航服务系统(CORS)是测绘的基础设施建设，也是信息社会、知识经济时代必备的基础设施。它可应用于城市规划、交通、国土资源、地震、气象、测绘、水利、林业、农业、环保、金融、商业、旅游、防灾减灾等领域和行业。系统目前使用 GPS，以后可能综合应用 GPS、GLONASS、GALILEO 和北斗系统。

CORS 由若干个连续运行的 GPS 基准站、数据处理控制中心、数据传输与发播系统和移动站(用户——单台 GPS 接收机)组成。

(1) 连续运行 GPS 基准站系统

一个区域 CORS 基准站的个数视区域大小决定。《全球卫星导航系统连续运行参考站网建设规范》规定，两基准站之间的距离为 20~80 km。GPS 基准站选址等要求详见《全球卫星导航系统连续运行参考站网建设规范》。GPS 基准站的功能是连续进行 GPS 观测，并实时将 GPS 观测值传输至数据处理控制中心。这些 GPS 基准站也可提供动态参考框架，为维护国家坐标系、国防、航天、地壳板块运动监测、GPS 气象等服务。

(2) 数据处理控制中心

一个区域 CORS 只建一个数据处理控制中心。数据处理控制中心根据各 GPS 基准站的观测值计算区域电离层、对流层、卫星轨道等误差，并实时将各 GPS 基准站的观测值减去其误差改正，再结合移动站的概略坐标计算出在移动站附近的虚拟参考站的相位差分改正(为网络 RTK 服务)，实时地传输至数据传输与发播系统。数据处理控制中心也可计算精密星历，使事后定位精度精确到 mm 级，为大地测量、地球动力学、地震预报、气象学、城市测绘、测图等服务。

(3)数据传输与发播系统

数据传输与发播系统实时接收数据处理控制中心的相位差分改正，并实时发布(可采用 FM，或 GSM、CDMA、COPD、Internet)，供各移动站接收使用。CORS 发播的差分信息可应用于 LADGPS 和 WADGPS。CORS 也可发布精密星历，供精密定位使用。

(4)移动站(用户)

移动站(用户)即单台 GPS 接收机。它实时接收由数据传输与发播系统的相位差分改正信息，结合自身 GPS 观测值，组成双差相位观测值，快速确定整周模糊度参数和位置信息，完成厘米级实时定位。也可进行静态相对定位，获取毫米级高精度的三维坐标。

3. 连续运行卫星定位导航服务系统(CORS)性能指标

连续运行卫星定位导航服务系统(CORS)除为网络 RTK 提供服务外，还可广泛应用于区域国土资源动态监测、城市基础测绘、工程测量、城市规划、市政建设、交通管理、地震及地面沉降灾害监测和气象预报等领域。表 5-5 列出了 CORS 主要应用领域及性能指标。

表 5-5　**CORS 主要应用领域及性能指标**

应用领域	主要用途	精度/m	使用时间	响应速度
智能交通	车、船行程管理、自主导航	±1~±10	24 h/365 天	延时≤3 s
空中交管	飞机进近与着陆	±0.5~±6	24 h/365 天	延时≤1 s
公共安全	特种车辆监控、事态应急	±1~±10	24 h/365 天	延时≤3 s
农业管理	精细农业、土地平整	±0.1~±0.3	20 h/365 天	延时≤5 s
港口管理	船只、车辆、飞机进港后调度	±0.5~±1	24 h/365 天	延时≤3 s
线路测绘	通信、电力、石油等测绘	±0.1~±5.0	20 h/365 天	准实时
地理信息	城市规划、管理	±0.1~±5.0	12 h/365 天	准实时
工程施工	施工、放样、管理	±0.01~±0.1	24 h/365 天	准实时
形变监测	安全监测	±0.001~±0.005	24 h/365 天	准实时、事后

目前，我国各省、市相继建立了 40 多个 CORS。大的 CORS 有 30 个 GPS 基准站，小的有 4~6 个 GPS 基准站。若能将各省市的 CORS 有机地组合起来，组成中国连续运行卫星定位导航服务系统，将会发挥更大的作用。

§5.9　全球实时 GPS 差分系统

这是使用 StarFire™网络(国际海事卫星广播)和 NavCom 全球差分 GPS 系统，在南北纬 76°之间的任何时候、任何地点，无需架设基准站，只需拥有一台 GPS 接收机就能在全球完成分米级定位精度的实时 GPS 差分系统。该系统于 1999 年 4 月开始运行以来，具备 99. 99%的联机可靠性。该系统又简称为 RTG。

1. 全球实时 GPS 差分系统原理

RTG 技术采用在世界范围内的 28 个双频参考站来对差分信息进行收集。这些信息收集以后发回数据处理中心，经数据处理中心处理后，形成一组差分改正数，将其传送到卫星上，然后通过卫星在全世界范围内进行广播。采用 RTG 技术的 GPS 接收机在接收 GPS 卫星信号的同时也接收卫星发出的差分改正信号，从而达到实时高精度定位。

2. 全球实时 GPS 差分系统组成

系统由地面与空间卫星两部分构成。

(1)地面部分

地面部分由 GPS 基准站、数据处理中心和卫星上传系统构成。

基准站：全球基准站共有 28 个，这些参考站均配有双频 GPS 接收机，24 h 连续作业采集差分改正信息，并实时向数据中心发送已采集信息。

数据处理中心：数据处理中心有两个，位于北美地区。中心接收全世界 28 个基准站数据，然后经分析系统解算出一组全球通用的差分改正信号，发送至卫星信号上传系统。

卫星上传系统：上传系统位于北美。它将从数据中心接收到的信息实时发送给海事卫星。

(2)空间卫星系统部分

空间卫星部分由 3 颗卫星沿赤道轨道平行分布的地球同步卫星组成。由于其轨道较高，可以覆盖南北纬 76°之间的所有范围。在其覆盖范围内均可以接收到稳定的、同等质量的差分改正信号，从而达到世界范围内的同等精度。

第六章　GPS 卫星导航

§6.1　概述

导航的概念首先起源于航海事业，其最初的含义是引导运载体从一个地点航行到另一个地点的过程。随着时代的变迁，各种标志着近代、现代科学技术的众多的运载工具，诸如飞机、火箭、导弹、核潜艇、海洋地球物理调查船、巨型油轮、集装箱船、人造卫星、宇宙飞船等的相继出现也大大扩展了导航的概念，除了保证航行安全外，还需要为载体或载体中的监视、测量、装备等系统提供精确的导航信息。这样在不同领域先后出现了许多导航体制与导航仪表。除了最古老的推算船位导航术外，还有天文导航、无线电导航、惯性导航、卫星导航等。

所谓导航，就是引导航行的意思，也就是确定航行体运动到什么地方和向何方向运动的意思。要使飞机、舰船等成功地完成所预定的航行任务，除了起始点和目标的位置之外，主要的就是必须知道航行体所处的即时位置。因为只有确定了即时位置，才能考虑怎样到达下一目的地的问题；如果连自己已经到了什么地方和以后该到什么地方也不知道，那就无从谈起完成预定航行任务的问题。由此可见，导航的首要问题就是确定航行体的即时位置。另外，为现代载体提供精确的导航信息，还需要测定载体的瞬时速度、精确的时间、运动载体的姿态等状态参数，进而导引该运动载体准确地驶向预定的后续位置。由此可见，导航是一种广义的动态定位。

卫星导航是用导航卫星发送的导航定位信号引导运动载体安全到达目的地的一门新兴科学。GPS 卫星所发送的导航定位信号是一种可供无数用户共享的空间信息资源；陆地、海洋和空间的广大用户只要持有一种能够接收、跟踪、变换和测量 GPS 信号的接收机，就可以全天候和全球性地测量运动载体的七维状态参数（三维坐标、三维速度、时间）和三维姿态参数；其用途之广，影响之大，是任何其他接收设备望尘莫及的；上至航空航天，下至渔业、导游、摄影和农业生产，均可利用 GPS 信号接收机。不仅如此，GPS 卫星的入轨运行还为大地测量学、地球动力学、地球物理学、天体力学、载人航天学、全球海洋学和全球气象学提供了一种高精度和全天候的测量新技术。

GPS 在导航领域的应用有着比 GPS 静态定位更广阔的前景，两者相比较，GPS 导航具有用户多样、速度多变、定位实时、数据和精度多变等特点。因此，应该依据 GPS 动态测量的这些特点，选购适宜的接收机，采用适当的数据处理方法，以便获得所要求的运动载体的七维状态参数和三维姿态参数的测量精度。

§6.2 GPS 卫星导航原理

上节已论述到 GPS 导航是广义的 GPS 动态定位，它有着极其广阔的应用前景。例如，用于陆地、水上和航空航天运载体的导航。根据用户的应用目的和精度要求的不同，GPS 动态定位方法也随之而改变。从目前的应用看来，主要分为以下几种方法。

(1)单点动态定位。它是用安设在一个运动载体上的 GPS 信号接收机自主地测得该运动载体的实时位置，从而描绘出该运动载体的运行轨迹。所以单点动态定位又叫做绝对动态定位。例如，行驶的汽车和火车常用单点动态定位。

(2)实时差分动态定位。它是用安设在一个运动载体上的 GPS 信号接收机及安设在一个基准站上的另一台 GPS 接收机，联合测得该运动载体的实时位置，从而描绘出该运动载体的运行轨迹，故差分动态定位又称为相对动态定位。例如，飞机着陆和船舰进港，一般要求采用实时差分动态定位，以满足它们所要求的较高定位精度。

(3)后处理差分动态定位。它和实时差分动态定位的主要差别在于，在运动载体和基准站之间，不必像实时差分动态定位那样建立实时数据传输，而是在定位观测以后，对两台 GPS 接收机所采集的定位数据进行测后的联合处理，从而计算出接收机所在运动载体在对应时间上的坐标位置。例如，在航空摄影测量时，用 GPS 信号测量每一个摄影瞬间的摄站位置，就可以采用后处理差分动态定位。

虽然定位方法不同，但是动态用户都采用具有相关型波道码的接收机。此外，根据载体的运行速度和加速度的不同以及所要求的精度不同而选用相应型号的接收机。例如，用于航空摄影测量摄站的接收机，不仅要求它在秒速 300 m 左右时能够做伪距和载波相位测量，而且要求它具有秒脉冲输出的时间同步能力；对于海洋测绘用户而言，则宜选购具有速度测量和定时功能的双频接收机，并附设有带抑径板或抑径圈的 GPS 信号接收天线，以减弱海面所产生的多路径效应的影响。

6.2.1 单点动态定位

单点动态定位的基本方程为：

$$\rho_j' = [(X^j - X_u)^2 + (Y^j - Y_u)^2 + (Z^j - Z_u)^2]^{1/2} + d \tag{6-1}$$

式中，X_u、Y_u、Z_u为动态用户在 t_k时刻的瞬时位置；X^j、Y^j、Z^j是第 j 颗 GPS 卫星在其运行轨道上的瞬时位置，它可根据广播星历计算；ρ_j' 为码接收机所测得的 GPS 信号接收天线和第 j 颗 GPS 卫星之间的距离，即站星距离；d 是由于接收机时钟误差等因素所引起的站星距离偏差。

利用式(6-1)解算用户位置时，不是直接求它的三维坐标，而是求各个坐标分量的修正量，即给定用户三维坐标的初始值(X_{u0}，Y_{u0}，Z_{u0})，求解三维坐标的改正值(ΔX_u，ΔY_u，ΔZ_u)和距离偏差 d。对式(6-1)中的 X_u、Y_u、Z_u分别微分，便得到线性方程：

$$\boldsymbol{X} = \boldsymbol{A}^{-1}\boldsymbol{B} \tag{6-2}$$

式中，

$$X = (\Delta X_u, \Delta Y_u, \Delta Z_u, d)^T$$

$$A = \begin{bmatrix} \frac{X^1 - X_{u_0}}{\rho_{1_0}} & \frac{Y^1 - Y_{u_0}}{\rho_{1_0}} & \frac{Z^1 - Z_{u_0}}{\rho_{1_0}} & -1 \\ \frac{X^2 - X_{u_0}}{\rho_{2_0}} & \frac{Y^2 - Y_{u_0}}{\rho_{2_0}} & \frac{Z^2 - Z_{u_0}}{\rho_{2_0}} & -1 \\ \frac{X^3 - X_{u_0}}{\rho_{3_0}} & \frac{Y^3 - Y_{u_0}}{\rho_{3_0}} & \frac{Z^3 - Z_{u_0}}{\rho_{3_0}} & -1 \\ \frac{X^4 - X_{u_0}}{\rho_{4_0}} & \frac{Y^4 - Y_{u_0}}{\rho_{4_0}} & \frac{Z^4 - Z_{u_0}}{\rho_{4_0}} & -1 \end{bmatrix} \quad (6\text{-}3)$$

$$B = \begin{bmatrix} \rho_{1_0} - \rho'_{1_0} \\ \rho_{2_0} - \rho'_{2_0} \\ \rho_{3_0} - \rho'_{3_0} \\ \rho_{4_0} - \rho'_{4_0} \end{bmatrix}$$

ρ'_{j_0} 为对应于第 j 颗 GPS 卫星的伪距观测值。

利用式(6-2)解算运动载体的实时点位时，后续点位的初始坐标值可以依据前一个点位坐标来假定，因此，关键是要确定第一个点位坐标的初始值，才能精确求得第一个点位的三维坐标。

6.2.2 伪距差分动态定位

所谓差分动态定位(DGPS)，就是用两台接收机在两个测站上同时测量来自相同 GPS 卫星的导航定位信号，用以联合测得动态用户的精确位置。其中一个测站是位于已知坐标点，设在该已知点(又称基准点)的 GPS 信号接收机叫做基准接收机。它和安设在运动载体上的 GPS 信号接收机(简称为动态接收机)同时测量来自相同 GPS 卫星的导航定位信号。基准接收机所测得的三维位置与该点已知值进行比较，便可获得 GPS 定位数据的改正值。如果及时将 GPS 改正值发送给若干台共视卫星用户的动态接收机，而改正后者所测得的实时位置便叫做实时差分动态定位。

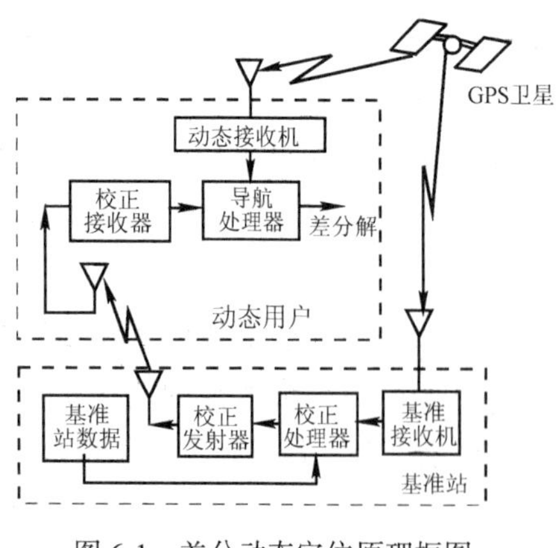

图 6-1 差分动态定位原理框图

图 6-1 为差分动态定位的原理框图。

由式(6-1)可知，基准站 r 测得至 GPS 卫星 j 的伪距为：

$$\rho_r^{j\prime} = \rho_r^j + c(\mathrm{d}\tau_r - \mathrm{d}\tau_s^j) + \mathrm{d}\rho_r^j + \delta\rho_{1r}^j + \delta\rho_{2r}^j \quad (6\text{-}4)$$

式中，ρ_r^j 为基准站和第 j 颗 GPS 卫星之间的真实距离；$\mathrm{d}\rho_r^j$ 是 GPS 卫星星历误差所引起的距离偏差；$\mathrm{d}\tau_r$ 为接收机时钟相对于 GPS 时间系统的偏差；$\mathrm{d}\tau_s^j$ 是第 j 颗 GPS 卫星时钟相对于

GPS时间系统的偏差；$\delta\rho_1^j$ 为电离层时延所引起的距离偏差；$\delta\rho_2^j$ 是对流层时延所引起的距离偏差；c 为电磁波的传播速度。

根据基准站的已知坐标和GPS卫星星历，可以精确算得真实距离 ρ_r^j，而伪距 $\rho_r^{j\prime}$ 是用基准站接收机测得的，则伪距的改正值为：

$$\Delta\rho_r^j=\rho_r^j-\rho_r^{j\prime}=-c(\mathrm{d}\tau_r-\mathrm{d}\tau_s^j)-\mathrm{d}\rho_r^j-\delta\rho_{1r}^j-\delta\rho_{2r}^j \tag{6-5}$$

在基准接收机进行伪距测量的同时，动态接收机也对第 j 颗GPS卫星进行伪距测量，动态接收机所测得的伪距为：

$$\rho_k^{j\prime}=\rho_k^j+c(\mathrm{d}\tau_k-\mathrm{d}\tau_s^j)+\mathrm{d}\rho_k^j+\delta\rho_{1k}^j+\delta\rho_{2k}^j \tag{6-6}$$

如果基准站将所测得的伪距改正值 $\Delta\rho_r^j$ 适时地发送给动态用户，并改正动态接收机所测得的伪距，亦即

$$\begin{aligned}\rho_k^{j\prime}+\Delta\rho_r^j=&\rho_k^j+c(\mathrm{d}\tau_k-\mathrm{d}\tau_r)+(\mathrm{d}\rho_k^j-\mathrm{d}\rho_r^j)\\&+(\delta\rho_{1k}^j-\delta\rho_{1r}^j)+(\delta\rho_{2k}^j-\delta\rho_{2r}^j)\end{aligned} \tag{6-7}$$

当动态用户远离基准站在1 000 km以内时，则有：

$$\mathrm{d}\rho_k^j\approx\mathrm{d}\rho_r^j,\ \delta\rho_{1k}^j\approx\delta\rho_{1r}^j,\ \delta\rho_{2k}^j\approx\delta\rho_{2r}^j$$

故式(6-7)变为：

$$\begin{aligned}\rho_k^{j\prime}+\Delta\rho_r^j&=\rho_k^j+c(\mathrm{d}\tau_k-\mathrm{d}\tau_r)\\&=[(X_j-X_k)^2+(Y_j-Y_k)^2+(Z_j-Z_k)^2]^{1/2}+\Delta d_r\end{aligned} \tag{6-8}$$

式中，Δd_r 是基准/动态接收机的钟差之差所引起的距离偏差，即

$$\Delta d_r=c(\mathrm{d}\tau_k-\mathrm{d}\tau_r) \tag{6-9}$$

如果基准/动态接收机各观测了相同的4颗GPS卫星，则可按式(6-8)列出4个方程式，它们共有 X_k、Y_k、Z_k、Δd_r 4个未知数。解算这4个方程式，可求出动态用户误差，在距离基准站约1 000 km的动态用户，还可消除或显著削弱星历误差和对流层/电离层时延误差，因此，可以有效地提高动态定位的精度。

6.2.3 动态载波相位差分测量

GPS载波相位测量方法不仅适用于静态定位，同样也适用于动态定位，并且已取得了厘米级的三维位置精度。动态载波相位测量原理如图6-2所示。

由载波相位观测方程得出动态差分方程：

$$\begin{aligned}&\{[\Delta\varphi_i^j-\Delta\varphi_i^{j0}+(\dot\rho_i^j-\dot\rho_i^{j0})(f/c)\,T_i]-[\Delta\varphi_r^j-\Delta\varphi_r^{j0}+(\dot\rho_r^j-\dot\rho_r^{j0})(f/c)\,T_r]\}_t\\&\quad-\{[\Delta\varphi_i^j-\Delta\varphi_i^{j0}+(\dot\rho_i^j-\dot\rho_i^{j0})(f/c)\,T_i]\\&\quad-[\Delta\varphi_r^j-\Delta\varphi_r^{j0}+(\dot\rho_r^j-\dot\rho_r^{j0})(f/c)\,T_r]\}_{t1}\\&=-(f/c)(\Delta\rho_i^j-\Delta\rho_i^{j0})_t+(f/c)(\Delta\rho_i^j-\Delta\rho_i^{j0})_{t_1}\end{aligned} \tag{6-10}$$

假定动态用户的初始位置是已知的(如按前述伪距定位法求得)，则上式中的 $(\Delta\rho_i^j-\Delta\rho_i^{j0})_{t_1}$ 便等于零。若令式(6-10)的左边各项等于 φ，且式(6-10)两边同乘以 (c/f)，则变成：

$$\begin{aligned}c\varphi/f=&[(X^{j0}-X_i)/\rho_i^{j0}-(X^j-X_i)/\rho_i^j]\Delta X_i\\&+[(Y^{j0}-Y_i)/\rho_i^{j0}-(Y^j-Y_i)/\rho_i^j]\Delta Y_i\end{aligned}$$

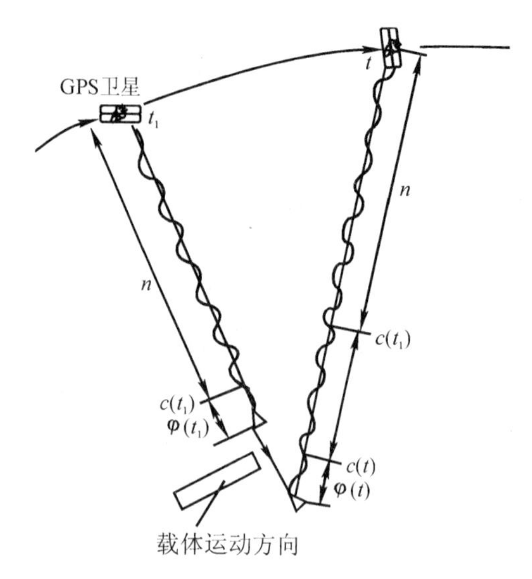

图 6-2　动态载波相位测量示意图

$$+[(Z^{j0}-Z_i)/\rho_i^{j0}-(Z^j-Z_i)/\rho_i^j]\Delta Z_i \tag{6-11}$$

当动态用户和基准站都同时观测了 4 颗相同的 GPS 卫星时，则可得到 3 个 φ 值，从而按上式列出 3 个方程式。因为光速 c 和载波频率 f 是已知的，卫星在轨位置(X^j, Y^j, Z^j)和(X^{j0}, Y^{j0}, Z^{j0})可以按§4.3 的方法算得，故可按 3 个方程式解算出在 t 时刻动态用户位置估值(X_i, Y_i, Z_i)的改正数(ΔX_i, ΔY_i, ΔZ_i)，从而实现了动态载波相位测量的目的。

当动态用户和基准站各用一台双频接收机进行载波相位测量时，则可有效地提高动态定位的实时位置精度。在此情况下，参照式(6-10)和式(6-11)，可知载波 L_1 和 L_2 的剩余相位观测值为：

$$\begin{cases}\varphi(L_1)=(f_1/c)(\Delta\rho_i^j-\Delta\rho_i^{j0})-R/f_1\\\varphi(L_2)=(f_2/c)(\Delta\rho_i^j-\Delta\rho_i^{j0})-R/f_2\end{cases} \tag{6-12}$$

式中，R 为与频率无关的固定偏差。经过电离层时延改正后的剩余相位为：

$$[c/(f_1^2-f_2^2)][f_1\varphi(L_1)-f_2\varphi(L_2)]=\Delta\rho_i^j-\Delta\rho_i^{j0} \tag{6-13}$$

根据式(6-11)的解算方法，即可由上式解算出载波相位双频观测后的动态用户位置估值的改正数。

§6.3　GPS 用于测速、测时、测姿态

前已述及，GPS 卫星导航不仅要确定运动载体的实时位置，还要确定载体的瞬时速度、精确的时间、运动载体的姿态等状态参数。在本节对上述问题分别一一介绍。

6.3.1　GPS 测速

利用 GPS 信号测得运动载体的运动速度，叫做 GPS 测速。尽管载体的运行速度各不

一样，且不是匀速运动，但是，只要在这些运动载体上安设 GPS 信号接收机，就可以在进行动态定位的同时，实时地测得它们的运行速度。利用 GPS 信号进行速度测量，是基于站星距离的测量。依式(6-1)可知，用户天线和 GPS 卫星之间的距离为：

$$\rho_j' = [(X^j - X_u)^2 + (Y^j - Y_u)^2 + (Z^j - Z_u)^2]^{1/2} + c(\mathrm{d}\tau_r - \mathrm{d}\tau_s^j) + \delta\rho_{1r}^j - \delta\rho_{2r}^j \tag{6-14}$$

式中，各个符号的意义同式(6-1)，且各个参量均为时间的函数。

根据物理学关于线速度是运动质点在单位时间内的距离变化率的定义，则微分式(6-14)得到动态用户的三维速度表达式：

$$\dot{\rho}_j' = [(X^j - X_u)(\dot{X}^j - \dot{X}_u) + (Y^j - Y_u)(\dot{Y}^j - \dot{Y}_u) + (Z^j - Z_u)(\dot{Z}^j - \dot{Z}_u)]/\rho_j + c(\mathrm{d}\dot{\tau}_r - \mathrm{d}\dot{\tau}_s) + \dot{\delta}\rho_{1r}^j + \dot{\delta}\rho_{2r}^j \tag{6-15}$$

式中，站星距离为：

$$\rho_j = [(X^j - X_u)^2 + (Y^j - Y_u)^2 + (Z^j - Z_u)^2]^{1/2} \tag{6-16}$$

站星距离的变化率 $\dot{\rho}_j'$ 是由 GPS 信号接收机测得的，且

$$\dot{\rho}_j' = [N - (f_u - f_j)\Delta T](c/f_u)\Delta T \tag{6-17}$$

此处的 N 是 GPS 信号接收机所测得的积分多普勒频移计数；f_u 为 GPS 信号接收机所接收到的载波频率；f_j 是第 j 颗 GPS 卫星所发射的载波频率；c 为电磁波的传播速度；ΔT 是测速时间间隔，又叫测速更新率。这些参数均是已知的，故可算得距离变化率；

接收机时钟偏差变化率(钟速)$\mathrm{d}\dot{\tau}_r$ 一般只有 1 ns/s，可以忽略不计或者作为未知数；

卫星时钟偏差变化率 $\mathrm{d}\dot{\tau}_s^j$ 小于 0.1 ns/s，可忽略不计；

电离层、对流层时延的变化率 $\dot{\delta}\rho_r^j$、$\dot{\delta}\rho_z^j$ 也可忽略不计；

GPS 卫星的运行速度($\dot{X}^j$，$\dot{Y}^j$，$\dot{Z}^j$)可以根据导航电文求得，还可用“初始化”的方法，即在进行测速之前，先使动态接收机处于静止状态，此时有：

$$\dot{X}_u = \dot{Y}_u = \dot{Z}_u = 0 \tag{6-18}$$

可按式(6-15)解算出卫星的三维速度，随即进行动态用户的速度测量。

综上所述，在高精度测速的情况下，式(6-15)只有用户三维速度($\dot{X}_u$，$\dot{Y}_u$，$\dot{Z}_u$)和接收机钟速 $\mathrm{d}\dot{\tau}$ 共 4 个未知数；观测了 4 颗在视 GPS 卫星，即可解得这 4 个未知数。可求得运动载体的运行速度为：

$$v_k = \sqrt{\dot{X}_u^2 + \dot{Y}_u^2 + \dot{Z}_u^2} \tag{6-19}$$

另外，还可用 GPS 差分方法测速，从而消除星历误差对测速精度的损失，这对削弱 SA 技术的影响是一种有效的措施，此外，还可显著削弱电离层或对流层效应对测速精度的影响。

6.3.2 GPS 定时

定时有着广泛的应用。从日常生活到航天发射，从出外步行到航空航海，都离不开定

时。由于使用目的不同，人们对时间准确度的要求也不一样。

GPS 卫星都安装有 4 台原子时钟，GPS 时间受到美国海军天文台(USNO)经常性的监测。GPS 系统的地面主控站能够以优于±5 ns 的精度，使 GPS 时间和世界协调时 UTC 之差保持在±1 μs 以内。此外，GPS 卫星还向用户播发它自己的钟差、钟速和钟漂等时钟参数，加之利用 GPS 信号可以测得站址的精确位置，因此，GPS 卫星可以成为一种全球性的用户无限的时间信号源，用以进行精确的时间比对。

利用 GPS 信号进行时间传递，一般采用下列两种方法：

① 一站单机定时法。即在一个已知位置测站上，用一台 GPS 信号接收机观测一颗 GPS 卫星，从而测定用户时钟的偏差。

如图 6-3 所示，在用 GPS 信号传送时间时，存在 3 种时间尺度(时标)，即 GPS 时间、每颗 GPS 卫星的时钟、用户时钟。GPS 定时的目的在于测定用户时钟相对于 GPS 时间的偏差，并依据 GPS 卫星导航电文的有关参数，计算出世界协调时 UTC。

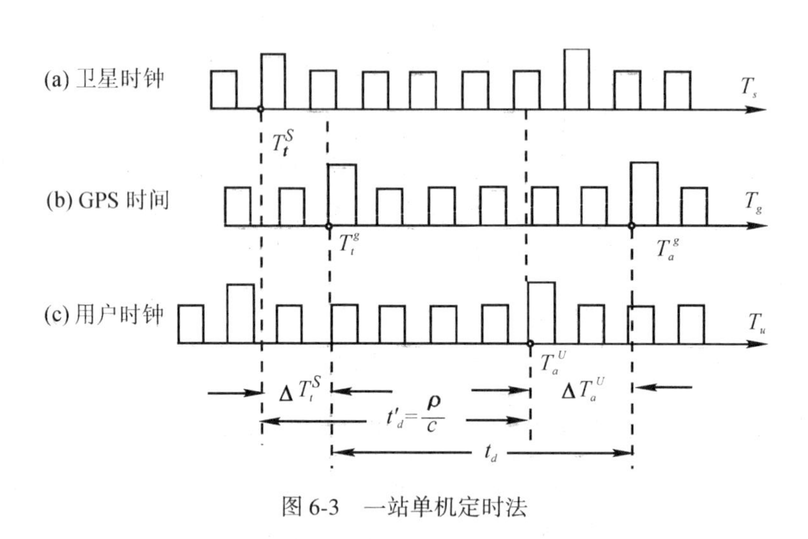

图 6-3　一站单机定时法

GPS 时间传递实质上是测量 GPS 信号从卫星到达用户的传播时间。某颗 GPS 卫星在 T_t^S 时刻发射 GPS 信号初相，通过电离层和对流层到达用户接收天线的时刻为 T_a^U，则 GPS 信号的传播时间为：

$$t'_d = T_a^U - T_t^S + \tau \tag{6-20}$$

式中，τ 为电离层和对流层时延。GPS 信号的发射时刻 T_t^S 可从导航电文解得。从图 6-3 可见，T_t^S 相对于 GPS 时间之差为 ΔT_t^S，且

$$T_t^S = T_t^g + \Delta T_t^S \tag{6-21}$$

ΔT_t^S 可从导航电文中获取。又

$$T_a^U = T_a^g + \Delta T_a^U \tag{6-22}$$

考虑到上两式，则得 GPS 信号接收机所测得的传播时间为：

$$t'_d = T_a^g - T_t^g + \Delta T_a^U - \Delta T_t^S + \tau = t_d + \Delta T_a^U - \Delta T_t^S + \tau \tag{6-23}$$

式中，$t_d = T_a^g - T_t^g$。则用户时钟偏差为：

$$\Delta T_a^U = t'_d - t_d + \Delta T_t^S - \tau \tag{6-24}$$

上式即为一站单机的定时方程式。

当同时观测 4 颗 GPS 卫星时，一站单机定时法可以在不知测站坐标的情况下，同时测得用户时钟偏差和测站坐标。

②共视比对定时法。即在两个测站上各安设一台 GPS 信号接收机，在相同的时间内，观测同一颗 GPS 卫星，而测定用户时钟的偏差。

图 6-4 所示的是单颗 GPS 卫星共视定时法。实验表明，两个测站共同见到同一颗卫星的时间并不要求严格同步，前后相差 20 min 以内时，定时准确度无显著差别；这为用户提供了方便，因此单星共视定时法获得了广泛的应用。依式(6-24)可知，*A*、*B* 两个测站所测得的用户时钟偏差分别为：

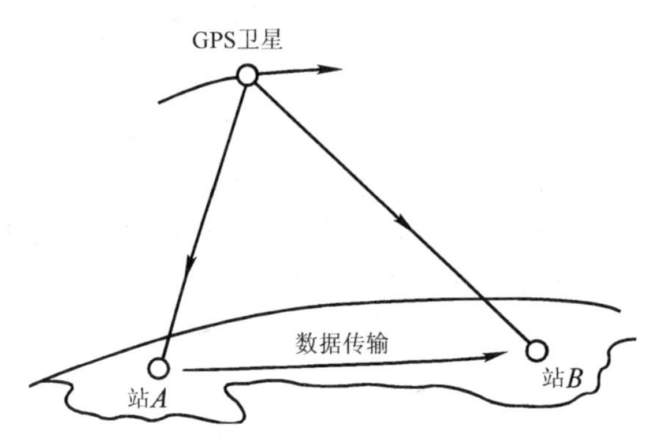

图 6-4　共视定时

$$\begin{cases}\Delta T_{a1}^{U}=t_{d1}'-t_{d1}+\Delta T_{t}^{S}-\tau_{1}\\ \Delta T_{a2}^{U}=t_{d2}'-t_{d2}+\Delta T_{t}^{S}-\tau_{2}\end{cases}\tag{6-25}$$

通过数据传输而将测站 *A* 的用户钟差送到测站 *B*，故知两个用户的钟差为：

$$\delta T_{a}^{U}=\Delta T_{a2}^{U}-\Delta T_{a1}^{U}=(t_{d2}'-t_{d1}')-(t_{d2}-t_{d1})-(\tau_{2}-\tau_{1})\tag{6-26}$$

上式中消除了 GPS 卫星的时钟偏差(ΔT_{t}^{S})。实际传播时间 t_{d1}、t_{d2}是依据测站位置和卫星位置而求得的，GPS 卫星的星历误差将引起 t_{d}的偏差，若其值为 Δt_{ds}，则

$$\begin{cases}t_{d1}=T_{d1}^{t}+\Delta t_{ds}\\ t_{d2}=T_{d2}^{t}+\Delta t_{ds}\end{cases}\tag{6-27}$$

因此共视用户的钟差为：

$$\delta T_{a}^{U}=(t_{d2}'-t_{d1}')-(T_{d2}^{t}-T_{d1}^{t})-(\tau_{2}-\tau_{1})\tag{6-28}$$

从上式可知，共视定时法不仅能够消除卫星钟差，而且能够消除或削弱星历误差的影响，在 GPS 工作卫星实施 SA 技术的情况下，它具有更重大的实用价值，且可达到±5 ns 的定时准确度。

6.3.3　GPS 干涉仪载体姿态测量

GPS 干涉仪包括两个在距离上分离的天线，通过测量多颗卫星在两个天线上的载波相位差，可解得两个天线组成的基线矢量。由 3 个线性无关的干涉仪便可测得载体的 3 个姿态角。GPS 干涉仪由两副天线 *A*、*B* 和一台 GPS 接收机组成(见图 6-5)。基线长 $\overline{AB}$ 与

GPS 卫星离载体的距离相比甚短，卫星信号可视为平面波，A、B 两天线观测两颗不同的卫星 S_1和 S_2得到双差相位：

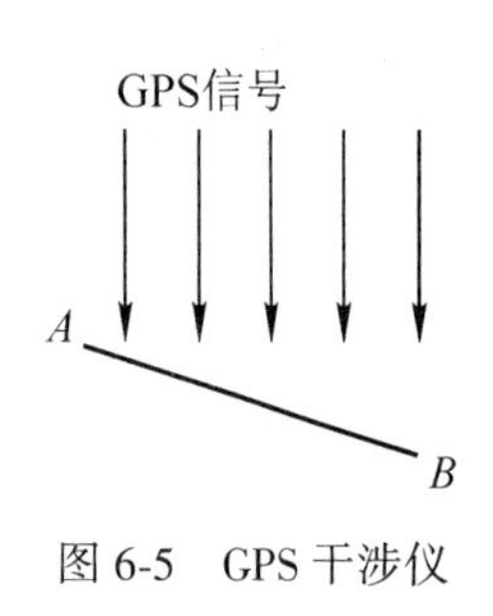

图 6-5　GPS 干涉仪

$$\varphi_{AB}^{12} = (1/\lambda)\ l_{AB}^{12} + N_{AB}^{12} = 1/\lambda\left[l_B^{(2)} - l_B^{(1)} - l_A^{(2)} + l_A^{(1)}\right] + N_{AB}^{12} \tag{6-29}$$

式中，$l_A^{(1)}$、$l_A^{(2)}$、$l_B^{(1)}$、$l_B^{(2)}$ 分别为 A、B 两天线至卫星 S_1、S_2的距离；N_{AB}^{12} 为双差整周模糊度；λ 为波长。

以 A 为参考点，按泰勒级数展开，并忽略高阶项：

$$\begin{aligned}\varphi_{AB}^{12} = (1/\lambda)\Big[&-\frac{x^{(2)} - x_A}{l_A^{(2)}}\Delta x_B - \frac{y^{(2)} - y_A}{l_A^{(2)}}\Delta y_B \\ &- \frac{z^{(2)} - z_A}{l_A^{(2)}}\Delta z_B + \frac{x^{(1)} - x_A}{l_A^{(1)}}\Delta x_B \\ &+ \frac{y^{(1)} - y_A}{l_A^{(1)}}\Delta y_B + \frac{z^{(1)} - z_A}{l_A^{(1)}}\Delta z_B\Big] + N_{AB}^{12}\end{aligned} \tag{6-30}$$

式中，各增量前系数为卫星至天线 A 的单位矢量。由于基线长相对于 GPS 卫星离载体的距离相比甚短，基线矢量解对天线位置不敏感，因此只要实时知道载体的位置，则各系数可由载体至卫星的单位矢量代替，记为：

$$\boldsymbol{e}_1 = (e_{1x},\ e_{1y},\ e_{1z}),\quad \boldsymbol{e}_2 = (e_{2x},\ e_{2y},\ e_{2z})$$

因此上式可简化为：

$$\lambda\ \varphi_{AB}^{12} = (\boldsymbol{e}_1 - \boldsymbol{e}_2)\boldsymbol{b} + \lambda\ N_{AB}^{12} \tag{6-31}$$

式中，$\boldsymbol{b} = (b_x,\ b_y,\ b_z)^{\mathrm{T}} = (\Delta x_B,\ \Delta y_B,\ \Delta z_B)^{\mathrm{T}}$，记 $DD_1 = \lambda\ \varphi_{AB}^{12} - \lambda\ N_{AB}^{12}$，则

$$DD_1 = (\boldsymbol{e}_1 - \boldsymbol{e}_2)\boldsymbol{b} \tag{6-32}$$

设观测 3 颗卫星得到两个双差观测量(以卫星 1 为参考)：

$$\begin{bmatrix} DD_1 \\ DD_2 \\ |\ b\ |^2 \end{bmatrix} = \begin{bmatrix} (\boldsymbol{e}_1 - \boldsymbol{e}_2) & & \\ (\boldsymbol{e}_1 - \boldsymbol{e}_3) & & \\ b_x & b_y & b_z \end{bmatrix} \begin{bmatrix} b_x \\ b_y \\ b_z \end{bmatrix} \tag{6-33}$$

由此可求得基线解。

GPS 测姿系统由 4 副天线 A、B、C、D 和一台 24 通道的 GPS 接收机组成。天线安装要构成一个四边形，它们组成 3 个线性无关的干涉仪，对应于 3 个基线 $\overline{AB}$、$\overline{AC}$、$\overline{AD}$。定义惯性直角坐标系的 X 轴指向正北，Y 轴指向正东，Z 轴垂直向下，原点位于载体质心。定义载体直角坐标系的 X 轴指向载体正前方，Y 轴指向右翼，Z 轴垂直于地板，原点位于载体质心。4 副天线 A、B、C、D 在惯性直角坐标系中的位矢分别为 $\boldsymbol{r}_A$、$\boldsymbol{r}_B$、$\boldsymbol{r}_C$、$\boldsymbol{r}_D$，它们可由 3 个线性无关的干涉仪测定；在载体直角坐标系中的位矢分别为$\boldsymbol{r}'_A$、$\boldsymbol{r}'_B$、$\boldsymbol{r}'_C$、$\boldsymbol{r}'_D$，它们是已知的。记 3×4 矩阵($\boldsymbol{r}_A$，$\boldsymbol{r}_B$，$\boldsymbol{r}_C$，$\boldsymbol{r}_D$)为 $\boldsymbol{R}$，记 3×4 矩阵($\boldsymbol{r}'_A$，$\boldsymbol{r}'_B$，$\boldsymbol{r}'_C$，$\boldsymbol{r}'_D$)为 $\boldsymbol{S}$。

惯性直角坐标系与载体直角坐标系之间存在着一个旋转变换 $\boldsymbol{T}$，它是一个 3×3 的矩阵，由载体的姿态确定。因此有：

$$\boldsymbol{R} = \boldsymbol{TS} \tag{6-34}$$

于是有：

$$\boldsymbol{T} = \boldsymbol{RS}^{\mathrm{T}}(\boldsymbol{SS}^{\mathrm{T}}) \tag{6-35}$$

定义 $\boldsymbol{T} = \boldsymbol{T}_\alpha \boldsymbol{T}_\beta \boldsymbol{T}_\gamma$，其中，$\boldsymbol{T}_\alpha$为绕载体直角坐标系中 X 轴旋转的转动矩阵，α 即为横滚角；

$\boldsymbol{T}_\beta$为绕载体直角坐标系中 Y 轴旋转的转动矩阵，β 即为俯仰角；$\boldsymbol{T}_\gamma$为绕载体直角坐标系中 Z 轴旋转的转动矩阵，γ 即为偏航角。

$$\boldsymbol{T}=\begin{bmatrix}\cos\gamma\cos\beta & -\sin\gamma\cos\beta+\cos\gamma\sin\beta\sin\alpha & \sin\alpha\sin\gamma+\cos\gamma\sin\beta\cos\alpha\\ \sin\gamma\cos\beta & \cos\gamma\cos\alpha+\sin\gamma\sin\beta\sin\alpha & -\cos\gamma\sin\alpha+\sin\gamma\sin\beta\cos\alpha\\ -\sin\beta & \cos\beta\sin\alpha & \cos\beta\cos\alpha\end{bmatrix} \tag{6-36}$$

故

$$\begin{cases}\beta=\arcsin(-T_{31})\\ \alpha=\arcsin\left(\dfrac{T_{32}}{\cos\beta}\right)\\ \gamma=\arcsin\left(\dfrac{T_{21}}{\cos\beta}\right)\end{cases} \tag{6-37}$$

式中，T_{31}为 $\boldsymbol{T}$ 矩阵的第三行第一列元素。

利用 GPS 干涉仪测姿系统可提供精度优于 1 mrad(≈0. 057°)的实时姿态角测量，数据更新率可达 5～10 Hz。

§6.4　GPS 卫星导航方法

导航的任务是引导航行体自起始点出发沿着预定的航线，经济而安全地到达目的地。经常地测定在航行中的航行体位置，是完成导航任务的一个重要课题，因为引航人员需要随时了解航行体已经到达的位置，以便掌握航行体的运动状态，判明其有无偏离预定的航线，偏离的程度如何，当前的处境有无危险，原定的计划航线能否继续实施，还是需作适当的修正等。正因为在航行中，定位问题是如此重要，因此在习惯上往往将测定位置的方法和技术概称为导航。本节将介绍 GPS 卫星导航中的常用方法。

6.4.1　基本概念

对于任何某一具体的导航过程，首先必须确定本次航行的起始点、目的点以及航行计划路径(总称为一条航线)。路径的标定一般是用一系列均匀分布于路径上的坐标点来确定，这些坐标点就叫航路点。起始点、目的点、航路点的位置坐标可以是从地图上量取，也可以是直接测得，总之必须是已知的(如图 6-6 所示)。

在航行过程中，GPS 定位系统能够实时提供给航行体位置信息(坐标)，结合计算机中存储的航行路径中各航路点位置信息，可以计算出各种可用来纠正航行偏差、指导正确航行方向的制导参数，如应航迹角、偏航距和待航距离(待航时间)等。图 6-7 以飞机导航为例，形象说明各制导参数的物理意义(图中还示出真航向、航迹角、偏流角和地速 V)。

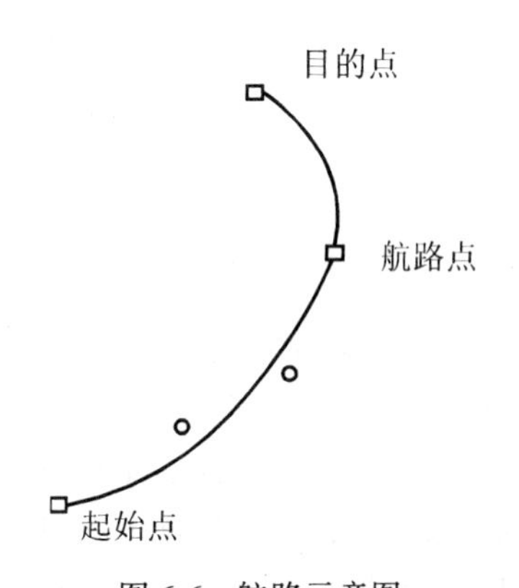

图 6-6　航路示意图

利用制导参数可以计算出航行体的操纵指令，再通过控制系统可实现航行的自动化。按给定的航行计划航行，常因自然条件和任务的改变而不可能实现。随着科学技术的发展，20 世纪 80 年代，民用飞机以

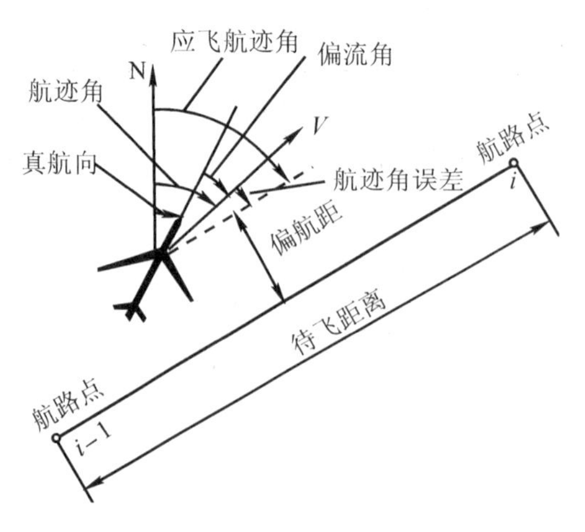

图 6-7　飞机制导参数示意图

经济、准时、安全为目的，发展了飞行管理系统；军用飞机以完成军事任务为目的，发展了飞行综合控制系统；公路交通以经济、快速为目的，发展了智能交通管理系统。这些系统都能在任务和地理、交通、气象情况改变的条件下自动计算出最优的前进路径，并将控制系统和导航系统组合在一起，完成航行任务。这种系统对导航系统的准确性和可靠性提出了更高的要求，促使导航系统向综合化和容错化发展。

6.4.2　GPS 单机导航

顾名思义，单机就是在航行体上仅装配一台 GPS 接收机，单独实施导航，如在地质勘探、资源调查、船只航行、汽车导航等方面，得到广泛应用。因为一台 GPS 接收机只要能接收到 4 颗以上的卫星信号便可根据式(6-2)测定出所处的位置。因此操作和使用非常简单，价格也便宜，且具有全天候、全球性、较高精度及实时三维定位和测速能力。

但是在众多的情况下，单机导航还需配备适当的辅助设备，以保证导航的安全可靠性。如船只航行不仅要确定船的实时位置，还必须实时测定水深，才不致使船只触礁而能够安全的航行。又如汽车导航时，当汽车行驶在有高层建筑的街道或林荫道上时，可能 GPS 接收机接收不到足够的卫星数以满足定位的需要。一般在汽车上还要配备电子罗盘，结合速度计和相应软件，来实现不能实施 GPS 定位情况下的连续定位导航工作。在陆地车辆的导航中，还经常配备电子地图、交通信息库和智能选线功能，以帮助驾驶员安全、快速地到达目的地。

6.4.3　差分 GPS 导航

由于 SA 政策降低了使用 C/A 码的民用用户的定位精度，因而就提出了如何提高民用定位精度的问题。差分 GPS 就是适应这一要求而产生的，其原理如图 6-8 所示。在地面已知位置设置一个地面站，地面站由一个 GPS 差分接收机和一个差分发射机组成。差分接收机接收卫星信号，监测 GPS 差分系统的误差，并按规定的时间间隔把修正信息发送给用户，用户用修正信息校正自己的测量或位置解。差分 GPS 导航有两种工作方式。

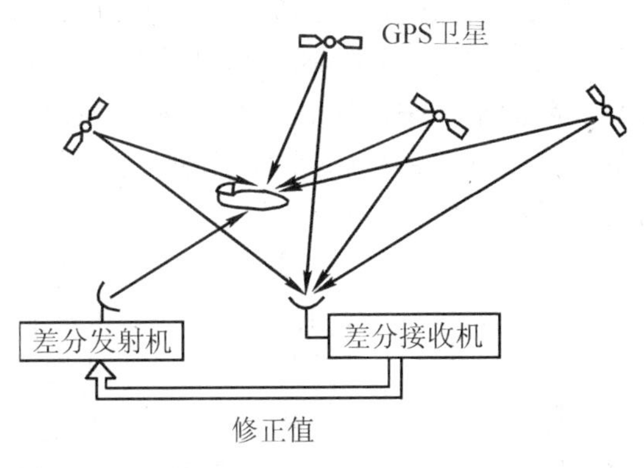

图 6-8　差分 GPS 原理图

1. *位置差分法*

差分接收机和用户接收机一样，通过伪距测量确定自己的位置。把测量确定的位置数据和已知位置数据比较，即得位置校正量 Δx、Δy、Δz。通过发射机把这些位置修正信息发送给用户接收机，用户接收机用以校正自己的输出坐标。

2. *伪距差分法*

地面接收机对所有可见卫星测量伪距，并根据星历数据和已知位置计算用户到卫星的距离，两者相减得到伪距误差。把伪距误差作为修正信息发送给用户接收机，用户接收机用来修正自己测量的伪距，然后进行定位计算。这种方法不要求用户接收机和地面接收机使用相同的星座，使用方便，但对地面接收机要求的通道数多。

上述两种校正方法都是以用户接收机和地面接收机具有相同的误差为前提的。实际上，两台接收机所处的位置不同，接收机本身也不一样，因此误差不可能相同。因而随着两台接收机间距离的增大，修正效果变差。

在差分 GPS 中，如果地面站向用户发送修正信息时，能完全按照导航卫星发送的信号格式发送信号，则用户接收机就可以把地面站也看做一颗卫星，称为伪卫星。这种采用伪卫星的差分 GPS 相当于增加了一颗卫星，因而可以有效地改善导航星的几何配置，从而进一步提高导航精度，而且可以增强完整性自主检测的能力。

现有的差分 GPS，一个地面站的工作距离大致为 200 km。为了在更大的范围内使用差分技术，又提出了一种广域差分 GPS(详见 5.7.3 节)。

6.4.4　GPS/惯性组合导航

任何导航系统都是为了满足某种特定的需求而产生的，在保证其某一性能的情况下，不可避免地存在着局限性，利用多种传感器构成性能完备的组合导航系统已经成为当前导航系统的发展方向。GNSS 具有成本低和精度高的显著优点，利用载波相位观测值定位时，可获得毫米级的精度，且定位误差不随时间累积。但是，GNSS 在工程实践中面临许多问题，主要有：动态应用环境中定位结果的可靠性较差，在载体做高机动运动时，容易导致多颗卫星的信号失锁，并且由于信噪比下降，容易产生周跳，在利用载波相位观测值精密定位时，需要进行周跳探测和模糊度固定，虽然目前已有不少的方法，但精度和可靠性在高动态环境下仍会出现一些问题，而在军事应用领域，定位可靠性是一项非差重要的指标。GNSS属于有源非自主定位，其应用受到政府政策和周围环境多方面的限制，隧道、地下、桥梁、水下、林区、建筑物密集区都会遮挡或干扰GNSS信号，导致定位失败。在某些应用领域需要较高的采样率，如航空重力测量、航空摄影测量、地面移动测量，载体轨迹测定等，而目前GNSS接收机的采样率还较低，它会降低内插的精度，还会影响载波相位观测值周跳探测修复的精度和可靠性。

SINS的优点主要包括：无源自主式导航，隐蔽性强；仅利用自身惯性元件的量测信息进行载体位置、速度以及姿态等导航参数的推算，不受外界条件及其他人为因素的影响；系统在工作过程中既不发射信号，也不接收信号，因此不存在无线电干扰，也没有大气折射等因素影响；信号不存在遮挡、丢失问题，可以全天候全时段工作，不受天气与周围环境限制，无论在隐蔽的地带，还是在水下，只要载体能够到达的就能实现导航定位；同时，SINS的功能是多方面的，既可以定位测速，又能输出姿态，还可以测定重力异常和垂线偏差等。但是，SINS存在致命的缺陷：从初始对准开始，其导航误差就随时间迅速积累增长。另外，一般SINS的预热和初始对准所需时间较长，不能满足特定条件下快速反应的要求。研制高精度的惯性元件需要花费大量的成本，并且受到工艺水平等许多因素的限制，单靠惯性技术本身的发展来解决其缺陷只能在有限程度上得到改善，所以，需要利用外部信息辅助，才能进一步提高SINS的总体性能。

GNSS和SINS的优缺点具有很强的互补性，结合两者优势，利用滤波融合技术，构成GNSS/SINS组合导航系统，可实现高性能的导航定位服务。GNSS/SINS组合导航系统的主要优势包括以下几个方面。

(1) GNSS/SINS组合对改善系统精度有利

一方面，高精度的GNSS输出信息可用估计SINS的误差参数修正SINS的输出，控制其误差随时间的累积；另一方面，利用SINS短时间内定位精度较高和数据采样率较高的特点，为GNSS提高辅助信息，使得GNSS接收机可保持较低的跟踪带宽，改善卫星信号的捕获能力。从最优估计的角度讲，组合系统比单一系统的误差要小。

(2) GNSS/SINS组合可增强系统的抗干扰能力

当卫星数小于4颗、信噪比低于接收机无法跟踪GNSS信号或接收机出现故障时，SINS仍能独立提供导航定位信息。当GNSS信号可以跟踪时，SINS向接收机提供有关载体的初始位置、速度等信息，以便快速地重新获取测距码和载波信号。SINS也可以用来辅助接收机捕获卫星信号，减小干扰对GNSS的影响。一般P码接收机40~50 dB的抗干扰性能通过组合可以改善到10~14 dB。SINS还能帮助修改信号的跟踪回路参数，改进跟踪回路的能力，保证快速捕获并锁定卫星信号。

(3) SINS辅助解决粗差和周跳探测问题

当有多于1颗卫星的观测数据存在粗差时，传统的粗差探测法是无能为力的，因为GNSS的SPP定位是一个非线性迭代问题。而利用SINS可导出真实的卫地距，通过与观测伪距进行比较，较易发现有粗差的卫星。同时，在利用载波相位观测定位时，SINS辅助可有效解决周跳探测和修复以及信号失锁后整周模糊度的重新确定。

(4) GNSS/SINS组合可以提供丰富的高采样率导航信息

GNSS/SINS组合后不但可以提供几何学的信息，如位置、姿态，还可以提供物理学的信息，包括速度、加速度、角速度、重力异常等，从而拓展了GNSS/SINS的应用范围。

另外，针对高动态应用领域，高频(100~200 Hz)的SINS解算结果可以准确内插得到所求时间发生的位置等信息(如航空相机曝光瞬间的位置、地震瞬时位移等)。

(5)GNSS/SINS组合可降低对各自硬件的要求

在GNSS/SINS组合系统中，由于各自的互补作用，可以采用低采样率的GNSS接收机和性能较低的惯导仪器，在保证各项性能指标的前提下，有效地降低整个导航系统的成本。利用SINS来解决姿态的确定和信号的动态跟踪问题，而低频率的定位信息则由GNSS来实现。

总之，GNSS/SINS组合系统已成为组合导航的标准模式。它是以SINS为核心，GNSS及其他传感器为辅助，构建高精度定位、测速、测姿一体化的组合导航系统，结合了GNSS长时间内的高精度定位与SINS的运动学信息，融合互补，提供连续、高带宽、长时短时精度均较高的完整导航参数。在测绘领域中，GNSS/SINS组合导航被称为DG技术(Direct Geo-referencing)，它是地理信息数据大范围、自动化、高效快速获取的关键，它维持着整个数据采集过程中的坐标系统，实现各类数据在现实世界中的正确表达，达到"无控制"测绘的目标，已成为航空摄影测量、航空重力测量、车载移动测量等自动化测量系统的核心配置。

GNSS/SINS组合根据数据融合方式的不同，可分为松组合、紧组合和深组合，其中松组合和紧组合是算法层面的组合，而深组合是硬件层面上的组合。

松组合中，GNSS单独使用一个滤波器输出位置和速度，作为测量输入给组合滤波器，估计校正SINS误差后输出导航参数，它的结构简单，稳定性高，并且有GNSS和SINS两套导航输出，对完好性监测有一定作用，但是，当GNSS不能生成导航解时，组合滤波器无法进行测量更新，而且GNSS输出的导航解是时间相关的，影响卡尔曼滤波器的状态估计，会显著延缓SINS误差估计的速度。

紧组合将GNSS滤波器并入了组合滤波器中，直接利用GNSS的观测值作为输入，一起估计GNSS和SINS的状态参数，在建立合适的状态模型后，即使卫星数少于4颗，也能在短时间内继续滤波导航，并且不存在由一个滤波器输出作为另一个滤波器输入带来的统计问题，防止了时间相关的噪声影响状态估计。紧组合通常比松组合具有更好的精度和鲁棒性，但是滤波器因状态量的增加而导致稳定性降低，在算法层面上，紧组合是当前的研究重点。

深组合将GNSS/SINS组合和GNSS信号跟踪合并为单个估计算法，利用SINS信息来辅助GNSS进行信号跟踪和捕获，提高对噪声的抑制程度，并能够在更低的信噪比时保持对环路的跟踪，具备更强的动态性能和抗干扰能力，特别适用于军事领域，是未来发展的趋势。目前，Novatel公司已经研制出深组合SPAN设备，但仍然有很多问题需要解决。

GNSS/SINS数据处理中的一个关键问题是信息融合滤波，GNSS可以提供丰富的观测信息，而SINS则提供精确的动态模型，采用卡尔曼滤波进行融合是最好的方法。在组合导航中，必须建立准确的状态模型和观测模型，配置合适的状态预报方差和观测方差，才能使卡尔曼滤波估计达到最优。随着理论的研究和应用的拓展，卡尔曼滤波得到了极大的发展，在非线性滤波、自适应滤波、鲁棒性滤波、算法稳定性设计等方面取得了重要成果，已被成功应用到GNSS/SINS组合导航。

§6.5 精密单点定位技术

精密单点定位(Precise Point Positioning, PPP)技术是指利用国际GNSS服务组织(IGS)提供的精密产品,综合考虑各项误差模型的精确改正,利用伪距和载波相位观测值实现单站精密绝对定位的方法。PPP技术集成了标准单点定位和相对定位的技术优点,克服了各自的缺点,用户无需假设地面基准站,单机作业,不受作业距离的限制,机动灵活,成本低,可直接获取与国际地球参考框架(ITRF)一致的高精度测站坐标,是GNSS定位技术中继RTK和网络RTK技术后出现的又一次技术革命。PPP技术的出现改变了以往只能使用差分定位模式才能进行高精度定位的状况,为广大GNSS用户,特别是困难和偏远地区的高精度静态和动态定位提供了新的技术支持和解决方案。

精密单点定位自1997年由Zumberge提出以来,经历了从静态到动态、单频到多频、单系统到多系统、事后处理到实时处理、浮点解到固定解的发展过程,形成了一套比较完整的理论体系和技术方案。下面简要介绍精密单点定位的基本原理。

精密单点定位采用IGS精密星历(事后精密星历或快速精密星历),所以精密单点定位解算出的坐标与所使用的IGS精密星历的坐标框架(ITRF框架系列)一致,而不是常用的WGS-84坐标系统下的坐标,因为IGS精密星历与GPS广播星历所对应的参考框架不同。另外,不同时期IGS精密星历所使用的ITRF框架也不同,所以在进行精密单点定位数据处理时,需要明确所用精密星历对应的参考框架和历元,并通过框架和历元的转换公式进行统一。

6.5.1 精密单点定位原理

GPS精密单点定位一般采用单台双频GPS接收机,利用IGS提供的精密星历和卫星钟差,基于载波相位观测值进行的高精度定位。观测值中的电离层延迟误差通过双频信号组合消除、对流层延迟误差通过引入未知参数进行估计。其观测方程如下:

$$l_p = \rho + c(\mathrm{d}t_r - \mathrm{d}T^i) + M \cdot \mathrm{zpd} + \varepsilon_p \tag{6-38}$$

$$l_\phi = \rho + c(\mathrm{d}t_r - \mathrm{d}T^i) + a^i + M \cdot \mathrm{zpd} + \varepsilon_\phi \tag{6-39}$$

式中,l_p为无电离层伪距组合观测值;l_ϕ为无电离层载波相位组合观测值(等效距离);ρ为测站(X_r, Y_r, Z_r)与GPS卫星(X^i, Y^i, Z^i)间的几何距离;c为光速;$\mathrm{d}t_r$为GPS接收机钟差;$\mathrm{d}T^i$为GPS卫星i的钟差;a^i为无电离层组合模糊度(等效距离,不具有整数特性);M为投影函数;zpd为天顶方向对流层延迟;ε_p和ε_ϕ分别为两种组合观测值的多路径误差和观测噪声。

将l_p、l_ϕ视为观测值,测站坐标、接收机钟差、无电离层组合模糊度及对流层天顶延迟参数视为未知数$\boldsymbol{X}$,在未知数近似值$\boldsymbol{X}^0$处对式(6-38)和式(6-39)进行级数展开,保留至一次项。其具体的展开系数的表达式同单点定位,误差方程矩阵形式为:

$$\boldsymbol{V} = \boldsymbol{A}\boldsymbol{x} - \boldsymbol{l}, \qquad \boldsymbol{P} \tag{6-40}$$

式中,$\boldsymbol{V}$为观测值残差向量;$\boldsymbol{A}$为设计矩阵;$\boldsymbol{x}$为未知数增量向量;$\boldsymbol{l}$为常数向量;$\boldsymbol{P}$为观测值权矩阵。

式(6-40)中$\boldsymbol{A}$和$\boldsymbol{l}$的计算用到的GPS卫星钟差和轨道参数需采用IGS事后精密钟差和轨道产品内插求得。

在静态精密单点定位中，接收机天线的位置固定不变，接收机的钟差每个历元都在变化。因此，除了相位模糊度参数和天顶对流层延迟参数(zpd)外，静态定位中每个历元还有一个钟差参数必须估计。举例来说，如果某个静态观测时段接收机以 1 s 的采样率采集了1 h(共3 600历元)的 GPS 数据，那么要解求的总未知数个数是：

① 3 个坐标参数；

② 3 600×1(接收机钟差)= 3 600 个钟差参数；

③ $N(N\geqslant 4)$个模糊度参数；

④ 至少一个天顶对流层延迟参数。

在动态定位中，接收机天线的位置每个历元都在变化，接收机的钟差每个历元也不一样。因此，除了相位模糊度参数和天顶对流层延迟参数(zpd)外，动态定位中每个历元还有 4 个必须估计的参数(3 个位置参数和 1 个钟差参数)。举例来说，如果某个动态接收机以1 s的采样率采集了1 h(共 3 600 历元)的动态 GPS 数据，那么要解求的总未知数个数是：

① 3 600×4(3 个站坐标+1 个接收机钟差)= 14 400 个(站坐标和钟差参数)；

② $N(N\geqslant 4)$个模糊度参数；

③ 至少一个天顶对流层延迟参数。

目前，精密单点定位的参数估计方法主要有两种：一种是 Kalman 滤波，Kalman 滤波方法在动态定位中应用较为广泛，计算效率高，但是采用 Kalman 滤波方法，如果先验信息给得不合适，滤波往往容易造成发散，定位结果会严重偏离真值。另外一种就是最小二乘法。

6.5.2 精密单点定位中的数据预处理

精密单点定位中数据预处理的好坏直接决定其定位精度及可靠性，而数据预处理的关键就是要准确可靠地探测相位观测值中出现的周跳。非差相位观测值的周跳探测较双差相位观测值的周跳探测难，有些双差模式中使用的周跳探测方法在精密单点定位模式中不再适用。TurboEdit 方法(Blewitt，1990)是一种比较有效的方法。鉴于非差相位数据中周跳的修复比探测更为困难，甚至不可能准确修复，所以数据预处理只探测周跳，而不修复出现的周跳，对于每个出现周跳的地方增加一个新的模糊度参数。若某卫星相邻两个周跳间的有效弧段小于预先设定的阈值(阈值的大小取决于数据的采样率)，则剔除该短弧段的观测数据。

6.5.3 精密单点定位中的误差改正

在精密单点定位中，影响其定位结果的主要误差源可以分为三类：①与接收机和测站有关的误差，主要包括接收机钟差、接收机天线相位中心偏差、地球潮汐、地球自转等；②与卫星有关的误差，主要包括卫星轨道误差、卫星钟误差、卫星天线相位中心偏差、相对论效应、相位缠绕(Phase Wind-up)；③与信号传播路径有关的误差，主要包括对流层延迟误差 \ 电离层延迟误差和多路径效应。

GPS 精密单点定位中使用非差观测值，没有组成差分观测值，所以 GPS 定位中的所有误差项都必须考虑。目前主要通过两种途径来解决。

① 对于能精确模型化的误差采用模型改正，比如卫星天线相位中心的改正、各种潮

汐的影响，相对论效应等都可以采用现有的模型精确改正。

② 对于不能精确模型化的误差加参数进行估计或使用组合观测值。比如对流层天顶湿延迟，目前还难以用模型精确模拟，则加参数对其进行估计；而电离层延迟误差可采用双频组合观测值来消除低阶项，也可以采用非差非组合 PPP 模型，直接估计电离层延迟误差。

第七章　GPS 测量的误差来源及其影响

前面几章讲述了 GPS 测量的原理及其有关定位、导航技术，本章将对 GPS 测量的误差进行分析，并在分析的基础上提出消除和减弱各项误差影响的方法和措施。

§7.1　GPS 测量主要误差分类

GPS 测量是通过地面接收设备接收卫星传送的信息来确定地面点的三维坐标。测量结果的误差主要来源于 GPS 卫星、卫星信号的传播过程和地面接收设备。在高精度的 GPS 测量中(如地球动力学研究)，还应注意到与地球整体运动有关的地球潮汐、负荷潮及相对论效应等的影响。表 7-1 给出了 GPS 测量的误差分类及各项误差对距离测量的影响。

表 7-1　　**GPS 测量误差的分类及对距离测量的影响**

误　差　来　源		对距离测量的影响/m
卫星部分	①星历误差；②钟误差；③相对论效应	1.5~15
信号传播	①电离层；②对流层；③多路径效应	1.5~15
信号接收	①钟的误差；②位置误差；③天线相位中心变化	1.5~5
其他影响	①地球潮汐；②负荷潮	1.0

上述误差，按误差性质可分为系统误差与偶然误差两类。偶然误差主要包括信号的多路径效应，系统误差主要包括卫星的星历误差、卫星钟差、接收机钟差以及大气折射的误差等。其中系统误差无论从误差的大小还是对定位结果的危害性讲，都比偶然误差要大得多，它是 GPS 测量的主要误差源。同时系统误差有一定的规律可循，可采取一定的措施加以消除，因而是本章研究的主要对象。

下面分别讨论 GPS 测量中信号传播、卫星本身及信号接收等误差对定位的影响及其处理方法。

§7.2　与信号传播有关的误差

与信号传播有关的误差有电离层折射误差、对流层折射误差及多路径效应误差。

7.2.1　电离层折射

1. 电离层及其影响

所谓电离层，指地球上空距地面高度在 50~1 000 km 之间的大气层。电离层中的气体分子由于受到太阳等天体各种射线辐射，产生强烈的电离形成大量的自由电子和正离子。当 GPS 信号通过电离层时，如同其他电磁波一样，信号的路径会发生弯曲，传播速度也会发生变化。所以用信号的传播时间乘以真空中的光速而得到的距离就不会等于卫星至接收机间的几何距离，这种偏差叫电离层折射误差。

电离层含有较高密度的电子，它属于弥散性介质，电磁波在这种介质内传播时，其速度与频率有关。理论证明，电离层的群折射率为：

$$n_G = 1 + 40.28 N_e f^{-2} \tag{7-1}$$

因而群速为：

$$v_G = \frac{c}{n_G} = c(1 - 40.28 N_e f^{-2}) \tag{7-2}$$

式中，N_e为电子密度(电子数/m^3)；f为信号的频率(Hz)；c为真空中的光速。

进行伪距离测量时，调制码就是以群速 v_G在电离层中传播的。若伪距测量中测得信号的传播时间为 Δt，那么卫星至接收机的真正距离 S 为：

$$\begin{aligned} S &= \int_{\Delta t} v_G \mathrm{d}t = \int_{\Delta t} c(1 - 40.28 N_e f^{-2})\mathrm{d}t \\ &= c \cdot \Delta t - c\frac{40.28}{f^2}\int_{S'} N_e \mathrm{d}S \\ &= \rho - c\frac{40.28}{f^2}\int_{S'} N_e \mathrm{d}S = \rho + d_{\text{ion}} \end{aligned} \tag{7-3}$$

上式说明根据信号传播时间 Δt 和光速 c 算得的距离 $\rho = c \cdot \Delta t$ 中还须加上电离层改正项：

$$d_{\text{ion}} = -c\frac{40.28}{f^2}\int_{S'} N_e \mathrm{d}S \tag{7-4}$$

才等于正确的距离 S。

式(7-4)的积分 $\int_{S'} N_e \mathrm{d}S$ 表示沿着信号传播路径 S'对电子密度 N_e进行积分，即电子总量。可见电离层改正的大小主要取决于电子总量和信号频率。载波相位测量时的电离层折射改正和伪距测量时的改正数大小相同，符号相反。对于 GPS 信号来讲，这种距离改正在天顶方向最大可达 50 m，在接近地平方向时(高度角为 20°)则可达 150 m，因此必须仔细地加以改正，否则会严重损害观测值的精度。

2. 减弱电离层影响的措施

(1)利用双频观测

由式(7-4)可知，电磁波通过电离层所产生的折射改正数与电磁波频率 f 的平方成反比。如果分别用两个频率 f_1和 f_2来发射卫星信号，这两个不同频率的信号就将沿着同一路径到达接收机。积分 $\int_{S'} N_e \mathrm{d}S$ 的值虽然无法准确知道，但对这两个不同频率来讲都是相同的。若令 $-c \cdot 40.28\int_{S'} N_e \mathrm{d}S = A$，则 $d_{\text{ion}} = \frac{A}{f^2}$。

GPS 卫星采用两个载波频率，其中 $f_1 = 1\,575.42$ MHz，$f_2 = 1\,227.60$ MHz，我们将调制在这两个载波上的 P 码分别称为 P_1和 P_2，于是由式(7-3)得：

$$\begin{cases} S = \rho_1 + A/f_1^2 \\ S = \rho_2 + A/f_2^2 \end{cases} \tag{7-5}$$

将两式相减有：

$$\Delta\rho = \rho_1 - \rho_2 = \frac{A}{f_2^2} - \frac{A}{f_1^2} = \frac{A}{f_1^2}\left(\frac{f_1^2 - f_2^2}{f_2^2}\right)$$

$$= d_{\text{ion}1} \cdot \left[\left(\frac{f_1}{f_2}\right)^2 - 1\right] = 0.6469 d_{\text{ion}1} \tag{7-6}$$

所以有：

$$\begin{cases} d_{\text{ion}1} = 1.54573(\rho_1 - \rho_2) \\ d_{\text{ion}2} = 2.54573(\rho_1 - \rho_2) \end{cases} \tag{7-7}$$

由于用调制在两个载波上的 P 码测距时，除电离层折射的影响不同外，其余误差影响都是相同的，所以 $\Delta\rho$ 实际上就是用 P_1 和 P_2 码测得的伪距之差，即 $\Delta\rho = (\tilde{\rho}_1 - \tilde{\rho}_2)$，所以若用户采用双频接收机进行伪距测量，就能利用电离层折射和信号频率有关的特性，从两个伪距观测值中求得电离层折射改正量，最后得：

$$\begin{cases} S = \rho_1 + d_{\text{ion}1} = \rho_1 + 1.54573\Delta\rho = \rho_1 + 1.54573(\tilde{\rho}_1 - \tilde{\rho}_2) \\ S = \rho_2 + d_{\text{ion}2} = \rho_2 + 2.54573\Delta\rho = \rho_2 + 2.54573(\tilde{\rho}_1 - \tilde{\rho}_2) \end{cases} \tag{7-8}$$

双频载波相位测量观测值 φ_1 和 φ_2 的电离层折射改正与上述分析方法相似，但和伪距测量的改正有两点不同：一是电离层折射改正的符号相反；二是要引入整周未知数 N_0。

(2)利用电离层改正模型加以修正

目前，为进行高精度卫星导航和定位，普遍采用双频技术，可有效地减弱电离层折射的影响，但在电子含量很大、卫星的高度角又较小时求得的电离层延迟改正中的误差有可能达几厘米。为了满足更高精度 GPS 测量的需要，Fritzk、Brunner 等人提出了电离层延迟改正模型。该模型考虑了折射率 n 中的高阶项影响以及地磁场的影响，并且是沿着信号传播路径来进行积分。计算结果表明，无论在何种情况下改进模型的精度均优于 2 mm。

对于 GPS 单频接收机，减弱电离层影响，一般采用导航电文提供的电离层模型加以改正。

这种模型是把白天的电离层延迟看成是余弦波中正的部分，而把晚上的电离层延迟看成是一个常数，如图 7-1 所示，其中晚间的电离层延迟量(DC)及余弦波的相位项(T_P)均按常数来处理。而余弦波的振幅 A 和周期 P 则分别用一个三阶多项式来表示，即任一时刻 t 的电离层延迟 T_g：

$$T_g = DC + A\cos\frac{2\pi}{P}(t - T_P) \tag{7-9}$$

式中，$DC = 5$ ns；$T_P = 14$ h(地方时)；

而

$$\begin{cases} A = \sum\limits_{n=0}^{3} \alpha_n \varphi_m \\ P = \sum\limits_{n=0}^{3} \beta_n \varphi \end{cases} \tag{7-10}$$

其中，α_n 和 β_n 是主控站根据一年中的第 n 天(共有 37 组反映季节变化的常数)和前 5 天太阳的平均辐射流量(共有 10 组数)总计 370 组常数中进行选择的，α_n 和 β_n 被编入导航电文向单频用户传播；其他量为：

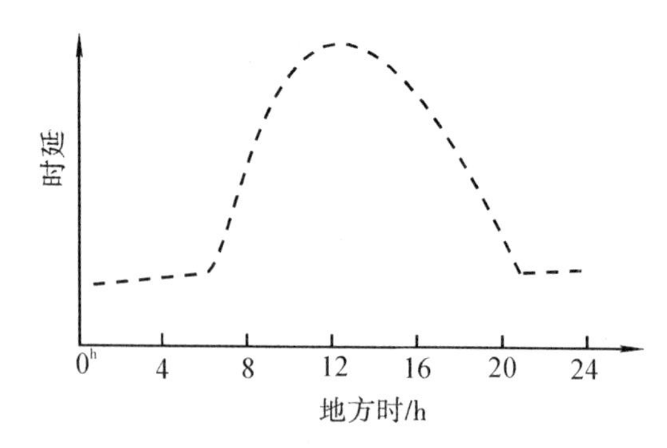

图 7-1　电离层改正模型

$$\begin{cases} t = \mathrm{UT} + \dfrac{\lambda'_P}{15} \\ \varphi_m = \varphi'_P + 11.6\cos(\lambda'_P - 291°) \end{cases} \tag{7-11}$$

式中，UT 为观测时刻的世界时；φ'_P和 λ'_P为 P'的地心经纬度。

若令 $X = \dfrac{2\pi}{P}(t - t_P)$，将 $\cos X = 1 - \dfrac{x^2}{2} + \dfrac{x^4}{24}$ 代入式(7-9)，最后可得实用公式：

$$T_g = \begin{cases} DC, & |X| \geqslant \dfrac{\pi}{2} \\ DC + A\left(1 - \dfrac{x^2}{2} + \dfrac{x^4}{24}\right), & |X| < \dfrac{\pi}{2} \end{cases} \tag{7-12}$$

利用式(7-12)求得的 T_g是信号从天顶方向来时的电离层延迟。当卫星的天顶距不等于零时，电离层延迟 $T_{g'}$显然应为天顶方向的电离层 T_g的 $1/\cos Z$，即

$$T_{g'} = (1/\cos Z) \cdot T_g = SF \cdot T_g \tag{7-13}$$

式中，

$$SF = 1 + 2\left(\frac{96° - E}{90°}\right)^3 \tag{7-14}$$

而 E 为卫星的高度角。

上述公式在推导过程中均做了近似处理，计算较为简便。估算结果表明，上述近似不会损害结果的精度。但由于影响电离层折射的因素很多，机制又较复杂，所以无法建立严格的数学模型。从系数 α_i和 β_i的选取方法知，上面介绍的电离层改正模型基本上是一种经验估算公式。加之全球统一采用一组系数，因而这种模型只能大体上反映全球的平均状况，与各地的实际情况必然会有一定的差异。实测资料表明，采用上述改正模型大体上可消除电离层折射的 75%左右。

(3)利用同步观测值求差

用两台接收机在基线的两端进行同步观测并取其观测量之差，可以减弱电离层折射的影响。这是因为当两观测站相距不太远时，由卫星至两观测站电磁波传播路径上的大气状况甚为相似，因此大气状况的系统影响便可通过同步观测量的求差而减弱。

这种方法对于短基线(例如小于 20 km)的效果尤为明显，这时经电离层折射改正后基线长度的残差一般为 1×10^{-6}。所以在 GPS 测量中，对于短距离的相对定位，使用单频接收机也可达到相当高的精度。不过，随着基线长度的增加，其精度随之明显降低。

7.2.2 对流层折射

1. 对流层及其影响

对流层是高度为 40 km 以下的大气底层，其大气密度比电离层更大，大气状态也更复杂。对流层与地面接触并从地面得到辐射热能，其温度随高度的上升而降低，GPS 信号通过对流层时，也使传播的路径发生弯曲，从而使测量距离产生偏差，这种现象叫做对流层折射。

对流层的折射与地面气候、大气压力、温度和湿度变化密切相关，这也使得对流层折射比电离层折射更复杂。对流层折射的影响与信号的高度角有关，当在天顶方向(高度角为 90°)，其影响达 2.3 m；在地面方向(高度角为 10°)，其影响可达 20 m。

2. 对流层折射的改正模型

由于对流层折射对 GPS 信号传播的影响情况比较复杂，一般采用改正模型进行削弱，下面介绍三个主要的改正模型。

(1)霍普菲尔德(Hopfield)公式

$$\Delta S = \Delta S_d + \Delta S_w = \frac{K_d}{\sin(E^2 + 6.25)^{1/2}} + \frac{K_w}{\sin(E^2 + 2.25)^{1/2}} \tag{7-15}$$

式中，

E 为卫星的高度角，以(°)为单位；

ΔS 为对流层折射改正值，以 m 为单位；

$$\begin{cases} K_d = 77.6 \cdot \dfrac{P_s}{T_s} \cdot \dfrac{1}{5}(h_d - h_s) \cdot 10^{-6} \\ \quad = 155.2 \cdot 10^{-7} \dfrac{P_s}{T_s} \cdot (h_d - h_s) \\ K_w = 77.6 \cdot \dfrac{e_s}{T_s^2} \cdot \dfrac{1}{5}(h_w - h_s) \cdot 10^{-6} \\ \quad = 155.2 \cdot 10^{-7} \dfrac{4\,810}{T_s^2} e_s(h_w - h_s) \\ h_d = 40\,136 + 148.72(T_s - 273.16) \\ h_w = 11\,000 \end{cases} \tag{7-16}$$

其中，T_s为测站的绝对温度，以(°)为单位；P_s为测站的气压，以 mbar 为单位；e_s为测站的水汽压，以 mbar 为单位；h_s为测站的高程，以 m 为单位；h_d为对流层外边缘的高度，以 m 为单位。

(2)萨斯塔莫宁(Saastamoinen)公式

$$\Delta S = \frac{0.002\,277}{\sin E'}\left[P_s + \left(\frac{1\,255}{T_s} + 0.05\right)e_s - \frac{a}{\tan^2 E'}\right] \tag{7-17}$$

式中，$E' = E + \Delta E$

$$\Delta E = \frac{16.00''}{T_s}\left(P_s + \frac{4\,810\,e_s}{T_s}\right)\cot E$$

$$a = 1.16 - 0.15 \times 10^{-3} h_s + 0.716 \times 10^{-8} h_s^2$$

(3)勃兰克(Black)公式

$$\Delta S = K_d\left[\sqrt{1-\left[\frac{\cos E}{1+(1-l_0)h_d/r_s}\right]^2}-b(E)\right] + K_w\left[\sqrt{1-\left[\frac{\cos E}{1+(1-l_0)h_w/r_s}\right]^2}-b(E)\right] \tag{7-18}$$

式中，E 意义同前；r_s为测站的地心半径；参数 l_0和路径弯曲改正 $b(E)$用下式确定：

$$\begin{cases} l_0 = 0.833 + [0.076 + 0.000\,15(T-273)]^{-0.3E} \\ b(E) = 1.92(E^2+0.6)^{-1} \end{cases} \tag{7-19}$$

式(7-19)中的 h_d、h_w、K_d、K_w含义均同前，但按下列公式计算：

$$\begin{cases} h_d = 148.98(T_s - 3.96) \quad (\mathrm{m}) \\ h_w = 13\,000\ \mathrm{m} \\ K_d = 0.002\,312(T_s - 3.96)\dfrac{P_s}{T_s} \quad (\mathrm{m}) \\ K_w = 0.20\ \mathrm{m} \end{cases} \tag{7-20}$$

用同一套气象数据，上述各种改正模型求得的天顶方向的对流层延迟的相互较差，一般仅为几个毫米。

理论分析与实践表明，目前采用的各种对流层模型难以将对流层的影响减少至92%~95%。

3. 减弱对流层折射改正残差影响的主要措施

① 采用上述对流层模型加以改正，其气象参数在测站直接测定。

② 引入描述对流层影响的附加待估参数，在数据处理中一并求得。

③ 利用同步观测量求差。当两观测站相距不太远时(例如<20 km)，由于信号通过对流层的路径相似，所以对同一卫星的同步观测值求差，可以明显地减弱对流层折射的影响。因此，这一方法在精密相对定位中广泛被应用。但是，随着同步观测站之间距离的增大，求差法的有效性也将随之降低。当距离>100 km 时，对流层折射的影响就制约 GPS 定位精度的提高。

④ 利用水汽辐射计直接测定信号传播的影响。此法求得的对流层折射湿分量的精度可优于1 cm。

7.2.3 多路径误差

在 GPS 测量中，如果测站周围的反射物所反射的卫星信号(反射波)进入接收机天线，这就将和直接来自卫星的信号(直接波)产生干涉，从而使观测值偏离真值，产生所谓的多路径误差。这种由于多路径的信号传播所引起的干涉时延效应被称做多路径效应。

多路径效应是 GPS 测量中一种重要的误差源，将严重损害 GPS 测量的精度，严重时还将引起信号的失锁，下面简要介绍产生多路径效应的原因，及实际工作中如何避免或减弱这些误差。

1. 反射波

如图 7-2 所示，GPS 天线接收到的信号是直接波和反射波产生干涉后的组合信号。天线 A 同时收到来自卫星的直接信号 S 和经地面反射后的反射信号 S'。

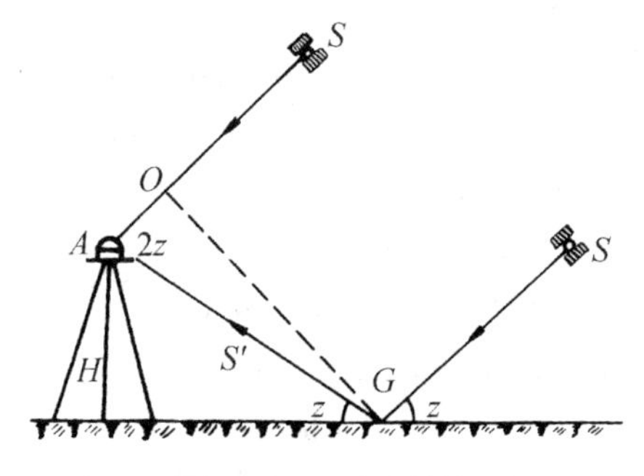

图 7-2　地面反射波

显然这两种信号所经过的路径长度是不同的，反射信号多经过的路径长度称为程差，用 Δ 表示，从图中可以看出：

$$\begin{aligned}\Delta &= GA - OA = GA(1 - \cos 2z) \\ &= \frac{H}{\sin z}(1 - \cos 2z) = 2H\sin z\end{aligned} \tag{7-21}$$

式中，H 为天线离地面的高度。

反射波和直接波间的相位延迟 θ 为：

$$\theta = \Delta \cdot \frac{2\pi}{\lambda} = 4\pi H\sin z/\lambda \tag{7-22}$$

式中，λ 为载波的波长。

由于反射波一部分能量被反射面吸收，GPS 接收天线为右旋圆极化结构，也抑制反射波的功能，所以反射波除了存在相位延迟外，信号强度一般也会减少。

表 7-2 给出了不同反射物面对频率为 2 GHz 的微波信号的反射系数 a。

表 7-2　　反射系数表

水面		稻田		野地		森林山地	
a	损耗/dB	a	损耗/dB	a	损耗/dB	a	损耗/dB
1.0	0	0.8	2	0.6	4	0.3	10

2. 载波相位测量中的多路径误差

设直接波信号为：

$$S_d = U\cos\omega t \tag{7-23}$$

式中，U 为信号电压；ω 为载波的角频率。

反射信号的数字表达式为：

$$S_r = aU\cos(\omega t + \theta) \tag{7-24}$$

反射信号和直接信号叠加后被接收天线所接收，所以天线实际接收的信号为：

$$S = \beta U\cos(\omega t + \varphi) \tag{7-25}$$

式中，$\beta = (1 + 2a\cos\theta + a^2)^{1/2}$；$\varphi = \arctan[a\sin\theta/(1 + a\cos\theta)]$，$\varphi$ 即为载波相位测量中的多

路径误差。

对式(7-25)求导数并令其等于零：

$$\frac{d\varphi}{d\theta}=\frac{1}{1+\left(\frac{a\sin\theta}{1+a\cos\theta}\right)}\cdot\frac{(1+a\cos\theta)\cdot a\cos\theta+a^2\sin^2\theta}{(1+a\cos\theta)^2}$$

$$=\frac{a\cos\theta+a^2}{(1+a\cos\theta)(1+a\cos\theta+a\sin\theta)}=0$$

当 $\theta=\pm\arccos(-a)$ 时，多路径误差 φ 有极大值：

$$\varphi_{max}=\pm\arcsin a \tag{7-26}$$

可以看出，L_1 载波相位测量中多路径误差的最大值为 4.8 cm，对 L_2 载波则为6.1 cm。

实际上可能会有多个反射信号会同时进入接收天线，此时的多路径误差为：

$$\varphi=\arctan\left(\frac{\sum_{i=1}^{n}a_i\sin\theta_i}{1+\sum_{i=1}^{n}a_i\cos\theta_i}\right)$$

可见多路径效应对伪距测量比载波相位测量的影响要严重得多。实践表明，多路径误差对 P 码最大可达 10 m 以上。

3. 削弱多路径误差的方法

(1)选择合适的站址

多路径误差不仅与卫星信号方向和反射系数有关，而且与反射物离测站的远近有关，至今无法建立改正模型，只有采用以下措施来削弱。

① 测站应远离大面积平静的水面。灌木丛、草和其他地面植被能较好地吸收微波信号的能量，是较为理想的设站地址。翻耕后的土地和其他粗糙不平的地面的反射能力也较差，也可选站。

② 测站不宜选择在山坡、山谷和盆地中，以避免反射信号从天线抑径板上方进入天线，产生多路径误差。

③ 测站应离开高层建筑物。观测时，汽车也不要停放得离测站过近。

(2)对接收机天线的要求

① 在天线中设置抑径板

为了减弱多路径误差，接收机天线下应配置抑径板。由图 7-3 可见，抑径板的半径 r、高度角 $Z_{限}$ 和抑径板高度 h 之间的关系为：

$$r=h/\sin Z_{限}$$

若接收机天线相位中心至抑径板的高度 $h=70$ mm，截止高度角 $Z_{限}=15°$，则抑径板的半径 r 必须大于或等于 70 mm/sin15° = 27 cm。

② 接收天线对于极化特性不同的反射信号应该有较强的抑制作用。

由于多路径误差 φ 是时间的函数，所以在静态定位中经过较长时间的观测后，多路径误差的影响可大为削弱。

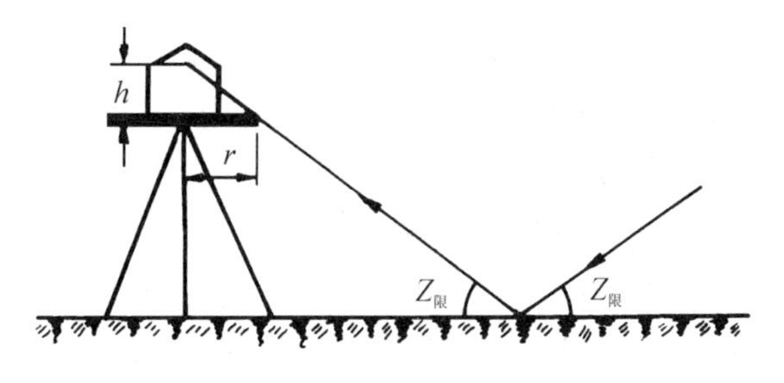

图 7-3　天线的抑径板

§7.3　与卫星有关的误差

与卫星本身有关的误差有卫星星历差、卫星钟误差及相对论效应。

7.3.1　卫星星历误差

由星历所给出的卫星在空间的位置与实际位置之差称为卫星星历误差。由于卫星在运行中要受到多种摄动力的复杂影响，而通过地面监测站又难以充分可靠地测定这些作用力并掌握它们的作用规律，因此在星历预报时会产生较大的误差。在一个观测时间段内，星历误差属系统误差特性，是一种起算数据误差。它将严重影响单点定位的精度，也是精密相对定位中的重要误差源。

1. *星历数据来源*

卫星星历的数据来源有广播星历和实测星历两类。

(1)广播星历

广播星历是卫星电文中所携带的主要信息。它是根据美国 GPS 控制中心跟踪站的观测数据进行外推，通过 GPS 卫星发播的一种预报星历。由于我们尚不能充分了解作用在卫星上的各种摄动因素的大小及变化规律，所以预报数据中存在着较大的误差。当前从卫星电文中解译出来的星历参数共 17 个，每小时更换一次。由这 17 个星历参数确定的卫星位置精度约为 20~40 m，有时可达 80 m。全球定位系统正式运行后，启用全球均匀分布的跟踪网进行测轨和预报，此时由星历参数计算的卫星坐标可能精确到 5~10 m。不过根据美国政府的 GPS 政策，广大用户很难从系统的改善中获得应有的精度。

(2)实测星历

它是根据实测资料进行拟合处理而直接得出的星历。它需要在一些已知精确位置的点上跟踪卫星来计算观测瞬间的卫星真实位置，从而获得准确可靠的精密星历。这种星历要在观测后 1~2 个星期才能得到，这对导航和动态定位无任何意义，但是在静态精密定位中具有重要作用。其次，GPS 卫星是高轨卫星，区域性的跟踪网也能获得很高的定轨精度。所以许多国家和组织都在建立自己的 GPS 卫星跟踪网并开展独立的定轨工作。

2. *星历误差对定位的影响*

(1)对单点定位的影响

对式(5-8)在测站近似坐标(X_0, Y_0, Z_0)处用级数展开，可得如下线性化的观测方程：

$$l_i \mathrm{d}X + m_i \mathrm{d}Y + n_i \mathrm{d}Z + cV_{Tb} = L_i \qquad (i=1, 2, 3, \cdots) \tag{7-27}$$

式中，$l_i = \dfrac{X_{si} - X_0}{\rho_0}$；$m_i = \dfrac{Y_{si} - Y_0}{\rho_0}$；$n_i = \dfrac{Z_{si} - Z_0}{\rho_0}$

$$L_i = \rho_0 - [\tilde{\rho}_i + (\delta\rho)_{\mathrm{ion}} + (\delta\rho)_{\mathrm{trop}} - cV_{ta}^i]$$

若由于卫星星历误差而使$(\rho_0)_i$有了增量 $\mathrm{d}\rho_i$，由此引起的测站坐标误差为(δ_X, δ_Y, δ_Z)，引起的接收机钟误差为 δ_T，则(δ_X, δ_Y, δ_Z, δ_T)和 $\mathrm{d}\rho_i$之间存在下列关系：

$$l_i\delta_X + m_i\delta_Y + n_i\delta_Z + c\delta_T = \mathrm{d}\rho_i \qquad (i=1, 2, 3, \cdots) \tag{7-28}$$

式(7-28)表明，星历误差在测站至卫星方向上影响测站坐标和接收机钟的改正数中去。影响的大小取决于 $\mathrm{d}\rho_i$的大小，具体的配赋方式则与卫星的几何图形有关。广播星历误差对测站坐标的影响一般可达数米、数十米甚至上百米。

(2)对相对定位的影响

相对定位时，因星历误差对两站的影响具有很强的相关性，所以在求坐标差时，共同的影响可自行消去，从而获得精度很高的相对坐标。星历误差对相对定位的影响一般采用下列公式估算：

$$\frac{\mathrm{d}b}{b} = \frac{\mathrm{d}s}{\rho} \tag{7-29}$$

式中，b 为基线长；$\mathrm{d}b$ 为由于卫星星历误差而引起的基线误差；$\mathrm{d}s$ 为星历误差；ρ 为卫星至测站的距离；$\dfrac{\mathrm{d}s}{\rho}$ 为星历的相对误差。实践表明，经数小时观测后，基线的相对误差约为星历相对误差的四分之一左右。在 SA 措施实施中，基线相对误差可能会增大。但就广播星历而言，也能保证$(1\sim2)\times10^{-6}$的相对定位精度。

3. *解决星历误差的方法*

(1)建立自己的卫星跟踪网独立定轨

建立 GPS 卫星跟踪网，进行独立定轨。这不仅可以使我国的用户在非常时期内不受美国政府有意降低调制在 C/A 码上的卫星星历精度的影响，且使提供的精密星历精度可达到 10^{-7}。这将对提高精密定位的精度起显著作用；也可为实时定位提供预报星历。

(2)轨道松弛法

在平差模型中，把卫星星历给出的卫星轨道作为初始值，视其改正数为未知数。通过平差同时求得测站位置及轨道的改正数，这种方法就称为轨道松弛法。常采用的轨道松弛法有：

① 半短弧法

仅将轨道切向、径向和法向三个改正数作为未知数。这种方法计算较为简单。

② 短弧法

把 6 个轨道偏差改正数作为未知数，通过轨道模型来建立观测值和未知数之间的关系。这种方法的计算工作量较大，精度大体与半短弧法相当。

但是轨道松弛法也有一定的局限性，因此它不宜作为 GPS 定位中的一种基本方法，而只能作为无法获得精密星历情况下某些部门采取的补救措施或在特殊情况下采取的措施。

(3)同步观测值求差

这一方法是利用在两个或多个观测站上，对同一卫星的同步观测值求差，以减弱卫星星历误差的影响。由于同一卫星的位置误差对不同观测站同步观测量的影响具有系统性，所以通过上述求差的方法，可以把两站共同误差消除，其残余误差由式(7-29)可知，$db = b \cdot \frac{ds}{\rho}$。

取 $b=5$ km，$\rho=25\ 000$ km，$ds=50$ m，则 $db=1$ cm，可见，采用相对定位可有效地减弱星历误差的影响。

7.3.2 卫星钟的钟误差

卫星钟的钟差包括由钟差、频偏、频漂等产生的误差，也包含钟的随机误差。在 GPS 测量中，无论是码相位观测或载波相位观测，均要求卫星钟和接收机钟保持严格同步。尽管 GPS 卫星均设有高精度的原子钟(铷钟和铯钟)，但与理想的 GPS 时之间仍存在着偏差或漂移。这些偏差的总量均在 1 ms 以内，由此引起的等效距离误差约可达 300 km。

卫星钟的这种偏差一般可表示为以下二阶多项式的形式：

$$\Delta t_s = a_0 + a_1(t-t_0) + a_2(t-t_0)^2 \tag{7-30}$$

式中，t_0为一参考历元；系数 a_0、a_1、a_2分别表示钟在 t_0时刻的钟差、钟速及钟速的变率。这些数值由卫星的地面控制系统根据前一段时间的跟踪资料和 GPS 标准时推算出来，并通过卫星的导航电文提供给用户。

经以上改正后，各卫星钟之间的同步差可保持在 20 ns 以内，由此引起的等效距离偏差不会超过 6 m，卫星钟差和经改正后的残余误差则须采用在接收机间求一次差等方法来进一步消除它。

7.3.3 相对论效应

相对论效应是由于卫星钟和接收机钟所处的状态(运动速度和重力位)不同而引起卫星钟和接收机钟之间产生相对钟误差的现象。所以严格地说，将其归入与卫星有关的误差不完全准确。但是由于相对论效应主要取决于卫星的运动速度和重力位，并且是以卫星钟的误差这一形式出现的，所以我们将其归入此类误差。

根据狭义相对论的理论，安置在高速运动卫星中的卫星钟的频率f_s将变为：

$$f_s = f\left[1 - \left(\frac{V_s}{c}\right)^2\right]^{1/2} \approx f\left(1 - \frac{V_s^2}{2c^2}\right)$$

即

$$\Delta f_s = f_s - f = -\frac{V_s^2}{2c^2} \cdot f \tag{7-31}$$

式中，V_s为卫星在惯性坐标系中运动的速度；f 为同一台钟的频率；c 为真空中的光速。将 GPS 卫星的平均运动速度 $\bar{V}_s = 3\ 874$ m/s，$c = 299\ 792\ 458$ m/s 代入式(7-31)得：$\Delta f_s = -0.835 \times 10^{-10} f$。这表明，卫星钟比静止在地球上的同类钟走慢了。

于是，由于狭义相对论效应使卫星钟相对于接收机钟产生的频率偏差可视为 $\Delta f_1 = \Delta f_s = -0.835 \times 10^{-10} f$。

按广义相对论理论，若卫星所在处的重力位为 W_S，地面测站处的重力位为 W_T，那么同一台钟放在卫星上和放在地面上的频率将相差 Δf_2：

$$\Delta f_2 = \frac{W_S - W_T}{c^2} f \tag{7-32}$$

因广义相对论效应数量很小，在计算时可以把地球的重力位看作是一个质点位，同时略去日月引力位。这样 Δf_2的实用公式为：

$$\Delta f_2 = \frac{\mu}{c^2} \cdot f\left(\frac{1}{R} - \frac{1}{r}\right) \tag{7-33}$$

式中，μ 为万有引力常数和地球质量的乘积，其数值为 $\mu = 3.986\ 005 \times 10^{14}\ \mathrm{m^3/s^2}$；$R$ 为接收机离地心的距离，取值为 6 378 km；r 为卫星离地心的距离，为 26 560 km，代入式(7-33)后得 $\Delta f_2 = 5.284 \times 10^{-10} f$。由此可以看出，对 GPS 卫星而言，广义相对论效应的影响比狭义相对论效应的影响要大得多，且符号相反。总的相对论效应影响则为：

$$\Delta f = \Delta f_1 + \Delta f_2 = 4.449 \times 10^{-10} f$$

可见，由于相对论效应，使一台钟放到卫星上后频率比在地面时增加$4.449 \times 10^{-10} f$，所以解决相对论效应的最简单办法就是在制造卫星钟时预先把频率降为 $4.449 \times 10^{-10} f$。卫星钟的标准频率为 10.23 MHz，所以厂家在生产时应把频率降为：

$$10.23\ \mathrm{MHz} \times (1 - 4.449 \times 10^{-10}) = 10.229\ 999\ 995\ 45\ \mathrm{MHz}$$

这样，当这些卫星钟进入轨道受到相对论效应的影响后，频率正好变为标准频率10.23 MHz。

应该说明，上述讨论是在 $R = 26\ 500$ km 的圆形轨道下卫星做匀速运动情况下进行的。事实上，卫星轨道是一个椭圆，卫星运行速度也随时间发生变化，相对论效应影响并非常数，所以经上述改正后仍有残差，它对 GPS 时的影响最大可达 70 ns，对精密定位仍不可完全忽略。

§7.4 与接收机有关的误差

与接收机有关的误差主要有接收机钟误差、接收机位置误差、天线相位中心位置误差及几何图形强度误差等。

7.4.1 接收机钟误差

GPS 接收机一般采用高精度的石英钟，其稳定度约为 10^{-9}。若接收机钟与卫星钟间的同步差为 1 μs，则由此引起的等效距离误差约为 300 m。

减弱接收机钟差的方法：

① 把每个观测时刻的接收机钟差当做一个独立的未知数，在数据处理中与观测站的位置参数一并求解。

② 认为各观测时刻的接收机钟差间是相关的，像卫星钟那样，将接收机钟差表示为时间多项式，并在观测量的平差计算中求解多项式的系数。这种方法可以大大减少未知数，该方法成功与否的关键在于钟误差模型的有效程度。

③ 通过在卫星间求一次差来消除接收机的钟差。这种方法和上述方法①是等价的。

7.4.2 接收机的位置误差

接收机天线相位中心相对测站标石中心位置的误差叫接收机位置误差。这里包括天线的置平和对中误差、量取天线高误差。如当天线高度为 1.6 m、置平误差为 0.1°时，可能会产生对中误差 3 mm。因此，在精密定位时，必须仔细操作，以尽量减少这种误差的影响。在变形监测中，应采用有强制对中装置的观测墩。

7.4.3 天线相位中心位置的偏差

在 GPS 测量中，观测值都是以接收机天线的相位中心位置为准的，而天线的相位中心与其几何中心在理论上应保持一致。可是实际上天线的相位中心随着信号输入的强度和方向不同而有所变化，即观测时相位中心的瞬时位置(一般称相位中心)与理论上的相位中心将有所不同，这种差别叫天线相位中心的位置偏差。这种偏差的影响可达数毫米至数厘米。而如何减少相位中心的偏移是天线设计中的一个重要问题。

在实际工作中，如果使用同一类型的天线，在相距不远的两个或多个观测站上同步观测了同一组卫星，那么，便可以通过观测值的求差来削弱相位中心偏移的影响。不过，这时各观测站的天线应按天线附有的方位标进行定向，使之根据罗盘指向磁北极。通常定向偏差应保持在 3°以内。

7.4.4 GPS 天线相位中心的偏差

GPS 天线相位中心偏差可分为水平偏差和垂直偏差两部分。目前，GPS 接收机天线相位中心误差的检测方法有两种。一种是用室内微波天线测量设备测定，即通过精密可控微波信号源测量天线接收信号的强度分布来确定天线电气中心，从而测定天线相位中心偏差。此种方法测定精度较高，但设备复杂昂贵，测量费用高，且一般测绘部门无此设备。另一种方法是在野外利用接收到的 GPS 卫星发播的信号，通过测定两天线间的基线向量来测定天线相位中心的偏差，即基线测量相对测定法，也称为旋转天线法。此种方法是我国行业标准 CH8016-95 规定所采用的方法，操作简单，方便，成本低，被广泛应用。但这种方法只能有效地检测出天线相位中心偏差水平分量，对于垂直偏差分量却不能精确测定出。就一般天线而言，其相位中心在垂直方向上的偏差远大于在水平方向上的偏差(水平偏差仅几个毫米，垂直偏差可达 160 mm)。表 7-3 给出了美国国家大地测量局(National Geodetic Survey，NGS)对几种 GPS 接收天线的相位中心偏差的检测结果(采用相对检测法，所有天线的检测结果均以 JPL(Jet Propulsion Laboratory)设计的 D/M+crT(Dome/Margolin)为参考天线)。

表 7-3 **几种 GPS 接收天线的相位中心偏差/mm**

天线型号	在 L_1 波段的偏差			在 L_2 波段的偏差		
	东	北	垂直	东	北	垂直
AOAD/M-T	0.0	0.0	110.0	0.0	0.0	128.0
ASH700718A	-0.6	0.2	83.9	1.1	-1.6	62.3
ASH700936A-M	1.4	-1.0	108.9	1.0	0.5	127.4
ASH701975.01+GP	-2.0	-3.3	56.0	-2.0	-2.7	46.1
JPLD/M-R	0.0	0.0	78.0	0.0	0.0	96.0

续表

天线型号	在 L_1 波段的偏差			在 L_2 波段的偏差		
	东	北	垂直	东	北	垂直
LEIAT202-GP	2.0	-0.3	56.7	-0.2	1.7	53.6
LEIAT303	0.7	-0.1	78.7	1.7	0.2	90.9
LEIAT503	0.7	-0.1	78.7	1.7	0.2	90.9
LEIAT504	0.3	-0.3	109.3	1.1	1.1	128.2
LEISR299-INT	3.0	1.4	128.4	2.4	-1.1	122.0
LEISR399-INT	3.0	1.4	128.4	2.4	-1.1	122.0
NOV501	-0.8	2.0	55.8	0.0	0.0	0.0
NOV501+CR	-1.0	2.1	97.0	0.0	0.0	0.0
NOV502+CR	-1.3	-2.4	47.4	0.7	-0.7	75.7
SEN67157596	-0.1	0.5	21.8	4.0	-1.8	29.4
SOKA110	-0.3	-1.2	109.0	0.0	0.0	0.0
SOKA120	-1.5	0.5	106.9	0.7	-0.7	103.8
SOK-RADIAN-IS	0.2	-0.7	163.8	-2.1	-0.1	162.0
OP72110	-1.2	1.7	136.0	1.0	2.7	116.6
TRM14532.00	-0.7	-2.2	75.7	-1.9	-0.3	74.5
TRM14532.10	-1.6	0.9	96.0	1.6	4.1	94.4
TRM22020.00+GP	-0.1	-0.6	74.2	-0.5	2.8	70.5
TRM22020.00-GP	2.4	-1.0	83.4	0.4	2.7	82.5
TRM27947.00-GP	3.4	0.1	91.7	-1.4	2.1	94.9
TRM27947.00+GP	1.6	-0.4	75.2	-0.4	2.8	75.6
TRM29659.00	1.2	0.5	109.8	1.2	0.6	128.0

由表 7-3 可看出，GPS 接收机天线相位中心在垂直方向上的偏差远大于在水平方向上的偏差，且随着天线型号的不同而不同。目前，有的 GPS 接收机已标称其 GPS 接收机天线相位中心偏差为 0(即 0 相位中心偏差)，但由于种种原因，实际观测时天线相位中心偏差不为 0。经检测和研究表明，GPS 接收机天线相位中心在垂直方向上的偏差与 GPS 接收机厂家标称值之差，最大可达厘米级，这对于高精度的 GPS 变形监测是不能忽视的。因此，在进行对高程方向精度要求较高的 GPS 测量时，应检测 GPS 接收机天线相位中心在垂直方向上的偏差，并加以改正。下面介绍一种在野外检测两个 GPS 天线相位中心在垂直方向上偏差之差的方法——高差比较法。

检测两个 GPS 天线相位中心在垂直方向上偏差之差的高差比较法的基本原理如下(示意图见图 7-4)：在相距几米附有强制对中装置的观测点 A 和 B 上，各安装一台 GPS 接收机，设 A 和 B 的大地高分别为 H_a 和 H_b，天线高分别为 h_a 和 h_b，U_a 和 U_b 为在 A 和 B 进行

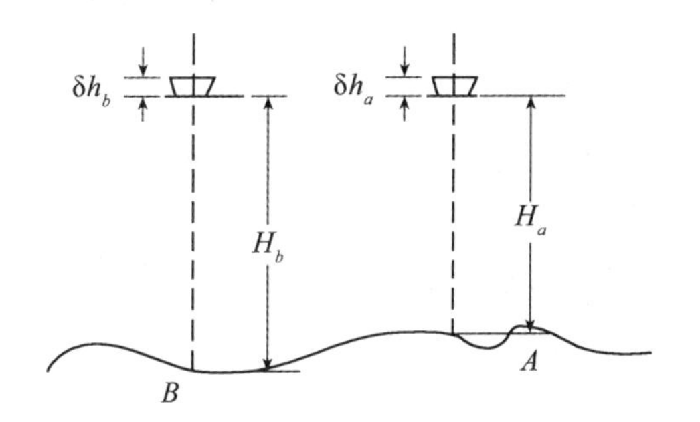

图 7-4　高差比较法检测原理示意图

GPS 观测后求出的大地高观测值，设安置在 A 和 B 点上 GPS 天线相位中心在垂直分量上偏差为 δh_a 和 δh_b。则有：

$$\Delta H_{ab} = H_b - H_a = (U_b - \delta h_b - h_b) - (U_a - \delta h_a - h_a) \tag{7-34}$$

可得出两台 GPS 天线相位中心垂直偏差之差 δh_{ab}：

$$\delta h_{ab} = \delta h_b - \delta h_a = (U_b - U_a) - \Delta H_{ab} - (h_b - h_a) = \Delta h - \Delta H_{ab} \tag{7-35}$$

式中，Δh 为测站 A 和测站 B 之间的 GPS 观测的大地高之高差；ΔH_{ab} 可由精密水准测量测得，若 GPS 天线相位中心高无偏差，则 $\Delta h - \Delta H_{ab}$ 应为零。所以，如已知其中一个天线相位中心在垂直方向上的偏差(例如，由微波天线测量设备测定)，便可以测定另一天线相位中心在垂直方向上的偏差。若两 GPS 天线相位中心偏差都未正确测定，则可测定一对 GPS 天线相位中心在垂直方向上的偏差之差 δh_{ab}。这个 δh_{ab} 就是我们在进行 GPS 相对定位时，求定两点之高差所需要的 GPS 天线相位中心在垂直方向上的改正。

大量实测表明，当采用同型号 GPS 接收机及天线进行测量时，δh_{ab} 值不是固定的，δh_{ab} 随时间变化，最大可达±2 mm。观测时段长度在 6 h 以上，可有效地减弱其影响，若取24 h解算的平均值时，两个 GPS 天线相位中心在垂直方向上的偏差之差 δh_{ab} 值接近于零；当采用不同型号 GPS 接收机及天线进行测量时，两个 GPS 天线相位中心在垂直方向上的偏差之差 δh_{ab} 值存在系统性偏差，最大偏差可达 20 mm；当采用不同型号 GPS 接收机及天线混合进行测量时，δh_{ab} 也随时间变化，但存在系统性偏差，观测时段再长也消除不了其影响，必须加以改正。

GPS 天线相位中心在垂直方向上偏差的大小主要与 GPS 天线设计、制造工艺及材料有关，也与观测环境、时间、季节及气象条件等多种因素有关，这些都有待进一步深入研究。

§7.5　其他误差

7.5.1　地球自转的影响

当卫星信号传播到观测站时，而与地球相固联的协议地球坐标系相对卫星的上述瞬时位置已产生了旋转(绕 Z 轴)。若取 ω 为地球的自转速度，则旋转的角度为：

$$\Delta\alpha = \omega \Delta \tau_i^j \tag{7-36}$$

式中，$\Delta\tau_i^j$ 为卫星信号传播到观测站的时间延迟。由此引起坐标系中的坐标变化(ΔX，ΔY，ΔZ)为：

$$\begin{bmatrix}\Delta X\\\Delta Y\\\Delta Z\end{bmatrix}=\begin{bmatrix}0 & \sin\Delta\alpha & 0\\-\sin\Delta\alpha & 0 & 0\\0 & 0 & 0\end{bmatrix}\begin{bmatrix}X^j\\Y^j\\Z^j\end{bmatrix}\tag{7-37}$$

式中，(X^j，Y^j，Z^j)为卫星的瞬时坐标。

由于旋转角 $\Delta\alpha<1.5''$，所以当取至一次微小项时，上式可简化为：

$$\begin{bmatrix}\Delta X\\\Delta Y\\\Delta Z\end{bmatrix}=\begin{bmatrix}0 & \Delta\alpha & 0\\-\Delta\alpha & 0 & 0\\0 & 0 & 0\end{bmatrix}\begin{bmatrix}X^j\\Y^j\\Z^j\end{bmatrix}\tag{7-38}$$

7.5.2 地球潮汐改正

因为地球并非是一个刚体，所以在太阳和月球的万有引力作用下，固体地球要产生周期性的弹性形变，称为固体潮。此外在日月引力的作用下，地球上的负荷也将发生周期性的变动，使地球产生周期的形变，称为负荷潮汐，例如海潮。固体潮和负荷潮引起的测站位移可达80 cm，使不同时间的测量结果互不一致，在高精度相对定位中应考虑其影响。

由固体潮和海潮引起的测站点的位移值可表达为：

$$\begin{cases}\delta_r=h_2\dfrac{U_2}{g}+h_3\dfrac{U_3}{g}+4\pi GR\sum\limits_{i=1}^{n}\dfrac{h_i'\sigma_i}{(2i+1)g}\\\delta_\varphi=\dfrac{l_2}{g}\dfrac{\partial U_2}{\partial\varphi}+l_3\dfrac{\partial U_3}{\partial\varphi_3}+\dfrac{4\pi GR}{g}\sum\limits_{i=1}^{n}\dfrac{l_i'}{2i+1}\dfrac{\partial\sigma_i}{\partial\varphi}\\\delta_\lambda=\dfrac{l_2}{g}\dfrac{\partial U_2}{\partial\lambda}+l_3\dfrac{\partial U_3}{\partial\lambda}+\dfrac{4\pi GR}{g}\sum\limits_{i=1}^{n}\dfrac{l_i'}{2i+1}\dfrac{\partial\sigma_i}{\partial\lambda}\end{cases}\tag{7-39}$$

式中，U_2、U_3为日、月的二阶、三阶引力潮位；σ_i为海洋单层密度；h_i、l_i为第一、第二勒夫数；h_i'、l_i'为第一、第二负荷勒夫数；g为万有引力常数；R为平均地球半径。

已知测站的形变量 $\boldsymbol{\delta}=[\delta_\lambda,\ \delta_\varphi,\ \delta_r]$后，即可将其投影到测站至卫星的方向上，从而求出单点定位时观测值中应加的由于地球潮汐所引起的改正数 v：

$$v=\frac{\delta_\lambda\cdot x+\delta_\varphi\cdot y+\delta_r\cdot z}{(x^2+y^2+z^2)^{1/2}}\tag{7-40}$$

式中，x、y、z为点位在 WGS-84 中的近似坐标。

进行相对定位时，两个测站均应采用上述方法分别对观测值进行改正(见图 7-5)。

最后需要指出，在 GPS 测量中除上述各种误差外，卫星钟和接收机钟振荡器的随机误差、大气折射模型和卫星轨道摄动模型的误差等，也都会对 GPS 的观测量产生影响。随着对长距离定位精度要求的不断提高，研究这些误差来源并确定它们的影响规律具有重要的意义。

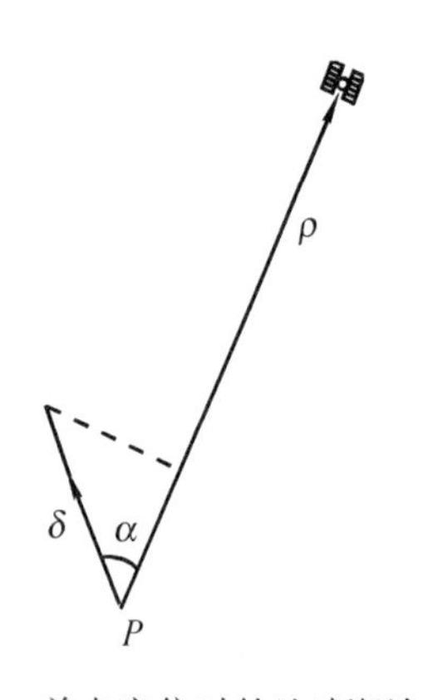

图 7-5 单点定位时的地球潮汐改正

第八章　GPS测量的设计与实施

GPS测量与常规测量相类似，在实际工作中也可划分为方案设计、外业实施及内业数据处理三个阶段。室内数据处理的详细内容将在第九章专门讲授。本章主要介绍GPS测量的技术设计及外业实施各阶段的工作。考虑到以载波相位观测量为依据的相对定位法是当前GPS测量中普遍采用的精密定位方法，所以在本章讲授中主要讨论局域性城市与工程GPS控制网的相对测量的工作程序与方法。

§8.1　GPS测量的技术设计

GPS测量的技术设计是进行GPS定位的最基本性工作，它是依据国家有关规范(规程)及GPS网的用途、用户的要求等对测量工作的网形、精度及基准等的具体设计。

8.1.1　GPS网技术设计的依据

GPS网技术设计的主要依据是GPS测量规范(规程)和测量任务书。

1. GPS测量规范(规程)

GPS测量规范(规程)是国家测绘管理部门或行业部门制定的技术法规，目前GPS网设计依据的规范(规程)有：

① 2009年国家质量监督检验检疫总局和国家标准化管理委员会发布的《全球定位系统(GPS)测量规范》，以下简称《GPS规范》；

② 2010年住房和建设部发布的行业标准《卫星定位城市测量技术规范》，以下简称《SPC规范》；

③ 各部委根据本部门GPS工作的实际情况制定的其他GPS测量规程或细则，如交通部在1998年颁布的《公路全球定位系统(GPS)测量规范》。

2. 测量任务书

测量任务书或测量合同是测量施工单位上级主管部门或合同甲方下达的技术要求文件。这种技术文件是指令性的，它规定了测量任务的范围、目的、精度和密度要求，提交成果资料的项目和时间，完成任务的经济指标等。

在GPS方案设计时，一般首先依据测量任务书提出的GPS网的精度、密度和经济指标，再结合规范(规程)规定并现场踏勘具体确定各点间的连接方法，各点设站观测的次数、时段长短等布网观测方案。

8.1.2　GPS网的精度、密度设计

1. GPS测量精度标准及分类

① 各类GPS网的精度设计主要取决于网的用途。GPS测量按照精度和用途分为A、

B、C、D、E 级。A 级 GPS 网由卫星定位连续运行基准站构成，其精度应不低于表 8-1 的要求；B、C、D 和 E 级的精度不低于表 8-2 的要求。

表 8-1 **A 级 GPS 网的精度要求及用途**

级别	坐标年变化率中误差		相对精度	地心坐标各分量年平均中误差/mm	用途
	水平分量/($mm \cdot a^{-1}$)	垂直分量/($mm \cdot a^{-1}$)			
A	2	3	1×10^{-8}	0.5	国家一等大地控制网；全球性的地球动力学研究、地壳形变测量和精密定轨

表 8-2 **B、C、D 和 E 级 GPS 网的精度要求及用途**

级别	相邻点基线分量中误差		相邻点间平均距离/km	用途
	水平分量/mm	垂直分量/mm		
B	5	10	50	国家二等大地控制网、地方或城市坐标基准框架、区域性的地球动力学研究、地壳形变测量、局部形变监测和各种精密工程测量
C	10	20	20	三等大地控制网，区域、城市及工程测量的基本控制网
D	20	40	5	中小城市、城镇以及测图、地籍、土地信息、房产、物探、勘测、建筑施工等的控制测量
E	20	40	3	

注：1)用于建立国家二等大地控制网和三、四等大地控制网的 GPS 测量，在满足表 8-2 规定的 B、C 和 D 级精度要求的基础上，其相对精度应分别不低于 1×10^{-7}、1×10^{-6} 和 1×10^{-5}。

2)各级 GPS 网点相邻点的 GPS 测量大地高差的精度，应不低于表 8-2 规定的各级相邻点基线垂直分量的要求。

城市 GNSS 控制网分为 CORS 网和 GNSS 网。GNSS 网按相邻站点的平均距离和精度应划分为二、三、四等及一、二级网。CORS 网应单独布设；GNSS 网可以逐级布网、越级布网或布设同级全面网。GNSS 控制网的主要技术要求应符合表 8-3 的规定。

表 8-3 **GNSS 控制网的主要技术要求**

等级	平均距离/km	a/mm	$b/1 \times 10^{-6}$	最弱边相对中误差
CORS	40	≤2	≤1	1/800 000
二等	9	≤5	≤2	1/120 000
三等	5	≤5	≤2	1/80 000
四等	2	≤10	≤5	1/45 000

续表

等级	平均距离/km	a/mm	$b/1\times10^{-6}$	最弱边相对中误差
一级	1	≤10	≤5	1/20 000
二级	<1	≤10	≤5	1/10 000

注：1)二、三、四等网相邻点最小距离不应小于平均距离的1/2；最大距离不应超过平均距离的2倍；一、二级网的距离可在上述基础上放宽一倍。

2)当边长小于200 m时，边长中误差应小于±2 cm。

对于A级GPS网测量的相关要求，按《CH/T 2008 全球导航卫星系统连续运行参考站网建设规范》的有关规定执行，本教材中不特别介绍。

② 各等级GPS相邻点间弦长精度用下式表示：

$$\sigma = \sqrt{a^2 + (bd)^2} \tag{8-1}$$

式中，σ 表示GPS基线向量的弦长中误差(mm)，亦即等效距离误差；

a 表示GPS接收机标称精度中的固定误差(mm)；

b 表示GPS接收机标称精度中的比例误差系数(1×10^{-6})；

d 表示GPS网中相邻点间的距离(km)。

③ 在实际工作中，精度标准的确定要根据用户的实际需要及人力、物力、财力情况合理设计，也可参照本部门已有的生产规程和作业经验适当掌握。在具体布设中，可以分级布设，也可以越级布设，或布设同级全面网。

2. GPS点的密度标准

各种不同的任务要求和服务对象对GPS点的分布要求也不同。对于A级GPS点，主要用于国家级基准、全球性的地球动力学研究、地壳形变测量和精密定轨等，所以布设时平均距离可达数百公里。而一般城市和工程测量布设点的密度主要满足测图加密和工程测量的需要，平均边长往往在几公里以内。因此，在《GPS规范》和《SPC规范》对GPS网中两相邻点间距离做出了如表8-2和表8-3的规定。

8.1.3 GPS网的基准设计

GPS测量获得的是GPS基线向量，它属于WGS-84坐标系的三维坐标差，而实际我们需要的是国家坐标系或地方独立坐标系的坐标。所以在GPS网的技术设计时，必须明确GPS成果所采用的坐标系统和起算数据，即明确GPS网所采用的基准。我们将这项工作称之为GPS网的基准设计。

GPS网的基准包括位置基准、方位基准和尺度基准。方位基准一般以给定的起算方位角值确定，也可以由GPS基线向量的方位作为方位基准。尺度基准一般由地面的电磁波测距边确定，也可由两个以上的起算点间的距离确定，同时也可由GPS基线向量的距离确定。GPS网的位置基准一般都是由给定的起算点坐标确定。因此，GPS网的基准设计实质上主要是指确定网的位置基准问题。

在基准设计时，应充分考虑以下几个问题：

① 为求定GPS点在地面坐标系的坐标，应在地面坐标系中选定起算数据和联测原有地方控制点若干个，用以坐标转换。在选择联测点时，既要考虑充分利用旧资料，又要使

新建的高精度 GPS 网不受旧资料精度较低的影响，因此，大、中城市 GPS 控制网应与附近的国家控制点联测 3 个以上。小城市或工程控制可以联测 2~3 个点。

② 为保证 GPS 网进行约束平差后坐标精度的均匀性以及减少尺度比误差影响，对 GPS 网内重合的高等级国家点或原城市等级控制网点，除未知点联结图形观测外，对它们也要适当地构成长边图形。

③ GPS 网经平差计算后，可以得到 GPS 点在地面参照坐标系中的大地高，为求得 GPS 点的正常高，可据具体情况联测高程点，联测的高程点需均匀分布于网中，对丘陵或山区联测高程点应按高程拟合曲面的要求进行布设。具体联测宜采用不低于四等水准或与其精度相等的方法进行。GPS 点高程在经过精度分析后可供测图或其他方面使用。关于 GPS 高程问题将在 §9.5 中详细讨论。

④ 新建 GPS 网的坐标系应尽量与测区过去采用的坐标系统一致，如果采用的是地方独立或工程坐标系，一般还应该了解以下参数：所采用的参考椭球；坐标系的中央子午线经度；纵、横坐标加常数；坐标系的投影面高程及测区平均高程异常值；起算点的坐标值。

8.1.4 GPS 网构成的几个基本概念及网特征条件

在进行 GPS 网图形设计前，必须明确有关 GPS 网构成的几个概念，掌握网的特征条件计算方法。

1. GPS 网图形构成的几个基本概念

观测时段：测站上开始接收卫星信号到观测停止，连续工作的时间段，简称时段。

同步观测：两台或两台以上接收机同时对同一组卫星进行的观测。

同步观测环：三台或三台以上接收机同步观测获得的基线向量所构成的闭合环，简称同步环。

独立观测环：由独立观测所获得的基线向量构成的闭合环，简称独立环。

异步观测环：在构成多边形环路的所有基线向量中，只要有非同步观测基线向量，则该多边形环路叫异步观测环，简称异步环。

独立基线：对于 N 台 GPS 接收机构成的同步观测环，有 J 条同步观测基线，其中独立基线数为 $N-1$。

非独立基线：除独立基线外的其他基线叫非独立基线，总基线数与独立基线数之差即为非独立基线数。

2. GPS 网特征条件的计算

按 R. Asany 提出的观测时段数计算公式：

$$C=n\cdot m/N \tag{8-2}$$

式中，C 为观测时段数；n 为网点数；m 为每点设站次数；N 为接收机数。故在 GPS 网中：

总基线数：
$$J_{总}=C\cdot N\cdot(N-1)/2 \tag{8-3}$$

必要基线数：
$$J_{必}=n-1 \tag{8-4}$$

独立基线数：
$$J_{独}=C\cdot(N-1) \tag{8-5}$$

多余基线数：
$$J_{多}=C\cdot(N-1)-(n-1) \tag{8-6}$$

网的平均多余观测分量：
$$r_a=\frac{J_{多}}{J_{独}} \tag{8-7}$$

网的平均内可靠性指标：

$$\delta_{0a} = \frac{\delta_0}{\sqrt{r_a}} \tag{8-8}$$

网的平均外可靠性指标：

$$\nabla_a = \delta_0 \sqrt{\frac{1 - r_a}{r_a}} \tag{8-9}$$

为了使计算的可靠性指标可信，一般取 $\alpha = 0.001$，$1 - \beta = 0.80$，此时 $\delta_0 = 4.13$。当多余观测值不是很多时，取 $\alpha = 0.05$，$1 - \beta = 0.80$，相应的 $\delta_0 = 2.81$。

依据以上公式，就可以确定出一个具体 GPS 网图形结构的主要特征。

3. GPS 网同步图形构成及独立边的选择

根据式(8-3)，对于由 N 台 GPS 接收机构成的同步图形中一个时段包含的 GPS 基线(或简称 GPS 边)数为：

$$J = N(N - 1)/2 \tag{8-10}$$

但其中仅有 $N-1$ 条是独立的 GPS 边，其余为非独立 GPS 边。图 8-1 给出了当接收机数 $N=2\sim5$ 时所构成的同步图形。

对应于图 8-1 的独立 GPS 边可以有不同的选择(如图 8-2 所示)。

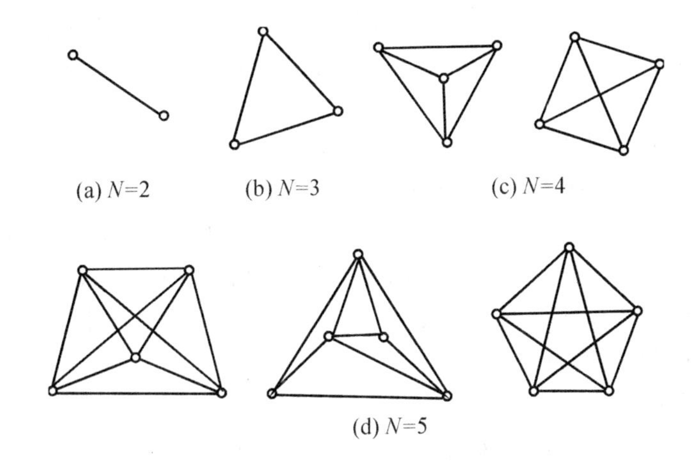

(a) N=2　(b) N=3　(c) N=4

(d) N=5

图 8-1　N 台接收机同步观测所构成的同步图形

当同步观测的 GPS 接收机数 $N \geqslant 3$ 时，同步三角形闭合环的最少个数应为：

$$T = J - (N-1) = (N-1)(N-2)/2 \tag{8-11}$$

接收机数 N 与 GPS 边数 J 和同步闭合环数 T(最少个数)的对应关系如表 8-4 所示。

表 8-4　**N 与 J、T 关系表**

N	2	3	4	5	6
J	1	3	6	10	15
T	0	1	3	6	10

理论上，同步闭合环中各 GPS 边的坐标差之和(即闭合差)应为 0，但由于有时各台 GPS 接收机并不是严格同步，同步闭合环的闭合差并不等于零。有的 GPS 规范规定了同

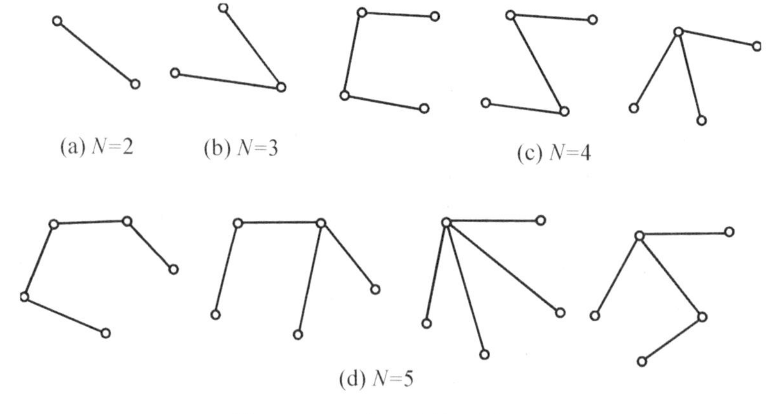

图 8-2　GPS 独立边的不同选择

步闭合差的限差。对于同步较好的情况，应遵守此限差的要求；但当由于某种原因，同步不是很好的，应适当放宽此项限差。

值得注意的是，当同步闭合环的闭合差较小时，通常只能说明 GPS 基线向量的计算合格，并不能说明 GPS 边的观测精度高，也不能发现接收的信号受到干扰而产生的某些粗差。

为了确保 GPS 观测效果的可靠性，有效地发现观测成果中的粗差，必须使 GPS 网中的独立边构成一定的几何图形。这种几何图形可以是由数条 GPS 独立边构成的非同步多边形(亦称非同步闭合环)，如三边形、四边形、五边形等。当 GPS 网中有若干个起算点时，也可以是由两个起算点之间的数条 GPS 独立边构成的附合路线。GPS 网的图形设计也就是根据对所布设的 GPS 网的精度要求和其他方面的要求，设计出由独立 GPS 边构成的多边形网(或称为环形网)。

对于异步环的构成，一般应按所设计的网图选定，必要时在经技术负责人审定后，也可根据具体情况适当调整。当接收机多于 3 台时，也可按软件功能自动挑选独立基线构成环路。

8.1.5　GPS 网的图形设计

常规测量中对控制网的图形设计是一项非常重要的工作。而在 GPS 图形设计时，因 GPS 同步观测不要求通视，所以其图形设计具有较大的灵活性。GPS 网的图形设计主要取决于用户的要求、经费、时间、人力以及所投入接收机的类型、数量和后勤保障条件等。

根据不同的用途，GPS 网的图形布设通常有点连式、边连式、网连式及边点混合连接四种基本方式。也有布设成星形连接、附合导线连接、三角锁形连接等。选择什么样的组网，取决于工程所要求的精度、野外条件及 GPS 接收机台数等因素。

1. 点连式

点连式是指相邻同步图形之间仅有一个公共点的连接。以这种方式布点所构成的图形几何强度很弱，没有或极少有非同步图形闭合条件，一般不单独使用。

图 8-3 中有 13 个定位点，没有多余观测(无异步检核条件)，最少观测时段 6 个(同步环)，最少必要观测基线为 n(点数) $-1=12$ 条，6 个同步图形中总共有 12 条独立基线。显然这种点连式网的几何强度很差，需要提高网的可靠性指标。

2. 边连式

边连式是指同步图形之间由一条公共基线连接。这种布网方案，网的几何强度较高，有较多的复测边和非同步图形闭合条件。在相同的仪器台数条件下，观测时段数将比点连式大大增加。

图 8-4 中有 13 个定位点，12 个观测时段，9 条重复边，3 个异步环。最少观测同步图形为 12 个，总基线为 36 条，独立基线数 24 条，多余基线数 12 条。比较图 8-4 与图 8-3，显然边连式布网有较多的非同步图形闭合条件，几何强度和可靠性均优于点连式。

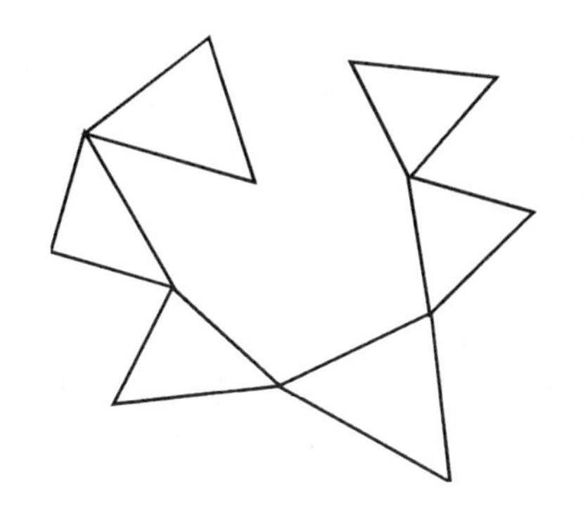

图 8-3　点连式图形

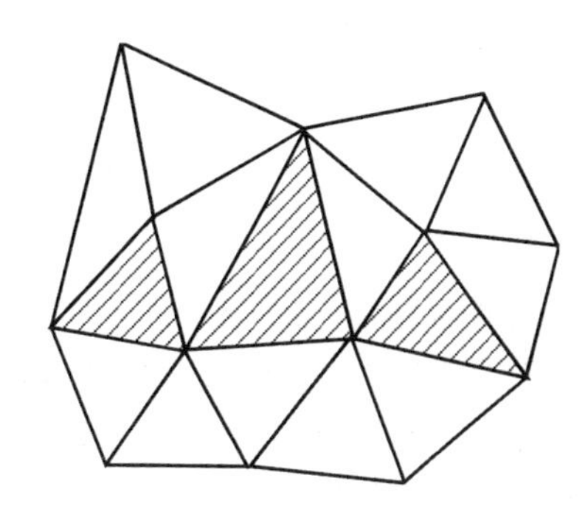

图 8-4　边连式图形

3. 网连式

网连式是指相邻同步图形之间有两个以上的公共点相连接，这种方法需要 4 台以上的接收机。显然，这种密集的布图方法，它的几何强度和可靠性指标是相当高的，但花费的经费和时间较多，一般仅适于较高精度的控制测量。

4. 边点混合连接式

边点混合连接式(图 8-5)是指把点连式与边连式有机地结合起来组成 GPS 网，既能保证网的几何强度，提高网的可靠指标，又能减少外业工作量，降低成本，是一种较为理想的布网方法。

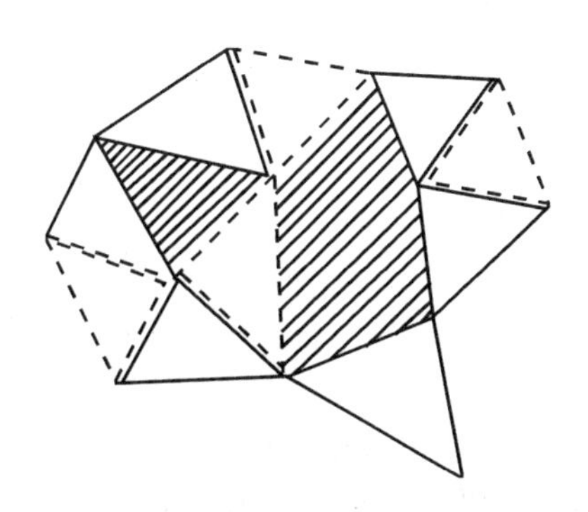

图 8-5　边点混合连接图形

图 8-5 是在点接式(图 8-3)基础上加测四个时段，把边连式与点连式结合起来，就可得到几何强度改善的布网设计方案。图 8-5 所示 3 台接收机的观测方案共有 10 个同步三角形，2 个异步环，6 条复测基线边，总基线数为 30 条，独立基线数为 20 条，多余基线数为 8 条，必要基线数为 12 条。显然该图线呈封闭状，可靠性指标大为提高，外业工作量也比边连式有一定的减少。

5. 三角锁(或多边形)连接

用点连式或边连式组成连续发展的三角锁连接图形(见图 8-6)，此连接形式适用于狭长地区的 GPS 布网，如铁路、公路及管线工程勘测。

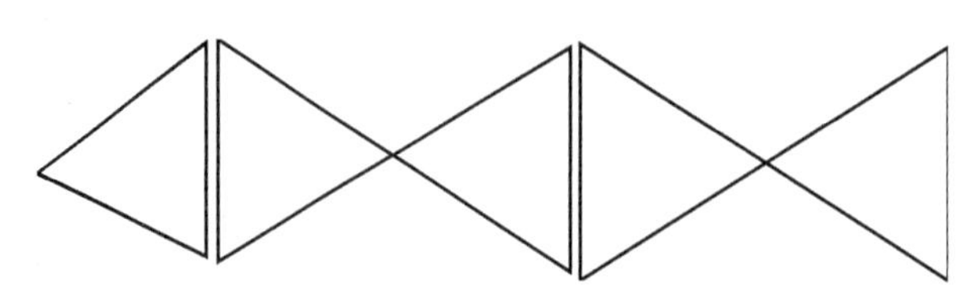

图 8-6　三角锁连接图形

6. 导线网形连接(环形图)

将同步图形布设为直伸状，形如导线结构式的 GPS 网，各独立边应组成封闭状，形成非同步图形，用以检核 GPS 点的可靠性，适用于精度较低的 GPS 布网。该布网方法也可与点连式结合起来布设(图 8-7)。

7. 星形布设

星形图的几何图形简单，其直接观测边间不构成任何闭合图形，所以其检查与发现粗差的能力比点连式更差，但这种布网只需两台仪器就可以作业。若有三台仪器，一个可作为中心站，其他两台可流动作业，不受同步条件限制。测定的点位坐标为 WGS-84 坐标系，每点坐标还需使用坐标转换参数进行转换。由于方法简便，作业速度快，星形布网广泛地应用于精度较低的工程测量、地质、地球物理测点、边界测量、地籍测量和碎部测量等。星形网的几何图形如图 8-8 所示。

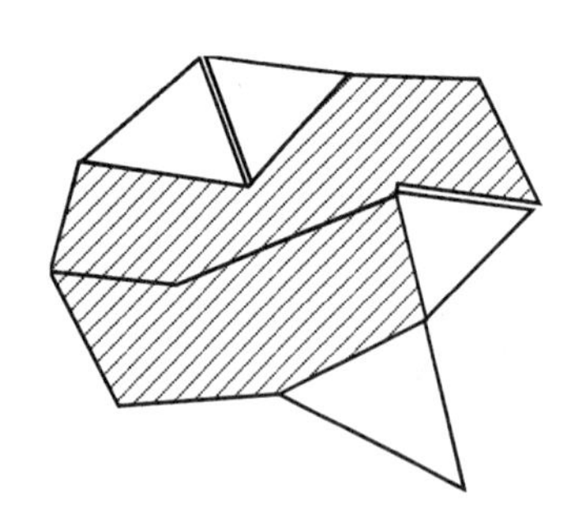

图 8-7　导线网式连接图形

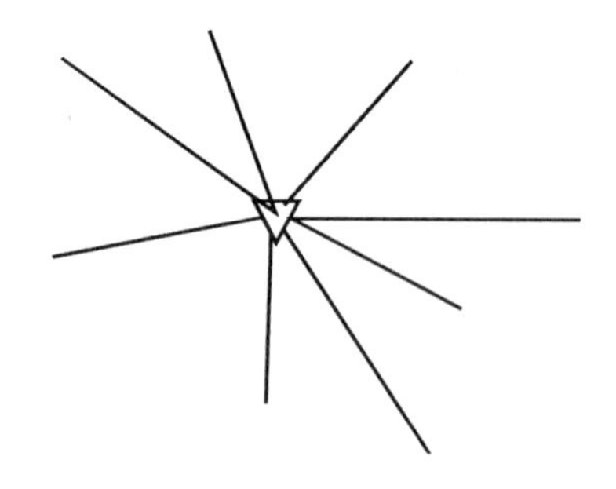

图 8-8　星形连接图形

在实际布网设计时，还要注意以下几个原则：

① GPS 网的点与点间尽管不要求通视，但考虑到利用常规测量加密时的需要，每点应有一个以上通视方向。

② 为了顾及原有城市测绘成果资料以及各种大比例尺地形图的沿用，应采用原有城市坐标系统。对凡符合 GPS 网点要求的旧点，应充分利用其标石。

③ GPS 网必须由非同步独立观测边构成若干个闭合环或附合线路。各级 GPS 网中每个闭合环或附合线路中的边数应符合表 8-5 和表 8-6 的规定。

表 8-5　　最简独立闭合环或附合线路边数的规定

级别	B	C	D	E
闭合环或附合线路的边数/条	≤6	≤6	≤8	≤10

表 8-6　　闭合环或附合线路边数的规定

等　　级	二	三	四	一级	二级
闭合环或附合线路的边数/条	≤6	≤8	≤10	≤10	≤10

§8.2　GPS 测量的外业准备及技术设计书编写

在进行 GPS 外业工作之前，必须做好实施前的测区踏勘、资料收集、器材筹备、观测计划拟订、GPS 仪器检校及设计书编写等工作。

8.2.1　测区踏勘

接受下达任务或签订 GPS 测量合同后，就可依据施工设计图踏勘、调查测区。主要调查了解下列情况，为编写技术设计、施工设计、成本预算提供依据。

① 交通情况：公路、铁路、乡村便道的分布及通行情况。

② 水系分布情况：江河、湖泊、池塘、水渠的分布，桥梁、码头及水路交通情况。

③ 植被情况：森林、草原、农作物的分布及面积。

④ 控制点分布情况：三角点、水准点、GPS 点、多普勒点、导线点的等级、坐标、高程系统，点位的数量及分布，点位标志的保存状况等。

⑤ 居民点分布情况，测区内城镇、乡村居民点的分布，食宿及供电情况。

⑥ 当地风俗民情：民族的分布，习俗及地方方言，习惯及社会治安情况。

8.2.2　资料收集

根据踏勘测区掌握的情况，收集下列资料：

① 各类图件：1∶1 万~1∶10 万比例尺地形图，大地水准面起伏图，交通图。

② 各类控制点成果：三角点、水准点、GPS 点、多普勒点、导线点及各控制点坐标系统、技术总结等有关资料。

③ 测区有关的地质、气象、交通、通信等方面的资料。

④ 城市及乡村行政区划表。

8.2.3　设备、器材筹备及人员组织

设备、器材筹备及人员组织包括以下内容：

① 筹备仪器、计算机及配套设备；

② 筹备机动设备及通信设备；

③ 筹备施工器材，计划油料、材料的消耗；

④ 组建施工队伍，拟订施工人员名单及岗位；

⑤ 进行详细的投资预算。

8.2.4 拟订外业观测计划

观测工作是 GPS 测量的主要外业工作。观测开始之前，外业观测计划的拟定对于顺利完成数据采集任务，保证测量精度，提高工作效益都是极为重要的。拟定观测计划的主要依据是：

- GPS 网的规模大小；
- 点位精度要求；
- GPS 卫星星座几何图形强度；
- 参加作业的接收机数量；
- 交通、通信及后勤保障(食宿、供电等)。

观测计划的主要内容应包括：

① 编制 GPS 卫星的可见性预报图：在高度角大于 15°的限制下，输入测区中心某一测站的概略坐标，输入日期和时间，应使用不超过 20 天的星历文件，即可编制 GPS 卫星的可见性预报图。

② 选择卫星的几何图形强度：在 GPS 定位中，所测卫星与观测站所组成的几何图形，其强度因子可用空间位置因子(PDOP)来代表，无论是绝对定位还是相对定位，PDOP 值不应大于 6。

③ 选择最佳的观测时段：在卫星多于 4 颗且分布均匀、PDOP 值小于 6 的时段就是最佳时段。

④ 观测区域的设计与划分：当 GPS 网的点数较多，网的规模较大，而参加观测的接收机数量有限，交通和通信不便时，可实行分区观测。为了增强网的整体性，提高网的精度，相邻分区应设置公共观测点，且公共点数量不得少于 3 个。

⑤ 编排作业调度表：作业组在观测前应根据测区的地形、交通状况、网的大小、精度的高低、仪器的数量、GPS 网设计、卫星预报表和测区的天时、地理环境等编制作业调度表，以提高工作效益。作业调度表包括观测时段、测站号、测站名称及接收机号等。作业调度表见表 8-7。

⑥ 当作业仪器台数、观测时段数及点数较多时，在每天出测前采用表 8-8 的 GPS 测量外业观测通知单进行调度可能会更好一些。

8.2.5 设计 GPS 网与地面网的联测方案

GPS 网与地面网的联测可根据测区地形变化和地面控制点的分布而定。一般在 GPS 网中至少要重合观测 3 个以上的地面控制点(尽量选择水准高程)作为约束点。约束点的选设原则见本章 GPS 网基准设计部分。

表 8-7　　**GPS 作业调度表**

时段编号	观测时间	测站号/名	测站号/名	测站号/名	测站号/名	测站号/名	测站号/名
		机　号	机　号	机　号	机　号	机　号	机　号
1							
2							
3							
4							

表 8-8　　**GPS 测量外业观测通知单**

观测日期　　年　　月　　日

组别：　　　　操作员：

点位所在图幅：

测点编号/名：

观测时段：1：　　　　2：

3：　　　　4：

5：　　　　6：

安排人：　　　　年　　月　　日

8.2.6　GPS 接收机选型及检验

GPS 接收机是完成测量任务的关键设备，其性能、型号、精度、数量与测量的精度有关，GPS 接收机的选用可参考表 8-9 和表 8-10。

表 8-9　　接收机的选用(1)

级别	B	C	D、E
单频/双频	双频/全波长	双频/全波长	双频或单频
观测量至少有	L_1、L_2 载波相位	L_1、L_2 载波相位	L_1 载波相位
同步观测接收机数/台	≥4	≥3	≥2

表 8-10　　接收机的选用(2)

项目＼等级	二等	三等	四等	一级	二级
接收机类型	双频	双频	双频或单频	双频或单频	双频或单频
标称精度	≤(5 mm+ $2\times10^{-6}d$)	≤(5 mm+ $2\times10^{-6}d$)	≤(10 mm+ $2\times10^{-6}d$)	≤(10 mm+ $2\times10^{-6}d$)	≤(10 mm+ $2\times10^{-6}d$)
观测量	载波相位	载波相位	载波相位	载波相位	载波相位
同步观测接收机数/台	≥4	≥4	≥3	≥3	≥3

观测中所选用的接收机必须对其性能与可靠性进行检验，合格后方可参加作业。对新购和修理后的接收机，应按规定进行全面的检验。接收机全面检验的内容包括一般性检视、通电检验和实测检验。

一般检验：主要检查接收机设备各部件及其附件是否齐全、完好，紧固部分是否松动与脱落，使用手册及资料是否齐全等。另外，天线底座的圆水准器和光学对中器应在测试前进行检验和校正。对气象测量仪表(通风干湿表、气压表、温度表)等应定期送气象部门检验。

通电检验：接收机通电后有关信号灯、按键、显示系统和仪表的工作情况，以及自测试系统的工作情况，当自测正常后，按操作步骤检验仪器的工作情况。

实测检验：测试检验是 GPS 接收机检验的主要内容。其检验方法有：用标准基线检验；已知坐标、边长检验；零基线检验；相位中心偏移量检验等。以上各项测试检验应按作业时间的长短，至少每年测试一次。

(1)用零基线检验接收机内部噪声水平

用零基线检验采用 GPS 功率分配器(简称功分器)，将同一天线输出信号分成功率、相位相同的两路或多路信号送到接收机，然后将观测数据进行双差处理求得坐标增量，以检验固有误差。由于这种方法所测得的坐标增量可以消除卫星几何图形的影响、天线相位中心偏移、大气传播时间误差、信号多路径效应误差及仪器对中误差等，所以是检验接收机钟差、信号通道时延、延迟锁相环误差及机内噪声等电性能所引起的定位误差的一种有效方法。零基线测试方法如下：

① 选择周围高度角 10°以上无障碍物的地方安放天线，按图 8-9 连接天线、功分器和接收机。

② 连接电源，两台 GPS 接收机同步接收 4 颗以上卫星 1~1.5 h。

③ 交换功分器与接收机接口，再观测一个时段。

④ 用随机软件计算基线坐标增量和基线长度。基线误差应小于 1 mm。否则应送厂检修或降低级别使用。

(2)天线相位中心稳定性检验

① 该项检验可在标准基线、比较基线场或 GPS 检测场上进行。

② 检测时可以将 GPS 接收机带天线两两配对，置于基线的两端点。天线要精确对中，定向指标线指向正北，观测一个时段。然后交换接收机与天线再观测一个时段。

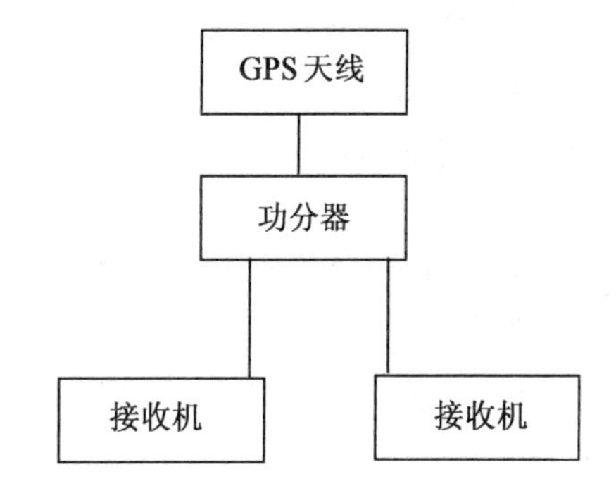

图 8-9 天线、功分器、接收机连接

③ 按上述方法在与该基线垂直的基线上(不具备此条件，可将一个接收机天线固定指北，其他接收机天线绕轴顺时针转动 90°、180°、270°)进行同样观测。

④ 观测结束，用随机软件解算各时段的三维坐标，计算各时段坐标差和基线长。其误差不应超过仪器标称精度的两倍固定误差，否则应送厂返修或降低级别使用。

(3)GPS 接收机不同测程精度指标的测试

该项测试应在标准检定场进行。检定场应含有短边和中长边。基线精度应达到 1×10^{-5}。

检验时，天线应严格整平对中，对中误差小于±1 mm。天线指向正北，天线高量至 1 mm。测试结果与基线长度比较，应优于仪器标称精度。

(4)仪器的高低温实验

对于有特殊要求时，需对 GPS 接收机进行高低温测试。其测试方法可将天线架设在室外，GPS 接收机主机放在高低温箱中进行测试；或者在野外实地高低温下进行测试。

(5)野外测试

对于双频 GPS 接收机应通过野外测试，检查在美国执行 SA 技术时其定位精度。

用于等级测量的 GPS 接收机，每年出测前应进行(1)、(2)两项检验。经过检修或更换插板的接收机，有关检验和测试项目均应重新进行。

(6)光学对中器的检验

用于天线基座的光学对点器在作业中应经常检验，确保对中的准确性，其检校参照控制测量中光学对点器核校方法。

8.2.7 技术设计书编写

资料收集全后，编写技术设计，主要编写内容如下：

1. 任务来源及工作量

包括 GPS 项目的来源、下达任务的项目、用途及意义；GPS 测量点的数量(包括新定点数、约束点数、水准点数、检查点数)；GPS 点的精度指标及坐标、高程系统。

2. 测区概况

测区隶属的行政管辖；测区范围的地理坐标、控制面积；测区的交通状况和人文地理；测区的地形及气候状况；测区控制点的分布及对控制点的分析、利用和评价。

3. 布网方案

GPS 网点的图形及基本连接方法；GPS 网结构特征的测算；点位布设图的绘制。

4. 选点与埋标

GPS 点位的基本要求；点位标志的选用及埋设方法；点位的编号等。

5. 观测

对观测工作的基本要求；观测纲要的制定；对数据采集提出注意的问题。

6. 数据处理

数据处理的基本方法及使用的软件；起算点坐标的决定方法；闭合差检验及点位精度的评定指标。

7. 完成任务的措施

要求措施具体、方法可靠，能在实际工作中贯彻执行。

8.2.8 GPS 卫星可见性预报示例

在观测计划的制定时，应根据测区概略坐标和观测时日预报 GPS 卫星的可见性，以便选择有利的观测时机。

各类型 GPS 接收机的随机软件都有 GPS 卫星的可见性预报功能，只要输入测区的概略经纬度和观测时间，即可进行可见卫星的预报。图 8-10、图 8-11、图 8-12 所示分别为用 Ashtech 接收机随机软件 WinPrism 做出的 GPS 卫星与地面观测站(已知其经度 117°、纬度 34°和高程 30 m)在 2004 年 10 月 26 日(北京时)卫星空间几何分布的 PDOP 值以及 12 点 45 分、15 点 30 分时的卫星空间分布方位图。从图 8-10 可以看出，在一天中，除 12 点至 13 点以及 17 点至 18 点以外，PDOP 值均小于 6，是观测的有利时间段。从图 8-11 的卫星方位图可看出，12 点 45 分时，地面高度 15°以上的卫星只有 5 颗。从图 8-12 的卫星方位图可看出，15 点 30 分时，地面高度 15°以上的卫星有 9 颗。

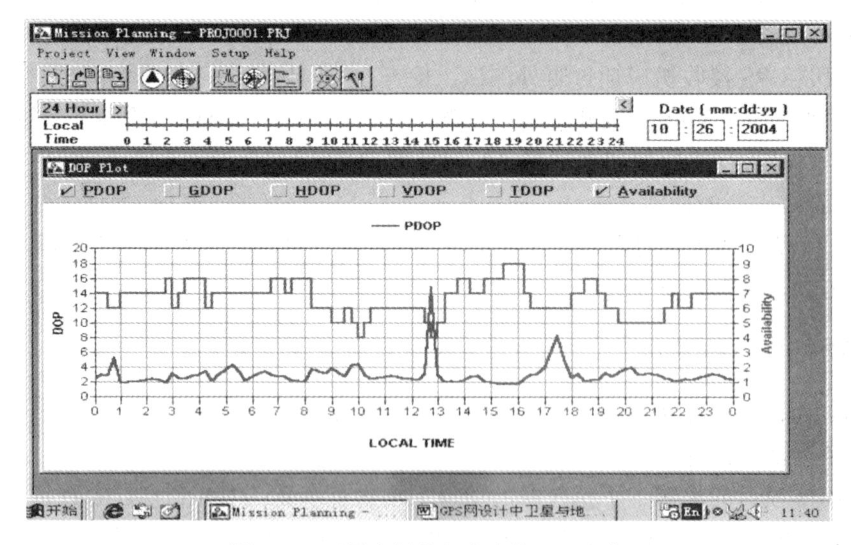

图 8-10　卫星空间几何分布的 PDOP 值

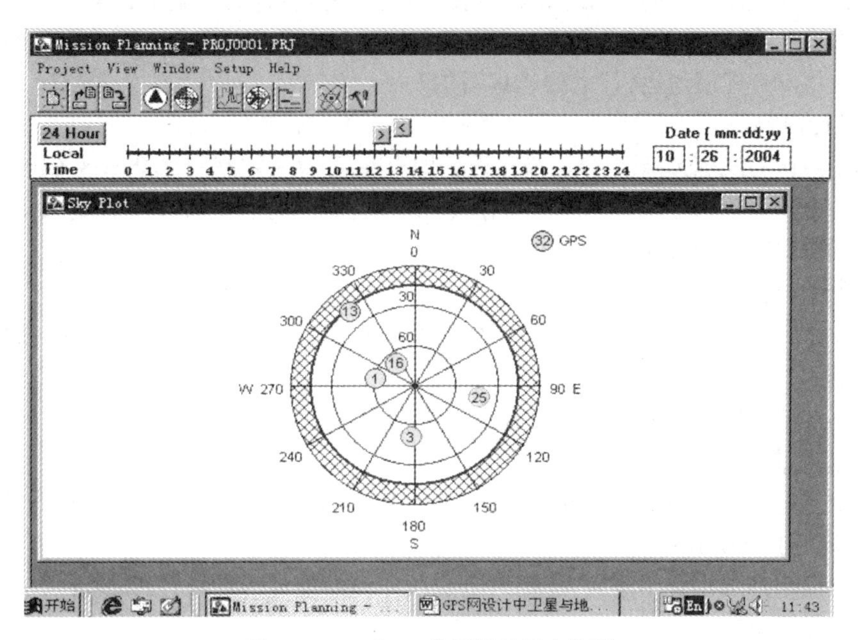

图 8-11　12 点 45 分可视卫星方位图

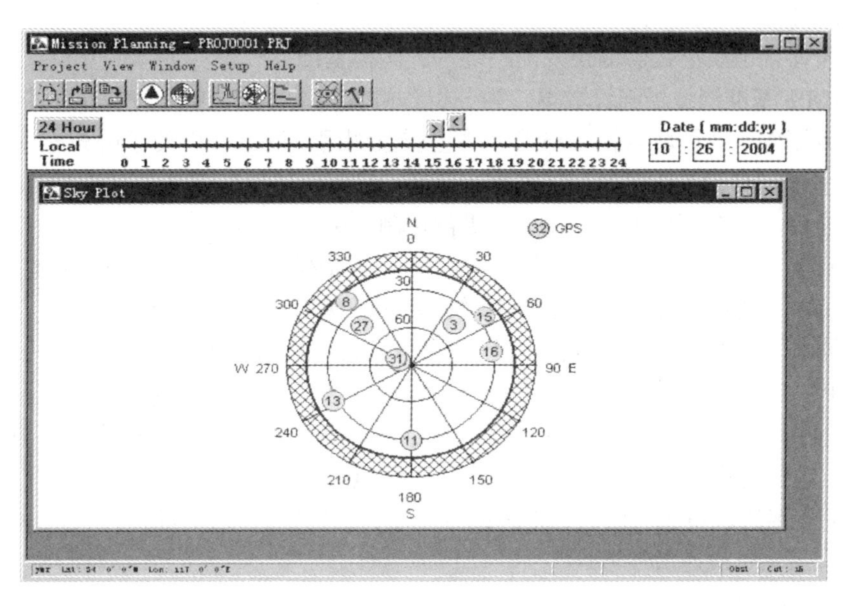

图 8-12　15 点 30 分可视卫星方位图

8.2.9　GPS 技术设计示例——三峡库区 A、B 级 GPS 网观测技术设计

1. 项目概要

(1)任务由来

2001 年 4 月，由三峡建委移民局和国土资源部组织专家评审并通过了国土资源部中国地质环境监测院编制的“长江三峡工程库区地质灾害监测预警工程建设规划”。据此，

国土资源部三峡地质灾害防治工作指挥部在《监测预警规划》的基础上，编制了“监测预警工程实施方案”。本技术设计就是依据“监测预警工程实施方案”中关于“库区全球卫星定位监测系统(GPS)建设与运行”的要求编写的。

(2)设计内容

三峡全库区 GPS 监测系统分三级布设，即全库区 GPS 控制网、全库区 GPS 基准网和 GPS 变形监测网。项目要求就 GPS 控制网、GPS 基准网的点位布设、数据采集、数据处理和经费预算等有关内容做出技术设计。

(3)设计依据

①“长江三峡库区地质灾害监测预警工程实施方案”，国土资源部三峡地质灾害防治工作指挥部，2001-12。

②《长江三峡库区崩滑地质灾害 GPS 监测研究报告》，国土资源部长江三峡地质灾害防治工作指挥部，1999-8。

③《全球定位系统(GPS)测量规范》，GB/T18314-2001，国家质量技术监督局(以下简称 GPS 规范)，2001-3。

④《测绘生产成本费用定额》，财政部、国家测绘地理信息局，2002-11。

2. GPS 网点布设

1)GPS 控制网

(1)GPS 控制网的作用

① 为全库区地质灾害监测预警提供统一的坐标基准。

② 为 GPS 基准网提供起算数据，为分析各滑坡体基准点的稳定性提供基准。

③ 与我国的 IGS 站联测，或与周围的地震监测网点联测，以便于分析全库区地壳形变、板块运动及进行地震预报。

④ 为全库区高精度要求的建设工程提供控制坐标。

⑤ 亦可为全库区水陆运输“智能交通管理系统”提供高精度的 WGS-84 系地心坐标。

⑥ 对 GPS 控制网点稍加改造，可用作三峡库区差分 GPS 的基站。

⑦ 也可作为全库区 GPS 气象(预报降雨量)预报系统的基站。

(2)GPS 控制网点位布设

根据全库区(库岸总长为 5 300 km)不稳定库岸的实际情况，按精度、可靠性、经济性三个指标进行优化设计，共设 15 个 GPS 控制网点，如图 8-13 所示。

点位的点名应取村名、山名、地名或单位名，若用旧点时，应沿用原名。点位编号按 A-xx，从宜昌往重庆递增编号。

(3)GPS 控制网的选点

GPS 控制网点的点位应满足以下要求：

① 点位地质条件好、稳定，易于长期保存。最好选在基岩上。

② 点位四周高度角 10°以上无成片障碍物，以保证 GPS 信号接收。

③ 点位离电台、电视台、微波中继站等强信号源的距离应大于 400 m，离开高压线、变压器等干扰源的距离应大于 200 m。

④ 点位周围无信号反射物(如建筑物、大片平静的水面、山坡等)，以免产生多路径效应误差。

⑤ 能较好地解决交通、住宿、生活、供电等问题。

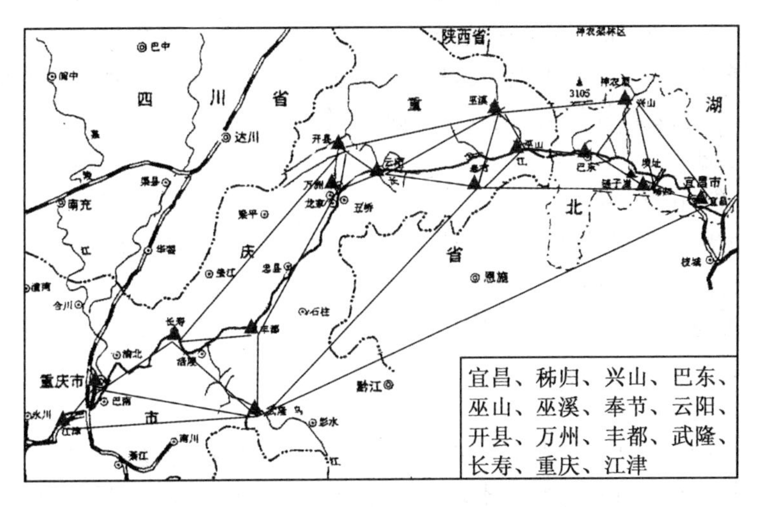

图 8-13　三峡库区 GPS 控制网布设示意图

选点结束后，应在实地绘制点之记，具体要求见《全球定位系统(GPS)测量规范》。

(4)GPS 控制网点观测墩的建造

所有 GPS 控制网点都应建造 GPS 观测墩，观测墩的要求如下：

① GPS 观测墩设有强制对中装置，其结构如图 8-14 所示。

② 观测墩用钢筋混凝土在点位上浇制(符合 GPS 规范要求)，一般应与基岩相连。

③ 观测墩的顶部嵌有不锈钢或铜质的强制对中盘，连接孔应垂直对中，盘面直径不小于250 mm。

④ 观测墩的盘面应水平，最大偏差应小于 0. 5 mm。

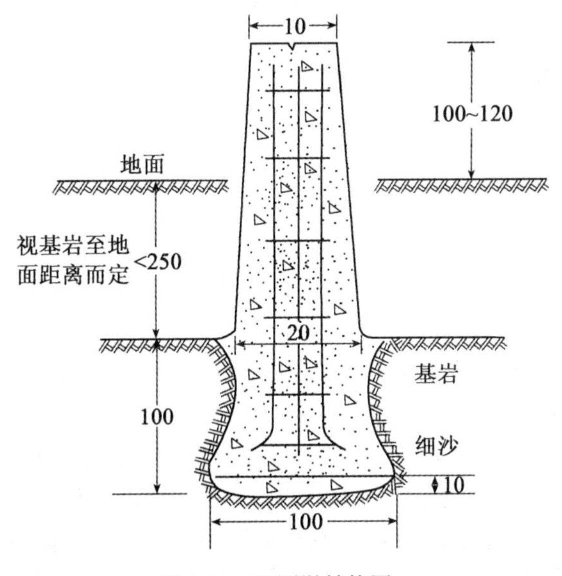

图 8-14　观测墩结构图

观测墩建好后，应办理测量标志委托保管书，一式两份。建在基岩上的观测墩应使其稳定一个月后方可用于观测。不是在基岩上的观测墩应经过一个雨季后方可用于观测。

观测墩建好后，应与选点工作一起写出工作总结，并上交以下资料：填写埋石造墩后的点之记；测量标志委托保管书；选点、造墩工作总结。

2)GPS 基准网

(1)GPS 基准网的作用

① GPS 基准网点是滑坡体变形监测的基准。变形监测点是否有变形，就是相对基准点而言的。因此基准点的正确性、可靠性、稳定性至关重要。

② GPS 基准点也可为三峡库区滑坡工程防治、库区工程建设、工程测量等工作提供控制坐标。

(2)GPS 基准网点位布设

根据每一个滑坡体的实际情况，在滑坡体的上部或左右两边布设 GPS 基准点，每一个滑坡体应有 2~3 个基准点，临近滑坡体的基准点可共用。基准点与监测点的距离一般应小于3 km，个别最远也不应超过 5 km。将就近的滑坡体的基准点连在一起构成基准网。三峡全库区约有 200 多个基准点，为有利于工作，根据三峡库区滑坡体分布的情况，宜将这些基准网点分成 4 个基准网，即链子崖-巴东段基准网、巫山-云阳段基准网、万州-丰都段基准网、涪陵-重庆段基准网。

GPS 基准网点的点名也取村名、山名、地名或单位名，若用旧点时，应沿用原名。点位编号按 B-xxx，从宜昌往重庆递增编号。

(3)GPS 基准网的选点

GPS 基准网点的点位应满足以下要求：

① 点位地质条件好、稳定，易于长期保存。点位一般选在离滑坡体 50~700 m 的稳定岩体上。

② 点位四周高度角 15°以上，无成片障碍物，以保证 GPS 信号接收。

③ 其他要求同控制网点。

GPS 基准网点也均应建造 GPS 观测墩，其要求同控制网点。

3. 数据采集(外业观测)

1)GPS 控制网

(1)对仪器设备的要求

A. GPS 接收机

① 用于 GPS 控制网观测的 GPS 接收机必须是符合 GPS 规范要求的双频机，其标称精度应优于 $5\ mm \pm 1 \times 10^{-6}$。

② 为便于观测、提高精度和可靠性，采用 15~17 台 Trimble5700GPS 接收机参加作业，使全网一次同步观测完成(包括联测的大地控制点)。

③ GPS 天线的相位中心应稳定。参加作业的 GPS 接收机，均采用 chokering 天线。

④ 对新购置的 GPS 接收机，应按 GPS 规范要求进行全面的检验，各项指标均符合要求后方可使用。凡经过检修或更换主要插件的接收机，以及受强烈撞击或更新天线与接收机匹配关系的接收机，均应同新购置接收机一样做全面检验。对原有的 GPS 接收机也应有当年的检验资料。

⑤ 天线及基座上的圆气泡及长气泡、光学对中器、天线高量尺，在作业前也应进行

检校。

B. 气象仪器

GPS 观测时所用的干湿通风温度计、空盒气压计应有近三年的检校资料。

(2)外业观测纲要

① GPS 控制网点应连续观测 24~30 h。

② 采样间隔为 15 s，截止高度角为 15°。

③ 白天每 2 h 记录一次(晚上每 3 h 记录一次)干温、湿温、气压等气象元素及天气状况，如遇到突变天气，应加测一次。气象仪器应挂在测站附近与天线相位中心大致等高处，否则应加以修正。

④ 每站观测前、后各量取一次安置 GPS 天线的基座高，基座高量取应在基座整平后进行。量取时，以两个三角板配合在间隔 120°的三处量取，互差不超过 1 mm 时，取中数采用。当三处高的互差不小于 1 mm 时，应重新整平后再量取，保证量取精度优于±0. 3 mm。根据 GPS 天线相位中心至天线下底面中心螺旋面的高度(可从 GPS 天线说明书上查出)，加上基座高度即为 GPS 天线高。

⑤ 观测期间不得在天线附近 50 m 范围内使用电台，不得在 10 m 范围内使用对讲机或手机。

⑥ 每点观测数据，除存储在计算机硬盘外，必须在软盘或光盘上备份。

⑦ 在整个 GPS 控制网范围内，选 2 个国家大地控制点，与 GPS 控制网点同步联测，以便将 GPS 控制网点的坐标转换成 1954 年北京坐标系和 1980 年西安坐标系。

⑧ 其余有关规定参照 GPS 规范执行。

2)GPS 基准网

(1)对 GPS 接收机的要求

① 用于 GPS 基准网观测的 GPS 接收机必须是符合 GPS 规范要求的双频机，其标称精度应优于 $5\ \text{mm}\pm1\times10^{-6}$。

② 为便于组织观测，提高效益，选用 16 台以上 Trimble5700 双频 GPS 接收机参加作业。

③ GPS 天线的相位中心应稳定，采用 chokering 天线。

④ 其他要求同控制网点观测要求。

(2)外业观测纲要

① GPS 基准网点应连续观测 12~16 h。

② 采样间隔为 15 s，截止高度角为 15°。

③ 因 GPS 基准网点间距离较近，可以不测气象元素，仅做天气状况记录。

④ 各 GPS 基准网观测时，应就近与 2~3 个 GPS 控制网点一并观测，以获取起算数据，便于分析基准点的稳定性。

⑤ 其他要求同控制网点，并按 GPS 规范的 B 级网要求执行。

4. 数据处理

1)GPS 控制网

(1)数据处理纲要

① 以云阳点为全网起算点。云阳点在 ITRF 参考框架中的坐标经与武汉、北京、上海、西安、拉萨、昆明等 GPS 跟踪站联测后解算出。

② 基线解算采用 IGS 的精密星历，采用 GAMIT/GLOBK 软件来进行数据处理。

③ 在计算时应顾及天线相位中心变化的事实，采用 IGS 提供的改正数表进行改正。接收机天线 L_1、L_2相位中心偏差采用 GAMIT 软件的设定值。

④ 对流层折射改正，先根据标准大气模型(Saastamoinen)改正，采用分段线性的方法估算折射量偏差参数，每 4 h 估计一个参数；再用实测的气象参数计算，当两者之差超出允许范围，就采用实测气象参数的结果。

⑤ 电离层折射采用 LC 观测值来消除。

⑥ 应顾及卫星钟差改正、接受机钟差改正和潮汐改正。

⑦ GPS 控制网平差采用 PowerADJ 科研版。

⑧ 根据联测的国家大地控制点坐标，求出各个 GPS 控制点在 54 系和 80 系里的坐标。

(2)基线解算质量检核

① 同一时段观测值的数据剔除率≤10‰。

② 由完全的独立基线构成的独立环，各独立环的坐标分量闭合差和全长闭合差应符合下式规定：

$$W_x \leqslant 2\sqrt{n}\sigma,\ W_y \leqslant 2\sqrt{n}\sigma,\ W_z \leqslant 2\sqrt{n}\sigma$$

(3)预期精度

① 云阳点精度优于 10 cm(相对于 WGS-84 坐标系)。

② 所有基线相对精度优于 0.5×10^{-7}(即 1/2 000 万)。

③ 全网最弱点的点位中误差优于±3.4 mm(相对于云阳点)。

④ 数据处理后，应写出技术总结，要求按 GPS 规范。

2)GPS 基准网

(1)数据处理纲要

① 基线解算用 IGS 的精密星历，在 ITRF 参考框架下采用 GAMIT 或 Bernese 软件。

② 各 GPS 基准网平差计算采用 PowerADJ 科研版或商用版。

③ 视基线长度情况，参照控制网要求执行。

(2)基线解算质量检核

① 同一时段观测值的数据剔除率≤10‰。

② 各独立基线构成独立环的坐标分量闭合差和全长闭合差应符合下式规定：

$$W_x \leqslant 2\sqrt{n}\sigma,\ W_y \leqslant 2\sqrt{n}\sigma,\ W_z \leqslant 2\sqrt{n}\sigma$$

③ 复测基线的长度较差应满足：$d_s \leqslant 2\sqrt{2}\sigma$

(3)预期精度

① 当基线长度<3 km 时，优于 3 mm。

② 当基线长度≥3 km 时，优于 1/100 万。

③ 数据处理后，应写出技术总结，要求按 GPS 规范。

5. 上交资料

上交资料包括：

(1)数据采集的安排、组织、调度计划。

(2)外业原始记录(包括 GPS 手簿、气象参数手簿)。

(3)参加作业的 GPS 接收机及气象仪器的检测报告。

(4)各 GPS 控制点、GPS 基准点的基本信息(各控制点、基准点的点名及编号、代码等)。

(5)观测值的数量、数据剔除率等统计信息。

(6)联测的国家大地控制点资料。

(7)解算的同步基线向量(三维)、边长及精度。

(8)GPS控制网和各GPS基准网的平差结果(包括各基线向量改正；基线相对中误差；各点的三维空间直角坐标及精度；各点在WGS-84坐标系的大地坐标及精度；各点在1954年北京坐标系和1980年西安坐标系中的大地坐标、平面坐标及精度；各点误差椭圆参数等)。

(9)观测及数据处理的技术总结。

§8.3 GPS测量的外业实施

GPS测量的外业实施包括GPS点的选埋、观测、数据传输及数据预处理等工作。

8.3.1 选点

由于GPS测量观测站之间不一定要求相互通视，而且网的图形结构也比较灵活，所以选点工作比常规控制测量的选点要简便。但由于点位的选择对于保证观测工作的顺利进行和保证测量结果的可靠性有着重要的意义，所以在选点工作开始前，除收集和了解有关测区的地理情况和原有测量控制点分布及标架、标型、标石完好状况，决定其适宜的点位外，选点工作还应遵守以下原则：

① 点位应设在易于安装接收设备、视野开阔的较高点上。

② 点位目标要显著，视场周围15°以上不应有障碍物，以减小GPS信号被遮挡或被障碍物吸收。

③ 点位应远离大功率无线电发射源(如电视台、微波站等)，其距离不小于200 m；远离高压输电线和微波无线电信号传送通道，其距离不得小于50 m，以避免电磁场对GPS信号的干扰。

④ 点位附近不应有大面积水域或不应有强烈干扰卫星信号接收的物体，以减弱多路径效应的影响。

⑤ 点位应选在交通方便、有利于其他观测手段扩展与联测的地方。

⑥ 地面基础稳定，易于点的保存。

⑦ 选站时，应尽可能使测站附近的小环境(地形、地貌、植被等)与周围的大环境保持一致，以减少气象元素的代表性误差。

⑧ 选点人员应按技术设计进行踏勘，在实地按要求选定点位。当利用旧点时，应对旧点的稳定性、完好性，以及觇标是否安全、可用性进行检查，符合要求方可利用。

⑨ 网形应有利于同步观测边、点联结。

⑩ 当所选点位需要进行水准联测时，选点人员应实地踏勘水准路线，提出有关建议。

8.3.2 标志埋设

GPS网点一般应埋设具有中心标志的标石，以精确标志点位，点的标石和标志必须稳定、坚固，以利长久保存和利用。在基岩露头地区，也可直接在基岩上嵌入金属标志，详见《规范》。

每个点位标石埋设结束后，应按表8-11填写点之记，并提交以下资料：

表 8-11

GPS 点之记

网区：平陆区　所在图幅：149E008013　点号：C002

点名	南疙瘩	类级	B	概略位置	$B=34°50'$　$L=111°10'$　$H=484$ m		
所在地	山西省平陆县城关镇上岭村			最近住所及距离	平陆县城县招待所，距点位 8 km		
地类	山地	土质	黄土	冻土深度		解冻深度	
最近邮电设施	平陆县城邮电局			供电情况	上岭村每天可提供交流电		
最近水源及距离	上岭村有自来水,距点 800 m			石子来源	点位附近	沙子来源	县城建筑公司

本点交通情况(至本点通路与最近车站、码头名称及距离)	由三门峡搭车轮渡过黄河，向北约 8 km 到山西平陆县城，再由平陆县城搭车向车南约 7 km 至上岭村，再步行约 800 m 到点上。每天有两班车，两轮人力车可到达点位。	交通路线图	N　平陆县　南疙瘩　上岭村　茅津　盘南　黄河　三门峡市　1 : 200 000

选点情况			点位略图
单位	国家测绘局第一大地测量队		200　100　800　上岭村　400　盘南　单位：m　1 : 20 000
选点员	李纯	日期 2000. 6. 5	
是否需联测坐标与高程	联测高程		
联测等级与方法	二等水准测量		
起始水准点及距离	点号为Ⅱ西三 023，距离本点 1.5 km，联测里程大约2 km。		

地质概要、构造背景	地形地质构造略图

埋石情况				标石断面图	接收天线计划位置
单位	国家测绘局第一大地测量队			40　150　15　10　120　70　单位：cm	天线可直接安置在墩标顶面上
埋石员	张勇	日期	2000. 7. 12		
利用旧点及情况	利用原有的墩标				
保管人	陈生明				
保管人单位及职务	山西省平陆县上岭村会计				
保管人住址	山西省平陆县上岭村				
备注					

① 点之记；

② GPS 网的选点网图；

③ 土地占用批准文件与测量标志委托保管书；

④ 选点与埋石工作技术总结。

点名一般取村名、山名、地名、单位名，应向当地政府部门或群众进行调查后确定。利用原有旧点时点名不宜更改，点号编排(码)应适应计算机计算。

8.3.3 观测工作

1. 观测工作依据的主要技术指标

GPS 观测与常规测量在技术要求上有很大差别，各级 GPS 测量基本技术规定按表 8-12 规定执行，对城市及工程 GPS 控制在作业中应按表 8-13 有关技术指标执行。

表 8-12 **各级 GPS 测量基本技术要求规定**

项目	级别			
	B	C	D	E
卫星截止高度角/(°)	10	15	15	15
同时观测有效卫星数/个	≥4	≥4	≥4	≥4
有效观测卫星总数/个	≥20	≥6	≥4	≥4
观测时段数	≥3	≥2	≥1.6	≥1.6
时段长度	≥23 h	≥4 h	≥60 min	≥40 min
采样间隔/s	30	10~30	5~15	5~15

注：1)计算有效观测卫星总数时，应将各时段的有效观测卫星数扣除其间的重复卫星数。

2)观测时段长度应为开始记录数据到结束记录的时间段。

3)观测时段数≥1.6，指采用网观测模式时，每站至少观测一时段，其中二次设站点数应不少于GPS 网总点数的 60%。

4)采用基于卫星定位连续运行基准站观测模式时，可连续观测，但观测时间应不低于表中规定的各时段观测时间的和。

表 8-13 **城市及工程 GPS 控制作业中各级 GPS 测量作业的基本技术要求**

项　目	等级 观测方法	二等	三等	四等	一级	二级
卫星高度角/(°)	静　态	≥15	≥15	≥15	≥15	≥15
	快速静态					
有效观测同类卫星数/个	静　态	≥4	≥4	≥4	≥4	≥4
	快速静态	—	≥5	≥5	≥5	≥5
平均重复设站数/个	静　态	≥2	≥2	≥2	≥1.6	≥1.6
	快速静态	—	≥2	≥2	≥1.6	≥1.6

续表

项　目	等级 / 观测方法	二等	三等	四等	一级	二级
时段长度/min	静　　态	≥90	≥60	≥60	≥45	≥45
	快速静态	—	≥20	≥20	≥15	≥15
数据采样间隔/s	静　　态	10~60	10~60	10~60	10~60	10~60
	快速静态					

2. 天线安置

① 在正常点位，天线应架设在三脚架上，并安置在标志中心的上方直接对中，天线基座上的圆水准气泡必须整平。

② 在特殊点位，当天线需要安置在三角点觇标的观测台或回光台上时，应先将觇标顶部拆除，以防止对 GPS 信号的遮挡。这时可将标志中心反投影到观测台或回光台上，作为安置天线的依据。如果觇标顶部无法拆除，接收天线若安置在标架内观测，就会造成卫星信号中断，影响 GPS 测量精度。在这种情况下，可进行偏心观测。偏心点选在离三角点100 m以内的地方，归心元素应以解析法精密测定。

③ 天线的定向标志线应指向正北，并顾及当地磁偏角的影响，以减弱相位中心偏差的影响。天线定向误差依定位精度不同而异，一般不应超过±(3°~5°)。

④ 刮风天气安置天线时，应将天线进行三方向固定，以防倒地碰坏。雷雨天气安置天线时，应注意将其底盘接地，以防雷击天线。

⑤ 架设天线不宜过低，一般应距地面 1 m 以上。天线架设好后，在圆盘天线间隔120°的三个方向分别量取天线高，三次测量结果之差不应超过 3 mm，取其三次结果的平均值记入测量手簿中，天线高记录取值 0. 001 m。

⑥ 测量气象参数：在高精度 GPS 测量中，要求测定气象元素。每时段气象观测应不少于 3 次(时段开始、中间、结束)。气压读至 0. 1 mbar，气温读至 0. 1℃，对一般城市及工程测量只记录天气状况。

⑦ 复查点名并记入测量手簿中，将天线电缆与仪器进行连接，经检查无误后，方能通电启动仪器。

3. 开机观测

观测作业的主要目的是捕获 GPS 卫星信号，并对其进行跟踪、处理和量测，以获得所需要的定位信息和观测数据。

天线安置完成后，在离开天线适当位置的地面上安放 GPS 接收机，接通接收机与电源、天线、控制器的连接电缆，并经过预热和静置，即可启动接收机进行观测。

接收机锁定卫星并开始记录数据后，观测员可按照仪器随机提供的操作手册进行输入和查询操作，在未掌握有关操作系统之前，不要随意按键和输入，一般在正常接收过程中禁止更改任何设置参数。

通常来说，在外业观测工作中，仪器操作人员应注意以下事项：

① 当确认外接电源电缆及天线等各项连接完全无误后，方可接通电源，启动接收机。

② 开机后，接收机有关指示显示正常并通过自检后，方能输入有关测站和时段控制

信息。

③ 接收机在开始记录数据后，应注意查看有关观测卫星数量、卫星号、相位测量残差、实时定位结果及其变化、存储介质记录等情况。

④ 一个时段观测过程中，不允许进行以下操作：关闭又重新启动；进行自测试(发现故障除外)；改变卫星高度角；改变天线位置；改变数据采样间隔；按动关闭文件和删除文件等功能键。

⑤ 每一观测时段中，气象元素一般应在始、中、末各观测记录一次，当时段较长时可适当增加观测次数。

⑥ 在观测过程中要特别注意供电情况，除在出测前认真检查电池容量是否充足外，作业中观测人员不要远离接收机，听到仪器的低电压报警要及时予以处理，否则可能会造成仪器内部数据的破坏或丢失。对观测时段较长的观测工作，建议尽量采用太阳能电池板或汽车电瓶进行供电。

⑦ 仪器高一定要按规定始、末各量测一次，并及时输入仪器及记入测量手簿之中。

⑧ 接收机在观测过程中不要靠近接收机使用对讲机；雷雨季节架设天线要防止雷击，雷雨过境时应关机停测，并卸下天线。

⑨ 观测站的全部预定作业项目，经检查均已按规定完成，且记录与资料完整无误后方可迁站。

⑩ 观测过程中要随时查看仪器内存或硬盘容量，每日观测结束后，应及时将数据转存至计算机硬、软盘上，确保观测数据不丢失。

4. 观测记录

在外业观测工作中，所有信息资料均须妥善记录。记录形式主要有以下两种：

(1)观测记录

观测记录由 GPS 接收机自动进行，均记录在存储介质(如硬盘、硬卡或记忆卡等)上，其主要内容有：

① 载波相位观测值及相应的观测历元；

② 同一历元的测码伪距观测值；

③ GPS 卫星星历及卫星钟差参数；

④ 实时绝对定位结果；

⑤ 测站控制信息及接收机工作状态信息。

(2)测量手簿

测量手簿是在接收机启动前及观测过程中，由观测者随时填写的。其记录格式在现行《规范》和《规程》中略有差别，视具体工作内容选择进行。为便于使用，这里列出《规程》中城市与工程 GPS 网观测记录格式(见表 8-14)供参考。

表 8-14 中，备注栏应记载观测过程中发生的重要问题，问题出现的时间及其处理方式等。

观测记录和测量手簿都是 GPS 精密定位的依据，必须认真、及时填写，坚决杜绝事后补记或追记。

外业观测中存储介质上的数据文件应及时拷贝，一式两份，分别保存在专人保管的防水、防静电的资料箱内。存储介质的外面适当处应贴制标签，注明文件名、网区名、点名、时段名、采集日期、测量手簿编号等。

接收机内存数据文件在转录到外存介质上时，不得进行任何剔除或删改，不得调用任何对数据实施重新加工组合的操作指令。

表 8-14　**GPS 外业观测手簿**

<table>
<tr><td>点号</td><td></td><td>点名</td><td></td><td>图幅编号</td><td></td></tr>
<tr><td>观测记录员</td><td></td><td>观测日期</td><td></td><td>时段号</td><td></td></tr>
<tr><td>接收机型号
及编号</td><td></td><td>天线类型
及其编号</td><td></td><td>存储介质类型
及编号</td><td></td></tr>
<tr><td>原始观测数据
文件名</td><td></td><td>Rinex 格式数据
文件名</td><td></td><td>备份存储介质
类型及编号</td><td></td></tr>
<tr><td>近似纬度</td><td>°　′　″　N</td><td>近似经度</td><td>°　′　″　E</td><td>近似高程</td><td>m</td></tr>
<tr><td>采样间隔</td><td>s</td><td>开始记录时间</td><td>h　min</td><td>结束记录时间</td><td>h　min</td></tr>
<tr><td colspan="2">天线高测定</td><td colspan="2">天线高测定方法及略图</td><td colspan="2">点位略图</td></tr>
<tr><td colspan="2">测前：　测后：
测定值 m　m
修正值 m　m
天线高 m　m
平均值 m　m</td><td colspan="2"></td><td colspan="2"></td></tr>
<tr><td colspan="2">时间(UTC)</td><td colspan="2">卫星跟踪数</td><td colspan="2">PDOP</td></tr>
<tr><td colspan="2"></td><td colspan="2"></td><td colspan="2"></td></tr>
<tr><td colspan="2"></td><td colspan="2"></td><td colspan="2"></td></tr>
<tr><td colspan="2"></td><td colspan="2"></td><td colspan="2"></td></tr>
<tr><td colspan="2"></td><td colspan="2"></td><td colspan="2"></td></tr>
<tr><td>记

事</td><td colspan="5"></td></tr>
</table>

§8.4　GPS 测量的作业模式

近几年来，随着 GPS 定位后处理软件的发展，为确定两点之间的基线向量，已有多种测量方案可供选择。这些不同的测量方案也称为 GPS 测量的作业模式。目前，在 GPS 接收系统硬件和软件的支持下，较为普遍采用的作业模式主要有静态相对定位、快速静态相对定位、准动态相对定位和动态相对定位等。下面就这些作业模式的特点及其适用范围简要介绍如下。

8.4.1 经典静态定位模式

(1)作业方法：采用两台(或两台以上)接收设备，分别安置在一条或数条基线的两个端点，同步观测 4 颗以上卫星，每时段长 45 min 至 2 h 或更多。作业布置如图 8-15 所示。

(2)精度：基线的定位精度可达 5 mm+$1\times10^{-6}\cdot D$，D 为基线长度(km)。

(3)适用范围：建立全球性或国家级大地控制网，建立地壳运动监测网，建立长距离检校基线，进行岛屿与大陆联测，钻井定位及精密工程控制网建立等。

(4)注意事项：所有已观测基线应组成一系列封闭图形(如图 8-15 所示)，以利于外业检核，提高成果可靠度。并且可以通过平差，有助于进一步提高定位精度。

8.4.2 快速静态定位

(1)作业方法：在测区中部选择一个基准站，并安置一台接收设备连续跟踪所有可见卫星；另一台接收机依次到各点流动设站，每点观测数分钟。作业布置如图 8-16 所示。

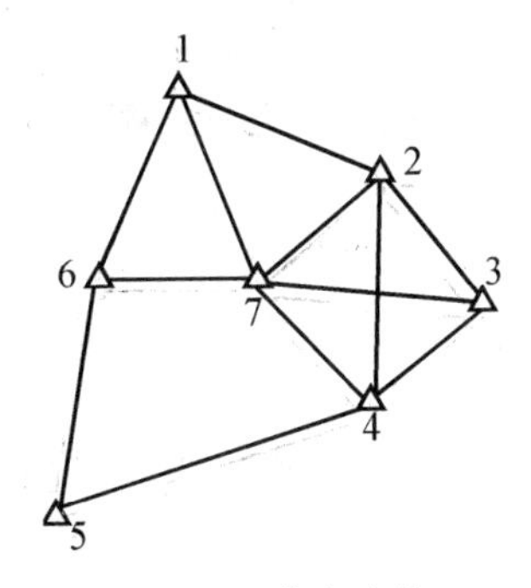

图 8-15 静态定位

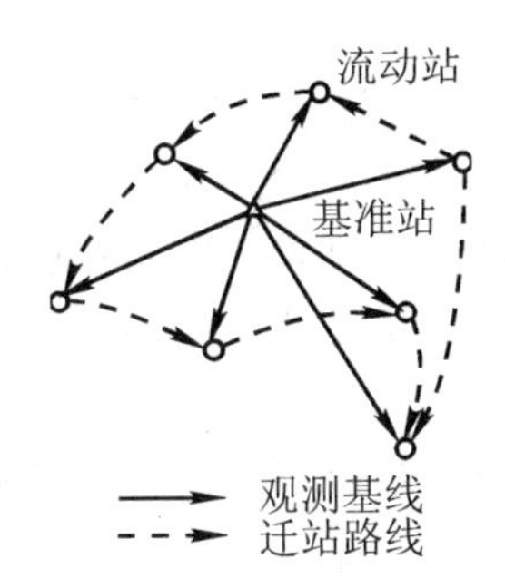

图 8-16 快速静态定位

(2)精度：流动站相对于基准站的基线中误差为 5 mm+$1\times10^{-6}\cdot D$。

(3)应用范围：控制网的建立及其加密、工程测量、地籍测量、大批相距百米左右的点位定位。

(4)注意事项：在观测时段内应确保有 5 颗以上卫星可供观测；流动点与基准点相距应不超过 20 km；流动站上的接收机在转移时，不必保持对所测卫星连续跟踪，可关闭电源以降低能耗。

(5)优缺点：优点：作业速度快、精度高、能耗低；缺点：两台接收机工作时，构不成闭合图形(如图 8-16 所示)，可靠性较差。

8.4.3 准动态定位

(1)作业方法：在测区选择一个基准点，安置接收机连续跟踪所有可见卫星；将另一台流动接收机先置于 1 号站(如图 8-17 所示)观测；在保持对所测卫星连续跟踪而不失锁的情况下，将流动接收机分别在 2，3，4…各点观测数秒钟。

(2)精度：基线的中误差为 1~2 cm。

(3)应用范围：开阔地区的加密控制测量、工程定位及碎部测量、剖面测量及线路测量等。

(4)注意事项：应确保在观测时段上有 5 颗以上卫星可供观测；流动点与基准点距离不超过 20 km；观测过程中流动接收机不能失锁，否则应在失锁的流动点上延长观测时间1~2 min。

8.4.4 往返式重复设站

(1)作业方法：建立一个基准点安置接收机，连续跟踪所有可见卫星；流动接收机依次到每点观测 1~2 min；1 h 后逆序返测各流动点 1~2 min。设站布置如图 8-18 所示。

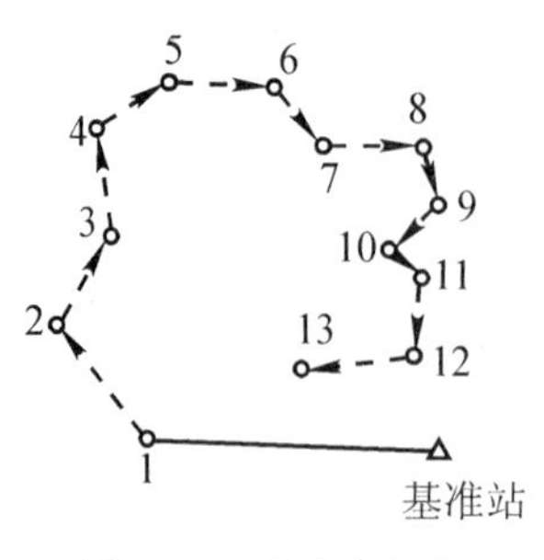

图 8-17 准动态定位

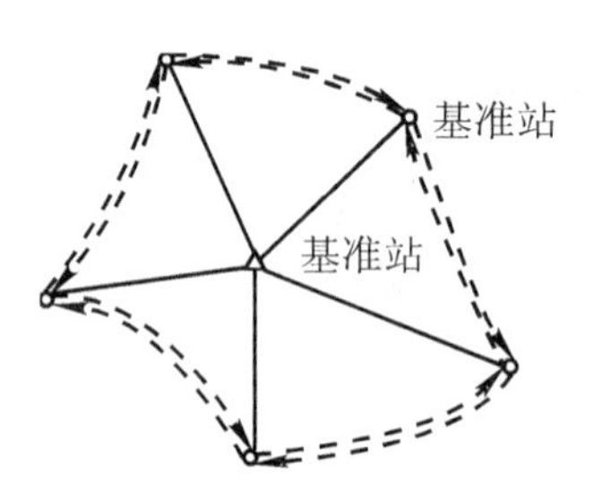

图 8-18 往返式重复设站

(2)精度：相对于基准点的基线中误差为 5 mm+1×10^{-6} · D。

(3)应用范围：控制测量及控制网加密、取代导线测量及三角测量、工程测量及地籍测量等。

(4)注意事项：流动点与基准点相距不超过 20 km；基准点上空开阔，能正常跟踪 3 颗以上的卫星。

8.4.5 动态定位

(1)作业方法：建立一个基准点安置接收机，连续跟踪所有可见卫星(如图 8-19 所示)；流动接收机先在出发点上静态观测数分钟；然后流动接收机从出发点开始连续运动；按指定的时间间隔自动测定运动载体的实时位置。

(2)精度：相对于基准点的瞬时点位精度 1~2 cm。

(3)应用范围：精密测定运动目标的轨迹、测定道路的中心线、剖面测量、航道测量等。

(4)注意事项：需同步观测 5 颗卫星，其中至少 4 颗卫星要连续跟踪；流动点与基准点相距不超过 20 km。

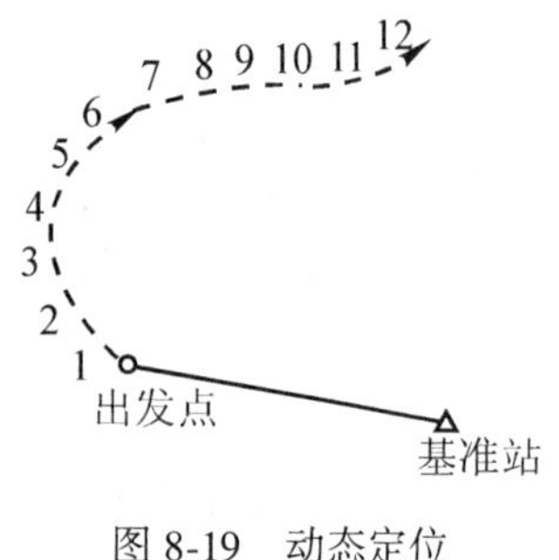

图 8-19 动态定位

8.4.6 实时动态测量的作业模式与应用

1. 实时动态(RTK)定位技术简介

实时动态(Real Time Kinematic，RTK)测量技术，是以载波相位观测量为根据的实时差分 GPS(RTDGPS)测量技术，它是 GPS 测量技术发展中的一个新突破。众所周知，GPS 测量工作的模式已有多种，如静态、快速静态、准动态和动态相对定位等。但是，利用这些测量模式，如果不与数据传输系统相结合，其定位结果均需通过观测数据的测后处理而获得。由于观测数据需在测后处理，所以上述各种测量模式不仅无法实时地给出观测站的定位结果，而且也无法对基准站和用户站观测数据的质量进行实时地检核，因而难以避免在数据后处理中发现不合格的测量成果，需要进行返工重测的情况。

以往解决这一问题的措施主要是延长观测时间，以获得大量的多余观测量来保障测量结果的可靠性。但是，这样一来，便显著地降低了 GPS 测量工作的效率。

实时动态测量的基本思想是，在基准站上安置一台 GPS 接收机，对所有可见 GPS 卫星进行连续的观测，并将其观测数据通过无线电传输设备实时地发送给用户观测站。在用户站上，GPS 接收机在接收 GPS 卫星信号的同时，通过无线电接收设备接收基准站传输的观测数据，然后根据相对定位的原理，实时地计算并显示用户站的三维坐标及其精度。

这样，通过实时计算的定位结果，便可监测基准站与用户站观测成果的质量和解算结果的收敛情况，从而可实时地判定解算结果是否成功，以减少冗余观测，缩短观测时间。

RTK 测量系统的开发成功为 GPS 测量工作的可靠性和高效率提供了保障，这对 GPS 测量技术的发展和普及具有重要的现实意义。当然，这一测量系统的应用也明显地增加了用户的设备投资。

2. RTK 作业模式与应用

根据用户的要求，目前实时动态测量采用的作业模式主要有：

(1)快速静态测量

采用这种测量模式，要求 GPS 接收机在每一用户站上静止地进行观测。在观测过程中，连同接收到的基准站的同步观测数据，实时地解算整周未知数和用户站的三维坐标。如果解算结果的变化趋于稳定，且其精度已满足设计要求，便可适时地结束观测。

采用这种模式作业时，用户站的接收机在流动过程中可以不必保持对 GPS 卫星的连续跟踪，其定位精度可达 1～2 cm。这种方法可应用于城市、矿山等区域性的控制测量、工程测量和地籍测量等。

(2)准动态测量

同一般的准动态测量一样，这种测量模式通常要求流动的接收机在观测工作开始之前，首先在某一起始点上静止地进行观测，以便采用快速解算整周未知数的方法实时地进行初始化工作。初始化后，流动的接收机在每一观测站上只需静止观测数历元，并连同基准站的同步观测数据实时地解算流动站的三维坐标。目前，其定位的精度可达厘米级。

该方法要求接收机在观测过程中保持对所测卫星的连续跟踪。一旦发生失锁，便需重新进行初始化的工作。

准动态实时测量模式通常主要应用于地籍测量、碎部测量、路线测量和工程放样等。

(3)动态测量

动态测量模式一般需首先在某一起始点上静止地观测数分钟，以便进行初始化工作。之后，运动的接收机按预定的采样时间间隔自动地进行观测，并连同基准站的同步观测数据实时地确定采样点的空间位置。目前，其定位的精度可达厘米级。

这种测量模式仍要求在观测过程中保持对观测卫星的连续跟踪。一旦发生失锁，则需重新进行初始化。这时，对陆上的运动目标来说，可以在卫星失锁的观测点上静止地观测数分钟，以便重新初始化，或者利用动态初始化(AROF)技术重新初始化，而对海上和空中的运动目标来说，则只有应用 AROF 技术，重新完成初始化的工作。

实时动态测量模式主要应用于航空摄影测量和航空物探中采样点的实时定位、航道测量、道路中线测量，以及运动目标的精密导航等。

目前，实时动态测量系统已在约 20 km 的范围内得到了成功的应用。相信随着数据传输设备性能和可靠性的不断完善和提高，数据处理软件功能的增强，它的应用范围将会不断地扩大。

§8.5 数据预处理及观测成果的质量检核

8.5.1 数据预处理

为了获得 GPS 观测基线向量，并对观测成果进行质量检核，首先要进行 GPS 数据的预处理。根据预处理结果对观测数据的质量进行分析并作出评价，以确保观测成果和定位结果的预期精度。

1. 数据处理软件及选择

GPS 网数据处理分基线解算和网平差两个阶段。各阶段数据处理软件可采用随机软件或经正式鉴定的软件，对于高精度的 GPS 网成果处理也可选用国际著名的 GAMIT/GLOBK、BERNESE、GIPSY、GFZ 等软件。

2. 基线解算(数据预处理)

对于两台及以上接收机同步观测值进行独立基线向量(坐标差)的平差计算叫基线解算，有的也叫观测数据预处理。

预处理的主要目的是对原始数据进行编辑、加工整理、分流并产生各种专用信息文件，为进一步的平差计算作准备。它的基本内容是：

① 数据传输。将 GPS 接收机记录的观测数据传输到磁盘或其他介质上。

② 数据分流。从原始记录中，通过解码将各种数据分类整理，剔除无效观测值和冗余信息，形成各种数据文件，如星历文件、观测文件和测站信息文件等。

③ 统一数据文件格式将不同类型接收机的数据记录格式、项目和采样间隔统一为标准化的文件格式，以便统一处理。

④ 卫星轨道的标准化。采用多项式拟合法，平滑 GPS 卫星每小时发送的轨道参数，使观测时段的卫星轨道标准化。

⑤ 探测周跳、修复载波相位观测值。

⑥ 对观测值进行必要改正　在 GPS 观测值中加入对流层改正，单频接收的观测值中加入电离层改正。

基线向量的解算一般采用多站、多时段自动处理的方法进行，具体处理中应注意以下几个问题：

① 基线解算一般采用双差相位观测值，对于边长超过 30 km 的基线，解算时也可采用三差相位观测值。

② 卫星广播星历坐标值，可作基线解的起算数据。对于特大城市的首级控制网，也可采用其他精密星历作为基线解算的起算值。

③ 基线解算中所需的起算点坐标，应按以下优先顺序采用：

- 国家 GPS A、B 级网控制点或其他高等级 GPS 网控制点的已有 WGS-84 系坐标；

- 国家或城市较高等级控制点转换到 WGS-84 系后的坐标值；
- 不少于观测 30 min 的单点定位结果的平差值提供的 WGS-84 系坐标。

④ 在采用多台接收机同步观测的一个同步时段中，可采用单基线模式解算，也可以只选择独立基线按多基线处理模式统一解算。

⑤ 同一级别的 GPS 网，根据基线长度不同，可采用不同的数据处理模型。但是0. 8 km内的基线须采用双差固定解。30 km 以内的基线，可在双差固定解和双差浮点解中选择最优结果。30 km 以上的基线，可采用三差解作为基线解算的最终结果。

⑥ 对于所有同步观测时间短于 30 min 的快速定位基线，必须采用合格的双差固定解作为基线解算的最终结果。

8. 5. 2 观测成果的外业检核

对野外观测资料首先要进行复查，内容包括：成果是否符合调度命令和规范的要求；进行的观测数据质量分析是否符合实际。然后进行下列项目的检核。

1. 每个时段同步观测数据的检核

① 数据剔除率，剔除的观测值个数与应获取的观测值个数的比值称为数据剔除率。同一时段观测值的数据剔除率，其值应小于 10%。

② 采用单基线处理模式时，对于采用同一种数学模型的基线解，其同步时段中任一的三边同步环的坐标分量相对闭合差和全长相对闭合差不得超过表 8-15 所列限差。

表 8-15　**同步坐标分量及环线全长相对闭合差限差/1×10^{-6}**

等级限差类型	二等	三等	四等	一级	二级
坐标分量相对闭合差	2. 0	3. 0	6. 0	9. 0	9. 0
环线全长相对闭合差	3. 0	5. 0	10. 0	15. 0	15. 0

2. 重复观测边的检核

同一条基线边若观测了多个时段，则可得到多个边长结果。这种具有多个独立观测结果的边就是重复观测边。对于重复观测边的任意两个时段的成果互差，均应小于相应等级规定精度(按平均边长计算)的 $2\sqrt{2}$ 倍。

3. 同步观测环检核

当环中各边为多台接收机同步观测时，由于各边是不独立的，所以其闭合差应恒为零。例如三边同步环中只有两条同步边，可以视为独立的成果，第三边成果应为其余两边的代数和。但是由于模型误差和处理软件的内在缺陷，使得这种同步环的闭合差实际上仍可能不为零。这种闭合差一般数值很小，不至于对定位结果产生明显影响，所以也可把它作为成果质量的一种检核标准。

一般规定，三边同步环中第三边处理结果与前两边的代数和之差值应小于下列数值：

$$\omega_x \leqslant \frac{\sqrt{3}}{5}\sigma, \quad \omega_y \leqslant \frac{\sqrt{3}}{5}\sigma, \quad \omega_z \leqslant \frac{\sqrt{3}}{5}\sigma$$

$$\omega = (\omega_x^2 + \omega_y^2 + \omega_z^2)^{1/2} \leqslant \frac{3}{5}\sigma \tag{8-12}$$

式中，σ 为相应级别的规定中误差(按平均边长计算)。

对于4站以上的多边同步环，可以产生大量同步闭合环，在处理完各边观测值后，应检查一切可能的环闭合差。以图8-20为例，A、B、C、D 四站应检核：①$AB-BC-CA$；②$AC-CD-DA$；③$AB-BD-DA$；④$BC-CD-DB$；⑤$AB-BC-CD-DA$；⑥$AB-BD-DC-CA$；⑦$AD-DB-BC-CA$。

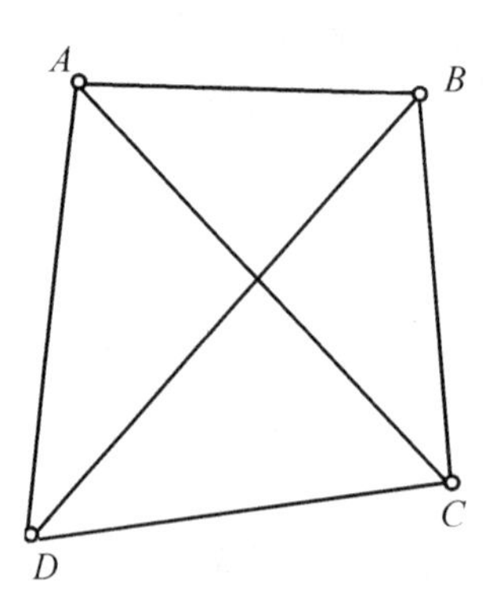

图8-20　同步闭合环

所有闭合环的分量闭合差不应大于 $\frac{\sqrt{n}}{5}\sigma$，而环闭合差为：

$$\omega = \sqrt{\omega_x^2 + \omega_y^2 + \omega_z^2} \leqslant \frac{\sqrt{3n}}{5}\sigma \tag{8-13}$$

4. 异步观测环检核

无论采用单基线模式或多基线模式解算基线，都应在整个GPS网中选取一组完全的独立基线构成独立环，各独立环的坐标分量闭合差和全长闭合差应符合下式：

$$\begin{cases} W_X \leqslant 3\sqrt{n}\sigma \\ W_Y \leqslant 3\sqrt{n}\sigma \\ W_Z \leqslant 3\sqrt{n}\sigma \\ W_S \leqslant 3\sqrt{3n}\sigma \end{cases} \tag{8-14}$$

当发现边闭合数据或环闭合数据超出上述规定时，应分析原因，并对其中部分或全部成果重测。需要重测的边，应尽量安排在一起进行同步观测。

8.5.3　A、B级GPS网基线处理结果质量检核

A、B级基线处理后，应计算基线的分量 ΔX、ΔY、ΔZ 及边长的重复性，还应对各基线边长分量、南北分量和东西分量和垂直分量的重复性进行固定误差与比例误差的直线拟合，作为衡量基线精度的参考指标。重复性定义按下式计算：

$$R_C = \left[\frac{\dfrac{n}{n-1} \cdot \sum_{i=1}^{n} \dfrac{(C_i - C_m)^2}{\sigma_{C_i}^2}}{\sum_{i=1}^{n} 1/\sigma_{C_i}^2} \right]^{1/2} \tag{8-15}$$

式中，n 为同一基线的总观测时段数；

C_i 为一个时段的基线某一分量或边长；

$\sigma_{C_i}^2$ 为该时段 i 相应于 C_i 分量的方差；

C_m 为各时段的加权平均值。

B 级 GPS 网，同一基线和其分量不同时段的较差（d_S、$d_{\Delta X}$、$d_{\Delta Y}$、$d_{\Delta Z}$）应满足式(8-16)的规定，式中同一基线和其分量 R 值（R_S、$R_{\Delta X}$、$R_{\Delta Y}$、$R_{\Delta Z}$）按式(8-15)计算。

$$\begin{cases} d_{\Delta X} \leqslant 3\sqrt{2}R_{\Delta X} \\ d_{\Delta Y} \leqslant 3\sqrt{2}R_{\Delta Y} \\ d_{\Delta Z} \leqslant 3\sqrt{2}R_{\Delta Z} \\ d_S \leqslant 3\sqrt{2}R_S \end{cases} \tag{8-16}$$

B 级 GPS 网基线处理后，独立闭合环或附合路线坐标分量闭合差（W_X、W_Y、W_Z）应满足式(8-17)的要求：

$$\begin{cases} W_X \leqslant 2\sigma_{W_X} \\ W_Y \leqslant 2\sigma_{W_Y} \\ W_Z \leqslant 2\sigma_{W_Z} \end{cases} \tag{8-17}$$

其中，

$$\begin{cases} \sigma_{W_X}^2 = \sum_{i=1}^{r} \sigma_{\Delta X(i)}^2 \\ \sigma_{W_Y}^2 = \sum_{i=1}^{r} \sigma_{\Delta Y(i)}^2 \\ \sigma_{W_Z}^2 = \sum_{i=1}^{r} \sigma_{\Delta Z(i)}^2 \end{cases} \tag{8-18}$$

式(8-18)中，r 为环线中的基线数；$\sigma_{C(i)}^2$（$C = \Delta X$，ΔY，ΔZ）为环线中第 i 条基线 C 分量的方差。环线全长闭合差应满足式(8-19)～式(8-22)的要求：

$$\boldsymbol{W} \leqslant 3\sigma_W \tag{8-19}$$

$$\sigma_W^2 = \sum_{i=1}^{r} \boldsymbol{W}\boldsymbol{D}_{bi}\boldsymbol{W}^{\mathrm{T}} \tag{8-20}$$

$$\boldsymbol{W} = \begin{bmatrix} \dfrac{\omega_{\Delta X}}{\omega} & \dfrac{\omega_{\Delta Y}}{\omega} & \dfrac{\omega_{\Delta Z}}{\omega} \end{bmatrix} \tag{8-21}$$

$$\omega = \sqrt{\omega_{\Delta X}^2 + \omega_{\Delta Y}^2 + \omega_{\Delta Z}^2} \tag{8-22}$$

式中，$\boldsymbol{D}_{bi}$为环线中第 i 条基线的方差-协方差阵。

8.5.4 野外返工

对经过检核超限的基线在充分分析的基础上，进行野外返工观测，基线返工应注意如下几个问题：

① 无论何种原因造成一个控制点不能与两条合格独立基线相联结，则在该点上应补测或重测不少于一条独立基线。

② 可以舍弃在复测基线边长较差、同步环闭合差、独立环闭合差检验中超限的基线，

但必须保证舍弃基线后的独立环所含基线数，不得超过表8-5的规定；否则，应重测该基线或者有关的同步图形。

③ 由于点位不符合GPS测量要求而造成一个测站多次重测仍不能满足各项限差技术规定时，可按技术设计要求另增选新点进行重测。

8.5.5 GPS网平差处理

在各项质量检核符合要求后，以所有独立基线组成闭合图形，以三维基线向量及其相应的方差-协方差阵作为观测信息，以一个点的WGS-84系三维坐标作为起算依据，进行GPS网的无约束平差。无约束平差应提供各控制点在WGS-84系下的三维坐标、各基线向量三个坐标差观测值的总改正数、基线边长以及点位和边长的精度信息。

在无约束平差确定的有效观测量基础上，在国家坐标系或城市独立坐标系下进行三维约束平差或二维约束平差。约束点的已知点坐标、已知距离或已知方位，可以作为强制约束的固定值，也可作为加权观测值。平差结果应输出在国家或城市独立坐标系中的三维或二维坐标、基线向量改正数、基线边长、方位以及坐标、边长、方位的精度信息；转换参数及其精度信息。

无约束平差中，基线向量的改正数绝对值应满足下式：

$$\begin{cases} V_{\Delta x} \leqslant 3\sigma \\ V_{\Delta y} \leqslant 3\sigma \\ V_{\Delta z} \leqslant 3\sigma \end{cases} \tag{8-23}$$

式中，σ 为该等级基线的精度。

否则，认为该基线或其附近存在粗差基线，应采用软件提供的方法或人工方法剔除粗差基线，直至符合上式要求。

约束平差中，基线向量的改正数与剔除粗差后的无约束平差结果的同名基线相应改正数的较差（$dv_{\Delta x}$，$dv_{\Delta y}$，$dv_{\Delta z}$）应符合下式要求：

$$\begin{cases} d\,v_{\Delta x} \leqslant 2\sigma \\ d\,v_{\Delta y} \leqslant 2\sigma \\ d\,v_{\Delta z} \leqslant 2\sigma \end{cases} \tag{8-24}$$

式中，σ 为相应等级基线的规定精度。

否则，认为作为约束的已知坐标、已知距离、已知方位与GPS网不兼容，应采用软件提供的或人为的方法剔除某些误差大的约束值，直至符合上式要求。

采用不同类型仪器或软件施测和计算GPS基线向量时，应对其随机模型进行分析。

对GPS数据预处理及网平差的原理及数学模型将在第九章详细讨论。

§8.6 技术总结与上交资料

8.6.1 技术总结

GPS测量工作结束后，需按要求编写技术总结报告，其内容包括：

① 测区范围与位置，自然地理条件，气候特点，交通及电信、电源等情况；

② 任务来源，测区已有测量情况，项目名称，施测目的和基本精度要求；

③ 施测单位，施测起讫时间，技术依据，作业人员情况；

④ 接收设备类型与数量以及检验情况；

⑤ 选点所遇障碍物和环境影响的评价，埋石与重合点情况；

⑥ 观测方法要点与补测、重测情况，以及野外作业发生与存在的问题的说明；

⑦ 野外数据检核，起算数据情况和数据预处理内容、方法及软件情况；

⑧ 工作量、工作日及定额计算；

⑨ 方案实施与规范执行情况；

⑩ 上交成果尚存问题和需说明的其他问题；

⑪ 各种附表与附图。

8.6.2 上交资料

GPS 测量任务完成后，应上交下列资料：

① 测量任务书与专业设计书；

② 点之记、环视图和测量标志委托保管书；

③ 卫星可见性预报表和观测计划；

④ 外业观测记录(包括原始记录的存储介质及其备份)、测量手簿及其他记录(包括偏心观测)；

⑤ 接收设备、气象及其他仪器的检验资料；

⑥ 外业观测数据质量分析及野外检核计算资料；

⑦ 数据加工处理中生成的文件(含磁盘文件)、资料和成果表；

⑧ GPS 网展点图；

⑨ 技术总结和成果验收报告。

第九章　GPS 测量数据处理

§9.1　概述

GPS 接收机采集记录的是 GPS 接收机天线至卫星伪距、载波相位和卫星星历等数据。如果采样间隔为 20 s，则每 20 s 记录一组观测值，一台接收机连续观测 1 h 将有 180 组观测值。观测值中有对 4 颗以上卫星的观测数据以及地面气象观测数据等。GPS 数据处理要从原始的观测值出发得到最终的测量定位成果，其数据处理过程大致分为 GPS 测量数据的基线向量解算、GPS 基线向量网平差以及 GPS 网平差或与地面网联合平差等几个阶段。数据处理的基本流程如图 9-1 所示。

数据采集 → 数据传输 → 预处理 → 基线解算 → GPS 网平差

图 9-1　GPS 数据处理基本流程图

图 9-1 中，第一步数据采集的是 GPS 接收机野外观测记录的原始观测数据，野外观测记录的同时用随机软件解算出测站点的位置和运动速度，提供导航服务。数据传输至基线解算一般是用随机软件(后处理软件)将接收机记录的数据传输到计算机，在计算机上进行预处理和基线解算。GPS 网平差包括 GPS 基线向量网平差、GPS 网与地面网联合平差等内容。整个数据处理过程可以建立数据库管理系统。

9.1.1　数据传输

大多数的 GPS 接收机(如 ASHTECH、TRIMBLE 等型号)采集的数据记录在接收机的内存模块上。数据传输是用专用电缆将接收机与计算机连接，并在后处理软件的菜单中选择传输数据选项后，便将观测数据传输至计算机。数据传输的同时进行数据分流，生成 4 个数据文件：载波相位和伪距观测值文件、星历参数文件、电离层参数和 UTC 参数文件、测站信息文件。

观测值文件是容量最大的文件。观测值记录中有对应的卫星号、卫星高度角和方位角、C/A 码伪距、L_1、L_2的相位观测值、观测值对应的历元时间、积分多普勒记数、信噪比等。

星历参数文件包含所有被测卫星的轨道位置信息，根据这些信息可以计算出任一时刻卫星的位置。

电离层参数和 UTC 参数文件中，电离层参数用于改正观测值的电离层影响，UTC 参数用于将 GPS 时间修正为 UTC 时间。

星历参数文件和电离层参数文件的具体内容见第三章 §3.4。

测站信息文件包含测站名、测站号、测站的概略坐标、接收机号、天线号、天线高、观测的起止时间、记录的数据量、初步定位成果等。

经数据分流后生成的4个数据文件中，除测站信息文件外，其余均为二进制数据文件。为下一步预处理的方便，必须将它们解译成直接识别的文件，将数据文件标准化。

9.1.2 数据预处理

GPS数据预处理的目的是：对数据进行平滑滤波检验，剔除粗差；统一数据文件格式，并将各类数据文件加工成标准化文件(如GPS卫星轨道方程的标准化，卫星时钟钟差标准化，观测值文件标准化等)，找出整周跳变点并修复观测值；对观测值进行各种模型改正。

1. GPS卫星轨道方程的标准化

数据处理中要多次进行卫星位置的计算，而GPS广播星历每小时有一组独立的星历参数，使得计算工作十分繁杂，需要将卫星轨道方程标准化，以便简化计算，节省内存空间。GPS卫星轨道方程标准化一般采用以时间为变量的多项式进行拟合处理。

将已知的多组不同历元的星历参数所对应的卫星位置 $P_i(t)$ 表达为时间 t 的多项式形式：

$$P_i(t) = a_{i0} + a_{i1}t + a_{i2}t^2 + \cdots + a_{in}t^n \tag{9-1}$$

利用拟合法求解多项式系数。解出的系数 a_{in} 记入标准化星历文件，用它们来计算任一时刻的卫星位置。多项式的阶数 n 一般取8~10就足以保证米级轨道的拟合精度。

拟合计算时，时间 t 的单位须规格化，规格化时间 T 为：

$$T_i = [2t_i - (t_1 + t_m)]/(t_m - t_1) \tag{9-2}$$

式中，T_i为对应于t_i的规格化时间；t_1和t_m分别为观测时段开始和结束的时间。很显然，对应于t_1和t_m，T_1和T_m分别为-1和+1。对任意时刻t_i，其$|T_i| \leq 1$。

需指出的是，拟合时引进了规格化的时间，则在实际轨道计算时也应使用规格化的时间。

2. 卫星钟差的标准化

来自广播星历的卫星钟差(即卫星钟钟面时间与GPS系统标准时间之差Δt_s)是多个数值，需要通过多项式拟合求得唯一的、平滑的钟差改正多项式，用于确定真正的信号发射时刻，并计算该时刻的卫星轨道位置，同时也用于将各站对各卫星的时间基准统一起来，以估算它们之间的相对钟差。当多项式拟合的精度优于±0.2 ns时，可精确探测整周跳变，估算整周未知数。

钟差的多项式形式为：

$$\Delta t_s = a_0 + a_1(t - t_0) + a_2(t - t_0)^2 \tag{9-3}$$

式中，a_0、a_1、a_2为星钟参数；t_0为星钟参数的参考历元。

由多个参考历元的卫星钟差，利用最小二乘法原理求定多项式系数a_i，再由式(9-3)计算任一时刻的钟差。因为GPS时间定义区间为一个星期，即604 800 s，故当$t-t_0>$ 302 400(t_0属于下一GPS周)时，t应减去604 800；$t-t_0<-302\,400$(t_0属于上一GPS周)时，t应加上604 800。

3. 观测值文件的标准化

不同的接收机提供的数据记录有不同的格式。例如观测时刻这个记录，可能采用接收机参考历元，也可能是经过改正归算至 GPS 标准时间。在进行平差(基线向量的解算)之前，观测值文件必须规格化、标准化。具体项目包括：

记录格式标准化。各种接收机输出的数据文件应在记录类型、记录长度和存取方式方面采用同一记录格式。

记录项目标准化。每一种记录应包含相同的数据项。如果某些数据项缺项，则应以特定数据如“0”或空格填上。

采样密度标准化。各接收机的数据记录采样间隔可能不同，如有的接收机每 15 s 记录一次，有的则 20 s 记录一次。标准化后应将数据采样间隔统一成一个标准长度。标准长度应大于或等于外业采样间隔的最长的标准值。采样密度标准化后，数据量将成倍地减少，所以这种标准化过程也称为数据压缩。数据压缩应在周跳修复后进行。数据压缩常用多项式拟合法。压缩后的数据应等价于被压缩区间内的全部数据，且保持各压缩数据的误差独立。

数据单位的标准化。数据文件中，同一数据项的量纲和单位应是统一的，例如，载波相位观测值统一以周为单位。

9.1.3 基线向量的解算及网平差

基线向量的解算是一个复杂的平差计算过程。解算时，要顾及观测时段中信号间断引起的数据剔除、观测数据粗差的发现及剔除、星座变化引起的整周未知参数的增加等问题。

基线处理完成后，应对其结果做以下分析和检核：

① 观测值残差分析。平差处理时，假定观测值仅存在偶然误差。理论上，载波相位观测精度为1%周，即对 L_1 波段信号，观测误差只有 2 mm。因而当偶然误差达 1 cm 时，应认为观测值质量存在系统误差或粗差。当残差分布中出现突然的跳变时，表明周跳未处理成功。

② 基线长度的精度。处理后基线长度中误差应在标称精度值内。多数双频接收机的基线长度标称精度为 $5\pm1\times10^{-6}\cdot D(\text{mm})$，单频接收机的基线长度标称精度为 $10\pm2\times10^{-6}\cdot D(\text{mm})$。

对于 20 km 以内的短基线，单频数据通过差分处理可有效地消除电离层影响，从而确保相对定位结果的精度。当基线长度增长时，双频接收机消除电离层的影响将明显优于单频接收机数据的处理结果。

③ 基线向量环闭合差的计算及检核。由同时段的若干基线向量组成的同步环和不同时段的若干基线向量组成的异步环，其闭合差应能满足相应等级的精度要求。其闭合差值应小于相应等级的限差值。基线向量检核合格后，便可进行基线向量网的平差计算(以解算的基线向量作为观测值进行无约束平差)，平差后求得各 GPS 之间的相对坐标差值，加上基准点的坐标值，求得各 GPS 点的坐标。

实际应用中，往往要求各 GPS 点在国家坐标系中的坐标值。为此，还需要进行坐标转换，将 GPS 点的坐标值转换为国家坐标系坐标值。也可以将 GPS 网与地面网进行联合平差，包括固定地面网点已知坐标、边长、方位角、高程等的约束平差、坐标转换，或将 GPS 基线网与地面网的观测数据一并联合平差。

§9.2 GPS 基线向量的解算

在第五章 GPS 卫星定位基本原理中，我们论述了利用载波相位观测值进行单点定位以及在观测值间求差并利用求差后的差分观测值进行相对定位的原理和方法。在相对定位中，常用双差观测值求解基线向量。第五章中我们着重讨论了由双差观测值列出误差方程式，然后利用最小二乘平差原理求解基线向量的方法。由于未知数个数和误差方程个数很多，平差解算的工作量很大。

本节将讨论利用载波相位观测值的双差观测值求解基线向量的另一种方法。

9.2.1 双差观测值模型

由第五章 GPS 卫星定位基本原理可知，设在 GPS 标准时刻 t_i 在测站 1、2 同时对卫星 k、j 进行了载波相位测量，将载波相位观测值方程(5-18)代入双差观测值方程(5-41)，整理后可以得到双差观测值模型：

$$
\begin{aligned}
DD_{12}^{kj}(t_i) &= \varphi_2^j(t_i) - \varphi_1^j(t_i) - \varphi_2^k(t_i) + \varphi_1^k(t_i) \\
&= -(f^j/c)(\rho_2^j - \rho_1^j - \delta\rho_2^j + \delta\rho_1^j) \\
&\quad + (f^k/c)(\rho_2^k - \rho_1^k - \delta\rho_2^k + \delta\rho_1^k) + N_{12}^{kj}
\end{aligned}
$$

式中，$N_{12}^{kj} = N_2^j - N_1^j - N_2^k + N_1^k$，令 $\Delta\rho_{12}^j = \rho_2^j - \rho_1^j$，$\Delta\rho_{12}^k = \rho_2^k - \rho_1^k$，则上式变为：

$$
\begin{aligned}
DD_{12}^{kj}(t_i) &= -(f^j/c)(\Delta\rho_{12}^j - \delta\rho_2^j + \delta\rho_1^j) \\
&\quad + (f^k/c)(\Delta\rho_{12}^k - \delta\rho_2^k + \delta\rho_1^k) + N_{12}^{kj}
\end{aligned}
\tag{9-4}
$$

在第五章中，首先将上式化为线性方程形式，然后列出双差观测值的误差方程式组，组成法方程式后再求解待定点的坐标。

下面用向量解算方法由双差观测值模型(9-4)解算基线向量。

由基线向量 $\boldsymbol{b}$ 与站星之间距离 ρ 之间的关系图 9-2 可知，对于卫星 S^k：设 $\boldsymbol{\rho}_1^{ko}$、$\boldsymbol{\rho}_2^{ko}$ 分别为 $\boldsymbol{\rho}_1^k$、$\boldsymbol{\rho}_2^k$ 的单位向量，则有：

$$\boldsymbol{b}_1^k = (\boldsymbol{\rho}_2^{ko} - \boldsymbol{\rho}_1^{ko})\rho_2^k \tag{9-5}$$

$$\boldsymbol{b} + \boldsymbol{b}_1^k = \Delta\boldsymbol{\rho}_{12}^k = \Delta\rho_{12}^k\boldsymbol{\rho}_1^{ko} \tag{9-6}$$

将式(9-5)代入式(9-6)有：

$$\boldsymbol{b} + \rho_2^k\boldsymbol{\rho}_2^{ko} - \rho_2^k\boldsymbol{\rho}_1^{ko} = \Delta\rho_{12}^k\boldsymbol{\rho}_1^{ko} \tag{9-7}$$

式(9-7)两边点乘 $\boldsymbol{\rho}_1^{ko}$，有：

$$\boldsymbol{\rho}_1^{ko}\cdot\boldsymbol{b} + \rho_2^k\boldsymbol{\rho}_2^{ko}\cdot\boldsymbol{\rho}_1^{ko} - \rho_2^k\boldsymbol{\rho}_1^{ko}\cdot\boldsymbol{\rho}_1^{ko} = \Delta\rho_{12}^k\boldsymbol{\rho}_1^{ko}\cdot\boldsymbol{\rho}_1^{ko}$$

考虑到 $\boldsymbol{\rho}_1^{ko}\cdot\boldsymbol{\rho}_1^{ko} = 1$，$\boldsymbol{\rho}_1^{ko}\cdot\boldsymbol{\rho}_2^{ko} = \cos\theta_1$，上式变为：

$$\boldsymbol{\rho}_1^{ko}\cdot\boldsymbol{b} - \rho_2^k(1-\cos\theta_1) = \Delta\rho_{12}^k \tag{9-8}$$

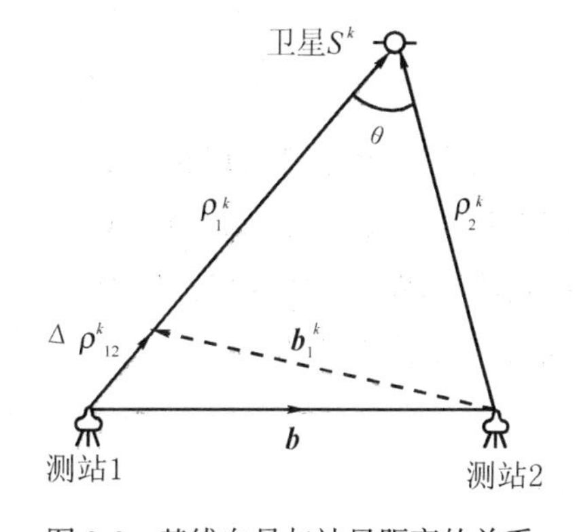

图 9-2 基线向量与站星距离的关系

式(9-7)两边点乘 $\boldsymbol{\rho}_2^{ko}$ 可得：

$$\boldsymbol{\rho}_2^{ko}\cdot\boldsymbol{b} + \boldsymbol{\rho}_2^{ko}(1-\cos\theta_1) = \Delta\boldsymbol{\rho}_{12}^k\boldsymbol{\rho}_2^{ko}\cdot\rho_1^{ko} = \Delta\rho_{12}^k\cos\theta_1 \tag{9-9}$$

将式(9-8)与式(9-9)相加有：

$$(\boldsymbol{\rho}_1^{ko} + \boldsymbol{\rho}_2^{ko})\cdot\boldsymbol{b} = \Delta\rho_{12}^k(1+\cos\theta_1) = \Delta\rho_{12}^k 2\cos^2(\theta_1/2)$$

整理后得到：

$$\Delta \rho_{12}^{k} = 1/2\sec^2(\theta_1/2)(\boldsymbol{\rho}_1^{ko} + \boldsymbol{\rho}_2^{ko}) \cdot \boldsymbol{b} \tag{9-10}$$

同样，对于卫星 S^j 有：

$$\Delta \rho_{12}^{j} = 1/2\sec^2(\theta_2/2)(\boldsymbol{\rho}_1^{jo} + \boldsymbol{\rho}_2^{jo}) \cdot \boldsymbol{b} \tag{9-11}$$

将式(9-10)，式(9-11)代入式(9-4)得站星双差相位观测方程为：

$$\begin{aligned} DD_{12}^{kj}(t_i) = \{ & -(f^j/c)[1/2\sec^2(\theta_2/2)(\boldsymbol{\rho}_1^{jo} + \boldsymbol{\rho}_2^{jo})\boldsymbol{b}] \\ & + (f^k/c)[1/2\sec^2(\theta_2/2)(\boldsymbol{\rho}_1^{jo} + \boldsymbol{\rho}_2^{jo})\boldsymbol{b}]\} \\ & - (f^j/c)(\delta\rho_1^j - \delta\rho_2^j) + (f^k/c)(\delta\rho_1^k - \delta\rho_2^k) + N_{12}^{kj} \end{aligned}$$

写成误差方程形式为：

$$\begin{aligned} V_{12}^{kj}(t_i) = \{ & -(f^j/c)[1/2\sec^2(\theta_2/2)(\boldsymbol{\rho}_1^{jo} + \boldsymbol{\rho}_2^{jo})\boldsymbol{b}] \\ & + (f^k/c)[1/2\sec^2(\theta_2/2)(\boldsymbol{\rho}_1^{jo} + \boldsymbol{\rho}_2^{jo})\boldsymbol{b}]\} \\ & - (f^j/c)(\delta\rho_1^j - \delta\rho_2^j) + (f^k/c)(\delta\rho_1^k - \delta\rho_2^k) \\ & + N_{12}^{kj} - DD_{12}^{kj}(t_i) \end{aligned}$$

考虑到 $\boldsymbol{b} = (\Delta x_{12}, \Delta y_{12}, \Delta z_{12})$，$\boldsymbol{\rho}_i^{ko} = (\Delta x_i^k, \Delta y_i^k, \Delta z_i^k)/\rho_i^k$，$\boldsymbol{\rho}_i^{jo} = (\Delta x_i^j, \Delta y_i^j, \Delta z_i^j)/\rho_i^j$，站星双差观测值误差方程为：

$$V_{12}^{kj}(t_i) = a_{12}^{kj}\Delta x_{12} + b_{12}^{kj}\Delta y_{12} + c_{12}^{kj}\Delta z_{12} + \Delta_{12}^{kj} + N_{12}^{kj} \tag{9-12}$$

式中，$\Delta_{12}^{kj} = -(f^j/c)(\delta\rho_1^j - \delta\rho_2^j) + (f^k/c)(\delta\rho_1^k - \delta\rho_2^k)$

$$\begin{cases} a_{12}^{kj} = 1/2f^k/c\sec^2(\theta_1/2)(\Delta x_1^k/\rho_1^k + \Delta x_2^k/\rho_2^k) \\ \qquad - 1/2f^j/c\sec^2(\theta_2/2)(\Delta x_1^j/\rho_1^j + \Delta x_2^j/\rho_2^j) \\ b_{12}^{kj} = 1/2f^k/c\sec^2(\theta_1/2)(\Delta y_1^k/\rho_1^k + \Delta y_2^k/\rho_2^k) \\ \qquad - 1/2f^j/c\sec^2(\theta^2/2)(\Delta y_1^j/\rho_1^j + \Delta y_2^j/\rho_2^j) \\ c_{12}^{kj} = 1/2f^k/c\sec^2(\theta_1/2)(\Delta z_1^k/\rho_1^k + \Delta z_1^k/\rho_2^k) \\ \qquad - 1/2f^j/c\sec^2(\theta_2/2)(\Delta z_1^j/\rho_1^j + \Delta z_2^j/\rho_2^j) \end{cases} \tag{9-13}$$

当基线长度小于 40 km 时，$\sec^2(\theta/2) - 1 < 1\times10^{-6}$，$f^k/c$ 与 f^j/c 之差小于 1×10^{-6}，故 $\sec2\theta/2$ 以 1 代替，f^k 和 f^j 以 f 代替，同时输入基线向量 $\boldsymbol{b}$ 的近似值(Δx_{12}^0，Δy_{12}^0，Δz_{12}^0)、初始整周模糊度 N_{12}^{kj} 的近似值为(N_{12}^{kj})^0。其改正数分别为(δx_{12}，δy_{12}，δz_{12})和 δN_{12}^{kj}，则误差方程最终形式为：

$$V_{12}^{kj}(t_i) = a_{12}^{kj}\delta x_{12} + b_{12}^{kj}\delta y_{12} + c_{12}^{kj}\delta z_{12} + \delta N_{12}^{kj} + W_{12}^{kj} \tag{9-14}$$

式中，

$$\begin{cases} a_{12}^{kj} = 1/2f/c(\Delta x_1^k/\rho_1^k + \Delta x_2^k/\rho_2^k - \Delta x_1^j/\rho_1^j + \Delta x_2^j/\rho_2^j) \\ b_{12}^{kj} = 1/2f/c(\Delta y_1^k/\rho_1^k + \Delta y_2^k/\rho_2^k - \Delta y_1^j/\rho_1^j + \Delta y_2^j/\rho_2^j) \\ c_{12}^{kj} = 1/2f/c(\Delta z_1^k/\rho_1^k + \Delta z_2^k/\rho_2^k - \Delta z_1^j/\rho_1^j + \Delta z_2^j/\rho_2^j) \\ W_{12}^{kj} = a_{12}^{kj}\Delta x_{12}^0 + b_{12}^{kj}\Delta y_{12}^0 + c_{12}^{kj}\Delta z_{12}^0 + (N_{12}^{kj})^0 + \Delta_{12}^{kj} - DD_{12}^{kj} \end{cases} \tag{9-15}$$

式中，卫星 k、j 在选择 $k=1$ 的卫星为参考卫星时，$j=2, 3, 4, \cdots$，对于 $k=1$，$j=2$；$k=$

1，$j=3$；…其站星双差观测值误差方程可仿照式(9-14)、式(9-15)写出；对不同观测历元(即 t_i时刻)，可分别列出类似的各历元时刻的一组误差方程。

9.2.2 法方程的组成及解算

在 t_i历元，在1、2测站上同时观测了 k 个卫星，在连续观测的情况下，共有 $n=M(k-1)$个误差方程，其中 M 为观测历元个数。

将所有误差方程写成矩阵形式为：

$$\boldsymbol{V}=\boldsymbol{AX}+\boldsymbol{L} \tag{9-16}$$

式中，

$$\boldsymbol{V}=(V_1,\ V_2,\ \cdots,\ V_n)^{\mathrm{T}}$$
$$\boldsymbol{X}=(\delta X,\ \delta Y,\ \delta Z,\ \delta N_1,\ \delta N_2,\ \cdots,\ \delta N_{k-1})^{\mathrm{T}}$$
$$\boldsymbol{L}=(W_1,\ W_2,\ \cdots,\ W_n)^{\mathrm{T}}$$

$$\boldsymbol{A}=\begin{bmatrix} a_{11} & a_{12} & a_{13} & 1 & 0 & \cdots & 0 \\ a_{21} & a_{22} & a_{23} & 1 & 0 & \cdots & 0 \\ \vdots & \vdots & \vdots & \vdots & \vdots & & \vdots \\ a_{j1} & a_{j2} & a_{j3} & 1 & 0 & \cdots & 0 \\ \vdots & \vdots & \vdots & \vdots & \vdots & & \vdots \\ a_{n-j,\ 1} & a_{n-j,\ 2} & a_{n-j,\ 3} & 0 & 0 & \cdots & 1 \\ \vdots & \vdots & \vdots & \vdots & \vdots & & \vdots \\ a_{n-1,\ 1} & a_{n-1,\ 2} & a_{n-1,\ 3} & 0 & 0 & \cdots & 1 \\ a_{n1} & a_{n2} & a_{n3} & 0 & 0 & \cdots & 1 \end{bmatrix}
\begin{matrix} \left.\begin{matrix} \\ \\ \\ \\ \end{matrix}\right\} \text{第 1 对卫星} \\ \\ \left.\begin{matrix} \\ \\ \\ \\ \end{matrix}\right\} \text{第 } k-1 \text{ 对卫星} \end{matrix}$$

j 为历元数，$j=n/(k-1)=M$。

按各类双差观测值等权且彼此独立，即权阵 $\boldsymbol{P}$ 为单位阵，组成法方程：

$$\boldsymbol{NX}+\boldsymbol{B}=0 \tag{9-17}$$

式中，$\boldsymbol{N}=\boldsymbol{A}^{\mathrm{T}}\boldsymbol{A}$，$\boldsymbol{B}=\boldsymbol{A}^{\mathrm{T}}\boldsymbol{L}$。可解得 $\boldsymbol{X}$ 为：

$$\boldsymbol{X}=-\boldsymbol{N}^{-1}\boldsymbol{B}=\boldsymbol{A}^{\mathrm{T}}\boldsymbol{A}^{-1}(\boldsymbol{A}^{\mathrm{T}}\boldsymbol{L}) \tag{9-18}$$

若1点坐标已知，可求得2点坐标：

$$\begin{cases} x_2=x_1+\Delta x_{12}+\delta x_{12} \\ y_2=y_1+\Delta y_{12}+\delta y_{12} \\ z_2=z_1+\Delta z_{12}+\delta z_{12} \end{cases} \tag{9-19}$$

基线向量坐标平差值为：

$$\begin{cases} \Delta x_{12}=\Delta x_{12}^0+\delta x_{12} \\ \Delta y_{12}=\Delta y_{12}^0+\delta y_{12} \\ \Delta z_{12}=\Delta z_{12}^0+\delta z_{12} \end{cases} \tag{9-20}$$

整周模糊度平差值为：

$$N_i=N_i^0+\delta N_i \qquad (i=1,\ 2,\ \cdots,\ k-1) \tag{9-21}$$

9.2.3 精度评定

1. 单位权中误差估值

$$m_0 = \sqrt{\boldsymbol{V}^{\mathrm{T}}\boldsymbol{P}\boldsymbol{V}/(n-k-2)} \tag{9-22}$$

2. 平差值的精度估计

未知数向量 $\boldsymbol{X}$ 中任一分量的精度估值为：

$$m_{xi} = m_0\sqrt{1/p_{xi}} \tag{9-23}$$

式中，$\boldsymbol{P}_{xi}$ 由 $\boldsymbol{N}^{-1}$ 中对角元素求得，$\boldsymbol{P}_{xi}=1/\boldsymbol{Q}_{xixi}$。

基线长 $b=\sqrt{(\Delta X_{12}^0+\delta X_{12})^2+(\Delta Y_{12}^0+\delta Y_{12})^2+(\Delta Z_{12}^0+\delta Z_{12})^2}$，在($\Delta x_{12}^0$，$\Delta y_{12}^0$，$\Delta z_{12}^0$)处展开后，

$$\delta b = \boldsymbol{f}^{\mathrm{T}}\Delta\boldsymbol{X} \tag{9-24}$$

由协因数传播定律可得：

$$\boldsymbol{Q}_{bb} = \boldsymbol{f}^{\mathrm{T}}\boldsymbol{Q}\Delta\boldsymbol{X}\boldsymbol{f}$$

基线长度 b 的中误差估值为：

$$m_b = m_0\sqrt{\boldsymbol{Q}_{bb}} \tag{9-25}$$

基线长度相对中误差估值为：

$$f_b = m_b/b \cdot 10^6 \tag{9-26}$$

下面给出某一基线向量的解算结果：

基线端点号：01—05

基线向量值：$\Delta X=-11\ 675.629$，$\Delta Y=-2\ 505.650$，$\Delta Z=-3\ 791.074$，$S=12\ 584.391$

向量标准差：$M_X=0.001\ 046\ 6$，$M_Y=0.001\ 309\ 4$，$M_Z=0.001\ 644\ 3$，$M_S=0.000\ 9$

相关系数阵：

	dx	dy	dz
dx	1.000 000		
dy	-0.599 817	1.000 000	
dz	-0.221 641	0.545 551	1.000 000

9.2.4 基线向量解算结果分析

基线向量的解算是一个复杂的平差计算过程。实际处理时，要顾及时段中信号间断引起的数据剔除、劣质观测数据的发现及剔除、星座变化引起的整周未知参数的增加，进一步消除传播延迟改正以及对接收机钟差重新评估等问题。

基线处理完成后，应对其结果做以下分析。

1. 观测值残差分析

平差处理时，假定观测值仅存在偶然误差，当存在系统误差或粗差时，处理结果将有偏差。理论上，载波相位观测精度为1%周，即对 L_1 波段信号观测误差只有2 mm。因而当偶然误差达1 cm时，应认为观测值质量存在较严重问题。当系统误差达分米级时，应认为处理软件中的模型不适用。当残差分布中出现突然的跳跃或尖峰时，表明周跳未处理成功。

平差后单位权中误差一般其值为0.05周以下，否则，表明观测值中存在某些问题。可能存在受多路径干扰、外界无线电信号干扰或接收机时钟不稳定等影响的低精度的观测值，观测值改正模型不适宜，周跳未被完全修复，也可能整周未知数解算不成功，使观测值存在系统误差。单位权中误差较大也可能是起算数据存在问题，如基线固定端点坐标误

差或作为基准数据的卫星星历误差的影响。

2. 基线长度的精度

基线处理后，基线长度中误差应在标称精度值内。多数接收机的基线长度标称精度为 $(5\sim10)\pm(1\sim2)\times10^{-6}\cdot D(\text{mm})$。

对于 20 km 以内的短基线，单频数据通过差分处理可有效地消除电离层影响，从而确保相对定位结果的精度。当基线长度增长时，双频接收机消除电离层的影响将明显优于单频接收机数据的处理结果。

3. 双差固定解与双差实数解

理论上整周未知数 N 是一整数，但平差解算的是一实数，称为双差实数解。将实数确定为整数在进一步平差时不作为未知数求解时，这样的结果称为双差固定解。短基线情况下可以精确确定整周未知数，因而其解算结果优于实数解，但两者之间的基线向量坐标应符合良好(通常要求其差小于 5 cm)。当双差固定解与实数解的向量坐标差达分米级时，则处理结果可能有疑，其原因多为观测值质量不佳。基线长度较长时，通常以双差实数解为佳。

9.2.5 GPS 基线向量解算示例

1. GPS 网图

GPS 网图如图 9-3 所示。

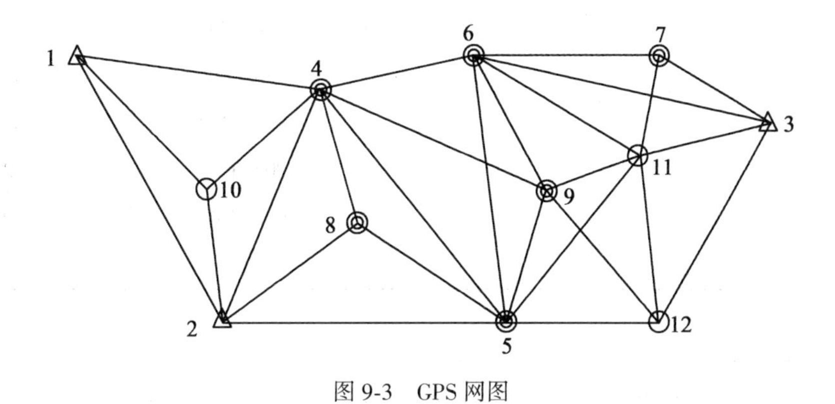

图 9-3 GPS 网图

图中，1、2、3 点为已知国家二等三角点，4~12 点为新布设的 D 级 GPS 点，其中，1~9 点具有四等水准高程，5 号和 12 号点上有觇标。

2. 观测时段

野外观测采用 4 台 GPS 接收机观测 6 个时段，每时段观测时间 90 min 以上，具体如表 9-1 所示。

表 9-1 野外观测时间段

观测日期	时间段及编号	同步设站点
11.2	14：30~16：05，A	1，2，4，10
11.3	9：00~10：30，A	2，4，5，8

续表

观测日期	时间段及编号	同步设站点
11.3	14：30～16：00，B	4，5，6，9
11.4	9：30～11：00，A	3，6，7，11
11.4	14：30～16：00，B	5，9，11，12
11.6	9：30～11：00，A	3，12

根据观测之前的卫星预报，上述时间段内，GPS 卫星个数为 4 颗以上，卫星几何分布的 PDOP 值小于 6。

3. 已知数据(见表 9-2)

表 9-2　**已知数据**

点号	x_{54}/m	y_{54}/m	H_{54}/m	等级
1	4 007 263.112	674 933.371	818.734	二
2	3 994 142.674	663 009.695	1 025.073	二
3	3 974 611.498	675 472.021	1 047.912	二
4			822.625	*D*
5			840.560	*D*
6			1 102.899	*D*
7			902.869	*D*
8			998.784	*D*
9			1 009.984	*D*

4. GPS 基线向量解算结果

11 月 2 日 A 时段观测时间最长，基线解算时以 1 号点的单点定位结果为基准，自动逐一解算各条基线向量，其结果如表 9-3 所示。

表 9-3　**GPS 基线向量解算结果**

基线向量	ΔX	m_x	ΔY	m_y	ΔZ	m_z	D
1—2	+8 197.234 1	0.009 6	+11 883.801 3	0.017 6	−10 286.554 4	0.010 9	17 726.606 6
1—4	−4 900.344 7	0.014 4	+7 405.728 1	0.026 0	−11 960.298 4	0.016 0	14 896.540 7
1—10	+3 442.684 4	0.007 3	+7 785.818 8	0.016 8	−7 794.724 7	0.011 2	11 542.477 4
2—4	−13 097.588 0	0.012 3	−4 478.050 9	0.021 4	−1 673.725 7	0.015 6	13 942.779 8
10—2	+4 754.552 9	0.003 7	+4 097.971 4	0.007 2	−2 491.841 1	0.006 1	6 753.400 3
10—4	−8 343.020 1	0.010 8	−380.090 9	0.023 1	−4 165.580 9	0.016 4	9 332.873 0

续表

基线向量	ΔX	m_x	ΔY	m_y	ΔZ	m_z	D
2—8	−8 180. 672 0	0. 008 3	−1 513. 563 0	0. 014 6	−2 493. 691 1	0. 008 2	8 685. 203 7
2—5	−7 178. 380 1	0. 029 3	+4 717. 991 3	0. 041 7	−10 130. 401 0	0. 024 5	13 282. 078 4
2—4	−13 097. 578 7	0. 012 9	−4 478. 051 0	0. 019 9	−1 673. 724 7	0. 013 1	13 942. 770 7
5—8	−1 002. 281 0	0. 026 0	−6 231. 557 3	0. 036 2	+7 636. 711 8	0. 019 5	9 907. 383 1
5—4	−5 919. 179 8	0. 026 2	−9 196. 046 2	0. 038 4	+8 456. 676 4	0. 021 2	13 824. 591 5
4—8	+4 916. 900 6	0. 003 8	+2 964. 485 2	0. 006 5	−819. 968 3	0. 003 9	5 799. 692 6
9—6	−5 749. 512 5	0. 006 5	−5 914. 948 8	0. 011 7	+4 573. 728 2	0. 006 9	9 431. 993 6
9—4	−3 089. 433 3	0. 013 1	−7 650. 449 1	0. 031 2	+7 721. 766 3	0. 012 4	11 300. 426 8
5—9	−2 829. 749 8	0. 005 7	−1 545. 600 0	0. 010 4	+734. 934 2	0. 008 4	3 307. 036 7
4—6	−2 660. 068 3	0. 003 0	+1 735. 496 5	0. 006 6	−3 148. 040 4	0. 003 4	4 471. 920 1
5—6	−8 579. 274 2	0. 020 3	−7 460. 528 2	0. 027 8	+5 308. 657 9	0. 022 9	12 547. 719 9
5—4	−5 918. 666 1	0. 878 1	−9 196. 451 8	0. 484 2	+8 456. 485 4	0. 395 0	13 824. 524 6
6—11	+2 303. 026 2	0. 007 9	+5 106. 115 7	0. 014 2	−5 191. 499 7	0. 007 8	7 637. 278 1
6—3	+105. 665 7	0. 008 1	+8 759. 219 3	0. 012 0	−11 159. 108 8	0. 008 7	14 186. 641 5
6—7	−2 466. 994 7	0. 005 7	+4 771. 818 6	0. 010 7	−7 721. 951 0	0. 0 080	9 406. 638 2
3—11	+2 197. 358 1	0. 009 3	−3 653. 101 6	0. 018 6	+5 967. 614 2	0. 0 089	7 333. 890 7
3—7	−2 572. 657 0	0. 005 6	−3 987. 384 0	0. 009 5	+3 437. 165 9	0. 005 8	5 859. 343 4
11—7	−4 769. 994 7	0. 010 8	−334. 360 2	0. 027 0	−2 530. 474 0	0. 013 5	5 409. 985 7
11—12	+5 250. 230 9	0. 013 5	+4 942. 351 6	0. 017 1	−3 133. 468 9	0. 016 7	7 470. 464 1
11—9	+3 446. 469 2	0. 002 9	+808. 841 6	0. 004 5	+617. 776 0	0. 004 0	3 593. 608 5
11—5	+6 276. 223 9	0. 010 9	+2 354. 438 1	0. 015 6	−117. 151 0	0. 015 6	6 704. 333 7
12—5	+1 025. 989 6	0. 005 8	−1 937. 903 5	0. 007 8	+3 016. 339 6	0. 006 0	3 729. 132 5
9—12	+1 803. 762 4	0. 008 8	+3 483. 504 9	0. 011 4	−3 751. 257 9	0. 013 1	5 427. 734 3
9—5	+2 829. 752 3	0. 005 3	+1 545. 600 2	0. 007 8	−734. 930 0	0. 007 6	3 307. 038 0
12—3	−7 447. 593 6	0. 021 4	−639. 260 1	0. 026 8	−2 834. 162 1	0. 017 0	7 994. 234 1

5. 基线向量结果分析(同步环闭合差、异步环闭合差、重复基线互差)，见表 9-4

表 9-4　**基线向量结果分析**

同步闭合环	环长/km	ΔX/mm	ΔY/mm	ΔZ/mm	备注
1—10—2—1	36.0	3	-11	-12	
1—4—10—1	35.8	-9	0	8	
2—10—4—2	30.0	15	-11	-14	
2—8—4—2	28.4	6	2	2	
2—5—8—2	31.9	11	-3	2	
4—8—5—4	29.5	2	-4	-4	
4—9—6—4	25.2	-11	4	2	
5—9—6—5	25.3	-12	21	-4	超限
6—11—3—6	29.2	2	-1	-5	
6—3—7—6	29.5	4	16	8	
6—11—7—6	22.5	23	-42	-17	超限
3—7—11—3	18.6	-18	65	22	超限
5—9—11—5	13.6	3	-4	3	
5—12—9—5	12.5	0	-1	-12	
9—12—11—9	16.5	0	-5	-13	

异步闭合环	环长/km	ΔX/mm	ΔY/mm	ΔZ/mm	备注
4—5—6—4	30.8	27	-27	-23	
4—5—9—4	28.4	-3	-3	24	
6—9—11—6	20.7	17	-9	-4	
11—12—3—11	22.8	-5	-10	-17	

重复边闭合差	边长/km	ΔX/mm	ΔY/mm	ΔZ/mm	备注
2===4	13.9	9	1	1	
5===9	3.3	3	0	4	

按平均边长 10 km，D 级网精度要求固定误差 $A=10$ mm，比例误差系数 $B=5$，计算三边同步环闭合差的限差 $W_X=W_Y=W_Z=18$ mm；异步环闭合差的限差 $W_X=W_Y=W_Z=177$ mm；重复边闭合差的限差 $W_X=W_Y=W_Z=144$ mm。可见，表列异步环闭合差合限，重复边闭合差合限。

同步环闭合差有 3 个环闭合差超限，处理意见为删除基线 5—6、7—11。对于 11 月 3 日 B 时段基线 4—5，因观测时间短，精度较差，理应删除。

§9.3　GPS 定位成果的坐标转换

GPS 定位成果(包括单点定位的坐标以及相对定位中解算的基线向量)属于 WGS-84 大地坐标系(因为卫星星历是以 WGS-84 坐标系为根据而建立的)，而实用的测量成果往往是属于某一国家坐标系或地方坐标系(或叫局部的参考坐标系)。参考坐标系与 WGS-84 坐标系之间一般存在着平移和旋转的关系。实际应用中必须研究 GPS 成果与地面参考坐标系统的转换关系。

本节先介绍 GPS 定位结果的表示方法，然后介绍将 GPS 定位结果转换为国家/地方独立坐标系的方法，最后讨论这几种转换方法的应用。

9.3.1　GPS 定位结果的表示方法

WGS-84 大地坐标系是 GPS 卫星定位系统采用的大地坐标系，因而所有利用 GPS 接收机进行测量计算的成果均属于 WGS-84 坐标系。

我们知道，GPS 定位有单点绝对定位和点间相对定位两种方法，定位结果的表示形式也随结果的性质不同而不同，但都以 WGS-84 坐标系作为参考体。

单点定位确定的是点在 WGS-84 坐标系中的位置。大地测量中点的位置常用大地纬度 B、大地经度 L 和大地高 H 表示，也常用三维直角坐标 X、Y、Z 表示。

相对定位确定的是点之间的相对位置，因而可以用直角坐标差 ΔX、ΔY、ΔZ 表示，也可以用大地坐标差 ΔB、ΔL 和 ΔH 表示。相对定位时其中一个点是固定点。设为 1 号点，其坐标为 X_1、Y_1、Z_1或 B_1、L_1、H_1，则另一点(2 号点)的三维直角坐标和大地坐标可分别求得如下：

$$\begin{bmatrix} X_2 \\ Y_2 \\ Z_2 \end{bmatrix} = \begin{bmatrix} X_1 \\ Y_1 \\ Z_1 \end{bmatrix} + \begin{bmatrix} \Delta X \\ \Delta Y \\ \Delta Z \end{bmatrix} \tag{9-27}$$

$$\begin{bmatrix} B_2 \\ L_2 \\ H_2 \end{bmatrix} = \begin{bmatrix} B_1 \\ L_1 \\ H_1 \end{bmatrix} + \begin{bmatrix} \Delta B \\ \Delta L \\ \Delta H \end{bmatrix} \tag{9-28}$$

如果建立以固定点为原点的站心地平空间直角坐标系，参照式(2-6)，则 2 号点在该坐标系内的坐标 X、Y、Z 与基线向量 ΔX、ΔY、ΔZ 的关系为：

$$\begin{bmatrix} X \\ Y \\ Z \end{bmatrix} = \begin{bmatrix} \sin B_1 \cos L_1 & -\sin B_1 \sin L_1 & \cos B_1 \\ -\sin L_1 & \cos L_1 & 0 \\ \cos B_1 \cos L_1 & \cos B_1 \sin L_1 & \sin B_1 \end{bmatrix} \begin{bmatrix} \Delta X \\ \Delta Y \\ \Delta Z \end{bmatrix} \tag{9-29}$$

或

$$\begin{bmatrix} \Delta X \\ \Delta Y \\ \Delta Z \end{bmatrix} = \begin{bmatrix} -\sin B_1 \cos L_1 & -\sin L_1 & \cos B_1 \cos L_1 \\ -\sin B_1 \sin L_1 & \cos L_1 & \cos B_1 \sin L_1 \\ \cos B_1 & 0 & \sin B_1 \end{bmatrix} \begin{bmatrix} X \\ Y \\ Z \end{bmatrix} \tag{9-30}$$

如果以天顶距 $Z_{天}$、方位角 A 和水平距离 D 来表示 2 号点在该站心空间直角坐标系内的位置，则有：

$$\begin{bmatrix} X \\ Y \\ Z \end{bmatrix} = \begin{bmatrix} D \cdot \cos A \\ D \cdot \sin A \\ D \cdot \mathrm{ctan}\, Z_{天} \end{bmatrix} \tag{9-31}$$

或

$$\begin{cases} D = \sqrt{X^2 + Y^2} \\ A = \arctan(Y/X) \\ Z_{天} = \arctan(Z/D) \end{cases} \tag{9-32}$$

9.3.2 GPS 定位成果的坐标转换

用单点定位方法或相对定位方法得到的 GPS 定位成果是 WGS-84 坐标系中的三维直角坐标(X, Y, Z)或三维大地坐标(B, L, H)。一般 GPS 接收机随机软件都能给出这两种坐标值。在同一坐标系统内,(X, Y, Z)与(B, L, H)之间的转换见第二章 §2.1 中的公式(2-3)和公式(2-4)。

本节讨论的问题是将 GPS 定位成果的 WGS-84 坐标转换为国家或地方坐标系中的坐标。比如将 GPS 点的 WGS-84 坐标转换为实际应用中常用的 1954 年北京坐标系中的坐标。这种转换属于不同坐标系统之间的转换,一般有以下几种转换方法:

① 利用已知重合点的三维直角坐标进行坐标转换;

② 利用已知重合点的三维大地坐标进行坐标转换;

③ 利用已知重合点的二维高斯平面坐标进行坐标转换;

④ 利用已知重合点的二维大地坐标进行坐标转换。

其中,利用三维(或二维)大地坐标进行坐标转换时,转换模型比较复杂,计算中要利用大地主题解算公式求解大地方位角,利用大地测量微分公式进行大地坐标的变换。具体转换公式可参考有关椭球大地测量有关教科书。本节仅讨论上述①、③两种方法,即不同空间直角坐标系或不同平面直角坐标系统之间的转换。

1. 利用已知重合点的三维直角坐标将 GPS 点的 WGS-84 坐标转换为国家坐标系中的坐标

(1)用七参数法实现坐标转换

应用七参数转换公式(2-25)进行坐标转换时,GPS 网与地面网应有三个以上的重合点。

当 GPS 网选定基准点的坐标后,便可由基准点的坐标值和基线向量的平差值计算各 GPS 点的 WGS-84 坐标值$(X, Y, Z)_G$,重合点在地面网中的坐标由$(B, L, H)_D$换算为$(X, Y, Z)_D$,最后将重合点的两套坐标值代入七参数公式(2-25)解算转换参数(3 个坐标平移参数,3 个旋转参数,1 个尺度比参数)。重合点多于 3 个时,一般用平差的方法进行求解转换参数。转换参数求出后,仍用公式(2-25)计算各 GPS 点在国家坐标系中的坐标,便实现了 GPS 定位结果至国家坐标系的转换。

应当指出的是,GPS 定位结果中,随着基准点坐标的不同,所求转换参数会有很大差异。地面网重合点大地坐标中 H 值(大地高)往往不能精确的给定,$H=h+\zeta$ 中高程异常最高精度为米级,所以会给转换后的坐标带来一定误差。重合点的个数与几何图形结构也会影响转换精度。所以求出的转换参数具有时间性和区域性。

当重合点较少时,如只有 2 个重合点,则只能求解部分转换参数,如 3 个平移参数、

3 个旋转参数等。利用部分参数实现坐标转换，检核少，精度不高。所以实际布测 GPS 网时，应尽量多联测地面网点。

(2)局部地区应用坐标差求解转换参数的方法

因为 GPS 定位结果中，经基线向量网平差后获得高精度的基线向量$(\Delta X, \Delta Y, \Delta Z)_G$，在重合点中选定一点为原点，分别求出各 GPS 点对原点的坐标差，同时也求出地面网点对原点的坐标差，然后利用式(2-28)求出尺度比与 3 个旋转角参数。求出 4 个转换参数后，便可利用该式计算各 GPS 点转换至国家坐标系中的三维坐标值。这种转换方法实践证明精度较高。

(3)在 GPS 网的约束平差中实现坐标转换

GPS 基线向量网进行约束平差或 GPS 网与地面网联合平差时，将地面网点的已知坐标、方位角和边长作为约束条件，坐标转换参数也作为未知数，平差之后即得到各 GPS 点的地面网坐标系(国家或地方坐标系)的坐标，平差的同时解算出坐标转换参数。具体内容在下面几节中专述。

2. 利用已知重合点的二维高斯平面坐标将 GPS 点的 WGS-84 坐标转换为国家坐标系中的坐标

这种二维坐标转换的方法步骤为：

① 将 GPS 点的大地坐标(B, L)按 WGS-84 参考椭球参数和高斯正形投影公式换算为高斯平面坐标(x, y)；

② 利用重合点(至少两个)的两套平面坐标值按平面坐标系统之间的转换方法将 GPS 点的高斯平面坐标转换为国家坐标系高斯平面坐标。

进行平面坐标系统之间的转换时，假设两坐标系原点的平移参数为x_0、y_0，尺度比参数为K，坐标轴旋转角参数为α，GPS 点的高斯平面坐标为(x_G, y_G)，重合点在国家坐标系中的高斯平面坐标为(x_D, y_D)，则将 GPS 点的 WGS-84 高斯平面坐标转换为国家高斯平面坐标按下式进行：

$$\begin{cases} x_{Di} = x_0 + x_{Gi} K\cos\alpha - y_{Gi} K\sin\alpha \\ y_{Di} = y_0 + x_{Gi} K\sin\alpha + y_{Gi} K\cos\alpha \end{cases} \tag{9-33}$$

令$P = K\cos\alpha$，$Q = K\sin\alpha$，不难求出$K = \sqrt{P^2 + Q^2}$，$\alpha = \arctan \dfrac{Q}{P}$，上式可变为：

$$\begin{cases} x_{Di} = x_0 + x_{Gi} P - y_{Gi} Q \\ y_{Di} = y_0 + x_{Gi} Q + y_{Gi} P \end{cases} \tag{9-34}$$

利用重合点的两套坐标值求出转换参数(x_0, y_0, P, Q)，即可按上式计算所有 GPS 点在国家坐标系中的坐标。如果重合点多于 2 个，则应用最小二乘法原理求解转换参数。

9.3.3 坐标转换中协因数阵的转换

由协因数的定义可知，观测值的协因数阵$\boldsymbol{Q} = \boldsymbol{\Sigma}/\sigma_0^2$，其中$\boldsymbol{\Sigma}$为协方差阵，$\sigma_0^2$为单位权方差。由$\boldsymbol{Q}$可求出观测值的权阵$\boldsymbol{P} = 1/\boldsymbol{Q}$，当观测值由一个坐标系转换为另一个坐标系时，其协因数阵也应进行转换。

1. 将空间直角坐标的协因数阵$\boldsymbol{Q}_x$转化为大地坐标的协因数阵$\boldsymbol{Q}_B$

由式(2-3)可得：

$$(\mathrm{d}B,\ \mathrm{d}L,\ \mathrm{d}H)^{\mathrm{T}}=\boldsymbol{A}(\mathrm{d}X,\ \mathrm{d}Y,\ \mathrm{d}Z)^{\mathrm{T}} \tag{9-35}$$

由协因数传播定律有：

$$\boldsymbol{Q}_B=\boldsymbol{A}\boldsymbol{Q}_x\boldsymbol{A}^{\mathrm{T}} \tag{9-36}$$

2. 将大地坐标的协因数阵$\boldsymbol{Q}_B$转化为高斯平面直角坐标的协因数阵$\boldsymbol{Q}_G$

由高斯投影正算公式可得：

$$(\mathrm{d}X,\ \mathrm{d}Y)^{\mathrm{T}}=\boldsymbol{B}(\mathrm{d}B,\ \mathrm{d}L)^{\mathrm{T}} \tag{9-37}$$

由协因数传播定律有：

$$\boldsymbol{Q}_G=\boldsymbol{B}\boldsymbol{Q}_B\boldsymbol{B}^{\mathrm{T}} \tag{9-38}$$

3. 直接由空间直角坐标的协因数阵$\boldsymbol{Q}_X$计算高斯平面坐标的协因数阵$\boldsymbol{Q}_G$

$$\boldsymbol{Q}_G=\boldsymbol{C}\boldsymbol{Q}_x\boldsymbol{C}^{\mathrm{T}} \tag{9-39}$$

式中，$\boldsymbol{C}=\boldsymbol{BA}$，简化后得：

$$\boldsymbol{C}=\begin{bmatrix} -\sin B(\cos L+\sin L\cdot l) & -\sin B(\sin L-\cos L\cdot l) & \cos B \\ \sin 2B\cos L\cdot l-\sin L & \sin 2B\sin L\cdot l+\cos L & -\sin B\cos B\cdot l \end{bmatrix} \tag{9-40}$$

9.3.4 只有一个重合点时的坐标转换

如果GPS网中只有一个点具有国家大地坐标系中的坐标值，则可利用GPS三维网的平移变换方法，先利用重合点的两套坐标值$(X,\ Y,\ Z)_G$和$(X,\ Y,\ Z)_D$求出平移参数X_0、Y_0、Z_0，然后按下式将GPS网各点坐标变换为国家大地坐标系中的三维直角坐标：

$$\begin{pmatrix} X \\ Y \\ Z \end{pmatrix}_D=\begin{pmatrix} X \\ Y \\ Z \end{pmatrix}_G+\begin{pmatrix} X_0 \\ Y_0 \\ Z_0 \end{pmatrix} \tag{9-41}$$

利用反算公式再将各点的三维直角坐标$(X,\ Y,\ Z)_D$计算出各点的大地坐标$(B,\ C,\ H)_D$。

对于同一GPS网不同时段的观测值在基线解算时，如果基准点的坐标不同，则可以用一个重合点的坐标转换方法实现在同一WGS-84坐标系内的位置基准的统一。

9.3.5 只有一个重合点和一个已知大地方位角时的坐标转换

由上述平移变换可知，GPS网各点已算得了在国家大地坐标系中的大地坐标，为使GPS网与地面测量控制网在起始方位上一致，可利用大地测量学中的赫里斯托夫第一微分公式，即使同一椭球面上的网互相匹配。公式如下：

$$\begin{cases} \mathrm{d}B_1=P_1\mathrm{d}B_0+P_3(\mathrm{d}s/s)+P_4\mathrm{d}A_0 \\ \mathrm{d}L_1=Q_1\mathrm{d}B_0+Q_3(\mathrm{d}s/s)+Q_4\mathrm{d}A_0+\mathrm{d}L_0 \end{cases} \tag{9-42}$$

式中，$\mathrm{d}B_0$、$\mathrm{d}L_0$为两网在原点上的纬度差、经度差；

$\mathrm{d}s/s$为两网在尺度上的差；

$\mathrm{d}A_0$为两网在起始方位上的差；

P_1、P_3、P_4、Q_1、Q_3、Q_4为微分公式的系数。

GPS网经平移变换后，已在原点上与地面网完全重合，因此有：

$$\begin{cases} \mathrm{d}B_0=0 \\ \mathrm{d}L_0=0 \end{cases} \tag{9-43}$$

在进行二维投影变换时，通常不确知两网在尺度上的差异(这一问题留待 GPS 网与地面网的联合平差或约束平差时论述)，因而可设

$$ds/s = 0 \tag{9-44}$$

两网在起始方位上的偏差需要计算。为此，需要有地面网原点至起始方位点的大地方位角 A_0和 GPS 网在相应方位上的大地方位角 A^0。A_0和 A^0可分别利用大地测量主题反解公式求得。于是有：

$$dA_0 = A_0 - A^0 \tag{9-45}$$

这样，赫里斯托夫第一微分公式就简化成：

$$\begin{cases} dB_1 = P_4 d A_0 \\ dL_1 = Q_4 d A_0 \end{cases} \tag{9-46}$$

最后得 GPS 网各点在国家大地坐标系内与地面网点原点一致、起始方位一致的坐标为：

$$\begin{cases} B_1 = B^1 + dB_1 \\ L_1 = L^1 + dL_1 \end{cases} \tag{9-47}$$

利用高斯正算公式或其他平面投影变换公式可得 GPS 各点在国家平面坐标系内的坐标 X_1和 Y_1。

9.3.6 GPS 网投影变换至地方独立坐标系

将投影变换至国家大地坐标系上的 GPS 网再投影至地方独立坐标系，方法如下：

地方独立坐标系对应着一个地方参考椭球，该椭球与国家参考椭球只存在长半径上的差异 da，因而，根据椭球变换的投影公式有：

$$\begin{cases} dB' = (\alpha \sin 2 B_1 / M_1) \cdot da \\ dL' = 0 \end{cases} \tag{9-48}$$

式中，α 为椭球扁率。而

$$M_1 = a(1 - e^2) / \sqrt{(1 - e^2 \sin^2 B_1)} \tag{9-49}$$

于是得 GPS 网点在地方参考椭球上的大地经纬度为：

$$\begin{cases} \overline{B^1} = \overline{B}_1 + dB^1 \\ \overline{L^1} = \overline{L}_1 \end{cases} \tag{9-50}$$

9.3.7 地方独立坐标系内的平面投影公式

我们知道，进行高斯投影变换或作其他平面变换时，需要知道某一椭球的几何参数。由于地方参考椭球具有自己的几何参数，它们不同于国家大地坐标系所对应参考椭球的几何参数，因而，在进行平面投影计算时，必须利用该地方参考椭球的几何参数。当然，大地经纬度也必须是属于地方参考椭球的。

§9.4 基线向量网平差

两观测站对 GPS 卫星的同步观测数据经过平差后，解算出两观测站间的基线向量及其方差与协方差。实际工作中，同时参加作业的接收机可能多于两台，这样，在同一观测

时间段中，便可能在多个观测站上同步观测 GPS 卫星，同时解算多条基线向量。将不同时段观测的基线向量互相联结成网，称为 GPS 基线向量网。GPS 基线向量网的平差是以 GPS 基线向量为观测值，以其方差阵之逆阵为权，进行平差计算，消除许多图形闭合条件不符值，求定各 GPS 网点的坐标并进行精度评定。

在以两观测站之间的基线向量为观测量进行网的平差时，一般认为任一基线向量的三个分量之间是相关的，其相关性的大小由基线向量各自平差的结果确定；而不同的基线向量之间是相互独立的。

GPS 基线向量网的平差分为三种类型：一是经典的自由网平差，又叫无约束平差，平差时固定网中某一点的坐标，平差的主要目的是检验网本身的内部符合精度以及基线向量之间有无明显的系统误差和粗差，同时为用 GPS 大地高与公共点正高(或正常高)联合确定 GPS 网点的正高(或正常高)提供平差处理后的大地高程数据；二是非自由网平差，又叫约束平差，平差时以国家大地坐标系或地方坐标系的某些点的坐标，边长和方位角为约束条件，顾及 GPS 网与地面网之间的转换参数进行平差计算；三是 GPS 网与地面网联合平差，即除了 GPS 基线向量观测值和约束数据以外，还有地面常规测量值如边长、方向和高差等，将这些数据一并进行平差。非自由网平差与联合平差一般是在国家坐标系或地方坐标系内进行，平差完成后网点坐标已属于国家坐标系或地方坐标系，因而这两种平差方法是解决 GPS 成果转换的有效手段。

平差可以以三维模式进行，也可以以二维模式进行。当进行二维平差时，应首先将三维 GPS 基线向量坐标及其方差阵转换至二维平差计算面(椭球面或高斯投影平面等)。

为了解决 GPS 大地高的实际应用问题，需利用测区内若干公共点的正常高和高程异常将 GPS 大地高转换为实用的正常高。

9.4.1　GPS 基线向量网的无约束平差

GPS 基线向量网的无约束平差常用的是三维无约束平差法。

GPS 基线向量提供的尺度和定向基准属于 WGS-84 坐标系，进行三维无约束平差时，需要引入位置基准，引入的位置基准不应引起观测值的变形和改正。引入位置基准的方法有三种，一种是网中有高级的 GPS 点时，将高级 GPS 点的坐标(属 WGS-84 坐标系)作为网平差时的位置基准；第二种方法是网中无高级 GPS 点时，取网中任一点的伪距定位坐标作为固定网点坐标的起算数据；第三种方法是引入合适的近似坐标系统下的亏秩自由网基准。一般采用前两种方法。

1. 误差方程的列立

设网中固定点号为 1，其坐标为 $\boldsymbol{X}_1(x_1,\ y_1,\ z_1)^{\mathrm{T}}$，基线向量观测值为 $\Delta\boldsymbol{X}_{ij}=(\Delta x_{ij},\ \Delta y_{ij},\ \Delta z_{ij})^{\mathrm{T}}$，其改正数为 $\boldsymbol{V}_{ij}=(V_{\Delta x_{ij}},\ V_{\Delta y_{ij}},\ V_{\Delta z_{ij}})^{\mathrm{T}}$，基线向量平差值为 $\Delta\overline{\boldsymbol{X}}_{ij}=(\overline{\Delta x}_{ij},\ \overline{\Delta y}_{ij},\ \overline{\Delta z}_{ij})^{\mathrm{T}}$，基线向量观测值的方差与协方差及其权阵分别为 $\boldsymbol{D}_{\Delta x}$，$\boldsymbol{P}=\sigma^2\boldsymbol{D}_{\Delta x}^{-1}$；待定点近似坐标及其改正数分别为：$\boldsymbol{X}_i^0=(x_i^0,\ y_i^0,\ z_i^0)^{\mathrm{T}}$，$\mathrm{d}\boldsymbol{X}_i=(\mathrm{d}x_i,\ \mathrm{d}y_i,\ \mathrm{d}z_i)^{\mathrm{T}}$，待定点坐标平差值为 $\boldsymbol{X}_i=(x_i,\ y_i,\ z_i)$，$i=1,\ 2,\ 3,\ \cdots,\ n$；$j=1,\ 2,\ \cdots,\ n$；$i\neq j$；$n$ 为网中点数。

由 $\Delta X_{ij}=X_j-X_i$，$\Delta\overline{X}_{ij}=\Delta X_{ij}+V_{\Delta X_{ij}}$ 以及 $X_i=X_i^0+\mathrm{d}X_i$ 三式，不难得出基线向量观测值 ΔX_{ij} 的误差方程为：

$$
\begin{bmatrix} V_{\Delta x_{ij}} \\ V_{\Delta y_{ij}} \\ V_{\Delta z_{ij}} \end{bmatrix} = -\begin{bmatrix} 1 & 0 & 0 \\ 0 & 1 & 0 \\ 0 & 0 & 1 \end{bmatrix}\begin{bmatrix} \mathrm{d}x_i \\ \mathrm{d}y_i \\ \mathrm{d}z_i \end{bmatrix} + \begin{bmatrix} 1 & 0 & 0 \\ 0 & 1 & 0 \\ 0 & 0 & 1 \end{bmatrix}\begin{bmatrix} \mathrm{d}x_j \\ \mathrm{d}y_j \\ \mathrm{d}z_j \end{bmatrix} - \begin{bmatrix} \Delta x_{ij} + x_i^0 - x_j^0 \\ \Delta y_{ij} + y_i^0 - y_j^0 \\ \Delta z_{ij} + z_i^0 - z_j^0 \end{bmatrix} \tag{9-51}
$$

写成矩阵形式为：

$$
\boldsymbol{V}_{ij} = -\boldsymbol{E}\mathrm{d}\boldsymbol{X}_i + \boldsymbol{E}\mathrm{d}\boldsymbol{X}_j - \boldsymbol{L}_{ij}，\text{权}\boldsymbol{P}_{ij} \tag{9-52}
$$

式中，$\boldsymbol{E}$ 为单位阵；$\boldsymbol{L}_{ij}$为式(9-51)的最后一项。

对于一端为固定点的基线向量 $\Delta\boldsymbol{X}_{i1}$，其误差方程式为：

$$
\begin{bmatrix} V_{\Delta x_{i1}} \\ V_{\Delta y_{i1}} \\ V_{\Delta z_{i1}} \end{bmatrix} = -\begin{bmatrix} 1 & 0 & 0 \\ 0 & 1 & 0 \\ 0 & 0 & 1 \end{bmatrix}\begin{bmatrix} \mathrm{d}x_i \\ \mathrm{d}y_i \\ \mathrm{d}z_i \end{bmatrix} - \begin{bmatrix} \Delta x_{i1} + x_i^0 - x_1 \\ \Delta y_{i1} + y_i^0 - y_1 \\ \Delta z_{i1} + z_i^0 - z_1 \end{bmatrix} \tag{9-53}
$$

写成矩阵形式为：

$$
\boldsymbol{V}_{i1} = -\boldsymbol{E}\mathrm{d}\boldsymbol{X}_i - \boldsymbol{L}_{i1}，\text{权}\boldsymbol{P}_{i1} \tag{9-54}
$$

2. 法方程式的组成及解算

由于各基线向量观测值之间互相独立，因而可分别对每个基线向量观测值的误差方程式组成法方程，将单个法方程的系数阵及常数项加到总法方程的对应系数项和常数项上去。

对应于式(9-52)和式(9-54)的法方程式分别为：

$$
-\boldsymbol{P}_{ij}\mathrm{d}\boldsymbol{X}_i + \boldsymbol{P}_{ij}\mathrm{d}\boldsymbol{X}_j - \boldsymbol{P}_{ij}\boldsymbol{L}_{ij} = 0 \tag{9-55}
$$

$$
-\boldsymbol{P}_{i1}\mathrm{d}\boldsymbol{X}_i - \boldsymbol{P}_{i1}\boldsymbol{L}_{i1} = 0 \tag{9-56}
$$

总的法方程设为：

$$
\boldsymbol{N}\mathrm{d}\boldsymbol{X} - \boldsymbol{U} = 0 \tag{9-57}
$$

解算法方程后得到未知数 $\mathrm{d}\boldsymbol{X}$ 为：

$$
\mathrm{d}\boldsymbol{X} = \boldsymbol{N}^{-1}\boldsymbol{U} \tag{9-58}
$$

各待定点坐标平差值 $\boldsymbol{X}_i$为：

$$
\boldsymbol{X}_i = \boldsymbol{X}_i^0 + \mathrm{d}\boldsymbol{X}_i \tag{9-59}
$$

3. 精度评定

单位权方差估值为：

$$
\sigma_0^2 = \boldsymbol{V}^{\mathrm{T}}\boldsymbol{PV}/[3m - 3(n-1)] \tag{9-60}
$$

式中，m 为基线向量个数；n 为网中点数。

平差未知数 $\mathrm{d}\boldsymbol{X}$ 的方差估值为：

$$
\boldsymbol{D}_i = \sigma_0^2\boldsymbol{N}^{-1} \tag{9-61}
$$

9.4.2 GPS 基线向量网的约束平差

1. 三维约束平差

GPS 基线向量网的三维约束平差可以在国家(或地方)大地坐标系中进行，约束条件是地面网点的固定坐标，固定大地方位角和固定空间弦长，平差结束后同时完成了坐标系统的转换。

GPS 基线向量观测值由 WGS-84 坐标系向国家(或地方)坐标系转换的模型为：

$$
\Delta\boldsymbol{X}_{ijD} = (1+k)\boldsymbol{R}(\varepsilon_x, \varepsilon_y, \varepsilon_z)\Delta\boldsymbol{X}_{ijG} \tag{9-62}
$$

式中，$\Delta \boldsymbol{X}_{ijG}$为基线向量观测值；$\Delta \boldsymbol{X}_{ijD}$为转换到国家(或地方)大地坐标系中的基线向量；$k$为尺度差转换参数；$\varepsilon_x$、$\varepsilon_y$、$\varepsilon_z$为三个欧拉角转换参数。

1)误差方程式的列立

$$\begin{bmatrix} V_{\Delta x_{ij}} \\ V_{\Delta y_{ij}} \\ V_{\Delta z_{ij}} \end{bmatrix} = - \begin{bmatrix} \mathrm{d}\,x_i \\ \mathrm{d}\,y_i \\ \mathrm{d}\,z_i \end{bmatrix} + \begin{bmatrix} \mathrm{d}\,x_j \\ \mathrm{d}\,y_j \\ \mathrm{d}\,z_j \end{bmatrix} + \begin{bmatrix} \Delta\,x_{ij} \\ \Delta\,Y_{ij} \\ \Delta\,Z_{ij} \end{bmatrix} k$$

$$+ \begin{bmatrix} 0 & -\Delta\,z_{ij} & \Delta\,y_{ij} \\ \Delta\,z_{ij} & 0 & \Delta\,x_{ij} \\ \Delta\,y_{ij} & \Delta\,x_{ij} & 0 \end{bmatrix} \begin{bmatrix} \varepsilon_x \\ \varepsilon_y \\ \varepsilon_z \end{bmatrix} - \begin{bmatrix} \Delta\,x_{ij} + x_i^0 - x_j^0 \\ \Delta\,y_{ij} + y_i^0 - y_j^0 \\ \Delta\,z_{ij} + z_i^0 - z_j^0 \end{bmatrix} \tag{9-63}$$

除式中待定点的坐标改正数为未知数外，尺度差 k 和三个旋转参数(ε_x，ε_y，ε_z)也作为未知数在平差时解算。

考虑到约束条件如固定大地方位角条件中的改正数以两端点的大地坐标的改正数作为未知数，所以可将误差方程(9-63)改换成以待定点的大地坐标改正数 $\mathrm{d}B$ 为平差未知数的误差方程式，为此，设

$$\mathrm{d}\boldsymbol{B} = (\mathrm{d}B_i,\ \mathrm{d}L_i,\ \mathrm{d}H_i) \tag{9-64}$$

由式(2-3)可得 $\mathrm{d}\boldsymbol{B}_i$与 $\mathrm{d}\boldsymbol{X}_i$之间的关系为：

$$\mathrm{d}\boldsymbol{X}_i = \boldsymbol{A}_i \mathrm{d}\boldsymbol{B}_i \tag{9-65}$$

式中，

$$\boldsymbol{A}_i = \begin{bmatrix} -(N_i + H_i)\sin B_i^0 \cos L_i^0/\rho'' & -(N_i + H_i)\cos B_i^0 \sin L_i^0/\rho'' & \cos B_i^0 \cos L_i^0 \\ -(N_i + H_i)\sin B_i^0 \sin L_i^0/\rho'' & (N_i + H_i)\cos B_i^0 \cos L_i^0/\rho'' & \cos B_i^0 \sin L_i^0 \\ (N_i + H_i)\cos B_i^0/\rho'' & 0 & \sin B_i^0 \end{bmatrix} \tag{9-66}$$

代入式(9-63)后为：

$$\begin{bmatrix} V_{\Delta x_{ij}} \\ V_{\Delta_{y_{ij}}} \\ V_{\Delta_{z_{ij}}} \end{bmatrix} = -\boldsymbol{A}_i \begin{bmatrix} \mathrm{d}B_i \\ \mathrm{d}L_i \\ \mathrm{d}H_i \end{bmatrix} + \boldsymbol{A}_j \begin{bmatrix} \mathrm{d}B_j \\ \mathrm{d}L_j \\ \mathrm{d}H_j \end{bmatrix} + \begin{bmatrix} \Delta\,x_{ij} \\ \Delta\,y_{ij} \\ \Delta\,z_{ij} \end{bmatrix} k$$

$$+ \begin{bmatrix} 0 & -\Delta\,x_{ij} & \Delta\,y_{ij} \\ \Delta\,z_{ij} & 0 & \Delta\,x_{ij} \\ \Delta\,y_{ij} & \Delta\,x_{ij} & 0 \end{bmatrix} \begin{bmatrix} \varepsilon_x \\ \varepsilon_y \\ \varepsilon_z \end{bmatrix} - \begin{bmatrix} \Delta\,x_{ij} + x_i^0 - x_j^0 \\ \Delta\,y_{ij} + y_i^0 - y_j^0 \\ \Delta\,z_{ij} + z_i^0 - z_j^0 \end{bmatrix} \tag{9-67}$$

写成矩阵形式为：

$$\boldsymbol{V} = -\boldsymbol{A}_i \mathrm{d}\boldsymbol{B}_i + \boldsymbol{A}_j \mathrm{d}\boldsymbol{B}_j + \Delta\,\boldsymbol{X}_{ij} k + \boldsymbol{R}_{ij} \boldsymbol{\varepsilon} - \boldsymbol{L}_{ij} \tag{9-68}$$

式中，

$$\boldsymbol{L}_{ij} = \begin{bmatrix} \Delta\,x_{ij} + x_i^0 - x_j^0 \\ \Delta\,y_{ij} + y_i^0 - y_j^0 \\ \Delta\,z_{ij} + z_i^0 - z_j^0 \end{bmatrix}$$

$$\boldsymbol{\varepsilon} = \begin{bmatrix} \varepsilon_x \\ \varepsilon_y \\ \varepsilon_z \end{bmatrix}$$

权阵为 $\boldsymbol{P}_{ij}$。

2)约束条件方程

(1)固定点坐标条件

设第 k 点为已知点，则有坐标条件：

$$\mathrm{d}\boldsymbol{B}_k = 0 \tag{9-69}$$

体现在误差方程中某一基线端点为已知点时，应消去该点改正数项。

(2)固定空间弦长条件

设 D_{ik} 为地面网中高精度空间弦长，平差时视为已知值，以作为 GPS 基线向量网的尺度基准，则有条件方程：

$$-\boldsymbol{C}_{ik}\boldsymbol{A}_i\mathrm{d}\boldsymbol{B}_i + \boldsymbol{C}_{ik}\boldsymbol{A}_k\mathrm{d}\boldsymbol{B}_k + W_{D_{ik}} = 0 \tag{9-70}$$

式中，

$$\boldsymbol{C}_{ik} = \left(\frac{\Delta x_{ik}}{D_{ik}}, \frac{\Delta y_{ik}}{D_{ik}}, \frac{\Delta z_{ik}}{D_{ik}}\right)$$

$$W_{D_{ik}} = \sqrt{(\Delta x_{ik}^0)^2 + (\Delta y_{ik}^0)^2 + (\Delta z_{ik}^0)^2} - D_{ik}$$

(3)固定大地方位角条件

设 α_{ki} 为地面网中已知的大地方位角，平差时作为 GPS 基线向量网的定向基准，则有条件方程：

$$-\boldsymbol{F}_{ki}\boldsymbol{A}_k\mathrm{d}\boldsymbol{B}_k + \boldsymbol{F}_{kj}\boldsymbol{A}_j\mathrm{d}\boldsymbol{B}_j + W_{\alpha_{kj}} = 0 \tag{9-71}$$

式中，

$$\boldsymbol{F}_{kj} = (1/D_{kj}^0\sin Z_{kj}^0)\begin{bmatrix} \sin\alpha_{kj}\sin B_k^0\cos L_k^0 - \cos\alpha_{kj}\sin L_k^0 \\ \sin\alpha_{kj}\sin B_k^0\cos L_k^0 + \cos\alpha_{kj}\sin L_k^0 \\ -\sin\alpha_{kj}\cos B_k^0 \end{bmatrix}^{\mathrm{T}}$$

$$W_{\alpha_{kj}} = \arctan(y_{kj}/x_{kj}) - \alpha_{kj}$$

Z_{kj}^0 为 k 点作测站点时 j 点的天顶距近似值：

$$Z_{kj}^0 = \operatorname{arccot}[z_{kj}^0/(x_{kj}^0\cos\alpha_{kj} + y_{kj}^0\sin\alpha_{kj})]$$

x_{kj}^0、y_{kj}^0、z_{kj}^0 为以 k 点为原点的地平直角坐标系中 j 点的坐标值(可参照式(2-5)由站心赤道坐标系的坐标转换得到)。

3)法方程的组成及解算

法方程式的组成及解算按带有条件的相关间接平差方法进行。

将误差方程式写为：

$$\boldsymbol{V} = \boldsymbol{B}_B\mathrm{d}\boldsymbol{B} - \boldsymbol{L} \tag{9-72}$$

将条件方程式写为：

$$\boldsymbol{C}\mathrm{d}\boldsymbol{B} + \boldsymbol{W} = 0 \tag{9-73}$$

组成法方程式为：

$$\begin{bmatrix} \boldsymbol{N} & \boldsymbol{C}^{\mathrm{T}} \\ \boldsymbol{C} & 0 \end{bmatrix}\begin{bmatrix} \mathrm{d}\boldsymbol{B} \\ \boldsymbol{K} \end{bmatrix}\begin{bmatrix} -\boldsymbol{U} \\ \boldsymbol{W} \end{bmatrix} = 0 \tag{9-74}$$

式中，

$$N = B^{\mathrm{T}}{}_{B} P B_{B}, \quad U = B^{\mathrm{T}}{}_{B} P L$$

$$\mathrm{d}B = (\mathrm{d}B_1^{\mathrm{T}}, \mathrm{d}B_2^{\mathrm{T}}, \cdots, \mathrm{d}B_n^{\mathrm{T}}, K, \varepsilon_x, \varepsilon_y, \varepsilon_z)$$

K 为联系数。

解算式(9-74)得：

$$\begin{cases} K = (CN^{-1}C^{\mathrm{T}})^{-1}(W + CN^{-1}U) \\ \mathrm{d}B = N^{-1}(U - C^{\mathrm{T}}K) \end{cases} \tag{9-75}$$

平差后未知数的协因数阵为：

$$\begin{cases} Q_B = N^{-1} + N^{-1}C^{\mathrm{T}}Q_{KK}CN^{-1} \\ Q_{KK} = -(CN^{-1}C^{\mathrm{T}})^{-1} \end{cases} \tag{9-76}$$

单位权方差估值为：

$$\sigma_0^2 = V^{\mathrm{T}}PV/(3m - t + r) \tag{9-77}$$

式中，m 为基线向量个数；t 为未知数个数(含待定点坐标和转换参数)；r 为条件方程个数。

平差后未知数的方差估值为：

$$D_B = \sigma_0^2 Q_B \tag{9-78}$$

2. 二维约束平差

实际应用中以国家(或地方)坐标系的一个已知点和一个已知基线的方向作为起算数据，平差时将GPS基线向量观测值及其方差阵转换到国家(或地方)坐标系的二维平面(或球面)上，然后在国家(或地方)坐标系中进行二维约束平差。转换后的GPS基线向量网与地面网在一个起算点上位置重合，在一条空间基线方向上重合。这种转换方法避免了三维基线网转换成二维基线向量时地面网大地高不准确引起的尺度误差和变形，保证GPS网转换后整体及相对几何关系的不变性。转换后，二维基线向量网与地面网之间只存在尺度差和残余的定向差，因而进行二维约束平差时，只要考虑两网之间的尺度差参数和残余定向差参数。

1)GPS基线向量观测值的误差方程式

$$\begin{cases} V_{\Delta x_{ij}} = -\mathrm{d}x_i + \mathrm{d}x_j + \Delta x_{ij}\mathrm{d}k - \Delta y_{ij}/\rho''\mathrm{d}\alpha + \Delta x_{ij} + x_i^0 - x_j^0 \\ V_{\Delta y_{ij}} = -\mathrm{d}y_i + \mathrm{d}y_j + \Delta y_{ij}\mathrm{d}k - \Delta x_{ij}/\rho''\mathrm{d}\alpha + \Delta y_{ij} + y_i^0 - y_j^0 \end{cases} \tag{9-79}$$

式中，Δx、Δy 和 $\mathrm{d}x$、$\mathrm{d}y$ 分别为转换后的二维基线向量观测值和待定点坐标改正数；$\mathrm{d}k$ 和 $\mathrm{d}\alpha$ 分别为尺度差和残余定向差参数，当 i 点或 j 点为固定点时，相应的改正数为0。

2)约束条件方程

(1)边长约束条件

$$-\cos\alpha_{ij}^0\mathrm{d}x_i - \sin\alpha_{ij}^0\mathrm{d}y_i + \cos\alpha_{ij}^0\mathrm{d}x_j + \sin\alpha_{ij}^0\mathrm{d}y_j + W_{S_{ij}} = 0 \tag{9-80}$$

式中，

$$\alpha_{ij}^0 = \arctan[(y_j^0 - y_i^0)/(x_j^0 - x_i^0)]$$

$$W = [(x_j^0 - x_i^0) + (y_j^0 - y_i^0)]^{1/2} - S_{ij}$$

(2)坐标方位角约束条件

$$a_{ij}\mathrm{d}x_i + b_{ij}\mathrm{d}y_i + a_{ij}\mathrm{d}x_j + b_{ij}\mathrm{d}y_j + W_{\alpha_{ij}} = 0 \tag{9-81}$$

式中，

$$a_{ij}=\rho''\sin\alpha_{ij}^{0}/S_{ij}^{0},\quad b_{ij}=\rho''\cos\alpha_{ij}^{0}/S_{ij}^{0}$$

$$W_{\alpha_{ij}}=\arctan[(y_j^0-y_i^0)/(x_j^0-x_i^0)]-\alpha_{ij}$$

9.4.3 GPS 基线向量网与地面网联合平差

当地面网除了已知数据(已知点坐标、已知边长和已知方位角)以外，还有常规观测值(如方向、边长等)，则将 GPS 基线向量观测值与地面网的已知数据和常规观测值一起进行的平差叫做 GPS 基线向量网与地面网联合平差。

联合平差可以两网的原始观测量为根据，也可以两网单独平差的结果为根据。平差时，引入坐标系统的转换参数，平差的同时完成坐标系统的转换。

1. 三维联合平差

GPS 基线向量观测值的误差方程和条件方程同三维约束平差。地面网观测值误差方程为：

(1)空间弦长观测值的误差方程

$$\boldsymbol{V}_{D_{ij}}=-\boldsymbol{C}_{ij}\boldsymbol{A}_i\mathrm{d}\boldsymbol{B}_i+\boldsymbol{C}_{ij}\boldsymbol{A}_j\mathrm{d}\boldsymbol{B}_j-\boldsymbol{L}_{Dij} \tag{9-82}$$

式中，

$$\boldsymbol{L}_{D_{ij}}=\boldsymbol{D}_{ij}-[(\Delta x_{ij}^0)^2+(\Delta y_{ij}^0)^2+(\Delta z_{ij}^0)^2]^{1/2}$$

$\boldsymbol{D}_{ij}$为空间弦长观测值，相应的权为$\boldsymbol{P}_{D_{ij}}$。

(2)方向观测值的误差方程

$$V_{\beta_{ij}}=-\mathrm{d}z_i-\boldsymbol{F}_{ij}\boldsymbol{A}_i\mathrm{d}\boldsymbol{B}_i+\boldsymbol{F}_{ij}\boldsymbol{A}_j\mathrm{d}\boldsymbol{B}_j-L_{\beta_{ij}} \tag{9-83}$$

式中，

$$L_{\beta_{ij}}=\beta_{ij}+z_i-\alpha_{ij}^0$$

$\mathrm{d}z_i$为 i 点定向角未知数的改正数；z_i^0 为 i 点定向角未知数近似值；β_{ij}为方向观测值；α_{ij}^0 为大地方位角近似值。

法方程组成与解算以及精度评定与三维约束平差相同。求单位权方差时自由度计算中应加上地面观测值个数。

三维联合平差也可以在三维直角坐标系中进行。

由于地面网通常都是在大地坐标系统或高斯平面坐标系统中进行平差计算的，为计算网点的大地高程，必须以相应的精度确定点的高程异常。但实际上高程异常的精度在东西沿海地区好于 1 m，而在西北高山地区，只能保持数米的精度。这样，高程异常的误差直接影响所求地面网点大地高的精度，从而影响据以计算的空间直角坐标的精度，在这种情况下，大地高的方差和协方差也难以比较可靠地确定，这样一来，便会对两网的联合平差造成不利影响。因此，通常应选择二维联合平差的方案。

2. 二维联合平差

二维联合平差时，GPS 基线向量观测值的误差方程与约束条件方程同二维约束平差。而地面网的方向和边长观测值的误差方程如下：

方向观测的误差方程为：

$$V_{l_{ij}}=-\mathrm{d}z_i+a_{ij}\mathrm{d}x_i+b_{ij}\mathrm{d}y_i-a_{ij}\mathrm{d}x_j-b_{ij}\mathrm{d}y_j-L_{ij} \tag{9-84}$$

式中，$\mathrm{d}z_i$为点 i 上定向角未知数改正数，其近似值为 z_i^0，而

$$L_{ij} = z_i^0 + l_{ij} - \alpha_{ij}^0$$

边长观测值误差方程为：

$$V_{S_{ij}} = -\cos\alpha_{ij}^0 \mathrm{d}x_i - \sin\alpha_{ij}^0 \mathrm{d}y_i + \cos\alpha_{ij}^0 \mathrm{d}x_j + \sin\alpha_{ij}^0 \mathrm{d}y_j - L_{S_{ij}} \tag{9-85}$$

式中，

$$L_{S_{ij}} = S_{ij} - S_{ij}^0$$

§9.5　GPS 高程

由 GPS 相对定位得到的三维基线向量，通过 GPS 网平差，可以得到高精度的大地高差。如果网中有一点或多点具有精确的 WGS-84 大地坐标系的大地高程，则在 GPS 网平差后，可求得各 GPS 点的 WGS-84 大地高 H_{84}。

但在实际应用中，地面点的高程采用正常高系统。地面点的正常高 H_r 是地面点沿铅垂线至似大地水准面的距离。这种高程是通过水准测量来确定的。这就有必要找出 GPS 点的大地高 H_{84} 与正常高程 H_r 的关系，并用一定的方法将 H_{84} 转换为 H_r。

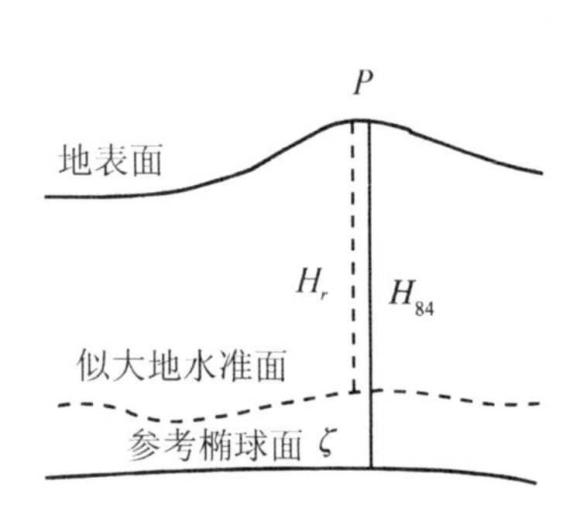

图 9-4　大地高与正常高的关系

图 9-4 所示大地高与正常高之间的关系，其中，ζ 表示似大地水准面至椭球面间的高差，叫做高程异常。显然，如果知道了各 GPS 点的高程异常 ζ 值，则不难由各 GPS 点的大地高 H_{84} 求得各 GPS 点的正常高 H_r 值。如果同时知道了各 GPS 点的大地高 H_{84} 和正常高 H_r，则可以求得各点的高程异常 ζ。

$$H_r = H_{84} - \zeta \tag{9-86}$$

或

$$\zeta = H_{84} - H_r \tag{9-87}$$

由此可见，研究 GPS 高程的意义有两个方面，一是精确求定 GPS 点的正常高，一是求定高精度的似大地水准面。故通常又称利用 GPS 和水准测量成果确定似大地水准面的方法为 GPS 水准。

实际上，很难获得高精度的高程异常 ζ 值，而 GPS 单点定位误差又较大，一般测区内缺少高精度的 GPS 基准点，GPS 网平差后，很难得到高精度的大地高 H_{84}。所以很难应用上式精确地计算各 GPS 点的正常高。

精确计算各 GPS 点的正常高 H_r，目前主要有 GPS 水准高程(简称 GPS 水准)、GPS 重力高程和 GPS 三角高程等方法。

9.5.1　GPS 水准高程

GPS 水准高程是目前 GPS 作业中最常用的一种方法。国内外用于 GPS 水准计算的各种方法主要有绘等值线图法、解析内插法(包括曲线内插法、样条函数法和 Akima 法)、曲面拟合法(包括平面拟合法、多项式曲面拟合法、多面函数拟合法、曲面样条拟合法，非参数回归曲面拟合法和移动曲面法)等。

下面介绍几种常用的 GPS 水准高程计算方法。

1. 绘等值线图法

这是最早的 GPS 水准方法。其原理是：设在某一测区，有 m 个 GPS 点，用几何水准联测其中 n 个点的正常高(联测水准的点称为已知点，下同)，根据 GPS 观测获得的点的大地高，按式(9-87)求出 n 个已知点的高程异常。然后，选定适合的比例尺，按 n 个已知点的平面坐标(平面坐标经 GPS 网平差后获得)展绘在图纸上，并标注上相应的高程异常，再用1~5 cm的等高距绘出测区的高程异常图。在图上内插出未联测几何水准的$(m-n)$个点(未联测几何水准的 GPS 点称为待求点，下同)的高程异常，从而求出这些待求点的正常高。

2. 解析内插法

当 GPS 点布设成测线时，可应用以下曲线内插法求定待求点的正常高。其原理是：根据测线上已知点平面坐标和高程异常，用数值拟合的方法拟合出测线方向的似大地水准面曲线，再内插出待求点的高程异常，从而求出点的正常高。

(1)多项式曲线拟合法

设点的 ζ 与 x_i(或 y_i或拟合坐标)存在的函数关系($i=0$，1，2，…，n)可以用下面 m $(m\leqslant n)$次多项式：

$$\zeta(x)=a_0+a_1x+a_2x^2+\cdots+a_mx^n \tag{9-88}$$

来拟合。

在已知点处的高差 $R_i=\zeta_m(x_i)-\zeta_i$，在 $\sum R_i^2=\min$ 的条件下解 a_i，继而求出各点的 ζ，从而获得点的 H_r。

(2)三次样条曲线拟合法

当测线长，已知点多，ζ 变化大时，按 $\sum R_i^2=\min$ 解求的 a_i误差会增大，故通常总采取分段计算。这样使曲线在分段点上不连续，也影响拟合精度。为此，采用三次样条法来拟合。

设过 n 个已知点，ζ_i和 x_i(或 y_i或拟合坐标)在区间$[x_i,\ x_{i+1}]$($i=0$，1，2，…，$n-1$)上有三次样条函数关系：

$$\zeta(x)=\zeta(x_i)+(x-x_i)\zeta(x_i,\ x_{i+1})+(x-x_i)(x-x_{i+1})\zeta(x,\ x_i,\ x_{i+1}) \tag{9-89}$$

式中，x 为待求点坐标；x_i、x_{i+1}为待求点两端已知点的坐标；$\zeta(x_i,\ x_{i+1})$为一阶差商，$\zeta(x_i,\ x_{i+1})=(\zeta_{i+1}-\zeta_i)/(x_{i+1}-x_i)$；$\zeta(x,\ x_i,\ x_{i+1})$为二阶差商，$\zeta(x,\ x_i,\ x_{i+1})=\dfrac{1}{6}[\zeta''(x_i)+\zeta''(x)+\zeta''(x_{i+1})]$，而$\zeta''(x_i)$($i=1$，2，…，$n-1$)满足系数矩阵为对称三角阵的线性方程组：

$$\begin{cases}(x_i-x_{i-1})\zeta''(x_{i-1})+2(x_{i+1}-x_{i-1})\zeta''(x_i)+(x_{i+1}-x_i)\zeta''(x_{i+1})\\ \qquad =6[\zeta''(x,\ x_{i+1})-\zeta(x_{i-1},\ x_i)]\\ \zeta(x_0)=\zeta''(x_n)=0\end{cases} \tag{9-90}$$

用追赶法解方程组(9-90)，可求出$\zeta''(x_i)$和$\zeta(x_i,\ x_{i+1})$，而

$$\zeta''(x)=\zeta''(x_i)+(x-x_i)\zeta''(x_i,\ x_{i+1}) \tag{9-91}$$

(3)Akima 法

Akima 法的原理是：在两个已知点间内插时，除用这两个已知点外，还需用两已知点外两点，其目的是使曲线光滑，函数连续。

设有 6 个已知点($i=1$，2，3，4，5，6)，现需在 3 号和 4 号点之间内插任一待求点，

其计算公式为：

$$\zeta(x)=P_0+P_1(x-x_3)+P_2(x-x_3)^2+P_3(x-x_3)^3 \tag{9-92}$$

式中，

$$\begin{cases}P_0=\zeta_3\\P_1=t_3\\P_2=[3(\zeta_4-\zeta_3)/(x_4-x_3)-2t_3-t_4]/(x_4-x_3)\\P_3=[t_3+t_4-2(\zeta_4-\zeta_3)/(x_4-x_3)]/(x_4-x_3)^2\end{cases} \tag{9-93}$$

其中，t_3、t_4为3号和4号点实测要素的斜率，t_3用1、2、3、4、5已知点计算，t_4用2、3、4、5、6已知点计算，一般计算公式为：

$$t_i=\frac{|m_{i+1}-m_i|\cdot m_{i-1}+|m_{i-1}-m_{i-2}|\cdot m_{i-1}}{|m_{i+1}-m_i|+|m_{i-1}-m_{i-2}|},\ i=3,\ 4 \tag{9-94}$$

$$m_i=(\zeta_{i+1}-\zeta_i)/(x_{i+1}-x_i) \tag{9-95}$$

当式(9-94)分母为零时，$t_i=1/2(m_{i-1}+m_i)$或$t_i=m_i$。

3. 曲面拟合法

当GPS点布设成一定区域面时，可以应用数学曲面拟合法求待定点的正常高。其原理是：根据测区中已知点的平面坐标x、y(或大地坐标B、L)和ζ值，用数值拟合法拟合出测区似大地水准面，再内插出待求点的ζ，从而求出待求点的正常高。下面介绍几种常用的拟合方法。

(1)多项式曲面拟合法

设点的ζ与平面坐标x、y有以下关系：

$$\zeta=f(x,\ y)+\varepsilon \tag{9-96}$$

式中，$f(x,\ y)$为ζ中趋势值；ε为误差。

设

$$f(x,\ y)=a_0+a_1x+a_2y+a_3x^2+a_4y^2+a_5xy+\cdots \tag{9-97}$$

写成矩阵形式有：

$$\boldsymbol{\zeta}=\boldsymbol{XB}+\boldsymbol{\varepsilon} \tag{9-98}$$

式中，

$$\boldsymbol{\zeta}=\begin{bmatrix}\zeta_1\\\zeta_2\\\vdots\\\zeta_n\end{bmatrix},\ \boldsymbol{B}=\begin{bmatrix}a_1\\a_2\\\vdots\\a_n\end{bmatrix},\ \boldsymbol{\varepsilon}=\begin{bmatrix}\varepsilon_1\\\varepsilon_2\\\vdots\\\varepsilon_n\end{bmatrix}$$

$$\boldsymbol{X}=\begin{bmatrix}1&x_1&y_1&x_1^2&\cdots\\1&x_2&y_2&x_2^2&\cdots\\\vdots&\vdots&\vdots&\vdots&\\1&x_n&y_n&x_n^2&\cdots\end{bmatrix}$$

对于每个已知点，都可列出以上方程，在$\sum\boldsymbol{\varepsilon}^2=\min$的条件下，解出各$a_i$，再按式(9-98)求出待求点的$\zeta$，从而求出$H_r$。

(2)多面函数法

设点的 ζ 与 x、y 有如下关系：

$$\zeta = \sum_{i=1}^{m} a_i Q(x, y, x_i, y_i) \tag{9-99}$$

式中，a_i为待定系数；$Q(x, y, x_i, y_i)$为核函数；x、y 为待求点的坐标；x_i、y_i为已知点坐标。选择

$$Q(x, y, x_i, y_i) = [(x - x_i)^2 + (y - y_i)^2 + \delta]^{1/2} \tag{9-100}$$

式中，δ 为光滑系数。

当待求点数等于已知点数时，任一点的 ζ_P为：

$$\zeta_P = \boldsymbol{Q}_P \boldsymbol{Q}^{-1} \boldsymbol{\zeta} = (Q_{1P}, Q_{2P}, \cdots, Q_{nP}) \begin{bmatrix} Q_{11} & Q_{12} & \cdots & Q_{1n} \\ \vdots & \vdots & & \vdots \\ Q_{n1} & Q_{n2} & \cdots & Q_{nn} \end{bmatrix}^{-1} \cdot \begin{bmatrix} \zeta_1 \\ \vdots \\ \zeta_n \end{bmatrix} \tag{9-101}$$

式中，$Q_{ij}=Q(x, y, x_i, y_i)$。

当待求点数多于已知点数时，

$$\boldsymbol{\zeta}_P = \boldsymbol{Q}_P(\boldsymbol{Q}^{\mathrm{T}}\boldsymbol{Q})^{-1}\boldsymbol{Q}^{\mathrm{T}}\boldsymbol{\zeta} \tag{9-102}$$

(3)曲面样条拟合法

曲面样条拟合法是基于无限大平板小挠度方程的数学模型，设点的 ζ 与点的坐标 x、y 存在如下样条关系：

$$\begin{cases} \zeta(x, y) = a_0 + a_1 x + a_2 y + \sum\limits_{i=1}^{m} F_i r_i^2 \ln r_i^2 \\ \sum\limits_{i=1}^{m} F_i = \sum\limits_{i=1}^{m} x_i F_i = \sum\limits_{i=1}^{m} y_i F_i = 0 \end{cases} \tag{9-103}$$

式中，

$$\begin{cases} a_0 = \sum\limits_{i=1}^{m} [A_i + B_i(x_i^2 + y_i^2)] \\ a_1 = -2\sum\limits_{i=1}^{m} B_i x_i \\ a_2 = -2\sum\limits_{i=1}^{m} B_i y_i \\ F_i = P_i/(16\pi D) \\ r_i^2 = (x - x_i)^2 + (y - y_i)^2 \end{cases} \tag{9-104}$$

x_i、y_i为已知点的坐标；x、y 为待求点的坐标；A_i、B_i为待定系数；P_i为点的负载；D 为刚度。

对于每一个公共点都可以列出一个 $\zeta(x, y)$方程，对于 n 个公共点列出 $n+3$ 个方程，求解出 $n+3$ 个未知系数 a_0，a_1，a_2，F_1，F_2，…，F_n。求解方程组(9-103)时，至少应有 3 个公共点。

4. 移动曲面法

分三步来说明该法。

① 为了讨论的方便，引入解析坐标，设内插点的坐标$(x_j', y_j')$$(j=1, 2, \cdots, m)$，

相应坐标系的数据点为$(x_i,\ y_i)(i=1,\ 2,\ \cdots,\ n)$，对于内插点$(x_j',\ y_j')$，做

$$\begin{cases} x'' = x_i - x_j' \\ y'' = y_i - y_j' \end{cases} \tag{9-105}$$

的变换，形成新的坐标$(x'',\ y'')$为移动坐标。

如图9-5所示，移动坐标是为了简化计算而引入的，下面可以看到使用移动坐标的好处。

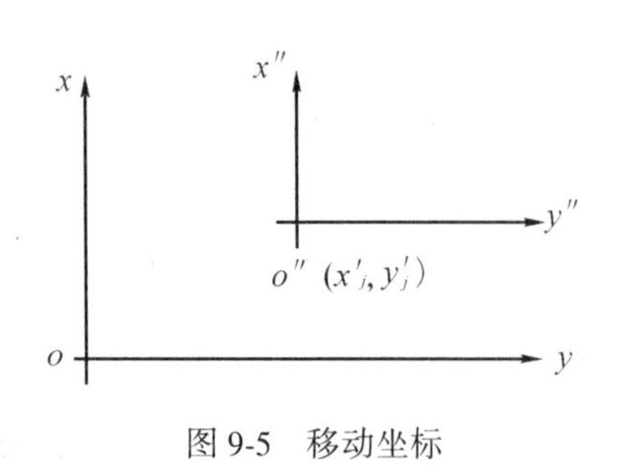

图9-5　移动坐标

② 任一数据点$(x_i,\ y_i)$，假设距离d的递减函数：

$$w(d) = w(\sqrt{(-x')^2 + (-y')^2}) \tag{9-106}$$

将$w(d)$作为权函数，权的引入是为了在移动时根据内插点到数据点的距离给出各数据点的不同的影响程度，两点越近，影响越大。它并不像测量平差中的权是由误差定义的。目前在DTM中广泛使用的权函数有：

$$w(d) = \exp(-d^2/a^2) \tag{9-107}$$

$$w(d) = 1/(1 + d^2/a^2) \tag{9-108}$$

式中，a为常数，可由试验给定，一般应取数据点平均间距的两倍为宜。

DTM大量内插计算表明，权的引入内插精度会有明显改善。当然权函数的选取可根据具体的情况选取不同形式，或同时利用其他的一些信息，以利于内插。因此它使得移动法比多项式内插、样条函数内插更加灵活。

③ 一般对某一内插点$(x_j',\ y_j')$，若数据点$(x_i,\ y_i)$中满足：

$$(x_i - x_j')^2 + (y_i - y_j')^2 \leqslant R^2 \tag{9-109}$$

可用这些数据点参加内插，则称以$(x_j',\ y_j')$为圆心、半径为R的圆形移动窗口曲面内插。

移动曲面法的基本原理与多项式拟合是类似的，为了进一步理解移动法原理，下面我们以移动多项式取双线性进行公式推导。

设移动到第j个内插点$(x_j',\ y_j')$时，欲利用落入该点移动窗口内的m个数据点$(x_i,\ y_i)$上的测值$\zeta_i(i=1,\ 2,\ \cdots,\ m)$，以下列多项式：

$$\zeta_i = a_0 + a_1 x + a_2 y + a_3 xy \tag{9-110}$$

计算第j个内插点函数值。

在m个数据点上建立如下误差方程：

$$V_i = a_0 + a_1 x_i + a_2 y_i + a_3 x_i y_i + \zeta_i,\ P_i \tag{9-111}$$

式中，

$$P_i = w(d_i) = w[\sqrt{(-x')^2 + (-y')^2}] \quad (i = 1,\ 2,\ \cdots,\ m)$$

令

$$\boldsymbol{A}_j = \begin{bmatrix} x_1 & y_1 & x_1 & y_1 \\ 1 & x_2 & y_2 & x_2 y_2 \\ \vdots & \vdots & \vdots & \vdots \\ 1 & x_m & y_m & x_m y_m \end{bmatrix}$$

$$\boldsymbol{L}_j = (\zeta_1,\ \zeta_2,\ \cdots,\ \zeta_m)^{\mathrm{T}} \tag{9-112}$$
$$\boldsymbol{P}_j = \mathrm{diag}(P_1,\ P_2,\ \cdots,\ P_m)$$
$$\boldsymbol{X}_j = (a_0,\ a_1,\ a_2,\ a_3)^{\mathrm{T}}$$

应用最小二乘原理：

$$\boldsymbol{V}^{\mathrm{T}}\boldsymbol{P}\boldsymbol{V} = \sum \boldsymbol{P}_i\,\boldsymbol{V}_i^2 = \min \tag{9-113}$$

可得法方程：

$$(\boldsymbol{A}^{\mathrm{T}}{}_j\,\boldsymbol{P}_j\,\boldsymbol{A}_j)\,\boldsymbol{X}_j = \boldsymbol{A}^{\mathrm{T}}{}_j\,\boldsymbol{P}_j\,\boldsymbol{L}_j \tag{9-114}$$

($\boldsymbol{A}^{\mathrm{T}}{}_j\boldsymbol{P}_j\boldsymbol{A}_j$)非奇异，因此有：

$$\boldsymbol{X}_j = (\boldsymbol{A}^{\mathrm{T}}{}_j\,\boldsymbol{P}_j\,\boldsymbol{A}_j)^{-1}\,\boldsymbol{A}^{\mathrm{T}}{}_j\,\boldsymbol{P}_j\,\boldsymbol{L}_j \tag{9-115}$$

由式(9-115)求出 $\boldsymbol{X}_j$后代入式(9-110)可得：

$$\zeta_j = a_0 + a_1 x_j + a_2 y_j + a_3 x_j y_j \tag{9-116}$$

当使用移动坐标时，

$$\begin{cases} x_j'' = 0 \\ y_j'' = 0 \end{cases} \tag{9-117}$$

代入式(9-116)可得：

$$\zeta_j = a_0 \tag{9-118}$$

由此看出，使用移动坐标时，移动多项式的常数项即为内插点的内插值，这样就给计算带来了很大的方便。解算时可把 a_0排在最后，然后形成下角阵，最后的元素便等于 a_0。使用移动坐标的另一个好处是由于计算中心化，移动坐标(x''，y'')相对较小，形成的法方程矩阵各元素大小相差不太悬殊，对改善法方程的数值稳定性和提高解算精度有一定作用。

移动曲面法另一个优点是它可以给出可靠的精度估计信息。将每个数据点当做内插点，用周围的数据点按移动法计算该点的内插值，这样对每个数据点来说，由于本点未参加内插得出的误差具有类似于真误差的性质，所以，最后精度评定比较客观，可信程度高。

令 ζ_i为 i 点观测值，$\hat{\zeta}_i$ 为 i 点内插，观测值减计算值得：

$$\Delta_i = \zeta_i - \hat{\zeta}_i \tag{9-119}$$

则可用下式进行精度估计：

$$m_\Delta = \pm\sqrt{\sum \Delta_i \Delta_i / n} \tag{9-120}$$

式中，n 为数据点总个数。

因此，在一定情况下，移动法也可用来探测粗差，如果观测值与预测值差异较大，则表明观测值可能为粗差。

移动曲面法在计算时，通常采用契比雪夫多项式为移动多项式。

设点的 ζ 与平面坐标 x、y 的函数关系 $\zeta(x,\ y)$ 可表示成如下契比雪夫多项式函数：

$$\zeta(x,\ y) = \sum_{m=0}^{m}\sum_{n=0}^{n} A_{mn}\,T_m(x)\,T_n(y) \tag{9-121}$$

式中，A_{mn}为拟合系数；$T_m(x)$、$T_n(y)$为变量，分别为 x 和 y 直到 m 和 n 次的契比雪夫多项式。

$$T_m(x)=\frac{m}{2}\sum_{n=0}^{\frac{m}{2}}(-1)^n\frac{(m-n-1)!}{n!\ (m-2n)!}(2x)^{m-2n} \tag{9-122}$$

且有以下递推公式：

$$T_{m+1}(x)=2x\,T_m(x)-T_{m-1}(x) \tag{9-123}$$

当观测值个数 $k>m\cdot n$ 时，

$$\zeta_i=\sum_{m=0}^{m}\sum_{n=0}^{n}A_{mn}\,T_m(x_i)\,T_n(y_i)P_i$$

式中，$i=1, 2, \cdots, k$；$P_1, P_2, \cdots, P_k$为权函数。

5. 地形改正方法

设点的高程异常 ζ 可表示成：

$$\zeta=\zeta_0+\zeta_r \tag{9-124}$$

式中，ζ_0为高程异常长波部分，可按本章前几节方法求出；ζ_r为短波部分，为地形改正。

按莫洛金斯基原理有：

$$\zeta_r=T/r \tag{9-125}$$

式中，T 为地形起伏对地面点挠动位的影响；r 为地面正常重力值。

$$T=G\rho\iint_{\pi}[(h-h_r)/r_0]\mathrm{d}\pi-\frac{G\rho}{6}\iint_{\pi}[(h-h_r)^3/r_0^{\ 3}]\mathrm{d}\pi \tag{9-126}$$

式中，G 为引力常数；ρ 为地球质量密度；h_r为参考面的高程(平均高程面)；

$$r_0=[(x-x_p)^2+(y-y_p)^2]^{1/2} \tag{9-127}$$

x、y 为高程格网点的坐标；x_p、y_p为待求点的坐标。

实际计算时，利用测区地形图，用 1 km×1 km 格网化，得测区 DTM，再按上式计算。

当测区无法得到 DTM 时，可采用测区 GPS 点观测的大地高差来格网化。这样也能有效地提高山区 GPS 水准的精度。具体计算方法是：

第一步：对测区进行 1 km×1 km 格网化，求出各格网点的坐标。

第二步：内插出无 GPS 点格网近似大地高。

第三步：按上面公式求解 T 和 ζ_r。

6. 多项式曲面拟合精度评定

为了能客观地评定 GPS 水准计算的精度，在布设几何水准联测点时，适当多联测几个 GPS 点，其点位也应均匀地分布全网，以作外部检核用。

(1)内符合精度

根据参与拟合计算已知点的ζ_i值与拟合值ζ_i'，用 $V_i=\zeta_i'-\zeta_i$求拟合残差 V_i，按下式计算 GPS 水准拟合计算的内符合精度μ：

$$\mu=\pm\sqrt{[VV]/(n-1)} \tag{9-128}$$

式中，n 为 V 的个数。

(2)外符合精度

根据核检点 ζ 与拟合值 ζ_i' 之差，按下式计算 GPS 水准的外符合精度 M：

$$M=\pm\sqrt{[VV]/(n-1)} \tag{9-129}$$

式中，n 为检核点数。

(3)GPS 水准精度评定

① 根据检核点至已知点的距离 L(单位：km)，按表 9-5 计算检核点拟合残差的限值，以此来评定 GPS 水准所能达到的精度。

② 用 GPS 水准求出的 GPS 点间的正常高程差，在已知点间组成附合或闭合高程导线，按计算的闭合差 W 与表 9-5 中允许残差比较，来衡量 GPS 水准达到的精度。

表 9-5 **GPS 水准限差**

等　级	允许残差/mm
三等几何水准测量	$\pm 12\sqrt{L}$
四等几何水准测量	$\pm 20\sqrt{L}$
普通几何水准测量	$\pm 30\sqrt{L}$

(4)外围点的精度估算

各种拟合模型都不宜外推，但在实际工作中，测区的 GPS 点不可能全部都包含在已知点连成的几何图形内。对这些外围点，GPS 水准计算时只能外推，外推点的残差 V 按下式来估算：

$$V = a + cD \tag{9-130}$$

式中，

$$\begin{cases} c = \left(\sum DV - \sum D \sum V/n\right)/\left[\sum D^2 - \left(\sum D\right)^2/n\right] \\ a = \sum V/n - C\sum D/n \end{cases} \tag{9-131}$$

D 是待求点至最近已知点的距离(单位：km)；系数 a、c 可根据测区部分外围检核点按式(9-131)计算出。

按式(9-130)计算出残差 V，根据表 9-5 估算精度。

当希望外围点达到某一精度，确定 V 值，按式(9-131)反求出 D，可为布设联测几何水准点方案时参考。

9.5.2 GPS 重力高程

GPS 重力高程是用重力资料求定点的高程异常，结合 GPS 求出的大地高，再求出点的正常高(或正高)的一种方法。

由物理大地测量学知道，地面点 P 的挠动位 T 与该点引力位 V 和正常引力位 U 之间的关系为：

$$T=V-U \tag{9-132}$$

而地面点 P 的高程异常 ζ 为：

$$\zeta = T/r \tag{9-133}$$

式中，r 为地面点 P 的正常重力值。

因为 r 和 U 可以正确地计算出，所以只要求出 P 点的 V 即可求出 P 点的高程异常 ζ。

按球谐函数级数式，V 的表达式为：

$$V = (GM/\rho)\left[1 + \sum_{n=0}^{\infty}\sum_{m=0}^{n}(a/\rho)^n(C_{nm}\cos mL + S_{nm}\sin mL)\cdot P_{nm}(\sin B)\right] \tag{9-134}$$

式中，ρ、B、L 为地面点 P 的矢径、纬度、经度；C_{nm}、S_{nm} 为位系数；$P_{nm}(\sin B)$ 为勒让德函数，n 为阶，m 为次。

当 n 越趋向无穷大，式(9-134)越趋于正确。目前，国际上 n 已求到 360 阶次。我国 WDM-89 模型除利用国外资料外，用了我国 5 万多个重力点资料，用 WDM-89 模型，在沿海平原地区计算 ζ 可达厘米级精度，山区为 0.2 m 精度，其他地区为 1.0~1.5 m 左右，这是重力点密度不足所致。

从目前我国实际情况来看，GPS 重力高程的精度低于 GPS 水准高程。故采用重力场模型和 GPS 水准相结合的方法是一条有效的途径。

其做法是：先按重力场模型计算地面点 P 的高程异常 ζ_P，在 GPS 网中再联测部分点的几何水准，也可求出这些点的高程异常 ζ，即可求出联测点的两种高程异常差 $\Delta\zeta$：

$$\Delta\zeta = \zeta - \zeta_P \tag{9-135}$$

根据联测点平面坐标和 $\Delta\zeta$，按曲面拟合方法推求其他点的 $\Delta\zeta$，从而求出点的正常高：

$$H_r = H_g - \zeta_P - \Delta\zeta \tag{9-136}$$

9.5.3 GPS 三角高程

GPS 三角高程是在 GPS 点上加测各 GPS 点间的高度角(或天顶距)，利用 GPS 求出的边长，按三角高程测量公式计算 GPS 点间的高差，从而求出 GPS 点的正常高(或正高)的一种方法。

除以上三种方法外，还有求转换参数法和整体平差法。

求转换参数法的原理是：当一测区内，有一定数量点平面坐标和高程已知，按坐标转换原理，求出参考椭球面与似大地水准面(或大地水准面)之间的平移和旋转参数，把这些参数加入 GPS 网的平差，在已知点高程约束下，通过平差，在求出各 GPS 点平面坐标的同时，求出点的正常高(或正高)。有文献报道，在平原地区，这种方法求出的正常高(或正高)精度可达 5×10^{-6}。

整体平差法的原理是：把测区内重力、水准、三角高程观测的天顶距等一并进行联合平差，求定点的三维坐标。这种方法的精度取决于已知高程点的分布及其精度。

9.5.4 应用实例

在局部地区，如某一城市或地区的 GPS 网中，用几何水准联测部分 GPS 点的正常高，用数值拟合的方法求出测区的似大地水准面，计算出未联测几何水准 GPS 点的高程异常，从而求出这些 GPS 点的正常高。这是目前 GPS 作业中应用最广泛的 GPS 水准方法。

下面给出某区利用多项式曲面拟合法计算 GPS 点正常高的实例。

为了探讨在一个 GPS 网中实测几何水准点的最佳点数和点位的最佳布设，我们对图 9-6所示的 GPS 试验网，选用 8 种(图 9-7)不同点数及点位布设进行比较。

图 9-7 中 8 种方案，其中 1、2、3 为不同点数的试验，3、4、5、6、7、8 为不同点位布设的试验，计算结果(计算时采用多项式曲面拟合模型)列于表 9-6。

从表 9-6 可以看出，方案 3 为最佳。对这样的试验网(共 29 个点)，实测水准点 6 个即足够。6 个水准点的分布，在测区一侧精度为最低(方案 7)，布设在中部或周围有改善，周围和中间相结合布设的效果较好，其中以构成几何图形强度较强的方案 3 布设为最好。

表 9-6　　**水准点布设方案计算结果比较**

方案	1	2	3	4	5	6	7	8
结点数/个	10	7	6	6	6	6	6	6
插值点数/个	18	21	22	22	22	22	22	22
μ(已知)/mm	±1.7	4.0	0	9.6	14.1	0	0	0
μ(待求)/mm	14.3	15.1	12.4	18.2	19.6	20.4	153.0	22.6
V_{max}/mm	25	27	25	32	26	46	399	27
V>20 mm 个数	3	4	3	5	4	7	12	6

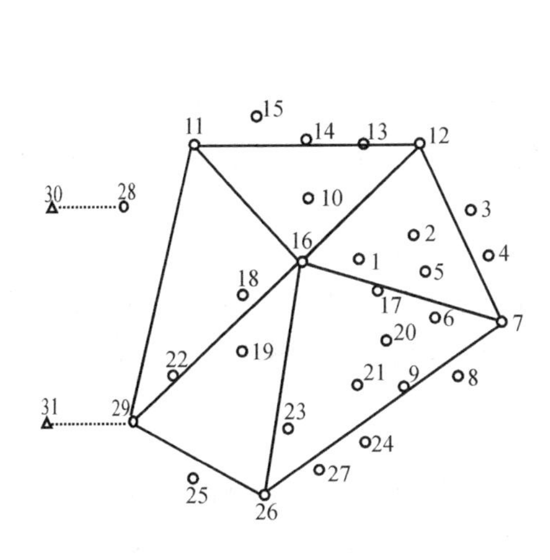

图 9-6　GPS 水准试验网

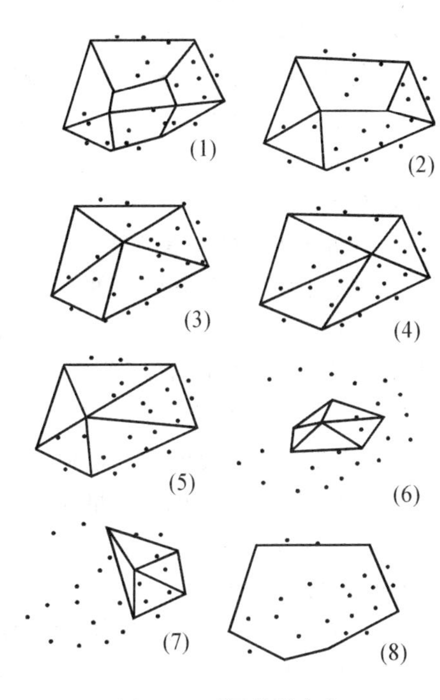

图 9-7　不同联测方案

结合有关文献的讨论，可以得出以下一般布设原则：

① 测区中联测几何水准点的点数，视测区的大小、测区似大地水准面变化情况而定。一般地区以每 20~30 km^{2}联测一个几何水准点为宜(或联测 GPS 总点数的 1/5)，平原地区可少一些，山区应多一些。一个局部 GPS 网中最小联测几何水准的点数，不能少于选用计算模型中未知参数的个数。

② 联测几何水准点的点位应均匀地布设于测区。测区周围应有几何水准联测点，由这些已知点连成的多边形应包围整个测区。因拟合计算不宜外推，否则会发生振荡。

③ 若测区有明显的几种趋势地形，对地形突变部位的 GPS 点，应联测几何水准。

9.5.5　提高 GPS 水准精度的措施

从理论研究和实践经验可知，提高 GPS 水准精度应注意以下几个方面。

1. 提高大地高(差)测定的精度

大地高(差)测定的精度是影响 GPS 水准精度的主要因素之一。因此，要提高 GPS 水准的精度，必须有效地提高大地高(差)测定的精度，其措施主要有：

① 提高局部 GPS 网基线解算的起算点坐标的精度。研究表明，当起算点坐标有 10 m 误差时，对其他 GPS 点的高程会产生 10 mm 的误差。因此，应尽量采用国家 A、B 级 GPS 网点为局部 GPS 网的起算点。

② 改善 GPS 星历的精度。有关文献分析表明，用精密星历比用广播星历可提高精度 34%。美国实施 SA 政策后，我们应建立自己的测轨系统。

③ 选用双频 GPS 接收机。

④ 观测时应选择最佳的卫星分布。

⑤ 减弱多路径误差和对流层延迟误差。

⑥ 大于 10 km 的 GPS 网点应实测气象参数。

实践表明，当边长大于 10 km，两端点气压差为 7 mbar，气温差为 2 ℃，相对湿度差为 4%，此时用实测气象参数与取平均气象参数对基线处理的边长仅产生 1 mm 误差，对大地高差产生 0.1 m 误差。

2. 提高联测几何水准的精度

据分析，采用四等几何水准联测的误差，约占 GPS 水准总误差的 30%。因此，尽量采用三等几何水准来联测 GPS 点。对有特殊应用的 GPS 网，用二等精密水准来联测，以有效地提高 GPS 水准的精度。

3. 提高转换参数的精度

提高转换参数精度的方法是利用我国已有的 VLBI 和 SLR 站的地心坐标转换参数，或利用国家 A、B 级 GPS 网点来推算转换参数。但这一项误差在 GPS 水准中是次要的。

4. 提高拟合计算的精度

提高拟合计算精度的办法有：

① 根据测区似大地水准面的变化情况合理地布设已知点，并选定足够的已知点。

② 根据不同测区选用合适的拟合模型。对高差大于 100 m 的测区，一般要加地形改正。

③ 对含有不同趋势地区的大测区，可采取分区计算的办法。

④ 计算时，坐标取到 m 或 10 m，但高程异常应取到 mm。计算结果应由计算机绘出测区高程异常等值线图，以便分析测区高程异常变化情况，提高拟合计算精度。

从以上分析和国内外 GPS 水准实践情况看，在局部 GPS 网中，采用拟合法进行计算，GPS 水准高程的内符合精度一般可达 2×10^{-6}左右。对于测区面积不大的平坦地区，特别是测区内高程异常的变化有规律的地区，在公共点分布均匀的情况下，多项式曲面拟合法能够达到比较理想的精度。只要用三等几何水准联测已知点，点位分布合理，点数足够，GPS 水准可代替四等几何水准；在山区，只要施加地形改正，也可达到四等几何水准的精度。

§9.6 精密基线解算软件简介

目前，用于 GPS 数据处理的精密基线解算软件主要有美国麻省理工学院(MIT)的

GAMIT、瑞士伯尔尼大学天文研究所的 BERNESE 以及美国 JPL 的 GIPSY-OASIS(简称 GIPSY)等几种。GAMIT 采用双差模型、开放源代码，同时消除了接收机钟差和卫星钟差等主要误差，有利于精密相对定位，但不能用于单点定位。BERNESE 采用非差模型，对用户提供可执行代码，也提供源代码。BERNESE 软件可同时在多台计算机上运行，数据处理有很大的灵活性。

9.6.1 GAMIT/GLOBK 软件

1. GAMIT/GLOBK 软件的主要特征

GAMIT/GLOBK 软件最初由美国麻省理工学院研制，后与美国 SCRIPPS 海洋研究所共同开发改进，是在 UNIX 操作系统上以交互式图形方式运行的一种高精度 GPS 数据处理软件。该软件在处理长基线和连续时段的高精度静态定位数据时具有强大的功能，当采用精密星历和高精度起算点时，其解算长基线的相对精度能达到 10^{-9} 量级，解算短基线的精度优于1 mm。由于其具有运算速度快、版本更新周期短、自动化处理程度高等优点，因而得到广泛应用。该软件主要用于测站坐标、速度场、大气延迟、卫星轨道等参数的计算，用于局部区域 GPS 高精度定位和地壳形变分析。软件源代码由 FORTRAN 编写，其中对观测数据进行浏览编辑的交互式图形用 C 语言与 FORTRAN 语言混合编写。软件在支持 X 视窗的 UNIX 操作系统下运行，目前的版本也可在 Solaris、HPUX、IBM/RISC、DEC、LINUX 和 MacOSX 环境下运行。

2. GAMIT/GLOBK 软件的主要模块及功能

GAMIT 数据处理各模块功能相对独立，通过整个数据处理流程串联起来。现用版本采用批处理或自动处理的方式运行。

GAMIT 外部数据文件分为三类，即“全球”文件(从网上下载)、观测数据文件、命令文件。“全球”文件对于各类 GPS 网都适用，主要包括地球定位定向参数(EOP)、卫星星历及其改正有关的文件、与接收机天线有关的文件、GPS 时间与 UTC 跳秒文件等。观测数据文件包括转换成 RINEX 的 GPS 观测 O 文件、导航信息 N 文件、气象 W 文件。命令文件包括 process. defaults、sites. defaults、sestbl、sittbl、autcln. cmd 文件。运行 sh_gamit 时，可自动将这些文件链接到每个处理目录下。

GAMIT 数据处理有关文件：包括程序运行中间过程建立的标准星历 t 文件、卫星钟文件、接收机文件及坐标文件；初始信息 g 文件包括每个卫星在特定历元的位置和速度以及 9 个太阳辐射压模型系数。

GAMIT 结果文件包括：H 文件，例如 hemeda. 05345 为 SOLVE 生成的松弛约束解及协方差文件；Q 文件为单天解文件；GLOBKh 文件为 GLOBK 进一步处理作准备的二进制 H 文件，由 htoglb. 建立；Org 文件是由 glorg 生成的解文件。

各模块的主要功能：

①MAKEXP 模块：该模块程序主要是根据用户需处理测段的起始时间、采样间隔、处理历元信息、测站信息、导航信息建立一些模块的标准输入文件。

②sh_check_sess 脚本文件：确保 RINEX 文件中所有卫星都包含在导航文件及初始轨道状态文件中。

③sh_makej 文件：从导航文件信息中得到用于分析的卫星时钟 J 文件。

④MAKEX 文件：根据 RINEX 观测文件中的相位及伪距、导航文件广播星历及卫星钟

文件生成接收机时钟 K 文件和将观测 O 文件转换成 GAMITX 文件(内部格式)。

⑤ARC 程序模块：通过对卫星的位置和速度的初始条件 G 文件的数学积分获得星历表 T 文件。

⑥FIXDRV 程序模块：产生 GAMIT 运行的批处理文件 b * . bat。此程序一般不单独使用。由 fixdrv 读取接收机钟文件，建立一阶的接收机钟拟合多项式，初步检查接收机钟跳及钟漂。

⑦MODEL 程序模块：计算观测量的理论值和相对于这些观测值估计参数的偏差以及相对于未知参数的偏微分，并将它们写入输入的 C 文件(输入文件为 x-文件)，用于编辑和估算。

⑧AUTCLN 程序模块：用于自动剔除相位观测周跳和粗差；输入为二进制 C 文件，输出仍为 C 文件，但此时的 C 文件已对观测数据进行失周标记，并剔除了大的粗差。文件命名规则为第六个字母依次为递增，例如 a、b 等。

⑨CFMRG 程序模块：生成一个观测方程的 M 文件。

⑩SOLVE 程序模块：完成最小二乘法分析，并将打印输出结果写到 Q 文件中。例如 qemeda. 345，第六个字母 p 代表初始解，a 为完整解。文件中包括各参数的平差值、站坐标及估算的基线矢量值，可用于统计和做图，同时将协方差矩阵与平差值写入 H 文件，作为 GLOBK 的输入数据。

3. GAMIT 软件的使用

(1)相关数据的准备

按照 GAMIT 软件的格式要求，需要准备下列文件：

①与观测站有关的文件，包括测站名、接收机型号、天线类型、天线高、开始与结束时间等。②初始坐标文件，包括需要计算的 GPS 站的初始坐标。③下载观测值所在年份的各种星历表文件。④天线相位中心随方位角和高度角变化的数值文件。⑤站海潮文件。⑥SP3 格式 IGS 精密星历或 BRDC * . YYN 形式的 IGS 广播星历。⑦原始观测 O 文件(RINEX 格式)。

除星历文件、初始坐标文件和观测文件外，上述各种文件及 GAMIT 解算所需的各种命令模块文件都可以从 http：//sopac. ucsd. edu/processing/gamit/上下载。所有全球文件需要随时更新。

(2)命令文件的编辑

① process. defaults：包括一些环境变量的设置(如观测文件、星历文件所在的目录)、内部外部数据来源设置、需处理观测数据开始时间、采样间隔、存储文件管理等。

② sites. defaults：指定哪些 IGS 站及区域站参与数据处理，对测站数据源如何处理。

③ autcln. cmd：设置自动剔除失周的参数。

④ sestbl：通过设置文件中的相应参数来确定测段解算与分析策略，以及初始观测误差和 GPS 卫星约束。

⑤ Sittbl：为站约束文件，设置各种参数，如卫星截止高度角、对流层延迟参数个数、钟模型、各 GPS 站的初始坐标约束值等。

(3)数据处理

① 原始观测数据：每站每天的 GPS 载波相位观测量、伪距观测量和多普勒观测量。

② 计算的未知参数：跟踪站坐标、接收机钟差、卫星钟差、GPS 卫星轨道参数、大

气延迟参数、地球定向参数 EOP 等。

③ 解算方法：采用非基准方法对各参数给予松弛的约束。一般采用批处理方式。

使用 GAMIT 的自动处理模式 sh_gamit 得到单天解。在确保上述文件准确无误后，运行 sh_gamit。命令格式为：

sh_gamit-d05100-orbitIGSF-exptCASM-eopsusno>&！ sh_gamit. log

其中，-expt 是 4 个字符的缺省解算工程的名称；-dyrdays 是进行处理的年和天，如 1997153156178。

单天解完成后，sh_gamit 将形成一个总结文件，包括：使用站的数目，两个最好及两个最坏站的非差分相位残差的 RMS 值，标准化的均方根 nrms 值，解算的整周模糊度数，站坐标的平差值。

sh_gamit 完成后，生成 ASCII 码的结果 Q 文件、完全解结果 O 文件、以二进制格式保存的协方差 H 文件。H 文件可作为后续测段平差软件 GLOBK 的输入文件。

4. GLOBK 软件的应用

(1)GLOBK 主要特征

GLOBK 是 GAMIT 后续的测段平差软件，综合处理多元测量数据。其核心思想是卡尔曼滤波。主要输入经 GAMIT 处理后的 H 文件和近似坐标。主要输出有测站坐标的时间序列、测站平均坐标、测站速度和多时段轨道参数。GLOBK 可以有效地检验不同约束条件下的影响，因为单时段分析使用了非常宽松的约束条件，所以在 GLOBK 中可以对任意参数强化约束。

GLOBK 的应用有：产生测站坐标的时间序列，检查坐标的重复性，同时确认和删除那些产生异常域的特定站或特定时段；综合处理同期观测数据的单时段解以获得此期测站的平均坐标；综合处理测站多期的平均坐标获得测站的速度。

GLOBK 由独立的功能模块组成。可以由一个命令完成，也可以分别独立运行。基本功能包括：由用户运行 GAMIT 获得的单测段(或单天解结果)，或从网上下载的以 SINEX 格式存储的处理结果模块 glred 或 globk，以及网平差基准的定义模块 glorg。GLOBK 主要包括两个命令文件：globk_comb. cmd 和 glorg_comb. cmd。

运用 GLOBK 软件获得综合解。运行前，GLOBK 目录下应包括三个子目录：globf 用来存放 B 文件，gsoln 用来存放命令文件和结果文件等，tables 用来存放表文件和恒星参数文件。

(2)GLOBK 软件处理 GPS 数据的基本步骤

① 将 ASCII 格式的 H 文件转换成可被 GLOBK 读取的二进制 H 文件，然后运行 glred/glorg 以获得测站坐标的时间序列。

② 通过时间序列分析，确认具有异常域的特定站或特定历元。在 earthquakefile 中运用 rename 命令删除具有异常域的特定站的特定历元或直接删除对应的 H 文件。

③ 运行 GLOBK 将单时段解的 H 文件合并成一个 H 文件，其解为所选择的时间跨度里测站的平均坐标。

④ 使用合并后的 H 文件，再次运行 glred/glorg 获得时间序列，同时获得测站速度。

9.6.2 BERNESE 软件

BERNESE 软件是瑞士伯尔尼大学天文研究所研究开发的高精度 GNSS 数据处理软件，

能处理 GPS、GLONASS、SLR 数据。它既采用双差模型，也采用非差模型，所以既可以用非差模型进行单点定位，又可以用双差方法进行整网平差。双差处理方法的精度和 GAMIT 软件相当。该软件主要针对大学、研究机构和高精度的国家测绘机构等用户，界面友好，模块条理清晰，内嵌图形软件功能强大，具有很大的潜在应用研究价值。软件主要有 UNIX 及 WINDOWS 两种版本。

1. BERNESE 软件的特征与主要功能

BERNESE 软件特别适合于小规模单频和双频观测的快速处理、永久跟踪站的自动处理、大规模静态数据的处理。主要功能与特征如下：

进行 GPS 卫星与 GLONASS 卫星联合处理；2 000 km以上长基线模糊度解算；监测对流层与电离层；钟偏估计与时间转换；定轨与极移参数估计；使用电离层模型最大限度地减小电离层对站坐标及其他参数的影响；处理单差数据和双差数据；使用 L_1 和 L_2 不同的线性组合可形成无电离层影响 LC 观测值，消除几何影响观测 LG、宽巷观测值 WL、Melburne-Wubbena 观测值组合；不同的模糊度解算；可以处理静态和动态观测数据。

软件中包含不同的对流层映射函数，可以估计对流层梯度参数、接收机的天线相位、卫星天线，所有依赖时间的参数都认为是线性连续的，特别是对流层天顶延迟和梯度参数、地球定向参数、全球电离层模型。新开发的法方程叠加在预消去参数及在最小约束条件下定义大地基准方面更加灵活，这些参数不需重新运行 BERNESE，只在法方程的基础上通过不同选项就可用来估计基线解、测段、会站或多会站数据处理、多种不同的综合解(解算站坐标年变化及 ERP)。

BERNESE 软件采用国际标准格式，支持 LEO 扩展名的 RINEX 格式、精密星历 SP3-c 格式、SINEX、IONEX、钟 RINEX 格式、SINEX 格式的对流层、ANTEX 以及 IERSERP。主菜单反映了程序结构，可以引导用户使用整个数据处理过程。图形用户输入面板可以让用户灵活地输入不同选项，处理不同方案。软件还提供了扩展的基于超文本的在线帮助，新开发的功能强大的处理引擎可以剪裁自动处理顺序。

2. BERNESE 软件主要模块及基本流程

BERNESE 软件包括 300 000 行源代码约 1 200 个模块。主菜单用户界面包括近 100 个程序，各主要功能模块都采用下拉式菜单。主菜单各项功能如下。

(1)RINEX 格式转换为 BERNESE 格式模块

将原始观测值文件(ssssdddf. yyO)、导航文件(ssssdddf. yyN，ssssdddf. yyG)和气象文件(ssssdddf. yyM)转换为 BERNESE 格式的码观测和相位观测文件、广播文件和气象文件。转换后，观测值文件包括 *. PZH(相位非差头文件)、*. PZO(相位非差观测文件)、*. CZH(码非差头文件)、*. CZO(码非差观测文件)。

(2)轨道星历(Orbits/EOP)模块

该模块能生成标准轨道，进行轨道更新，生成精密轨道并进行轨道比较。轨道有 15 个参数：6 个轨道根数参数和 9 个光压模型参数。从 IGS 星历生成标准轨道文件，进行轨道比较。将极移文件转换为 BERNESE 内部格式。

(3)数据处理(Processing)模块

包括单点定位码处理(CODSPP)，形成基线单差观测 SNGDIF 文件(*. PSH，*. PSO，*. CSH，*. CSO)、双频码和相位预处理 MAUPRP 文件。预处理包括错位观测的标记、周跳的探测与修复、野值的删除和观测文件相位模糊度的解算。基于 GPS、

GLONASS 观测(程序 GPSEST)和基于法方程系统(程序 ADDNEQ2)的初始坐标的参数估计。数据处理基本上是按菜单所列顺序对非差数据或单差数据进行处理，最后获得参数的估值。

(4)观测数据模拟部分(Simulation)模块

在 SERVICE 菜单下，提供观测数据模拟的功能。模拟需要提供基本文件，包括标准轨道文件、极移文件、观测站坐标文件。为使模拟数据具有真实性，模拟时需加入具有正态分布的白噪声，即根据统计信息(观测值的 RMS、偏差和周跳)生成模拟的 GPS 观测及 GLONASS 观测文件或混合观测文件。生成的文件包括码观测、相位观测和气象观测文件。模拟的观测文件包括轨道文件中所有的卫星，卫星钟偏差可以通过引入 BERNESE 卫星钟文件来模拟卫星钟的相应改正数。其他文件如不同码偏差文件，对流层与电离层模型也可加入。

(5)编辑管理部分(Service)模块

用于编辑和浏览二进制数据文件、坐标值的比较、残差显示等。主要有浏览、编辑、删除文件，从输出文件中提取信息，文件格式从二进制到 ASCII 的转换。具体包括：

① 对观测值文件的显示与操作。

② 可以一次编辑多个文件头。

③ 残差浏览，检核，图形工具。

④ 坐标比较，七参数转换，坐标合并。

⑤ 极移文件的更新，极移值的提取。

⑥ 单点定位结果的输出。

⑦ 二进制与 ASCII 码之间的转换。

⑧ 自动删除项目的具体文件，这在 BPE 运算中很有用，它可以用通配符或用户定义的变量，如 *.02O 或 SHAO. * 等。

⑨ 程序输出文件的处理：浏览或编辑输出文件，打印输出文件，创建或删除输出文件，提取系统命令，给下个项目设置输出数(大小)。

(6)Conversion——提取程序处理时所必须的信息，例如从 ITRF 中提取站坐标和速度场。

(7)BPE(Bernese Processing Engine)——自动处理引擎：主要包括数据处理控制 PCF 文件、CPU 文件(PCFCTL. CPU)和总体控制 PCS 文件。PCF 文件包括三个部分：第一部分包括 BPE 处理的前后次序、各阶段的任务、计算机名称和速度、各阶段完成次序(并行处理)；第二部分是解释和使用状况；第三部分是轨道、基线、模糊度等变量的描述和有效属性等。在 CPU 文件中包括 CPU 名称、主机和速度、允许同时运行的最大值和当前在主机上运行的任务数等。

BERNESE 软件主要提供四个 BPE：精密单点定位，多时段并行处理引擎 RNX2SNX，基线处理与分析引擎 BASTST，站与星钟估计引擎 CLKDET。用户可根据自己的需要进行修改，以满足不同的分析需求，而且可以在不同计算机上建立并行处理。

BPE 主要用于永久网的日常数据分析；一些大的 GPS 任务的分析或个别处理过程的自动化，如模糊度解算；简化生成不同解算类型序列的过程。

3. BERNESE 软件的使用

BERNESE 软件的使用包括手工处理和批处理两种方式。

(1)文件准备

① 原始文件：观测 O 文件、原始导航 N 文件和原始气象文件，放在工程文件 RNX 目录下。

② 系统文件：大地基准面文件(DATUM)，包括目前所用的大地基准面模型；常数文件(CONST)，包括光速、L_1和 L_2频率、地球半径、正常光压加速度等。

③ 相位中心改正表(PHASEIGS. 01)：包括大部分常用的天线和接收机及其参数。

④ 地球重力场模型(JGM3，GEMT3，GEM10N，EGM96，TEG4，EIGEN2)：软件安装时提供，保存在 BERN50 \ GPS \ GEN 目录下。

⑤ 极偏差系数文件(POLOFF)。

⑥ 卫星参数(SATELLIT. I01 或 I05)。

⑦ 接收机信息文件(RECEIVER)：主要包括接收机类型、单双频情况、观测码和接收机相位中心改正等，如果有新的接收机类型，可以在此文件中按规定格式添加。

⑧ 地球自转参数信息文件(C04_￥JJ2. ERP)：￥JJ2 为具体的年份，将其改成 2002，应下载与观测值时间相符的相关文件；跳秒文件(GPSUTC)，GPS 跳秒情况。

⑨ 卫星问题文件(SAT_￥JJ2. CRX)：包括坏卫星和它们的观测值，￥JJ2 为具体的年份，例如，可将其改为 2006 等形式的年份。

⑩ 测站信息文件(*. STA)：测站的天线高包括测站名、接收机和天线类型、天线高、天线相位中心改正等。对于有问题的测站可在此文件中列出，便于后续处理时剔除。

上述文件中，②~⑨都可以从 ftp：//ftp. unibe. ch/aiub/BSWUSER/上下载。另外还需要准备测站信息文件、测站初始坐标文件和精密星历文件。其中，精密星历文件将从 IGS 上下载的轨道格式 sp3 文件改成 PRE 文件(sp3 文件格式已于 2002 年 9 月 5 日更新为 sp3-c 格式)；测站初始坐标文件可由 PPP 单点定位软件生成。

(2)生成工程目录

① 测段信息编辑。主要是输入观测测段的日期，可按不同的格式输入。例如观测年、月、日或观测年、年积日。

② 产生新的工程目录。

(3)获取测站初始坐标

下载基准站坐标及速度场文件。例如 ITRF2005_R. CRD 和 ITRF2005_R. VEL，用 BERNESE5. 0 提供的精密单点定位引擎 PPP 计算测站的初始坐标。用 Service 中的相应工具提取本测段所用的站坐标。

(4)数据处理

数据处理及参数估计可用人工处理和自动处理两种方式进行。

人工处理时基本上是按照菜单上的排列顺序从左到右处理：

① 观测数据的格式转换。运行 RINEX 菜单下各项，将原始观测文件由 RINEX 格式转换成 BERNESE 格式的码观测和相位观测。

② 极文件格式转换。标准轨道生成运行 Orbits/EOP 菜单下 HandleEOPfiles，将极移文件转换为 BERNESE 内部格式，运行 createtabularorbit 生成卫星表列轨道文件，运行 createstandardorbit 生成卫星标准轨道。

③ 观测数据周跳标记、剔除，整周模糊度解算，法方程解算与参数估计。运行 Processing，依次进行码处理计算接收机钟差、按不同策略组基线、双频码和相位错误观

测的标记、周跳的探测与修复、观测文件相位模糊度的解算参数估计、法方程叠加，最后获得参数的估值。

BERNESE 自动处理引擎 RNX2SNX 处理顺序同人工处理。只是各输入面板中的各参数在数据处理前准备好，然后就可用自动处理功能对数据进行自动处理。这种方法方便快捷，也是 BERNESE 软件的特色。

第十章　GPS应用

§10.1　GPS在大地控制测量中的应用

10.1.1　概述

GPS定位技术以其精度高、速度快、费用省、操作简便等优良特性被广泛应用于大地控制测量中。时至今日，可以说GPS定位技术已完全取代了用常规测角、测距手段建立大地控制网。我们一般将应用GPS卫星定位技术建立的控制网叫GPS网。归纳起来大致可以将GPS网分为两大类：一类是全球或全国性的高精度GPS网，这类GPS网中相邻点的距离在数千公里至上万公里，其主要任务是作为全球高精度坐标框架或全国高精度坐标框架，为全球性地球动力学和空间科学方面的科学研究工作服务，或用以研究地区性的板块运动或地壳形变规律等问题。另一类是区域性的GPS网，包括城市或矿区GPS网、GPS工程网等，这类网中的相邻点间的距离为几公里至几十公里，其主要任务是直接为国民经济建设服务。

下面分别就上述两大类GPS网作具体阐述。

10.1.2　全球或全国性的高精度GPS网

作为大地测量的科研任务是研究地球的形状及其随时间的变化，因此建立全球覆盖的坐标系统之一的高精度大地控制网是大地测量工作者多年来一直梦寐以求的。直到空间技术和射电天文技术高度发达，才得以建立跨洲际的全球大地网，但由于VLBI、SLR技术的设备昂贵且非常笨重，因此在全球也只有少数高精度大地点，直到GPS技术逐步完善的今天才使全球覆盖的高精度GPS网得以实现，从而建立起了高精度的(在1~2 cm)全球统一的动态坐标框架，为大地测量的科学研究及相关地学研究打下了坚实的基础。

1991年国际大地测量协会(LAG)决定在全球范围内建立一个IGS(国际GPS地球动力学服务)观测网，并于1992年6~9月间实施了第一期会战联测，我国借此机会由多家单位合作，在全国范围内组织了一次盛况空前的“中国’92GPS会战”，目的是在全国范围内确定精确的地心坐标，建立起我国新一代的地心参考框架及其与国家坐标系的转换参数；以优于10^{-8}量级的相对精度确定站间基线向量，布设成国家A级网，作为国家高精度卫星大地网的骨架，并奠定地壳运动及地球动力学研究的基础。

建成后的国家A级网共由28个点组成，经过精细的数据处理、平差后在ITRF91地心参考框架中的点位精度优于0.1 m，边长相对精度一般优于1×10^{-8}，随后在1993年和1995年又两次对A级网点进行了GPS复测，其点位精度已提高到厘米级，边长相对精度达3×10^{-9}。

作为我国高精度坐标框架的补充以及为满足国家建设的需要，在国家 A 级网的基础上建立了国家 B 级网(又称国家高精度 GPS 网)。布测工作从 1991 年开始，经过 5 年努力完成外业工作，内业计算已基本完成，不日将公布使用。全网基本均匀布点，覆盖全国，共布测 818 个点左右，总独立基线数 2 200 多条，平均边长在我国东部地区为 50 km，中部地区为 100 km，西部地区为 150 km，经整体平差后，点位地心坐标精度达±0.1 m，GPS 基线边长相对中误差可达 2.0×10^{-8}，高程分量相对中误差为 3.0×10^{-8}。

新布成的国家 A、B 级网已成为我国现代大地测量和基础测绘的基本框架，将在国民经济建设中发挥越来越重要的作用。国家 A、B 级网以其特有的高精度把我国传统天文大地网进行了全面改善和加强，从而克服了传统天文大地网的精度不均匀、系统误差较大等传统测量手段不可避免的缺点。通过求定 A、B 级 GPS 网与天文大地网之间的转换参数，建立起了地心参考框架和我国国家坐标的数学转换关系，从而使国家大地点的服务应用领域更宽广。利用 A、B 级 GPS 网的高精度三维大地坐标，并结合高精度水准联测，从而大大提高了确定我国大地水准面的精度，特别是克服我国西部大地水准面存在较大系统误差的缺陷。

从 2000 年开始，我国已着手开展国家高精度 GPS A、B 级网，中国地壳运动 GPS 监测网络和总参测绘地理信息局 GPS 一、二级网的三网联测工作。以建立国家高精度 GPS2000 网，预期精度为 10^{-8}。这充分整合了我国 GPS 网络资源，以满足我国采用空间技术为大地控制测量、定位、导航、地壳形变监测服务。

10.1.3 区域性 GPS 大地控制网

所谓区域 GPS 网是指国家 C、D、E 级 GPS 网或专为工程项目布测的工程 GPS 网。这类网的特点是控制区域有限(或一个市或一个地区)，边长短(一般从几百米到 20 km)，观测时间短(从快速静态定位的几分钟至一两个小时)。由于 GPS 定位的高精度、快速度、省费用等优点，建立区域大地控制网的手段我国已基本被 GPS 技术所取代。就其作用而言分为：①建立新的地面控制网；②检核和改善已有地面网；③对已有的地面网进行加密；④拟合区域大地水准面。

1. 建立新的地面控制网

尽管我国在 20 世纪 70 年代以前已布设了覆盖全国的大地控制网，但由于人为的破坏，现存控制点已不多，当在某个区域需要建立大地控制网时，首选方法就是用 GPS 技术来建网。

2. 检核和改善已有地面网

对于现有的地面控制网由于经典观测手段的限制，精度指标和点位分布都不能满足国民经济发展的需要，但是考虑到历史的继承性，最经济、有效的方法就是利用高精度 GPS 技术对原有老网进行全面改造，合理布设 GPS 网点，并尽量与老网重合，再把 GPS 数据和经典控制网一并联合平差处理，从而达到对老网的检核和改善的目的。

3. 对老网进行加密

对于已有的地面控制网，除了本身点位密度不够以外，人为的破坏也相当严重，为了满足基本建设的急需，采用 GPS 技术对重点地区进行控制点加密是一种行之有效的手段。布设加密网时，要尽量和本区域的高等级控制点重合，以便较好地把新网同老网匹配好，从而避免控制点误差的传递。

4. 拟合区域大地水准面

GPS技术用于建立大地控制网，在确定平面位置的同时，能够以很高的精度确定控制点间的相对大地高差，如何充分利用这种高差信息是近几年许多学者热烈讨论的一个话题。由于地形图测绘和工程建设都依据水准高程，因此必须把GPS测得的大地高差以某种方式转化成水准高差，才便于工程建设使用。通常的方法是：①采用一定密度及合理分布的GPS水准高程联测点(即GPS点上联测水准高程)，用数学手段拟合区域大地水准面。②利用区域地球重力场模型来改化GPS大地高为水准高。

§10.2　GPS在精密工程测量及变形监测中的应用

精密工程测量和变形监测是以毫米级乃至亚毫米级精密为目的的工程测量工作。随着GPS系统的不断完善，软件性能不断改进，目前GPS已可用于精密工程测量和工程变形监测。

10.2.1　GPS用于建立精密工程控制网的可行性

目前我国精密工程控制网一般都用ME5000测距仪和T_3精密光学经纬仪来施测。为研究用GPS来建立精密工程控制网的可行性，原武汉测绘科技大学在某山区水利工程布设了如图10-1所示的精密工程控制网。该网由5个点组成，每点都建立水泥墩，设有强制对中装置。试验网最长边为1 313.5 m，最短边为359.5 m，平均为701.3 m。试验时，先用ME5000测边，用T_3测角，然后用GPS施测。接收机采用TurboRogueSNR-8000，时段长为2 h，用GAMIT软件、精密星历解算，起算点WGS-84坐标通过与原武汉测绘科技大学跟踪站联测求出。经平差计算，求出全网各边的长及点位坐标，结果见表10-1和表10-2。由表10-1可看出，GPS测出的边长与ME5000测出的同一条边长较差中误差为±0.34 mm，其较差ΔS有正有负，无系统性差异。从表10-2可看出，GPS测出20点位坐标与用ME5000和T_3求出的点位坐标较差中误差为±0.29 mm，其较差δ有正有负，也无系统性差异。从而可认为，完全可用GPS来建立精密工程控制网。

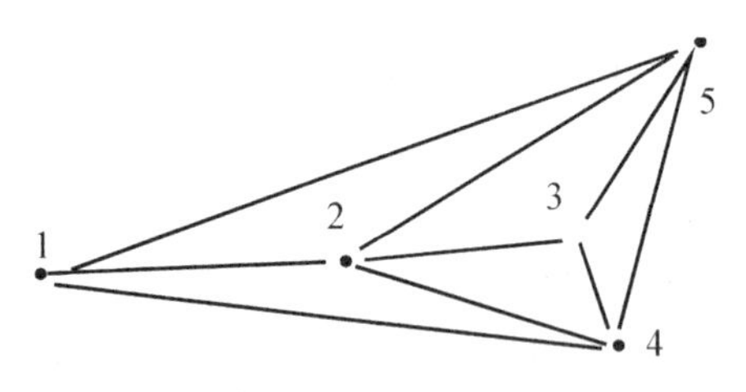

图10-1　控制网图

表10-1　**GPS网与边角网边长比较**

边　名	S_{GPS}/mm	S_{ME5000}/mm	ΔS/mm
2-3	466 244.1	466 244.3	-0.2
2-4	652 860.9	652 861.4	-0.5

边　名	S_{GPS}/mm	S_{ME5000}/mm	ΔS/mm
4-5	642 664.7	642 664.3	+0.4
2-5	748 678.5	748 678.8	-0.3
1-5	1 313 474.2	1 313 470.5	-0.3
1-4	1 178 112.5	1 178 112.4	+0.1
3-5	359 343.8	359 344.0	-0.2
1-2	582 651.0	582 650.7	+0.3
3-4	359 894.2	359 893.7	+0.5

$\sigma_{\Delta S} = \sqrt{\dfrac{\Delta S \Delta S}{n}} = \pm 0.34\ \text{mm}$，$|\Delta S|_{max} = 0.5\ \text{mm}$。

表 10-2　**GPS 网与边角网点位坐标比较**

点　　号	平面坐标$_{GPS}$/m	平面坐标$_{ME5000+T_3}$/m	差值 δ/mm
4	x=1 417.275 0 y=812.938 8	1 417.274 7 812.938 8	+0.3 0.0
3	x=1 092.895 4 y=968.828 9	1 092.895 7 968.828 9	-0.3 0.0
2	x=1 189.804 9 y=1 424.890 4	1 189.804 4 1 424.890 8	+0.5 -0.4
1	x=1 337.996 4 y=1 988.380 8	1 337.996 7 1 988.380 7	-0.3 +0.1
5	x=774.706 4 y=801.823 2	774.706 6 801.822 9	-0.2 +0.3

$\sigma = \sqrt{\dfrac{[\delta\delta]}{n}} = \pm 0.29\ \text{mm}$，$|\delta|_{max} = 0.5\ \text{mm}$。

长江水利委员会综合勘测局也进行了由 10 个点、18 条边组成的 GPS 测量与高精度大地测量对比试验，GPS 施测时，采用 SOKK1AGSS1A 单频接收机，使用广播星历和随机软件，结果为：$m_x = \pm 3.1$ mm，$m_y = \pm 2.4$ mm，$m_H = 6.5$ mm。这说明单频 GPS 接收机也可用于水利工程施工控制网的建立。

10.2.2　GPS 用于工程变形监测的可行性

工程变形监测通常要达到毫米级或亚毫米级的精度，而监测的边长一般为 300~1 000 m。在这样短的边长上，GPS 能否达到上述精度呢？原武汉测绘科技大学做了模拟试验。

测试工作在原武汉测绘科技大学校园内的 GPS 卫星跟踪站与四号楼间进行。试验过程中，GPS 跟踪站上的接收机天线始终保持固定不动。四号楼楼顶的 GPS 接收机天线安置在一个活动的仪器平台上。平台可以在两个互相垂直(东西和南北方向)的导轨上移动。

移动量通过平台上的测微器精确测定(读至0.01 mm，其精度可保证优于0.1 mm)，因而天线的位移值可视为已知值。然后通过与GPS定位结果进行比较来检核其精度，评定利用GPS定位技术进行变形观测的能力。试验时每隔5 h左右移动一次平台。数据处理采用改进后的GAMIT软件和精密星历进行，并分别计算了5 h解、2 h解和1 h解。5 h、2 h、1 h的解，其测试分别进行了10组，其结果列于表10-3。

从表10-3可看出，若用一个基准点来进行变形监测，利用5 h GPS观测值求出监测点平面位移分量中误差约为±0.4 mm；利用2 h GPS观测值求出监测点平面位移分量中误差为±0.6 mm；利用1 h GPS观测值求出监测点平面位移分量中误差为±1.0 mm。若利用两个基准点，其监测精度可进一步提高。测试结果表明，只要采取一定的措施，利用GPS技术进行各种工程变形监测是可行的。

表10-3　**边长监测测试结果**

精度 \ 时间 指标	5 h	2 h	1 h
位移分量中误差 $M\delta_x$/mm	±0.36	0.54	±0.91
位移分量中误差 $M\delta_y$/mm	0.37	±0.64	±0.78
位移分量误差≤0.5 mm	89%	61%	48%
位移分量误差≤1.0 mm	100%	94%	72%
位移分量误差≤2.0 mm		100%	98%
最大误差/mm	0.7	1.7	2.4

10.2.3　隔河岩水库大坝外观变形GPS自动化监测系统

隔河岩水库位于湖北省长阳县境内，是清江中游的一个水利水电工程——隔河岩水电站。隔河岩水电站的大坝为三圆心变截面重力拱坝，坝长653 m，坝高151 m。隔河岩大坝外观变形GPS自动化监测系统于1998年3月投入运行，系统由数据采集、数据传输、数据处理三大部分组成。

1. 数据采集

GPS数据采集分基准点和监测点两部分，由7台AshtechZ-12GPS接收机组成。为提高大坝监测的精度和可靠性，大坝监测基准点宜选两个，并分别位于大坝两岸。点位地质条件要好，点位要稳定且能满足GPS观测条件。

监测点能反映大坝形变，并能满足GPS观测条件。根据以上原则，隔河岩大坝外观变形GPS监测系统基准点为2个(GPS_1和GPS_2)、监测点为5个(GPS_3~GPS_7)。

2. 数据传输

根据现场条件，GPS数据传输采用有线(坝面监测点观测数据)和无线(基准点观测数据)相结合的方法，网络结构如图10-2所示。

3. GPS数据处理、分析和管理

整个系统7台GPS接收机，在一年365天中需连续观测，并实时将观测资料传输至控制中心，进行处理、分析、存储。系统反应时间小于10 min(即从每台GPS接收机传输

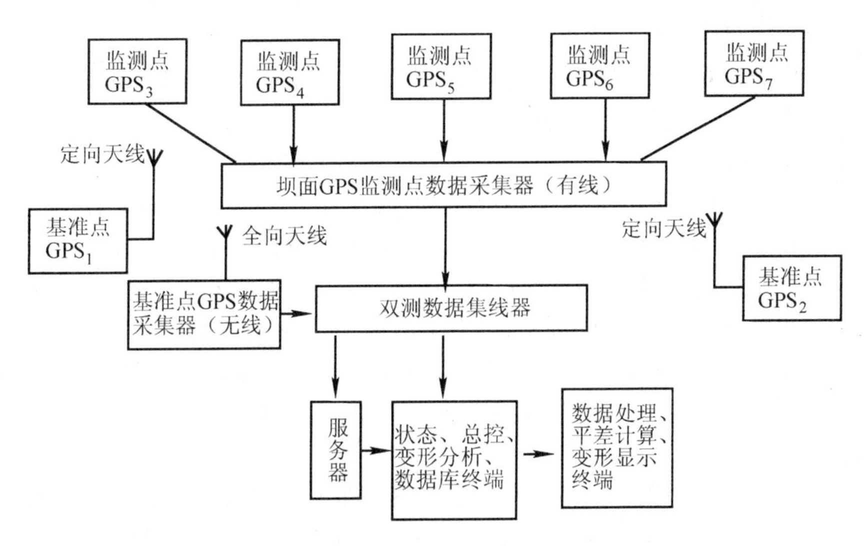

图 10-2　GPS 自动监测系统网络结构

数据开始，到处理、分析、变形显示为止，所需总的时间小于 10 min)，为此，必须建立一个局域网，有一个完善的软件管理、监控系统。

本系统的硬件环境及配置如图 10-3 所示。

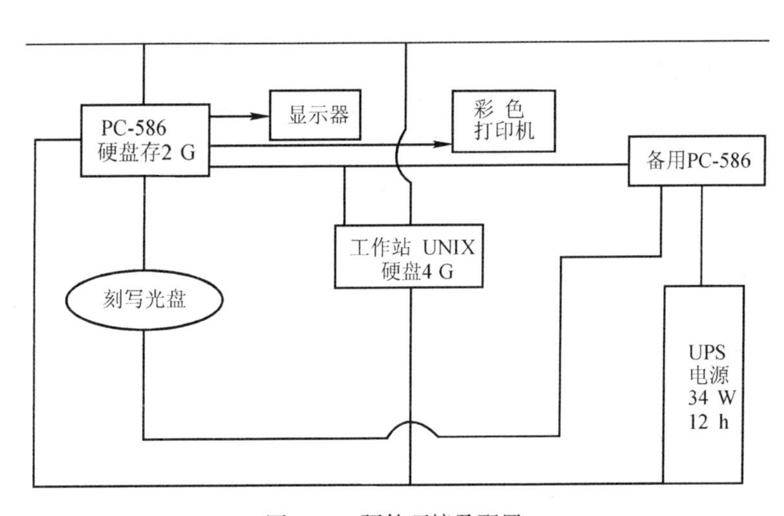

图 10-3　硬件环境及配置

整个系统全自动，应用广播星历 1~2 h GPS 观测资料解算的监测点位水平精度优于 1.5 mm(相对于基准点，以下同)，垂直精度优于 1.5 mm；6 h GPS 观测资料解算水平精度优于 1 mm，垂直精度优于 1 mm。

10.2.4　GPS 在滑坡外观变形监测中的应用

1. 概述

实践已证明，GPS 定位技术完全可以在各种滑坡外观监测中应用，且不受天气条件影响，可实现全天候作业。观测速度快，效率高，可实现全自动化监测。其费用仅为常规方法的1/3~1/6，可大力推广使用。

GPS用于滑坡外观变形监测，应分二级布网。一是测区的GPS基准网，二是各滑坡体的监测单体网——监测点。要求如下：

(1)GPS基准网

GPS基准网布设应根据滑坡体的情况而定。点位宜分布在滑坡体周围(与监测点的距离最好在3 km以内)地质条件良好，稳定，且易于长期保存的地方。每一个滑坡体应有2~3个基准点，临近滑坡体的基准点可以共用，某一地段的基准点连成一体，构成基准网点。全测区可按地段布设几个GPS基准网点，但它们应能与就近的GPS A、B级控制网点联测，以利于分析基准网点的可靠性及变形情况。基准网点基线向量的中误差$\sigma \leqslant 1\times 10^{-6} \cdot D$。当基线长度$D<3$ km时，基线分量绝对精度≤3 mm。

(2)监测单体网——监测点

视每一滑坡体的地质条件、特征及稳定状态，在1~2条监测剖面线上布设4~8个监测点。由于GPS观测无须点间通视，所以监测点位完全可按监测滑坡的需要选定(但应满足GPS观测条件)。观测时，每个监测点都应与其周围基准点(2~3个)直接联测。

2. *滑坡外观变形GPS监测方法*

(1)全天候、实时监测方法

对于建在活动的滑坡体上的城区、厂房，为了实时了解其变化状态，以便及时采取措施，保证人民生命与财产的安全，可采用全天候实时监测方法——即GPS自动化监测系统。

① GPS自动化监测系统组成

滑坡实时监测系统由2个基点、若干个监测点组成，基准点至监测点的距离在3 km左右，最好在2 km范围以内。在基准点与监测点上都安置GPS接收机和数据传输设备，实时把观测数据传至控制中心(控制中心可设在测区某一楼房内，也可以设在某一城市)，在控制中心计算机上，可实时了解这些监测点的三维变形。

② 系统的精度

实时监测系统的精度可按要求设定，最高监测精度可达亚毫米级。

③ 系统响应速度

从控制中心敲计算机键盘开始，10 min内可以了解5~10个监测点的实时变化情况。

(2)定期监测方法

定期监测方法是最常用的方法，按监测对象及要求不同可分为静态测量法、快速静态测量法和动态测量法三种。

① 静态测量法

静态测量法就是把多于3台GPS接收机同时安置在观测点上同步观测一定时段，一般为1 h至2 h不等，用边连接方法构网，用后处理软件解算基线，经平差计算求定观测点三维坐标。

GPS基准网应采用静态测量方法。这种方法定位精度高，适用长边，测边相对精度可达10^{-9}，也可用于滑坡体监测点的观测。

② 快速静态测量法

这种方法尤其适用于对监测点的观测。其工作原理是：把2台GPS接收机安置在基准点上固定不动连续观测，另 1~4 台 GPS 接收机在监测点上移动，每次观测 5~10 min（采样间隔为 2s），经事后数据处理，解算出各监测点的三维坐标，根据各次观测解算出的三维坐标变化量来分析监测点变形。若基准点至监测点的距离应在 3 km 范围之内，监测精度为：水平位移±3~±5 mm，垂直位移±5~±8 mm。若距离大于 3 km，水平精度为 5 mm+1×10^{-6} · D，垂直精度为 8 mm+1×10^{-6} · D。

③ 动态测量法

- 准动态测量法。把一台 GPS 接收机安置在一个基准点上，另一台 GPS 接收机先在另一基准点上观测 5 min（采样时间间隔为 1 s），在保持对所测卫星连续跟踪而不失锁的情况下，在一滑坡体的各监测点上停留 2~10 s。经事后处理，精度可达 1~2 cm。

- 实时动态测量方法。实时动态测量方法又叫 RTK（Real Time Kinematic）方法，是以载波相位观测量为根据的实时差分 GPS 测量技术。其原理是：在基准站上安置一台 GPS 接收机，对所有可见 GPS 卫星进行连续观测，并将观测数据通过无线电传输设备实时地发送给在各监测点上移动观测（1~3 s）的 GPS 接收机，移动 GPS 接收机在接收 GPS 信号的同时，通过无线电接收设备接收基准站传输的观测数据，再根据差分定位原理实时计算出监测点三维坐标及精度，精度可达 2~5 cm。如果距离近，基准点与监测点有 5 颗以上共视 GPS 卫星，精度可达 1~2 cm。

3. GPS 数据处理

GPS 基准网的基线解算应采用 GAMIT（Ver10.04）或 Berness（Ver4.0）软件和 IGS 精密星历。平差计算应采用 PowerADJ 科研版软件。

各滑坡体的监测网点解算可采用 GPS 接收机的随机（有快速静态测量模式）软件，建议选用“直接提取变形量 GPS 高精度解算软件”。

（1）直接提取变形信息解算软件的基本原理

如图 10-4 所示。设 p_1 为基准点，p_2 为监测点。在第一期监测时，我们已精确求出监测点 p_2 的坐标，也求出 p_1 至 p_2 的基线向量。

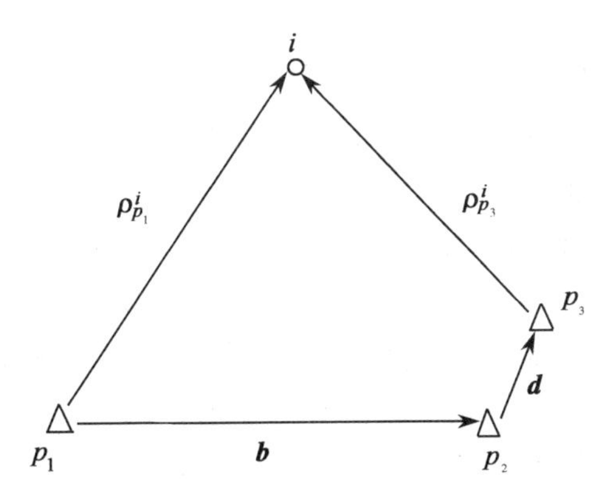

图 10-4 原理示意图

第二期观测时，设变到 p_3 位置，其变形量为 d。则

$$d = \rho_{p1}^{i} - \rho_{p3}^{i} - b \tag{10-1}$$

式中，$\rho_{p_1}^{i}$ 和 $\rho_{p_3}^{i}$ 为第二期观测时基准点 p_1 和监测点由 p_2 位移到 p_3 后的载波相位观测值；b

为第一期观测时求得的基线向量。

将式(10-1)向三个坐标投影，经整理后可获得变形量 dX、dY、dZ。现以 dX 为例，建立直接提取变形量的解算模型。

$$
\begin{aligned}
\mathrm{d}X = & -\lambda\, l_{p_1}^{i}\, N_{p_1,\,p_3}^{1} + l_{p_1}^{i}(\lambda\, \varphi_{p_1}^{i} - c\delta\, t_{p_1} + c\delta t^{i}) \\
& - l_{p_3}^{i}(\lambda\, \varphi_{p_3}^{i} - c\delta\, t_{p_3} + c\delta t^{i}) + (l_{p_1}^{i}\, h_{p_1}\sin\theta_{p_1}^{i} - l_{p_3}^{i}\, h_{p_3}\sin\theta_{p_3}^{i}) \\
& + \left(l_{p_1}^{i}\, \rho_{p_1}^{i} \cdot \frac{\dot{\rho}_{p_1}^{i}}{c} - l_{p_3}^{i}\, \rho_{p_3}^{i} \cdot \frac{\dot{\rho}_{p_3}^{i}}{c}\right) + (l_{p_1}^{i}\, \dot{\rho}_{p_1}^{i}\delta\, t_{p_1} - l_{p_3}^{i}\, \dot{\rho}_{p_3}^{i}\delta\, t_{p_3}) - X_{p_1,\,p_2} \\
& - l_{p_1}^{i}\lambda\, N_{p_1,\,p_3}^{1,\,i} - l_{p_1,\,p_3}^{i}\lambda\, N_{p_3}^{i} + (\Delta_{p_1,\,p_3,\,\mathrm{trop}}^{i} + \Delta_{p_1,\,p_3,\,\mathrm{ion}}^{i} + \Delta_{p_1,\,p_3,\,\mathrm{mult}}^{i} + \Delta_{p_1,\,p_3}^{i})
\end{aligned}
\tag{10-2}
$$

$$
\Delta_{p_1,\,p_3,\,\mathrm{trop}}^{i} = l_{p_3}^{i}\Delta_{p_3,\,\mathrm{trop}}^{i} - l_{p_1}^{i}\Delta_{p_1,\,\mathrm{trop}}^{i},\quad \Delta_{p_1,\,p_3,\,\mathrm{ion}}^{i} = l_{p_3}^{i}\Delta_{p_3,\,\mathrm{ion}}^{i} - l_{p_1}^{i}\Delta_{p_1,\,\mathrm{ion}}^{i} \tag{10-3}
$$

式(10-2)、(10-3)中，λ 为载波波长；φ 为载波相位观测值；N 为初始整周未知数；c 为光速；δt_p为接收机钟差改正数；δt^i为卫星钟差改正数；Δ_{ion}为电离层折射改正；Δ_{trop}为对流层折射改正；Δ_{mult}为多路径效应改正；Δ_p为其他改正项，如相位中心改正、相对论效应改正、地球自转改正等；ρ 为卫星与测站间的几何距离；h 为天线高；θ 为测站到卫星的高度角；$h \cdot \sin\theta$ 为将卫星到天线相位中心的距离改正到测站标石中心距离的改正项。

当监测点与基准点之距离在 3 km 之内，在进行差分时，可有效地消除或减弱卫星钟差的误差、大气折射对载波相位观测值的影响及卫星相位中心、地球自转改正、多路径效应等。将式(10-2)改写成误差方程，即有：

$$
\begin{aligned}
v_{x,\,i} = & \mathrm{d}X + \lambda\, l_{p_1}^{i}\, N_{p_1,\,p_3}^{1} - \Big\{ l_{p_1}^{i}(\lambda\, \varphi_{p_1}^{i} - c\delta\, t_{p_1} + c\delta t^{i}) - l_{p_3}^{i}(\lambda\, \varphi_{p_3}^{i} - c\delta\, t_{p_3} + c\delta t^{i}) \\
& + (l_{p_1}^{i}\, h_{p_1}\sin\theta_{p_1}^{i} - l_{p_3}^{i}\, h_{p_3}\sin\theta_{p_3}^{i}) + \left(l_{p_1}^{i}\, \rho_{p_1}^{i} \cdot \frac{\dot{\rho}_{p_1}^{i}}{c} - l_{p_3}^{i}\, \rho_{p_3}^{i} \cdot \frac{\dot{\rho}_{p_3}^{i}}{c}\right) \\
& + (l_{p_1}^{i}\, \dot{\rho}_{p_1}^{i}\delta\, t_{p_1} - l_{p_3}^{i}\, \dot{\rho}_{p_3}^{i}\delta\, t_{p_3}) - X_{p_1,\,p_2} - l_{p_1}^{i}\lambda\, N_{p_1,\,p_3}^{1,\,i} - l_{p_1,\,p_3}^{i}\lambda\, N_{p_3}^{i} \\
& + (\Delta_{p_1,\,p_3,\,\mathrm{trop}}^{i} + \Delta_{p_1,\,p_3,\,\mathrm{ion}}^{i} + \Delta_{p_1,\,p_3,\,\mathrm{mult}}^{i} + \Delta_{p_1,\,p_3}^{i}) \Big\}
\end{aligned}
\tag{10-4}
$$

式中，$N_{p_1,\,p_3}^{1}$ 为参考卫星的单差整周未知数，可解算出；$N_{p_1,\,p_3}^{1,\,i}$ 为历元双差整周未知数，根据已知基线向量计算；$N_{p_1,\,p_3}^{i}$ 为非参考卫星的整周未知数，可根据伪距观测值和载波相位观测值求出，最后解算出 dX。

(2)直接提取变形信息解算软件简介

直接提取变形信息解算软件(简称 Gquicks 软件)由武汉大学测绘学院研制，已于 2003 年 3 月 1 日经国土资源部科技司组织的专家验收(软件著作权登记号：2003SR2165)，并于 2005 年开始在长江三峡全库区滑坡监测中应用。

Gquicks 是 GPS 滑坡监测专用软件，它是以首期解算的基线(基准点至监测点)为约束条件，从第二期开始不再解算基线、平差计算、求坐标差等步骤，直接求出监测点相对首期点位的三维变形量。也由于有首期监测基线为约束条件，所以获取整周未知数的固定解变得更为容易。软件采用单历元观测值计算，因此不涉及周跳的探测与修复，非常有利于使用。

如仿照式(10-4)列出在 Y 和 Z 方向的误差方程，就可看出在某一历元要解算的未知数个数与卫星数无关，恒为4个(即参考卫星的单差整周未知数和监测点的3个变形分量)，而利用1颗卫星可以建立3个误差方程，因此只要基准站与监测点的共视卫星数不小于2颗，Gquicks软件就可以解算出监测点的三维变形信息。这在卫星信号遮挡较严重的环境下进行变形监测时非常有用。

实践证明，当基准点至监测点之间距离不大于3 km，使用Gquicks软件仅需10~20 min GPS观测值，解算的水平方向精度可达±2~3 mm，垂直方向精度可达±4~6 mm。

Gquicks软件有10个子模块，它们分别是获取必要数据模块、卫星坐标计算模块、预处理模块、运行参数设置模块、误差改正模块、单历元解算变形信息模块、输出模块、坐标系统转换模块、工程管理模块及其他功能模块。各模块的功能如下：

① 必要数据获取模块功能：获取RINEX格式的观测值O文件、广播星历N文件(或精密星历文件)和首期观测的基准坐标文件。

② 卫星坐标计算模块功能：读取卫星的广播星历或精密星历，采用8阶切比雪夫多项式对卫星轨道进行拟合，按卫星、时段建立软件格式的卫星运行轨道参数文件，根据观测历元和卫星运行轨道参数文件，计算卫星的瞬时坐标。

③ 预处理模块功能：根据用户设置的时段，从RINEX格式的观测值O文件中截取相应的时段，估算测站的DOP值，单历元计算接收机钟差，建立软件格式的两测站共视卫星列表文件。

④ 运行参数设置模块功能：设置对流层延迟改正模型和电离层延迟改正模型，设置截止高度角、数据处理采样率、时段长度，设置预处理的伪距类型，解算变形信息的坐标系统及载波相位观测值类型。

⑤ 误差改正模块功能：计算接收机钟差和卫星钟差改正，计算地球自转改正和相对论效应改正，计算对流层延迟改正和电离层延迟改正。

⑥ 单历元解算变形信息模块功能：按历元解算变形量，并进行精度评定，对不合格历元进行剔除。

⑦ 成果输出模块功能：用文本格式显示变形信息文件及统计文件，用图形方式显示测站的DOP图和单历元解算的监测点的变形信息图。

⑧ 坐标系统转换模块功能：将解算的变形信息分别转换为测站地平坐标系、大地坐标系、高斯平面直角坐标系下的变形信息。还可以转换为独立坐标系下的变形信息。

⑨ 其他功能模块：计算监测点在高斯平面直角坐标系中变形方位、变形信息外部精度检核、自动选星、变形信息文件类型自动判别等。

(3)观测纲要

使用Gquicks软件进行GPS滑坡监测时，应遵循以下观测纲要。

监测网首期观测及数据处理要求：

① GPS滑坡监测网进行首期观测时(两台GPS接收机安置在基准点上，其他GPS接收机安置在监测点上)，采用双频GPS接收机，基准点和各监测点同步观测时段长度不小于2 h；

② 数据采样率为10~20 s；共视卫星数不小于4颗，卫星截止高度角为15°~17°。

③ 数据处理应采用精密星历和精密软件解算基线向量，并经平差计算求定各监测点的三维坐标。

监测网第二期及以后各期观测及数据处理要求：

① 观测时两台 GPS 接收机安置在基准点上，其他 GPS 接收机安置在监测点上(可采用双频或单频 GPS 接收机)，基准点和各监测点同步观测时段长度为 10~20 min。

② 数据采样率为 10~20 s，卫星截止高度角为 15°~17°。

③ 数据处理采用 Gquicks 软件和广播星历。

Gquicks 软件有批处理(即自动处理)和分步运行两种模式。它既可用于 GPS 静态变形监测，也可用于 GPS 动态变形监测。

10.2.5 GPS 在机场轴线定位中的应用

机场跑道中心轴线方位的精度，按机场等级不同而不同，最高精度应低于±1″，最低也应优于±6″。自 1992 年开始，国内各城市建立的新机场，其跑道的定向都已采用 GPS 来施测，如武汉天河国际机场、南京绿口国际机场、济南国际机场、贵阳国际机场等。

在施测时应注意：①当方位精度要求为±1″时，GPS 基线解算一定要用精密软件。②当要求提供大地方位角时，要顾及平面子午线收敛角和方向改化的影响；当要求提供天文方位角时，还要顾及垂线偏差的影响(有关计算公式见大地测量学)。

近年来，GPS 还普遍用于电子加速器的工程施工控制测量、大桥施工控制网建立、海上勘探平台沉降监测、大桥动态实时形变监测、高层建筑实时变形监测等。

§10.3 GPS 在航空摄影测量中的应用

摄影测量是利用摄影所得的像片研究和确定被摄物体形状、大小、位置、属性相互关系的一种技术。摄影测量技术的发展可分为三个阶段，在电子计算机问世之前，人们通常用光学、机械或光学机械等模拟方法实现摄影光束的几何反转。这类模拟方法称为经典的摄影测量，但模拟法摄影测量存在精度低、提供的产品单一等明显的缺点与局限性。由于计算机的问世，在摄影测量领域内，各种光学或机械的模拟解算方法可以通过利用计算机由严密公式解算的解析方法所替代。随着计算机技术的迅猛发展，解析摄影测量方法今日已成为世界各国主要的摄影测量作业方法。将像片影像本身进行数字化，可以获得以不同灰度级别形式表示的数字影像，对数字影像的处理和分析，导致了栅格式全数字自动化摄影测量兴起。摄影测量有两大主要任务。其中之一就是空中三角测量，即以航摄像片所量测的像点坐标或单元模型上的模型点为原始数据，以少量地面实测的控制点地面坐标为基础，用计算方法解求加密点的地面坐标。在 GPS 出现以前，航测地面控制点的施测主要依赖传统的经纬仪、测距仪及全站仪等，但这些常规仪器测量都必须满足控制点间通视的条件，在通视条件较差的地区，施测往往十分困难。GPS 测量不需要控制点间通视，而且测量精度高、速度快，因而 GPS 测量技术很快就取代常规测量技术成为航测地面控制点测量的主要手段。但从总体上讲，地面控制点测量仍是一项十分耗时的工作，未能从根本上解决常规方法“第一年航空摄影，第二年野外控制联测，第三年航测成图”的作业周期长、成本高的缺点。

近年来，GPS 动态定位技术的飞速发展导致了 GPS 辅助航空摄影测量技术的出现和发展。目前该技术已进入实用阶段，在国际和国内已用于大规模的航空摄影测量生产。实际表明，该技术可以极大地减少地面控制点的数目，缩短成图周期，降低成本。本节将主要介绍该技术。

10.3.1 常规空中三角测量

空中三角测量是航空摄影测量室内加密的典型方法。空中三角测量按加密区域分为单航带法和区域网法；按加密方法可分为航带模型法、独立模型法和光束法。以光束法为例，光束法以每张像片所建立的光线束为平差单元，所以像点的像空间直角坐标 x、y、$-f$为光束法空中三角测量的观测值。整体平差要求：

- 各投影光束中各同名光线相交于一点；
- 控制点的同名光线的交点应与地面点重合。

共线条件方程：

$$\begin{cases} x = -f\dfrac{a_1(X-x_s)+b_1(Y-y_s)+c_1(Z-z_s)}{a_3(X-x_s)+b_3(Y-y_s)+c_3(Z-z_s)} \\ y = -f\dfrac{a_2(X-x_s)+b_2(Y-y_s)+c_2(Z-z_s)}{a_3(X-x_s)+b_3(Y-y_s)+c_3(Z-z_s)} \end{cases} \tag{10-5}$$

是光束法平差的理论基础。

式(10-5)中，x_s、y_s、z_s是摄站点在地面摄影测量坐标系 $G\text{-}XYZ$ 中的坐标；X、Y、Z 是加密点或地面控制点在 $G\text{-}XYZ$ 坐标系的坐标；x、y、$-f$ 是像点的像空间直角坐标；a_1、a_2、a_3、b_1、b_2、b_3、c_1、c_2、c_3是三个外方位元素 φ、ω、κ 的函数。像点坐标可以从像片上量测得到，因而从式(10-5)可知，光束法空中三角测量的待求值有两组，一组是每张像片的 6 个外方位元素(用 t 表示)，另一组是加密点的地面摄测坐标值(用 X 表示)。其误差方程形式如下：

$$\boldsymbol{V} = (\boldsymbol{AB})\begin{pmatrix} t \\ X \end{pmatrix} - \boldsymbol{L} \tag{10-6}$$

法方程形式为：

$$\begin{bmatrix} N_{11} & N_{12} \\ N_{21} & N_{22} \end{bmatrix}\begin{pmatrix} t \\ X \end{pmatrix} = \begin{bmatrix} \boldsymbol{A}^{\mathrm{T}}\boldsymbol{L} \\ \boldsymbol{B}^{\mathrm{T}}\boldsymbol{L} \end{bmatrix} \tag{10-7}$$

解求法方程时，可消去一组未知数，解求另一组未知数。常规的方法是消去像片外方位元素这一组，直接解求加密点的地面坐标值。

10.3.2 GPS 用于空中三角测量的可行性

从式(10-1)、式(10-2)、式(10-3)中可以得知，方程中含有像片的 6 个外方位元素，GPS 用于空中三角测量的实质在于利用机载 GPS 测定的天线相位中心位置间接地确定摄站坐标(亦即外方位直线元素)。GPS 用于空中三角测量需要机载 GPS 天线相位中心位置达到什么样的精度呢？计算机模拟计算结果表明，GPS 摄影机位置的坐标在区域网联合平差中十分有效，使具中等精度的 GPS 能满足航摄测图的规范要求(见表 10-4)。

表 10-4　　空中三角测量(联合平差)要求的 GPS 定位精度

地图比例尺	像片比例尺	空三所需精度		等高距/m	GPS 定位精度	
		$\mu_{X,Y}$	μ_Z		$\sigma_{X,Y}$/m	σ_Z/m
1 : 100 000	1 : 100 000	5 m	<4 m	20	30	16
1 : 50 000	1 : 70 000	2. 5 m	2 m	10	15	8
1 : 25 000	1 : 50 000	1. 2 m	1. 2 m	5	5	4
1 : 10 000	1 : 30 000	0. 5 m	0. 4 m	2	1. 6	0. 7
1 : 5 000	1 : 15 000	0. 25 m	0. 2 m	1	0. 8	0. 35
1 : 1 000	1 : 8 000	5 cm	10 cm	0. 5	0. 4	0. 15

表 10-4 所要求的 GPS 定位精度是完全可以达到的，而且由于 GPS 确定的每个摄站位置均相当于一个控制点，因而可以减少地面控制至最低限度，直至完全取消地面控制。由于摄站坐标的加入大大增强了图形强度，使空中三角测量加密的精度有所提高。

10. 3. 3　机载 GPS 天线相位中心位置的确定

在 GPS 辅助空中三角测量中，机载 GPS 天线相位中心位置的确定可分为三步，首先确定各 GPS 历元的机载 GPS 天线相位中心位置，然后根据摄影机曝光时刻内插得到曝光时刻载波相位的机载 GPS 天线相位中心位置，最后还需将 GPS 定位成果转换至国家坐标系内。

1. 各 GPS 历元的机载 GPS 天线相位中心位置的确定

利用安装在航摄飞机上的一台 GPS 接收机和安置在地面参考站上的一台或几台 GPS 接收机同时测量 GPS 卫星信号，通过 GPS 动态差分定位技术可获取各 GPS 历元的机载 GPS 天线相位中心位置。为提高定位精度，一般采用基于载波相位观测值的动态差分定位方法。计算方法可采用最小二乘法或卡尔曼滤波。

传统 GPS 动态定位方法要求在进行动态定位前进行静态初始化测量，一方面延长了观测时间，增大了数据量，另一方面也延长了飞机起飞前的等待时间；另外，为尽量避免卫星信号发生周跳或失锁，必须要求飞机转弯坡度角小，转弯半径大，加大了飞机航程，延长了航线间隔时间。随着整周模糊度在航解算 OTF 的成功，所述因机载 GPS 测量引入的限制都将迎刃而解，航摄飞机可以像常规航摄那样飞行，机载 GPS 接收机也可在飞机到达摄区时打开，减少不必要的数据记录。

2. 曝光时刻载波相位的机载 GPS 天线相位中心位置的内插

GPS 动态定位所提供的是各 GPS 观测历元动态接收天线的三维位置，而 GPS 辅助空中三角测量所需要的是某一曝光时刻航空摄影相机的位置。由于曝光瞬间时刻不一定与 GPS 观测历元重合，摄影机曝光瞬间机载 GPS 天线位置必须根据相邻的天线位置内插得到。

如果将曝光瞬间同步记录在 GPS 接收机数据流中，则曝光时刻机载 GPS 天线位置可由内插解决。现代航摄相机如 WildRC20 等可在曝光瞬间发出一束 TTL 电平的脉冲(一些老的航摄相机改造后也可发出脉冲)，这一脉冲可以通过 GPS 接收机的外部事件注记(EventMark)接口输入接收机中，并在接收机数据流中注记相应的脉冲输入时刻。以该时刻为引数，在相邻的 GPS 观测历元天线位置间内插(或拟合)即可获得曝光瞬间机载接收天线的位置。

内插(拟合)精度取决于两方面。一方面是取决于 EventMark 时标的精度，另一方面则取决于选择的内插(拟合)模型是否与内插(拟合)区段内机载接收天线动态变化相符合。研究表明，GPS 接收机 EventMark 时标的精度能达到±2 μs。因而即使在飞机运动速度高达200 m/s时，由该时标误差引进的内插误差也仅为 0.4 mm，对 GPS 辅助空中三角测量而言，该误差完全可以忽略不计。

主要的内插(拟合)误差与历元间机载接收天线的动态变化有关，为减少内插误差，可采取以下措施：

① 提高 GPS 数据采样率。数据采样率越高，则观测历元时间间隔越短，机载接收天线运动的描述也越精确。

② 采用合适的内插(拟合)方法。在 GPS 辅助空中三角测量中，由于飞机的航速较大，GPS 数据采样率一般均选择小于或等于 1 s。在航线飞行中，飞机一般做近似匀速运动，因而可采用直线内插或低阶多项式拟合模型。实用中发现选择插值时刻前后各两个历元进行二次多项式拟合效果较好。

3. 坐标转换及高程基准

GPS 动态定位所提供的定位成果属于 WGS-84 坐标系，而我们所需空中三角测量加密成果是属于某一国家坐标系或地方坐标系，因而必须解决定位成果的坐标转换问题。在精确已知地面基准站在 WGS-84 系中的地心坐标，且已知 WGS-84 系至国家坐标系之间转换参数时，则可将动态定位成果转换为国家坐标，更为一般的则是采用 GPS 基线向量网的约束平差。约束平差在国家大地坐标系中进行，约束条件是属于国家大地坐标系的地面网点固定坐标、固定大地方位角和固定空间弦长。为进行机载天线位置的坐标转换，必须有两个以上的地面控制点，这些点有国家坐标系或地方坐标系中的坐标，且进行了 GPS 相对定位，其中一控制点在航飞时作为地面基准站，那么以该点为固定点条件进行约束平差，并将求得的欧拉角与尺度比用于转换机载天线——基准站的 WGS-84 系坐标。

另一个问题是高程基准问题。GPS 定位所提供的是以椭球面为基准大地高，而实际所需要的是以似大地水准面为基准的正常高，高程基准的转换通过测区内若干已知正常高的控制点按 GPS 水准方法建立高程异常模型(当测区地形变化较大时应加地形改正)进行。

10.3.4 机载 GPS 天线与摄影机偏心测量

为了不影响 GPS 卫星信号的接收，GPS 天线一般安装在飞机顶部，而航摄仪总是安装在飞机的底部。若将它们之间的偏心分量作为未知参数在光束法平差中解求出来，除要求航摄仪与飞机之间保持刚体结构外，还必须保证有足够数量的控制点，这在一定程度上制约了 GPS 辅助空中三角测量的发展。由于 GPS 接收天线和摄影机都固定安装在飞机上，在锁定状态下，其间偏心距为一常数 e，且在像方坐标系中三个分量(u, v, w)可以预先测定出来，此时天线相位中心与摄影中心之间的变换关系表示为：

$$\begin{bmatrix} X_s \\ Y_s \\ Z_s \end{bmatrix} = \begin{bmatrix} X_A \\ Y_A \\ Z_A \end{bmatrix} - \boldsymbol{R} \begin{bmatrix} u \\ v \\ w \end{bmatrix} \tag{10-8}$$

式中，X_A、Y_A、Z_A为机载 GPS 天线相位中心坐标；X_s、Y_s、Z_s为摄影中心坐标；$\boldsymbol{R}$ 是由像片的三个姿态角决定的定向旋转矩阵，$\boldsymbol{R}=f(\varphi, \omega, \kappa)$。

偏心分量可采用近景摄影测量法、经纬仪测量法和平板玻璃直接投影法测定，这三种方法均可以厘米级精度测定偏心分量。不管采用何种方法测定偏心，一经测定，则认为摄影机相对飞机机身是一个刚体，只有这样，式(10-8)的变换才有意义。而实际上，在航空摄影过程中，为确保摄影机主光轴朝下对准飞行航迹，有时需要对安置相机的座架作适当的调整，这些小角度变化可在相机机座架上观测得到，并由其所构成的旋转矩阵应当用于前乘偏心分量，即式(10-8)应改写为如下形式：

$$\begin{bmatrix} Z_s \\ Y_s \\ Z_s \end{bmatrix} = \begin{bmatrix} X_A \\ Y_A \\ Z_A \end{bmatrix} - \boldsymbol{R} \cdot \boldsymbol{R}_c \begin{bmatrix} u \\ v \\ w \end{bmatrix} \tag{10-9}$$

式中，$\boldsymbol{R}_c$是由相机座架调整的小角度所构成的旋转矩阵。理论上，相机座架调整后的小角度应当记录下来，以便式(10-9)使用。这些角度值可由人工方式记录，但由于在航摄飞行过程中，航摄人员本来负担就很重，特别是在低空飞行情况下，有时需要经常调整相机座架。因而航摄人员往往无法逐片记录下这些角度值。目前，国外倾向于开发一种自动记录相机座架调整角度的装置，以改变目前大部分采用人工记录或不记录的局面。从理论上讲，在实际作业中，这些小角度的变化必须加以考虑。在无地面控制和四角布设控制点时，偏心分量测定误差对 GPS 辅助空中三角测量平差结果的影响是不同的，在无地面控制情况下，GPS 辅助光束法区域网平差的精度与天线——相机间偏心分量的测定精度密切相关。偏心分量测定误差越小，则区域网平差精度越高，且偏心分量的平差值越接近真值；在四角布设地面控制时，可抑制偏心分量测定误差的传播，区域网平差精度几乎与偏心分量的解算精度无关，即使在未测定偏心分量的情况下，也可保证平差结果的精度，且偏心分量的解算精度可达厘米级，即在四角控制下，GPS 辅助光束法区域网平差对偏心分量的测定精度要求不高，实际作业时易满足其精度要求。

10.3.5 GPS 辅助空中三角测量联合平差

GPS 辅助空中三角测量是摄影测量与非摄影测量观测值联合平差的一部分，即摄影机定向数据与摄影测量数据的联合平差。在各种 GPS 辅助空中三角测量方法中，以 GPS 辅助光束法区域网平差最为严密，GPS 辅助光束法区域网平差的函数模型是在自检校光束法区域网平差的基础上辅之以 GPS 摄站坐标与摄影中心坐标的几何关系及其系统误差改正模型后所得到的一个基础方程。与经典的自检校光束法区域网平差法方程相比，主要是增加了镶边带状矩阵的边宽，并没有破坏原法方程的良好稀疏带状态结构。因而对该法方程的求解依然可采用边法化边消元的循环分块解法。然而区域网平差中，一并解求漂移误差改正参数可能会使法方程面临奇异解问题，这种情况下，必须有足够的地面控制点。

10.3.6 GPS 辅助空中三角测量试验结果分析

GPS 辅助空中三角测量的最大特点在于所需地面控制点数量很少，其精度满足摄影测量要求，并且能减少航测外业工作量，缩短成图周期，毫无疑问，GPS 动态定位技术会对空中三角测量产生巨大的影响，并将带给摄影测量领域一次小的技术革命。

为研究 GPS 辅助空中三角测量的可行性，并进行相应的理论研究、软件开发，尽早将 GPS 辅助空中三角测量用于我国航空摄影测量生产实践，原武汉测绘科技大学李德仁院士和刘基余教授于 1990 年申请了国家测绘局测绘科技发展基金项目《GPS 用于空中三角测量的试验研究》，通过模拟实验、理论分析、软件设计以及对 1994 年 5 月太原机载 GPS 航摄飞行的数据处理和分析，充分证明了 GPS 辅助空中三角测量的可行性和可靠性，该项目已于 1994 年底通过国家级鉴定。为尽早将该技术推向实用，1995 年 7 月在天津蓟县地区进行了生产性试验，取得了较满意的加密成果。目前该技术已用于海南省和北京市的航空摄影测量生产，黑龙江测绘地理信息局 RC10 相机改造后航测飞行试验，并已用于中越边境的航空摄影测量，作为中越边境陆地边界谈判的依据。现将其中太原试验的 GPS 辅助空中三角测量试验介绍分析如下。

太原试验于 1994 年 5 月在原国家测绘局太原航摄机动态试验场进行了机载 GPS 航摄飞行。该试验场为一南北走向的大约 2.4 km 见方的正方形区域，北高南低，高差大约为 154 m，属平原丘陵地，试验均匀分布有 191 个永久性地面标志点，所有这些标志点均有国家 54 坐标系坐标，精度达到二等点精度。航摄飞行采用中国航空遥感服务公司“里尔 36A”航摄飞机装配 RC-20 相机飞行一个架次，历时 1 h，共拍摄了 156 张航空像片。

航摄过程中，在飞机上、试验场东南角、中央和机场附近分别安放一台 Trimble4000SST 双频 GPS 接收机，四台接收机按 2 s 数据采样率采集 GPS 数据。曝光时刻通过 EventMark 接口记录在 GPS 数据流中。本次飞行采用主距为 3 030.86 mm 的长焦距 RC-20 航摄相机，按1：5 000摄影比例尺沿试验区南北方向进行摄影，共飞行 4 条航线，每条航线 8 张像片。

GPS 动态定位数据采用原武汉测绘科技大学研制的 DDKIN 高精度 GPS 动态定位软件解算，并按曝光时刻内插后转换至国家 54 坐标系坐标。空中三角测量按经典的自检校区域网光束法平差和 GPS 辅助光束法区域网平差两种方式计算（计算结果见表 10-5、表 10-6）。表中 $m=\sigma_0\sqrt{\mathrm{tr}(Q_{xx})/n}$ 是以平差获得的物点坐标的协方差矩阵表示的区域网平差的理论精度；$\mu=\sigma_0\sqrt{\sum\Delta_i^2/n}$ 是以野外检查点坐标残差表区域网平差的实际精度（$i=X,\ Y,\ Z$）。

表 10-5　**自检光束法区域网平差结果**

平差方案	σ_0 μ_m	精度值/cm				以像片比例尺计算精度值(σ_0)			
		XY		Z		XY		Z	
		m	μ	m	μ	m	μ	m	μ
密周边布点	10.3	5.4	5.2	22.5	16.0	1.0	1.0	4.4	3.1
四角布点	10.2	7.3	19.1	63.7	216.8	1.4	3.7	12.5	42.5

表 10-6　**GPS 辅助光束法区域网平差结果**

平差方案	σ_0 μ_m	精度值/cm				以像片比例尺计算精度值(σ_0)			
		XY		Z		XY		Z	
		m	μ	m	μ	m	μ	m	μ
无地面控制	9.7	11.3	23.2	24.0	35.2	2.3	4.8	4.9	7.2
四角布点	10.4	6.5	7.9	23.3	18.1	1.2	1.5	4.5	3.5

经典的自检校光束法区域网平差分为两种方案。第一方案采用密周边布点，即于区域的周边平均两条基线布设一个平高控制点，区域中间平均四条基线布设一个高程控制点，全区共布设 12 个平高点和 2 个高程控制点；第二方案仅在区域的四角布设 4 个平高控制点。对上述两种方案均采用带 3 个附加参数的自检校光束法区域网平差，根据 94 个野外检查点得到表 10-5 所列的平差结果。由表列数据可以看出，密周边与四角布点两种方案的平差精度相比，理论上平面为 1∶1.4，高程为 1∶2.8，而实际平面为 1∶3.7，高程为 1∶3.7，理论精度与实际精度存在较大的差距。就加密的实地精度而言，密周边布点，平面为±5.2 cm，高程为±16.0 cm；四角布点，平面为±19.1 cm，高程为±216.8 cm。试验表明，区域网平差平面精度随平面控制点跨距大小的变化不大；而高程精度极大地取决于高程控制点的跨距。

GPS 辅助光束法区域网平差分为两种方案。一是无地面控制方案，即用机载 GPS 天线相位中心北京 54 系坐标取代地面控制点坐标进行平差计算；二是四角布点方案，即用区域四角 4 个平高控制点联合机载 GPS 天线相位中心进行全区带一组漂移误差改正参数的区域网联合平差。根据 103 个野外检查点得到的平差结果列于表 10-6。由表列数据可以看出，无地面控制方案下的加密实际精度为平面±23.2 cm，高程±35.2 cm，但理论精度与实际精度存在着一定的差距。在四角布点方案下，GPS 辅助光束法区域网平差精度有了显著的提高，其平面达到±7.9 cm，高程达到±18.1 cm，且实际精度与理论精度一致。

比较表 10-5 和表 10-6 可以发现，四角控制下的经典自检校光束法区域网平差方案和无地面控制 GPS 辅助光束法区域网平差方案理论精度与实际精度均存在一定的差距，这表明在这两种方案下均存在一定的系统误差，这一系统误差既可能是摄影测量方面的，也可能是 GPS 动态定位成果本身或坐标转换过程中引入的。密周边布点下的经典自检校光束法区域网平差方案和四角控制 GPS 辅助光束法区域网平差理论精度与实际精度相符，表明系统误差已很好地消除，且四角控制 GPS 辅助光束法平差精度几乎接近于密周边布点下经典自检校光束法区域平差，而所需控制点仅为后者的 29%。随着区域网的增大，该比例将变得更小。

综上可见，高精度 GPS 动态定位的 GPS 航空摄影测量技术已日趋成熟。我国已在北京市、海南省、中越边境等地区实施了 GPS 航空摄影测量，并将在全国推广。这一技术的推广和应用无疑会引出测绘业从技术手段到队伍结构的革命性变革，从而产生重大的社会效益和经济效益。

§10.4 GPS 在线路勘测及隧道贯通测量中的应用

10.4.1 概述

线路勘测、管线测量及隧道贯通测量是铁路、交通、输电、通信等工程建设中重要的工作。以往大多采用传统的控制测量、工程测量方法进行控制网建立及施测，由于该类测量控制网大多以狭长形式布设，并且很多工程穿越山林，周围已知控制点很少，使得传统测量方法在网形布设、误差控制等多方面带来很大问题。同时传统方法作业时间也比较长，直接影响了工程建设的正常进展。自从将 GPS 技术引入该领域以来，其测量效率及测量精度得到很大的提高，本节将以西安-南京线 GPS 控制网、秦岭某隧道贯通 GPS 网及北京地铁精密导线 GPS 复测为例，介绍 GPS 技术在线路勘测及隧道贯通等测量中的应用。

10.4.2 线路 GPS 控制网的建立

传统的线路测量一般采用导线法，在初测阶段沿设计线路布设初测导线。该导线既是各专业开展勘测的控制基础，也是进行地形测量的首级控制，所以要求相邻导线点通视。在该线路测量中应用 GPS 技术的形式是沿设计线路建立狭带状控制网。目前主要有两种情况，一种是应用 GPS 定位技术替代导线测量；一种是应用 GPS 定位技术加密国家控制点或建立首级控制网。在实际生产中较多地使用后者。

下面以西安-南阳段 GPS 控制网为例，说明 GPS 线路控制网的布设和应用情况。

1. 布网形式

铁道部《铁路测量技术规程》规定，1∶2 000 比例尺地形图测绘起、闭于高级控制点的导线全长不得大于 30 km(公路线路一般规定≤10 km)。据此，铁路 GPS 线路控制网布设应满足以下几条：①作为导线起闭点的 GPS 应成对出现；②每对点必须通视，间隔以 1 km 为宜(不宜短于 200 m)；③每对点与相邻一对点的间隔不得大于 30 km。具体间隔视作业条件和整个控制测量工作计划而定，一般 5~15 km 布设一对点。这些点均沿设计线路布设，其图形类似线形锁。

图 10-5 显示了西安-南京线中西安-南阳段 GPS 控制网的布设网形。

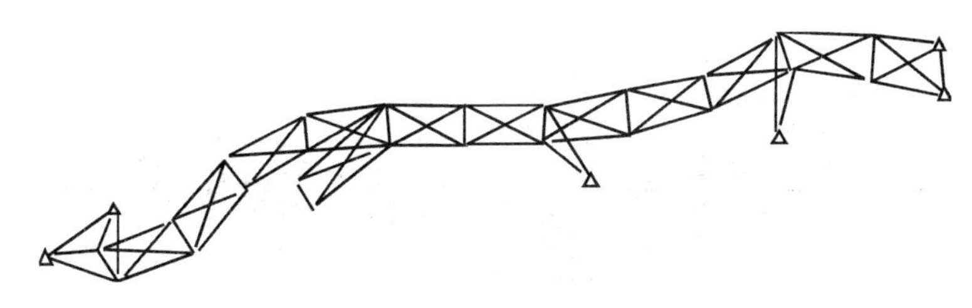

图 10-5　西安-南阳段 GPS 控制网示意图

西安-南京线中西安-南阳段线路长度 450 km，勘测设计工作由铁道部第一勘测设计院承担。线路通过秦岭山脉东段和豫西山区。GPS 定位测量是为初测导线提供起闭点。GPS 网由 13 个大地四边形和 2 个三角形组成。待定点(GPS 控制点)24 点为 12 个点对，相邻点对间平均距离 18 km。联测了 6 个国家控制点，选用其中 5 个点作为已知点参与平差。

为了提高勘测精度和便于日后勘测工作的开展，在构建 GPS 控制网时，在以下地段布设 GPS 点对：

① 线路勘测起讫处；

② 线路重大方案起讫处；

③ 线路重大工程，如隧道、特大桥、枢纽等地段；

④ 航摄测段重叠处。

2. 观测及处理

GPS 控制网选用 AshtechZ-12 双频 GPS 接收机观测，采用静态观测模式，时段长度一般为30~90 min。数据预处理采用随机软件，网平差采用 GPSADJ。

线路测量采用国家统一的平面坐标系统——1954 年北京坐标系。WGS-84 与 1954 年北京坐标系统的转换采用国家控制点重合转换，在西安-南京线中西安-南阳段约束平差计算时，剔除了有明显问题的炮校三角点，选用其余 5 个点进行约束平差。

经平差计算，起闭点的 GPS 点精度达到国家四等点的精度，满足线路测量需要。

10.4.3 长隧道 GPS 施工控制网

隧道施工控制网是为隧道施工提供方向控制和高程控制的，一般由洞口点群和两洞口之间的联系网组成。

图 10-6、图 10-7 分别为秦岭与云台山隧道的 GPS 控制网(平面)。

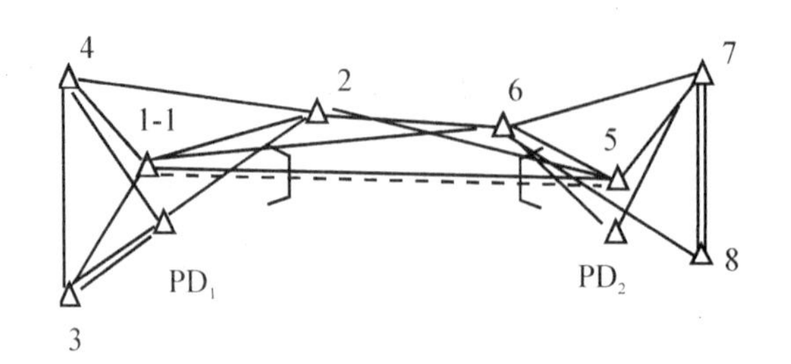

图 10-6 秦岭 GPS 网

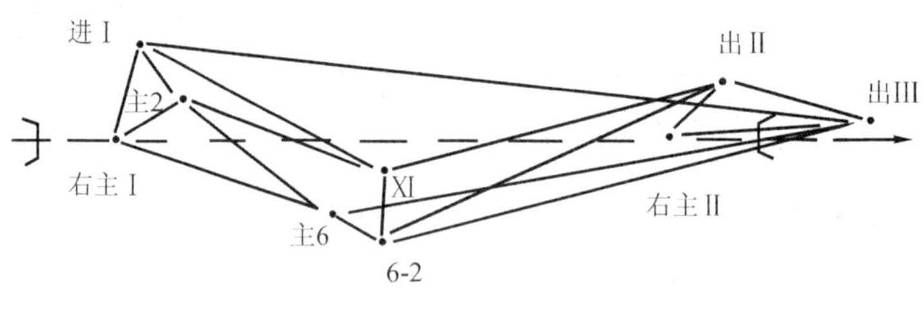

图 10-7 云台山 GPS 网

秦岭隧道设计长度 10 km，是我国最长的铁路隧道。秦岭隧道 GPS 施工控制网共观测 30 条独立基线，平均边长 4.1 km，最长边长 18.6 km。

云台山隧道 GPS 网在进出洞口及斜井各布设 3 个 GPS 点。

采用静态方式观测，观测 2 个时段，时段长度为 60 min。但秦岭隧道 GPS 网的联系网边每时段观测 90 min。

用 GPS 水准解决高程问题，为此建立一个高程转换试验网，有 10 个网点，用Ⅱ等精密水准将黄海高程传递到洞口附近，联测 8 个点，对联测几何水准的点，采用快速静态测量方式测定其点位。高程拟合采用非参数回归模型，拟合的高程满足隧道贯通对高程的精度要求。

各项质量检核结果表明，秦岭隧道 GPS 施工控制网达到测绘行业标准《全球定位系统(GPS)测量规范》C 级网的技术指标，也满足铁路测量精度要求，达到国家三等控制点精度。

10.4.4 地铁精密导线 GPS 测量

地铁精密导线 GPS 测量与普通控制网 GPS 测量有两个显著区别：

① 是线状测量；

② 有大量短边，边长为 100～500 m。

所以，GPS 测量必须针对精密导线测量的特点进行。1995 年 8 月，铁道部专业设计院承担了北京市地下铁道复八线热八区间精密导线 GPS 测量，用户提出精度指标为：

① 相邻点位中误差不得大于 8 mm；

② GPS 测定坐标值与既有坐标值(指原有控制点)之差不得大于 20 mm。

在制定作业方案时，做如下考虑：

① 待定点的分布虽然是线状(导线形式)，为了提高精度和剔除错误，仍采用网状观测及平差处理；

② 静态定位测量。同步环中每条基线测定的时段长度为 2 h(只测 1 个时段)，PDOP 小于 6，同步观测星数不小于 4 个。

已知控制点有 3 个点，待定精密导线点为 8 点，检查原有精密导线点 2 个点。

图 10-8 为 GPS 网布设示意图。图中符号"○"为原有精密导线点，"Δ"为已知控制点，"·"为待定精密导线点。经平差计算，FB_{30}和 FB_{32}两点 GPS 测定的坐标与原有坐标差值(见表 10-7)$\Delta x \leqslant 15$ mm，$\Delta y \leqslant 8$ mm；相邻点位中误差小于 8 mm。

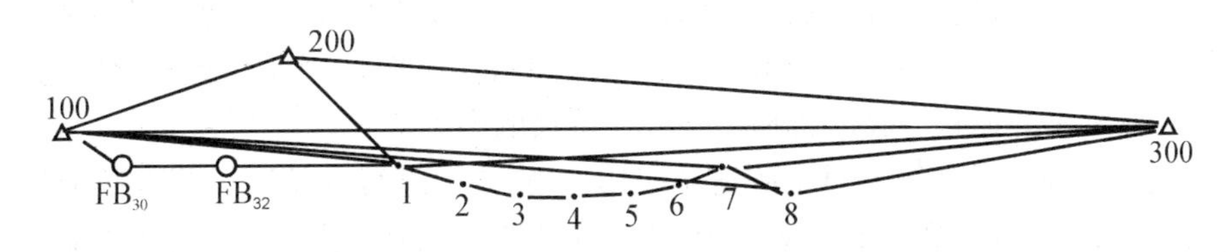

图 10-8 精密导线 GPS 测量布设示意图

表 10-7 **GPS 测定坐标与原有坐标较差**

点号 \ 方案 \ 类别	ΔX/m			ΔY/m			ΔS/m		
	Ⅰ	Ⅱ	Ⅲ	Ⅰ	Ⅱ	Ⅲ	Ⅰ	Ⅱ	Ⅲ
200	-0.004			0.010			0.011		
FB_{30}	-0.004	-0.004	-0.003	0.006	0.006	0.005	0.007	0.007	0.007
FB_{32}	0.015	0.015	0.014	0.008	0.007	0.017	0.017	0.016	

北京地下铁道复八线热八段精密导线 GPS 测量表明，应用 GPS 定位技术测定地铁精密导线平面位置是成功的，具有很好的经济、社会效益。地铁精密导线与区域控制网有一定区别，完全套用目前行业标准《全球定位系统(GPS)测量规范》不一定是最科学合理的，还要根据工程具体情况进行灵活掌握。

10.4.5 应用前景

GPS 定位技术引入线路、管道勘测及隧道贯通测量，给这一领域传统的野外测量作业带来了巨大的冲击，针对实际工作状况，使用这一先进技术将会带来较好的经济、社会效益，也使得野外测量技术水平得到了显著提高。今后传统的线路控制测量及大型隧道贯通控制网测量方法将逐渐被 GPS 测量技术所取代。同时，机载 GPS 和 3S 集成技术将进一步在该领域的选线、航测和灾害防治监测等方面得到发展。

§10.5 GPS 在地形、地籍及房地产测量中的应用

10.5.1 概述

地形测图是为城市、矿区以及为各种工程提供不同比例尺的地形图，以满足城镇规划和各种经济建设的需要。地籍及房地产测量是精确测定土地权属界址点的位置，同时测绘供土地和房产管理部门使用的大比例尺的地籍平面图和房产图，并量算土地和房屋面积。

用常规的测图方法(如用经纬仪、测距仪等)通常是先布设控制网点，这种控制一般是在国家高等级控制网点的基础上加密次级控制网点。最后依据加密的控制点和图根控制点测定地物点和地形点在图上的位置，并按照一定的规律和符号绘制成平面图。

GPS 新技术的出现可以高精度并快速地测定各级控制点的坐标。特别是应用 RTK 新技术，甚至可以不布设各级控制点，仅依据一定数量的基准控制点，便可以高精度并快速地测定界址点、地形点、地物点的坐标，利用测图软件可以在野外一次测绘成电子地图，然后通过计算机和绘图仪、打印机输出各种比例尺的图件。

RTK 技术的原理已在第五章中阐述。应用 RTK 技术进行定位时，要求基准站接收机实时地把观测数据(如伪距或相位观测值)及已知数据(如基准点坐标)实时传输给流动站 GPS 接收机，流动站快速求解整周模糊度，在观测到四颗卫星后，可以实时地求解出厘米级的流动站动态位置。这比 GPS 静态、快速静态定位需要事后进行处理来说，其定位效率会大大提高。故 RTK 技术一出现，其在测量中的应用立刻受到人们的重视和青睐。

10.5.2 RTK 技术用于各种控制测量

常规控制测量如三角测量、导线测量，要求点间通视，费工费时，而且精度不均匀，外业中不知道测量成果的精度。GPS 静态、快速静态相对定位测量无须点间通视能够高精度地进行各种控制测量，但是需要事后进行数据处理，不能实时定位并知道定位精度，内业处理后发现精度不合要求必须返工测量，而用 RTK 技术进行控制测量既能实时知道定位结果，又能实时知道定位精度，这样可以大大提高作业效率。应用 RTK 技术进行实时定位可以达到厘米级的精度，因此，除了高精度的控制测量仍采用 GPS 静态相对定位技术之外，RTK 技术还可用于地形测图中的控制测量，地籍和房地产测量中的控制测量和界址点点位的测量。

地形测图一般是首先根据控制点加密图根控制点，然后在图根控制点上用经纬仪测图法或平板仪测图法测绘地形图。近几年发展到用全站仪和电子手簿采用地物编码的方法，利用测图软件测绘地形图。但都要求测站点与被测的周围地物、地貌等碎部点之间通视，

而且至少要求 2~3 人操作。

采用 RTK 技术进行测图时，仅需一人背着仪器在要测的碎部点上保持 1~2 s 并同时输入特征编码，通过电子手簿或便携微机记录，在点位精度合乎要求的情况下，把一个区域内的地形地物点位测定后回到室内或在野外，由专业测图软件可以输出所要求的地形图。用 RTK 技术测定点位不要求点间通视，仅需一人操作，便可完成测图工作，大大提高了测图的工作效率。

10.5.3 RTK 技术在地籍和房地产测量中的应用

地籍和房地产测量中应用 RTK 技术测定每一宗土地的权属界址点以及测绘地籍与房地产图，同上述测绘地形图一样，能实时测定有关界址点及一些地物点的位置并能达到要求的厘米级精度。将 GPS 获得的数据处理后直接录入 GIS 系统，可及时、精确地获得地籍和房地产图。但在影响 GPS 卫星信号接收的遮蔽地带，应使用全站仪、测距仪、经纬仪等测量工具，采用解析法或图解法进行细部测量。

在建设用地勘测定界测量中，RTK 技术可实时地测定界桩位置，确定土地使用界限范围，计算用地面积。利用 RTK 技术进行勘测定界放样是坐标的直接放样，建设用地勘测定界中的面积量算，实际上由 GPS 软件中的面积计算功能直接计算并进行检核。避免了常规的解析法放样的复杂性，简化了建设用地勘测定界的工作程序。

在土地利用动态检测中，也可利用 RTK 技术。传统的动态野外检测采用简易补测或平板仪补测法。如利用钢尺用距离交会、直角坐标法等进行实测丈量，对于变通范围较大的地区采用平板仪补测。这种方法速度慢、效率低，而应用 RTK 新技术进行动态检测则可提高检测的速度和精度，省时省工，真正实现实时动态监测，保证了土地利用状况调查的现实性。

§10.6 GPS 在海洋测绘中的应用

10.6.1 概述

海洋测绘主要包括海上定位、海洋大地测量和水下地形测量。海上定位通常指在海上确定船位的工作。主要用于舰船导航，同时又是海洋大地测量不可缺少的工作。海洋大地测量主要包括在海洋范围内布设大地控制网，进行海洋重力测量。在此基础上进行水下地形测量，测绘水下地形图，测定海洋大地水准面。此外，海洋测绘的工作还包括海洋划界、航道测量以及海洋资源勘探与开采(如海洋渔业、海上石油工业、大陆架以及专属经济区的开发)、海底管道的敷设、近海工程(如海港工程等)、打捞、疏浚等海洋工程测量。为科学研究服务(确定地球形状和外部重力场)的海洋测量除了海洋重力测量、平均海面测量、海面地形测量以外，还有海流、海面变化、板块运动以及海啸等测量。

海上定位是海洋测绘中最基本的工作。由于海域辽阔，海上定位可根据离岸距离的远近而采用不同的定位方法，如光学交会定位、无线电测距定位、GPS 卫星定位、水声定位以及组合定位等。

限于篇幅，本节仅讨论 GPS 卫星定位技术在海洋导航、海洋定位、海洋大地控制网的建立以及水下地形测绘等方面的应用。

10.6.2 用 GPS 定位技术进行高精度海洋定位

为了获得较好的海上定位精度，采用 GPS 接收机与船上的导航设备组合起来进行定位。例如，在 GPS 伪距法定位的同时，用船上的计程仪(或多普勒声呐)、陀螺仪的观测值联合推求船位。目前，使用最多、发展最快的是以 GPS 接收机与各种导航设备如罗兰-C、水声应答系统等组合起来的所谓组合导航定位系统。

对于近海海域，还可采用在岸上或岛屿上设立基准站，采用差分技术或动态相对定位技术进行高精度海上定位。如果一个基准站能覆盖 1 500 km 范围，那么在我国沿海只需设立 3~4 个基准站便可在近海海域进行高精度海上定位。经多年研究，不断成熟的广域差分技术(WADGPS)可以实现在一个国家或几个国家范围内的广大区域进行差分定位。2000 年之后，将利用建成的纯民间系统 GNSS 进行全球范围内的导航定位。

利用差分 GPS 技术可以进行海洋物探定位和海洋石油钻井平台的定位。进行海洋物探定位时，在岸上设置一个基准站，另外在前后两条地震船上都安装差分 GPS 接收机。前面的地震船按预定航线利用差分 GPS 导航和定位，按一定距离或一定时间通过人工控制向海底岩层发生地震波，后续船接收地震反射波，同时记录 GPS 定位结果。通过分析地震波在地层内的传播特性，研究地层的结构，从而寻找石油资源的储油构造。根据地质构造的特点，在构造图上设计钻孔位置。利用差分 GPS 技术按预先设计的孔位建立安装钻井平台。具体方法是在钻井平台上和海岸基准站上设置差分 GPS 系统。如果在钻井平台的四周都安装 GPS 天线，由四个天线接收的信息进入同一个接收机，同时由数据链电台将基准站观测的数据也传送到钻井平台的接收机上。通过平台上的微机同时处理五组数据，可以计算出平台的平移、倾斜和旋转，以实时监测平台的安全性和可靠性。

10.6.3 中国沿海 RBN/DGPS 系统

由交通部安全监督局统一组织、天津海上安全监督局海测大队组织实施的“中国沿海无线电指向标差分 GPS(RBN/DGPS)系统”于 1997 年底布设完毕。整个系统由 20 个 RBN/DGPS 基准站组成，形成从鸭绿江口到南沙群岛部分区域，覆盖我国沿海港口、重要水域和狭窄水道的差分 GPS 导航服务网。

为保证 RBN/DGPS 基准站具有精确的地心坐标，所有 RBN/DGPS 基准站网与国家 GPSA 级网联网，并将基准站点的坐标也纳入 ITRF91 地心坐标系统。基准站间基线长度相对中误差达 10^{-8}，在 ITRF91 框架中的地心坐标精度，在纬、经方向优于 15 cm，垂直分量优于 25 cm。在沿海 200 海里范围内，RBN/DGPS 系统的定位误差小于 5 m，在几十公里范围内，定位精度可达 1 m 之内。

到 1996 年底，已有 6 座 RBN/DGPS 开始实时地用无线电电波播发卫星定位的改正数，在其覆盖范围内的用户都可以接收到这些改正数，并用来修正自己 GPS 接收机的定位结果，达到 1~5 m 的定位精度。已在海上导航、定位，海图测量、中小比例尺港口、航道测量、岸线地形修测、航标定位及近海急、难、险、重大工程中发挥作用。

10.6.4 GPS 技术用于建立海洋大地控制网

建立海洋大地控制网，为海面变化和水下地形测绘、海洋资源开发、海洋工程建设、海底地壳运动的监测和船舰的导航等服务，是海洋大地测量的一项基本任务。

海洋大地控制网是由分布在岛屿、暗礁上的控制点和海底的控制点组成的。海底控制点由固定标志和水声应答器构成。

对于岛、礁上控制点点位，可用 GPS 相对定位精确测定其在统一参考系中的坐标。我国已于 1990 年和 1994 年，在西沙和南沙群岛的岛、礁上布设了 GPS 网。平均边长相对中误差为 1/387 万；方位中误差为±0.06″，点位中误差为±13 cm，并完成与海口、湛江、东莞等国家大地点的联测。而对于测定海底控制点的位置，则需要借助于船台或固定浮标上的 GPS 接收机和水声定位设备，对卫星和海底控制点进行同步观测而实现。

如图 10-9 所示，T_0为设在海岸或岛、礁上的基准点，T_1、T_2、…、T_i为海底控制点，$P_k(t)$为测量船上 GPS 接收机的瞬时位置，可以通过 GPS 相对动态定位而精密确定。在用 GPS 接收机同步观测 GPS 卫星进行定位的同时，利用海底水声应答器同步测定了 $P_k(t)$ 至 T_i之间的距离 $S_{ki}(t)$，则可得到距离观测方程：

$$S_{ki}^2=(X_k(t)-X_i)^2+(Y_k(t)-Y_i)^2+(Z_k(t)-Z_i)^2$$

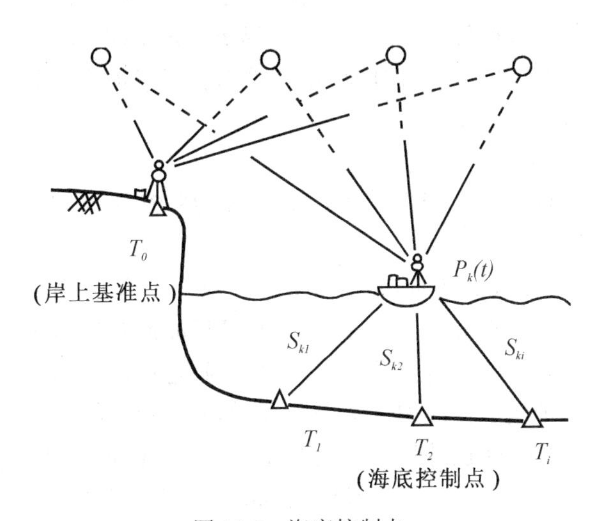

图 10-9　海底控制点

式中，$(X_k(t),\ Y_k(t),\ Z_k(t))$为 GPS 接收机的坐标；$(X_i,\ Y_i,\ Z_i)$为海底控制点的待定坐标。

船只移动进行多次观测，有 3 个以上历元的同步观测结果，便可以通过平差的方法确定海底控制点的位置。

10.6.5　GPS 在水下地形测绘中的应用

海上航运、海洋渔业资源的开发，沿海地区养殖业、海上石油工业以及海底输油管道和海底电缆工程，还有其他海洋资源的勘探与开发、水下潜艇的活动等都离不开水下地形图的测绘。

水下地形测量的基础为海道测量。如上所述，海底控制测量确定海底点的三维坐标或平面坐标。而水下地形测量还要利用水声仪器测定水深。水深测线间距依比例尺不同而变化，而水声仪器的定位控制除了近岸测量或江河测量可使用传统的光学仪器实施交会法定位外，其他较远区域多采用无线电定位。GPS 卫星定位技术的应用可以快速高精度地测定水声仪器的位置。GPS 单点定位精度为几十米，只可作为远海小比例尺海底地形测量的控制。对于较大比例尺测图，可应用差分 GPS 技术进行相对定位。

实际应用中将 GPS 接收机与水声仪器组合，前者进行定位测量，后者同时进行水深测量，再利用电子记录手簿，利用计算机和绘图仪便可组成水下地形测量自动化系统。近十年来，在国内外均有多种自动化系统成品生产。如美国的 IMC 公司生产的 HydroI 型自动定位系统，野外有两人便可完成岸上和船上的全部操作。当天所测数据 1～2 h 可处理完毕，并可即时绘出水深图、测线断面图、水下地形模型等。我国大连舰艇学院于 1991 年生产出 HYS-103 型水深测量自动化系统。

1992 年，大连舰艇学院研制成功了 HSD-001 型 GPS 海上动态测量定位系统。该系统是在 GPS 接收机的基础上，配套差分基准台、无线电传输设备和一系列软件组成。一个基准台可供任意个船台进行差分定位。基准台的作用是向船台发送一系列差分定位改正数。船台上启动微机工作软件后，根据不同的定位方式，对 GPS 接收机的各种状态自动进行设定，不断收集 GPS 接收机中的测量数据，对来自基准台的差分数据，可自动收集并更新数据。船台软件还可按计划进行导航。该系统在南海进行水深测图，比单点定位精度提高约 10 倍，可以满足海上较大比例尺水下地形测量、海上工程勘察、海洋石油开采以及海洋矿藏开发等方面的需要。

§10.7　GPS 在智能交通系统中的应用

智能交通系统(Intelligent Transport Systems，ITS)，早期称为智能车辆道路系统(Intelligent Vehicle Highway Systems，IVHS)。ITS 是目前世界各国交通运输领域竞相研究、开发的热点，它是指将先进的信息技术、无线通信网络技术、自动控制技术、计算机及图形图像显示技术等有机地集成，应用于整个交通运输管理体系，在大范围内建立起实时、准确、全方位发挥作用的交通运输综合管理(从出发前、行程中到运行结束全过程)和控制系统。为出行者提供交通工具、方式及路线选择的自由，并能最安全、经济地到达目的地；为交通管理部门提供对车辆、驾驶员、道路三者实时信息的采集，提高管理效率(及时疏导交通，合理调度，处理交通事故等)，以达到充分利用交通资源的目的，使路网处于最佳运行状态，最大限度地提高运行能力。

GPS 能为交通工具提供实时的三维位置，被称为是 ITS 的基石。GPS 在 ITS 中的应用目前主要有两类系统：一是车辆自主导航定位系统(简称为车辆导航系统)；二是车辆跟踪、调度、监控定位系统(简称为车辆跟踪系统)。

车辆导航系统是一个独立的自主定位系统，车辆通过车载的 GPS 实时测定三维位置，配合电子地图来完成道路引导、交通信息查询、目的地寻找等。需要时，也可将位置信息报告给交通、安全管理部门。该系统的瓶颈是电子地图。目前在我国已有成功的 GPS 车辆导航系统。

车辆跟踪系统需综合应用 GPS、GIS 通信等技术外，还与交通、公安、电信、保险等部门有关。该系统的瓶颈是通信。目前我国有 200 多家公司在进行 GPS 车辆跟踪系统的建设工作，并已在公安、公交、银行、邮电、110、120、海上巡逻等行业及部门建起专项车辆(船只)跟踪系统。下面介绍两种车辆跟踪管理系统的工作原理。

10.7.1 车辆 GPS 定位管理系统

车辆 GPS 定位管理系统主要是由车载 GPS 自主定位，结合无线通信系统将定位信息发往监控中心(即调度指挥中心)，监控中心结合地理信息系统对车辆进行调度管理和跟踪。已经研制成功的如车辆全球定位报警系统、警用 GPS 指挥系统等。分别用于城市公共汽车调度管理，风景旅游区车船报警与调度，海关、公安、海防等部门对车船的调度与监控。

该系统主要设备与工作原理如图 10-10 所示。

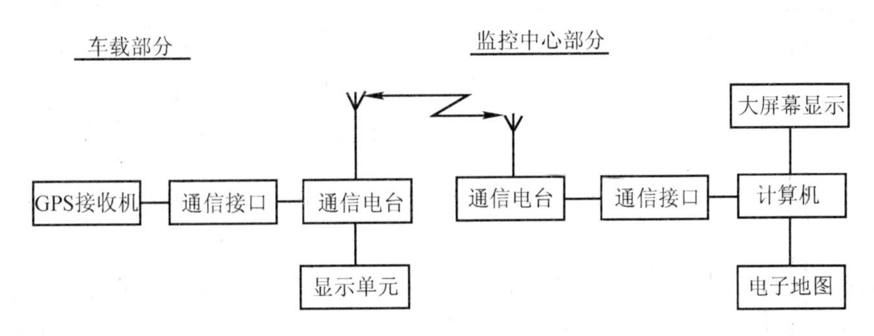

图 10-10　车辆 GPS 定位管理系统原理图

监控中心部分的主要功能有：

① 数据跟踪功能。将移动车辆的实时位置以帧列表的方式显示出来。如车号、经度、纬度、速度、航向、时间、日期等。

② 图上跟踪功能。将移动车辆的定位信息在相应的电子地(海)图背景上复合显示出来。电子地(海)图可任意放大、缩小、还原、切换。有正常接收与随意点名接收两种接收方式，还可提供是否要车辆运行轨迹的选择功能。

③ 模拟显示功能。可将已知的目标位置信息输入计算机并显示出来。

④ 决策指挥功能。决策指挥命令以通信方式与移动车辆进行通信。通信方式可用文本、代码或语音等实现调度指挥。

车载部分的主要功能有：

① 定位信息的发送功能。GPS 接收机实时定位，并将定位信息通过电台发向监控中心。

② 数据显示功能。将自身车辆的实时位置在显示单元上显示出来，如经度、纬度、速度、航向。

③ 调度命令的接收功能。接收监控中心发来的调度指挥命令，在显示单元上显示或发出语音。

④ 报警功能。一旦出现紧急情况，司机启动报警装置，监控中心立即显示出车辆情况、出事地点、出事时间、车辆人员等信息。

车辆 GPS 定位属于单点动态导航定位。其定位精度约为 100 m 量级。为了提高定位精度，可采用差分 GPS 技术。

10.7.2 应用差分 GPS 技术的车辆管理系统

若采用一般差分 GPS 技术，每辆车上都应接收差分改正数，这样会造成系统过于复杂，所以实际应用中多采用集中差分技术，其工作原理如图 10-11 所示。

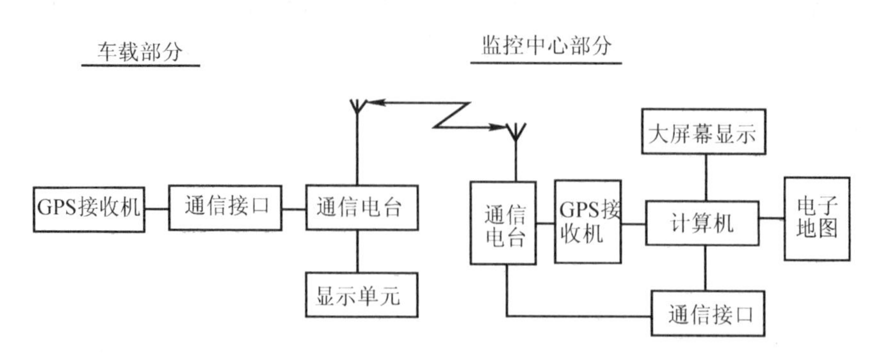

图 10-11 应用集中差分 GPS 技术的车辆管理系统原理图

工作原理：每一辆车都装有 GPS 接收机和通信电台，监控中心设在基准站位置，坐标精确已知。基准点上安置 GPS 接收机，同时安装通信电台、计算机、电子地图、大屏幕显示器等设备。工作时，各车辆上的 GPS 接收机将其位置、时间和车辆编号等信息一同发送到监控中心。监控中心将车辆位置与基准站 GPS 定位结果进行差分求出差分改正数，对车辆位置进行改正，计算出精确坐标，经过坐标转换后，显示在大屏幕上。

这种集中差分技术可以简化车辆上的设备。车载部分只接收 GPS 信号，不必考虑差分信号的接收，而监控中心集中进行差分处理、显示、记录和存储。数据通信可采用原有的车辆通信设备，只要增加通信转换接口即可。

由于差分 GPS 设备能够实时地提供精确的位置、速度、航向等信息，车载 GPS 差分设备还可以对车辆上的各种传感器(如计程仪、车速仪、磁罗盘等)进行校准工作。

10.7.3 应用前景

汽车是现代文明社会中与每个人关系最密切的一种交通工具。据统计，仅几个发达国家的汽车保有量已达数亿辆。我国民用汽车保有量也有数千万辆。因此车辆导航将成为未来 20 年中全球卫星定位系统应用最大的潜在市场之一。2000 年，全世界用于车辆导航的总投资额将达到 30 亿美元，占当年 GPS 应用总投资额的 1/3。

在我国，特种车辆约有几十万辆。有关部门要求首先对运钞车、急救车、救火车、巡警车、迎宾车等特种专用车辆实现全程监控、引导和指挥。目前使用车载 GPS 接收机进行自主定位的车辆很少，大量的开发应用热点在监控调度系统上。

车载 GPS 导航设备在应用上的发展方向，应当着重发展多卫星系统、远距离监控以及多功能显示等几个方面。

使用多卫星系统，如 GNSS 系统进行导航定位时由于卫星多，可以保证车辆实时定位的精度与可靠性。

对于用于调度指挥的监控系统来说，监控中心与其管辖的车辆之间由于通信电台的功率有限，其作用距离仅几十公里。增大监控作用距离，应当解决远距离通信问题。例如增加通信中继站，延长作用距离，利用广播或卫星通信方式使监控范围覆盖更大的地域。

监控系统的功能应当是多方面的，例如语音传输、视觉图像传输以及各种命令和车辆周围环境的情况录入存储等。

最近 Sychip 公司推出嵌入式 GPS2020 模块，大小仅为 11 mm×14 mm，有 12 个通道，8 M内存，可植入手机和 PDA。语音 GPS 导航仪也已问世，即可将 GPS 控制通过语言来实现。

可以说，GPS 导航定位在公安、交通系统中的应用前景是非常广阔的。在开发车辆导航应用的同时，也将带动与其相关的通信技术、信息技术、控制技术、多媒体技术和计算机应用技术的发展。

§10.8 GPS 在地球动力学及地震研究中的应用

GPS 在地球动力学中的应用主要是用 GPS 来监测全球和区域板块运动，监测区域和局部地壳运动，从而进行地球成因及动力机制的研究。根据测定的板块运动的速度和方向，测定的地壳运动变形量，分析地倾斜地应变积累，研究地下断层活动模式、应力场变化，开展地震危险性估计，做地震预报。原武汉测绘科技大学利用云南滇西两期 GPS 监测资料，反演红河断裂带地下断层活动模式，对 1996 年云南丽江地震做了较为准确的中期(1~3 年)预报，其位置误差为 27 km，震源深度误差为 0~6 km，震级完全准确，揭示了用 GPS 监测资料做中期地震预报的可能性。

目前用 GPS 来监测板块运动和地壳形变的精度，在水平速度上可达 2 mm/a，水平方向形变可达到 1~2 mm/a，垂直方向可达 2~4 mm/a，基线相对精度可达 10^{-9}。这一精度完全可以用来监测板块运动和地壳运动。下面介绍一些地壳形变监测网。

10.8.1 中国地壳运动监测网

中国地壳运动 GPS 监测网络于 1994 年立项，1998 年开始建设，2000 年 12 月 25 日完成。它由 25 个连续运行的 GPS 基准站、56 个定期复测的基本站和 1 000 个不定期复测的监测网点组成。中国地壳运动 GPS 监测网络在全国构成高精度、高时空分辨率的现势板块运动监测网络，建立了以地震预报和地学研究为目的，兼顾大地测量和国防建设的专业性 GPS 监测网络。

基准站间 GPS 基线长年变化率测定精度优于 2 mm，独立定轨精度优于 2 m，与 IGS 联网定轨精度优于 0.5 m，使我国可以自主发布 GPS 的精密星历，摆脱依赖国外的历史。

基本站间 GPS 基线每年测定水平精度 3~5 mm，垂直精度 10~15 mm。

1 000 个监测网点中，300 个点均匀分布在全国各地，700 个点分布在断裂带和地震危险监测区。

10.8.2 青藏高原地球动力学监测网

青藏高原位于欧亚板块缝合处，是世界上研究板块构造运动最好的地方。从 20 世纪 20 年代开始，世界各国地球动力学家纷纷到青藏高原进行喜马拉雅山地区板块与地壳运动的研究，研究结果都表明喜马拉雅山地区在快速地隆升。中国青藏高原科学考察队通过分析 1959—1961 年和 1979—1981 年相隔 20 年的两期精密水准资料，得出青藏高原上升速率是由北往南递增，狮泉河-萨嘎-邦达一带平均上升速率为 8.9 mm/a，拉萨-邦达段上升速率达 10 mm/a。印度根据 1972—1973 年到 1977—1978 年 5 年水准测量资料分析得出，喜马拉雅山板块上升速率为 2~18 mm/a。尼泊尔根据 1974—1990 年水准测量资料分析表明，喜马拉雅山地壳上升速率为 6~7 mm/a。自 1987 年开始，世界各国纷纷应用 GPS 进行青藏高原板块相对运动监测。

原武汉测绘科技大学于 1993 年沿青藏高原公路，从格尔木至聂拉木布设了由 12 个 GPS 监测点组成的地球动力学监测网，全网长约 1 470 km，宽 60 km，最长边为1 085 km，平均为 180 km。1993 年 7~8 月进行第一期 GPS 观测，1995 年 6~7 月进行第二期观测，采用 Rogue SNR8000 GPS 接收机，白天、夜晚各观测一个时段，时段长为 9 h。基线解算采用原武汉测绘科技大学改进后的 GAMIT 软件，用 IGS 精密星历统一归算至 $ITRF_{94}$框架。网平差后，两期基线平均相对精度分别为 2.8×10^{-8}和 1.6×10^{-8}。经变形分析，青藏高原每年大约以33.4 mm，以 N30°E 方向向西伯利亚运动。

1995 年 5 月，国家测绘局与德国应用大地测量研究所合作，开展 GPS 西藏'95 会战。西藏'95GPS 会战由 8 个 GPS 点组成，平均边长为 187 km，从格尔木至珠穆朗玛峰南麓的绒布寺，横跨 4 个大构造断裂带。观测采用 8 台 Trimble 4000SSE GPS 接收机，同步连续观测 6 天。数据处理采用双频 P 码和双频相位组合观测值，IGS 精密星历，BerneseV3.45 软件，归算至 $ITRF_{93}$框架。其基线重复性精度达 $1\times10^{-8}\sim3\times10^{-8}$，坐标精度优于±5 cm。

近些年来，意大利、美国、尼泊尔也在青藏高原布设 GPS 监测网，以研究板块运动和地壳垂直运动。

10.8.3 首都圈 GPS 地表形变监测网

首都圈(北纬 38.5°~41.0°，东经 113.0°~120°)是中国东部新构造最强烈地区，曾发生过强烈地震 10 多次(如 1976 年唐山大地震)。据专家预测，今后 20 年有可能再发生中强地震。为监测首都圈地震，1994 年通过专家论证，决定建立首都圈 GPS 地表形变监测网。全网共 57 个 GPS 监测点，点距为 50~100 km，控制面积约 15 万 km^2。计划每年复测一次。对应力集中地段，点位再加密到 20~30 km 一个点，每年测 2~4 次。预期监测的相对精度优于 5×10^{-8}。

10.8.4 龙门山 GPS 地壳形变监测网

由中美合作的龙门山 GPS 地壳形变监测网位于我国西南地区，横跨四川、云南省，东西宽约 500 km，南北长约 1 000 km，该网布设 13 个 GPS 监测站(每个站由 1 个主点、3 个副点组成)，点距为 42~250 km。已于 1991 年、1993 年、1995 年进行了三期观测。解算采用 GAMIT 软件，解算结果三期基线长变化量为 0.19~6.25 cm，相对精度优于1×10^{-7}。

10.8.5 世界各地 GPS 地壳运动监测网

自 20 世纪 90 年代以来，世界各国纷纷用 GPS 布设地壳运动监测网。据报道，日本已布设了由1 000多个 GPS 永久站组成的陈列地形变监测网，以预报地震。意大利已布设了地壳运动监测网(Tyrgeonet Project)。中欧 16 个国家将联合布设 GPS 监测网，以利合作研究大地测量与地球动力学。加拿大在其西部布设了 GPS 变形阵列。埃及在其境内也布设了 GPS 监测网，南美洲的南部已开展 SAGA 会战，以研究南美洲地壳形变。澳大利亚、南加利福尼亚、东地中海、苏门答腊、黑海-高加索地区等都布设了地壳运动 GPS 监测网。自 1994 年开始，我国参加了由十几个国家、二十多个在南极台站参加的国际南极 GPS 会战，研究南极板块运动及南极地形变。菲律宾已开始用 GPS 监测马戎火山喷发前后的地面形变。

10.8.6 南极菲尔德斯海峡形变监测网

中国南极长城站位于南极半岛的菲尔德斯半岛上，南极半岛是南美板块、太平洋板块、南极板块交汇地区。为了研究南极半岛地区地壳形变，中国南极测绘研究中心于 1992 年在菲尔德斯海峡两岸布设了 GPS 监测网。该网以中国长城站为中心，由 13 个 GPS 监测点组成，最长边长为 2 927.3 m，最短边长为 693.8 m，平均边长为 1.53 km，控制范围为三十多平方公里。经对两期 GPS 监测资料处理、分析表明，菲尔德斯海峡断裂存在形变，南部相对于北部每年有约 4.1 mm 的位移量，总应变约为 0.6×10^{-6}/a。

§10.9 GPS 在气象方面的应用

GPS 理论和技术经过二十多年的发展，其应用研究及应用领域得到了极大的扩展，其中一个重要的应用领域就是气象学研究。利用 GPS 技术来遥感地球大气，进行气象学的理论和方法研究，如测定大气温度及水汽含量、监测气候变化等，叫做 GPS 气象学（GPS/METeorology，GPS/MET）。GPS 气象学的研究于 20 世纪 80 年代后期最先在美国起步，在美国取得理想的试验结果之后，其他国家如日本等也逐步开始 GPS 在气象中的研究。

10.9.1 GPS 气象学简介

大气温度、大气压、大气密度和水汽含量等量值是描述大气状态最重要的参数。无线电探测、卫星红外线探测和微波探测等手段是获取气温气压和湿度的传统手段。但是它们与 GPS 手段相比，可明显地看出传统手段的局限性。无线电探测法的观测值精度较好，垂直分辨率高，但地区覆盖不均匀，在海洋上几乎没有数据。被动式的卫星遥感技术可以获得较好的全球覆盖率和较高的水平分辨率，但垂直分辨率和时间分辨率很低。利用 GPS 手段来遥感大气的优点是，它是全球覆盖的，费用低廉，精度高，垂直分辨率高。根据 1995 年 4 月 3 日美国发射的用于 GPS 气象学研究的 Microlabl 低轨卫星的早期结果显示，对于干空气，在从57~3 540 km的高度上，所获得的温度可以精确到±1.0°之内。正是这些优点使得 GPS/MET 技术成为了大气遥感的最迫切最有希望的方法之一。

当 GPS 发出的信号穿过大气层中对流层的时候，受到对流层的折射影响，GPS 信号要发生弯曲和延迟，其中信号的弯曲量很小，而信号的延迟量很大，通常在 2.3 m 左右。在 GPS 精密定位测量中，大气折射的影响是被当做误差源而要尽可能将它的影响消除干净。而在 GPS/MET 中，与之相反，所要求得的量就是大气折射量。通过计算可以得到我们所需的大气折射量，再通过大气折射率与大气折射量之间的函数关系可以求得大气折射率。大气折射率是气温 T、气压 P 和水汽压力 e 的函数，通过一定关系，则可以求得我们所需要的量。

10.9.2 GPS 气象学分类

根据 GPS/MET 观测站的空间分布来分类，可以分为两大类：

- 地基 GPS 气象学(Ground-based GPS/MET)；
- 空基 GPS 气象学(Space-based GPS/MET)。

地基 GPS 气象学就是说将 GPS 接收机安放在地面上，就像常规的 GPS 测量一样，通过地面布设 GPS 接收机网络，来估计一个地区的气象元素。

空基 GPS 气象学就是利用安装在低轨卫星(Low Earth Orbit，LEO)上的 GPS 接收机来接收 GPS 信号，当 GPS 信号与 LEO 卫星上的 GPS 接收机天线经过地球上空对流层时 GPS 信号会发生折射。这一测量大气折射的方法叫做掩星法，该方法是 20 世纪 60 年代美国喷气推进实验室 JPL 和 Stanford 大学为研究行星大气和电离层而发展起来的。通过对含有折射信息的数据进行处理，可计算出大气折射量而估计出我们所要的气象元素的大小。

但无论是地基 GPS/MET 还是空基 GPS/MET，其目标都是一样，即计算出大气折射量。其不同之处在于空基 GPS/MET 涉及的数据处理更麻烦一些。因为安装在低轨卫星上的 GPS 接收机跟 GPS 卫星一样，也是运动的，而且在接收机接收到的所有卫星的信号中，并不像地面上的接收机那样，所接收到的卫星信号中必定包含有大气折射信息。

10.9.3 GPS 气象学的原理

在 GPS 数据处理时，一般是像对待基线向量一样，将大气折射量视为未知参数进行估计的。在数据处理中通常是根据观测时间的长短、基线的长短、观测时的气象条件等因素，来决定大气折射未知参数估计的个数。通过这种办法估计出来的大气折射量的精度很高，一般可至毫米级，而大气折射量的大小是由 GPS 信号穿过对流层时沿路径上的大气折射率 n 决定的，某处的大气折射率 n 是该处的气压、温度和湿度的函数。因此可以建立起大气折射量与气象元素之间的关系。为方便起见，定义折射数 $N=(n-1)\times10^6$。在处理对流层大气折射时，一般是将空气分为两部分，一部分是干空气，另一部分是湿空气。GPS 延迟信号中，湿空气所占的比重比干空气所占的比重要小得多，但湿空气这一部分的变化要比干空气的变化要大，而且比干空气更不稳定。湿空气的变化极其难估计，是造成大气折射量估计不准的主要原因，这也影响着后来的气象元素的计算准确性。

1. 干空气情形

对于干空气，折射数 N_{dry} 可表达成下式：

$$N_{dry} = 77.6\frac{P}{T} \tag{10-10}$$

式中，P 是以毫巴(mbar)为单位的气压；T 为绝对温度。引入有关物理量的数值之后，可求得 N_{dry} 与大气密度 ρ 之间的关系为：

$$N_{dry} = 77.6\cdot\rho\cdot R \tag{10-11}$$

式中，ρ 是以 $kg\cdot m^{-3}$ 为单位的空气密度；R 是干空气的气体常数。方程(10-11)表明，在干空气条件下 ρ 与 N_{dry} 成正比，所以 $\rho(r)$ 可从 N_{dry} 容易地得到，也即可从干空气的大气折射率 μ 得到。

干空气状态方程为：

$$\rho = 0.3484\frac{P}{T} \tag{10-12}$$

接着解以上方程，$P(r)$可从$\rho(r)$得到：

$$\frac{\partial P}{\partial z} = -g\rho \tag{10-13}$$

式中，z是高度；g是重力加速度。从某个足够高的高度出发，使$P=0$，我们可以解得$P(z)$。利用状态方程，温度T可从P和ρ得到：

$$T(z_i) = \frac{1}{R}\frac{\int_{z_i}^{\infty} g(z)N(z)\mathrm{d}z}{N(z_i)} \tag{10-14}$$

2. 干、湿空气情形

考虑到水汽的存在，上面描述的过程必须修改。当包括水汽效应时，折射数表达式成为：

$$N = 77.6\frac{P}{T} + 3.75 \times 10^5 \times \frac{e}{T^2} \tag{10-15}$$

式中，等号右边第一项是干空气的影响；第二项是湿空气即水汽的影响；e是以毫巴(mbar)为单位的水汽压力，其他参数的含义同前。

在式(10-15)中，当$e=0$时，也即不考虑水汽压力时，就变为了式(10-10)。但实际上，水汽压力是存在的，而且在近地面部分还是最重要的，不能对它忽略。遗憾的是，我们不能单单从GPS信号中分离出干空气与湿空气对折射数N的影响，所以必须借助于其他观测量或其他模型与上述模型一并处理，分离出干空气与湿空气对折射数N的影响。

在对流层顶以上的高层，水汽对折射率的影响几乎总是大大低于2%，这种情况下水汽含量不是大问题。类似地，冬季极地大气中水汽对折射率的影响也总是可以忽略的。

从上面知道，如对流层的温度轮廓线可以通过模型计算出来，或从其他观测中测定得到，则水汽轮廓线可以从测量中反演出来，进行降水量预报。这种方法在热带地区效果最好，那里的温度轮廓线表现出相对小的变化，而水汽场的时空变化很大。

10.9.4 GPS/MET的应用前景

GPS/MET探测数据具有覆盖范围广(全球)、高垂直分辨率、高精度和高长期稳定的特点。对它的研究将给天气预报、气候和全球变化监测等领域产生深刻的影响。

1. 天气预报

我们知道，数值天气预报(NWP)模式必须用温、压、湿和风的三维数据作为初值。目前提供这些初始化数据的探测网络的时空密度极大地限制了预报模式的精度。无线电探空资料一般只在大陆地区存在，而在重要的海洋区域，资料极为缺乏。即使在大陆地区，探测一般也只是每隔12 h进行一次。虽然目前气象卫星资料可以反演得到温度轮廓线，但这些轮廓线有限的垂直分辨率使得它们对预报模式的影响相当小。而GPS/MET观测系统可以进行全天候的全球探测，加上观测值的高精度和高垂直分辨率，使得NWP精度的提高成为可能。这样，可以提高数值天气预报的准确性和可靠性。

2. 气候和全球变化监测

全球平均温度和水汽是全球气候变化的两个重要指标。与当前的传统探测方法相比，

GPS/MET 探测系统能够长期稳定地提供相对高精度和高垂直分辨率的温度轮廓线，尤其是在对流层顶和平流层下部区域。更重要的是，从 GPS/MET 数据计算得到的大气折射率是大气温度、湿度和气压的函数，因此可以直接把大气折射率作为“全球变化指示器”。

3. 其他应用

GPS/MET 观测数据有可能以足够的时空分辨率来提供全球电离层映像，这将有助于电离层/热层系统中许多重要的动力过程及其与地气过程关系的研究。例如，重力波使中层大气与电离层之间进行能量和动量交换，通过测量 LEO 卫星和 GPS 卫星之间信号路径上总的电子含量(TEC)来追踪重力波可能是一种方法。

GPS/MET 提供的温度廓线还可以用于其他的卫星应用系统中。如臭氧(O_3)的遥感系统中需要提供精确的温度廓线，利用 GPS/MET 数据可以很好地满足这一要求。

§10.10 GPS 在航海航空导航中的应用

10.10.1 GPS 航海导航应用

卫星技术用于海上导航可以追溯到 20 世纪 60 年代的第一代卫星导航系统 Transit，但这种卫星导航系统最初设计主要服务于极区，不能连续导航，其定位的时间间隔随纬度而变化。在南北纬度 70°以上，平均定位间隔时间不超过 30 min，但在赤道附近则需要 90 min，80 年代发射的第二代和第三代 Transit 卫星 Navars 和 Oscars 弥补了这种不足，但仍需10~15 min。此外，采用的多普勒测速技术也难以提高定位精度(需要准确知道船舶的速度)，主要用于二维导航。

GPS 系统的出现克服了 Transit 系统的局限性，不仅精度高，可连续导航，有很强的抗干扰能力；而且能提供七维的时空位置速度信息。在最初的试验性导航设备测试中，GPS 就展示了其能代替 Transit 和陆基无线电导航系统(如 Loran-C 和 Omega)，在航海导航中发挥划时代的作用。今天，很难想像哪一条船舶不装备 GPS 导航系统和设备，航海应用已名符其实地成为 GPS 导航应用的最大用户，这是其他任何领域的用户都难以比拟的。

GPS 航海导航用户繁多，其分类标准也各不相同，若按照航路类型划分，GPS 航海导航可以分为五大类：远洋导航；海岸导航；港口导航；内河导航；湖泊导航。

不同阶段或区域，对航行安全要求和导航精度要求也因环境不同而各异，但都是为了保证最小航行交通冲突，最有效地利用日益拥挤的航路，保证航行安全，提高交通运输效益，节约能源。

按照导航系统的功能划分大致有以下几类：

1. 自主导航

自主导航系统适于上述五种航路的任何一种，它基本上是一种单纯的导航系统，其主要特征是仅向用户提供位置、航速、航向和时间信息，也可包括海图航迹显示，不需通信系统。适应于任何海面、湖面和内河上航行的船舶，从大型远洋货轮到私人游艇。

2. 港口管理和进港引导

这种系统主要用在港口/码头，用于港口/码头的船舶调度管理、进港船舶引导，以确保港口/码头航行的安全和秩序。该系统需要双向数据/话音通信，以便于领航员引导船舶；港区情境/海图显示，以标明停泊的船舶和可利用的进港航线，避免冲撞。这种系统对导航系统的精度要求高，要采用差分 GPS 和其他增强技术。

3. 航路交通管理系统

这类系统与 2 类似，但主要用于近海和内陆河航路上的船舶导航和管理，通常需要卫星通信系统支持，如 Inmarsat 等。

4. 跟踪监视系统

这类系统主要用于海上巡逻艇、稽私艇及各种游艇，特别是私人游艇以防盗。根据具体的使用对象，有些系统需要给出导航参数和双向数据/话音通信，如稽私艇。而有时则不需要给出导航参量，如用于私人游艇防盗，仅需要单向数据通信，一旦发生被盗，游艇上的导航系统不断把自己的位置和航向送到有关中心，以便于跟踪。

5. 紧急救援系统

系统也包括两栖飞机、直升机和陆地车辆。它适应于所有五类航路，用于搜寻和救援各种海面、湖面，内河上的遇险、遇难船舶和人员。这类系统需要双向数据/话音通信，要求响应时间快、定位精度高。

6. GPS/声呐组合用于水下机器人导航

该类组合系统可用于水下管道铺设和维修(需要视觉系统)、水文测量以及其他海下作业，如用于港口/码头水下勘测，以便于进场航道阻塞物清除，保证航道畅通，也可用于远洋捕捞、渔船作业引导等。

7. 其他应用

所采用的导航技术主要有：GPS(GNSS)；声呐技术；INS；航海图；无线电导航技术；图像匹配技术；其他技术。

所采用的通信技术主要有：FM 和 TV 副载波单向数据/话音通信；信标台网双向数据通信；集群通信；蜂窝通信；陆基移动数字通信；卫星移动通信；流量余迹通信等。

前 5 种通信技术主要用于近海、内河和湖泊区域。

10.10.2 GPS 航空导航应用

尽管从纯技术革新和进步的意义上讲，第一代 Transit 卫星导航系统开创了导航技术的新纪元。但 Transit 并未在航空导航领域得到应用，卫星导航技术真正用于航空导航可以说是始于 GPS 系统。20 世纪 70 年代初期，当 GPS 计划正在酝酿和方案论证阶段，有人(L. R. Krucztnski)就提出用有限的 GPS 卫星和高度表组合实现飞机导航、进场和起飞，并进行了大量的仿真研究。80 年代初，即 1983 年，在当时仅有 5 颗 GPS 卫星的情况下，Rockwell 的商用飞机 Sabreliner(军刀)就载着《航空周刊和空间技术》的公证观测员和几名客人，从美国的衣阿华州首航大西洋到达法国的巴黎，其导航系统使用一台单通道双频军用 GPS 接收机和一台单通道单频民用 GPS 接收机进行全程 GPS 导航，中途有 4 次着陆主要是为了等待 GPS 卫星信号。这次 GPS 导航是成功的，但 FAA 的官员对于利用 GPS 进行航空导航仍持保留态度和疑虑，这些疑虑主要表现在以下几方面：

① 选择可用性问题；

② 5 颗卫星覆盖的连续性和可用性问题；

③ 完善性问题；

④ 费用(包括用户系统价格和 GPS 收费)。

选择可用性影响 GPS 导航系统的精度、完善性、可用性和服务连续性，影响 GPS 用于航空导航可靠性和航行安全，而用户 GPS 导航系统和设备的价格以及 GPS 的收费标准直接关系到用户的承受能力。

20 世纪 80 年代后期 90 年代初，GPS 用户设备价格逐年下降，体积也越来越小；各种增强技术、差分技术和组合技术日趋成熟，GLONASS 也完全安装并投入使用，这些都为 GPS 在航空导航中的应用带来了广阔的前景。在此期间，ICAO 和 FANS 也制定了全球航空通信导航监视和空中交通管理(CNS/ATM)的发展纲要和规划。短短几年时间，大量的试验演示论证已证明：GPS 及其增强技术、差分技术和组合技术能够满足从航路到精密进场/着陆的精度、完善性、可用性和服务连续性的要求，传统的衡量机载导航系统性能的标准也用必备导航特性 RNP 所代替。1994 年 4 月 15 日，南太平洋的岛国——斐济(Fiji)成为把 GPS 作为民航导航的唯一手段的第一个国家。

可以预见：GPS 将使全球无间隙导航和监视成为可能，这将是航空导航史上的一次划时代的革命。

今天，GPS 在航空导航中的应用可谓无孔不入，如果按航路类型或飞行阶段划分，则涉及：洋区空域航路；内陆空域航路；终端区导引；进场/着陆；机场场面监视和管理；特殊区域导航，如农业、林业等。

在不同的航路段及不同的应用场合，对导航系统的精度、完善性、可用性、服务连续性的要求不尽相同，但都要保证飞机飞行安全和有效利用空域。

按照机载导航系统的功能划分，GPS 在航空导航中的应用表现在以下几个方面：

(1)航路导航

航路主要指洋区和大陆空域航路。各种研究和实验已经证明，GPS 和一种称之为接收机自主完善性监测(RAIM)的技术能满足洋区航路对 GPS 的导航精度、完善性和可用性的要求，而且精度也能满足大陆空域航路的要求。GPS 和广域增强系统也能满足大陆空域航路对精度、完善性和可用性的要求。GPS 的精度远优于现有任何航路用导航系统，这种精度的提高和连续性服务的改善有助于有效利用空域，实现最佳的空域划分和管理、空中交通流量管理以及飞行路径管理，为空中运输服务开辟了广阔的应用前景，同时也降低了营运成本，保证了空中交通管制的灵活性。

GPS 的全球、全天候、无误差积累的特点更是中、远程航线上目前最好的导航系统。按照国际民航组织的部署，GPS 将逐渐替代现有的其他无线电导航系统。GPS 不依赖于地面设备、可与机载计算机等其他设备一起进行航路规划和航路突防，为军用飞机的导航增加了灵活性。

(2)进场/着陆

包括非精密进场/着陆、CAT-Ⅰ、Ⅱ、Ⅲ类精密进场/着陆。GPS 及其广域增强系统完全满足非精密进场/着陆对精度、完善性和可用性的要求；再用局域伪距差分技术/系统增强，能满足 CAT-Ⅰ、Ⅱ类精密进场的要求。目前实验表明，采用载波相位差分技术，精度可达到 CAI-Ⅲb 类的要求。可以肯定，各种增强和组合系统(如 LAAS、WAAS、INS 等)与 GPS 将成为进场/着陆的主要手段，仪表着陆将最终被取代。由于 GPS 着陆系统设备简单、无须配置复杂的地面支持系统，它将适合于任何机场，包括私人机场和山区机场。理论上，GPS 着陆系统可以引导飞机沿着任意一条飞行剖面和进场路径着陆，这就增强了各种机场着陆的灵活性和盲降能力。

(3)场面监视和管理

包括终端飞行管理和机场场面监视/管理。场面监视和管理的目的就是要减少起飞和进场滞留时间，监视和调度机场的飞机、车辆和人员，最大效率地利用终端空间和机场，以保证飞行安全。GPS、数字地图和数字通信链为开发先进的场面导航、通信和监视系统提供了全新的技术，可以确信，基于GPS/数字地图的场面监视和管理将为机场带来很大效益。

(4)航路监视

目前的监视是一种非相关监视系统，主要是利用各种雷达系统，可以和机载导航系统互成备份。但这种监视系统地面和机载设备复杂，价格高，监视精度随距离而变化，作用距离有限，不可能实现全球覆盖和全球无间隙监视。GPS和航空移动卫星系统的出现将改变这种传统的监视方法，机载GPS导航系统通过通信链自动报告自己的位置，这种"自动相关监视系统ADS"已经提出，目前的演示和实验已经证明ADS为飞行各阶段的监视都会带来益处，特别是为了洋区和内陆边远地区空域实现自动监视业务提供了机会。ADS也为飞行员/管制人员之间双向数据传输和数字话音通信提供了可能。这将极其有效地减轻飞行员/管制人员的工作负担，同时也增加了ATM的灵活性。

(5)飞行试验与测试

在新机型、新机载设备、机载武器系统或地面服务系统设计、定型、测试中，基于GPS的飞行状态参数测量系统或可作为基准、可比较的辅助设备将使飞行试验及数据处理和飞行测试变得简单和节省开支。

(6)特种飞机的应用

航空母舰上飞机着舰/起飞导引系统，直升机临时起降导引、军用飞机的编队、突防、空中加油、空中搜索与救援等。

(7)航测

除了一般飞机要求的导航、起降功能外，用于航测的飞机还需要提供记载测量或摄影设备的位置及时信息交联、数据记录及事后处理。

(8)其他应用

如飞行训练、校验ILS系统等。尽管在目前的DGPS进场/着陆演示飞行中，大都用ILS作为基准系统来评估DGPS着陆系统的能力，但事实上，DGPS的精度要优于ILS系统。在ILS没有关闭之前，用DGPS校验ILS，是一种价格低、精度完全满足校验ILS的基准系统。目前，用光测和雷达价格高、设备庞大、复杂。

当然，以上并未包括GPS在航空中应用的所有方面，并且新的应用途径仍在试验与开发之中。根据美国联邦航空局(FAA)关于GPS正式运行时间表，GPS作为多传感器导航系统的一部分已被用于海洋航路、大陆航路、终端区、非精密进场、Ⅰ类精密进场及机场表面导引，以及正在试验Ⅱ/Ⅲ类精密进场；作为补充导航手段也已经或将要实现，作为单一导航将在2000年前后逐步实施。

用GPS实现精密进场/着陆，美欧等国家和地区已做过许多实验和演示。作为CAI-Ⅰ类精密进场的手段，德国布伦瑞克工业大学已于1989年11月在世界上首次完成了DGPS/INS组合系统用于飞机自动着陆的试飞，美国Honeywell公司也用类似的装置完成了喷气飞机的自动着陆。国内航空界已进行了多方面的应用开发、试验、使用和小范围内的应用，总部设在山西的中国通用航空公司(简称通航)应用GPS始于1989年，先后在伊尔-14、安-30、运-5、运-12、米-8等十余种机型上进行了实验和运用，进行了航测、航摄、夜间热红外扫描、专线长期邮政包租业务等。民用航线上的应用也正在展开，国际航空公司新到的一架波音 737 和南方航空公司的波音 777 飞机应用 GPS 作补充导航。此外，西北民航等其他地方航空公司也已实验了 GPS 导航设备。

我国于 1991 年在原航空部支持下，在国内首次进行了Ⅰ类进场/着陆试验。由六一五所牵头，试飞院、西工大、北航参加。全部系统应用差分 GPS/惯导系统/高度表组合，与自动驾驶仪交联，达到 CAT-Ⅰ类进场的标准。第一期工程只由差分 GPS/无线电高度表组成，并且不与驾驶仪交联，可给驾驶员显示，1992 年 12 月试飞成功。成果鉴定书中的试飞机结论为"DGPS/RA/NLC 试飞验证系统在阎良试飞研究院进行了试飞实验，共飞行了 17 架次，58 个起落。根据试飞结果，在决断高度上该系统的垂直和横向精度满足 ICAO 规定的Ⅰ级精密进场着陆标准，达到设计指标"。下滑轨迹定位的垂直和横向精度也达到上述指标，此外，西北工业大学还完成了 GPS 与数字地图组合，GPS 高度补偿，位置差分，并于 1992 年通过了部级技术鉴定。南京航空航天大学完成了 GPS/捷联惯导系统开发软件。六一八所已完成了 GPS 与不同型号惯导系统的组合。在试飞院，GPS 曾在呼唤-2、运-7、轰-6、轰-7、教-8、直-9、歼八-Ⅱ上进行了不同目的的飞行。1996 年元月，电子部 20 所与美国 Rockwell 和德国 DASA 合作在西安进行了新航行系统概念验证飞行。所有这些活动都说明了航空领域科研、开发、生产、实验、使用诸单位对 GPS 技术在航空工业科技进步中的地位的一致认识。

§10.11　GNSS 技术在煤矿开采沉陷自动化监测中的应用

煤矿开采沉陷监测属于工程变形监测范畴，但与水库大坝、滑坡体、桥梁、高层建筑、城市地表等监测相比，具有监测点数多、平面和高程的监测精度要求均较高、每次监测的时间要求严、移动变形量变化范围大的特点。煤矿开采沉陷是由于煤炭开采所造成的地表破坏，有其独特性，对人们的正常生活造成了严重的影响，对安全生产、生态环境等造成严重的破坏和危害。为及时监测由于井下开采沉陷导致的地表移动变形，需建立地表移动自动化监测系统，实现监测数据的自动采集、传输、分析，为矿区开采沉陷监测提供一种高效的数据采集、数据处理和移动变形分析的自动化手段；为满足煤矿安全开展"三下一上"(建筑物下、铁路下、水体下和承压水体上)采煤工作的需要，为恢复与重建矿区生态环境、矿山开采沉陷工程治理、村庄搬迁规划、地质灾害治理等提供科学依据，为矿山地质环境治理提供技术支撑。

本节以安徽理工大学承担的"地表移动自动化监测系统研究"项目为背景，对该项目的主要成果之一"煤矿开采沉陷自动化监测系统"进行简要介绍。

"地表移动自动化监测系统研究"项目以潘一东区 1242(1)工作面地表沉陷区为试点研究区，以 GNSS CORS 技术、网络通讯技术、移动 PDA 技术、Mobile GIS 技术、数据库技术、现代测量数据处理技术、开采沉陷监测技术、软件工程技术等为支撑，通过系统设计与框架构建、关键算法研究、系统功能界定、数据管理规范化、软件实现、工程建设、设备研制、系统测试与工程应用等工作，建立煤矿开采沉陷自动化监测系统，实现地表移动变形信息快速采集、高精度解算、自动化处理、高效管理与分析的目标，为煤矿开采沉陷监测及相关领域的变形监测提供新的集成监测技术及数据处理分析模式。

10.11.1 系统组成

按照地表移动自动化监测系统的建设目标，共布设1个基准站、9个连续实时监测站和约60个非连续实时监测站(地表移动观测站中的监测点)。其中，基准站(PYDCDP)布设于矿区办公楼顶，提供监测基准及差分数据；9个连续实时监测站(CORS1~CORS9)分别布设于观测线关键部位，采用连续实时监测、定时实时监测模式；非连续实时监测站采用准实时、事后监测模式，也可采用全站仪、数字水准仪的测量模式。地表移动自动化监测系统基本框架如图10-12所示。

地表移动自动化监测系统主要由GNSS基准站子系统、GNSS连续运行监测站子系统、数据监控中心子系统、实时数据采集终端子系统和通讯子系统等组成，以形成一种集设备监控、数据采集、数据传输、数据处理与分析、沉陷预计与预警、开采损害评价的综合开采沉陷自动化监测系统。

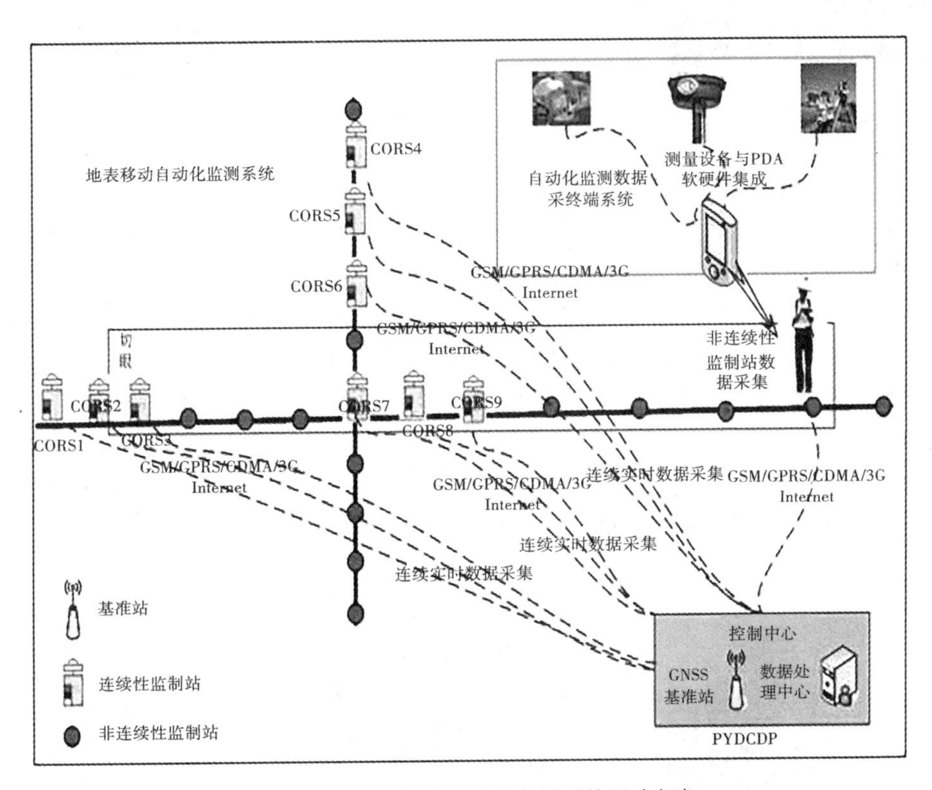

图10-12 地表移动自动化监测系统基本框架

10.11.2 系统建设

1. GNSS基准站子系统

基准站(PYDCDP)布设在工业广场主办公楼楼顶，其观测环境很好。基准站采用直径为400 mm的不锈钢钢架结构，如图10-13所示。

基准站(及监测站)采用课题组自主研制的具有多频、多星、多用途的第一代GNSS专用一体机，兼容BDS、GPS、GLONASS、预留GALILEO，其硬件结构如图10-14所示。该接收机已融合倾斜仪，经扩展还可以与位移、温度、气压、湿度、降雨量等传感器集成，实现 GNSS 定位信息与传感器采集信息的完美融合。

图 10-13　基准站示意图

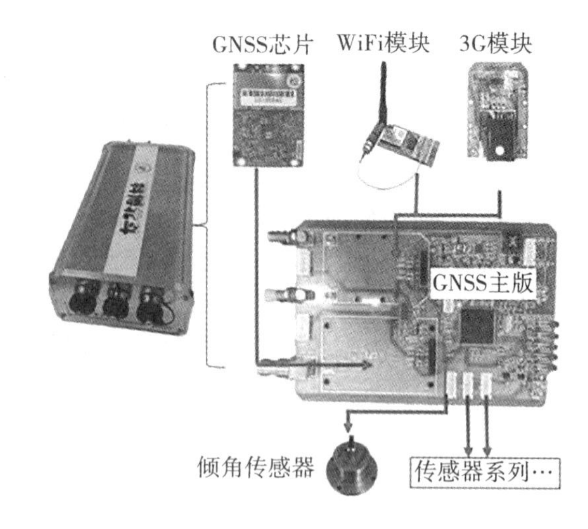

图 10-14　GNSS 接收机硬件结构图

2. 连续运行监测站子系统

根据地表移动监测的需要，将 GNSS 连续运行监测站布设在地表移动变形特征点上，GNSS 接收机以 1 s 采样率连续不断地进行数据采集。

为避免人为破坏，并兼顾今后该区域地表沉降的影响，采用高度不低于 6 m 的水泥电线杆作为观测标志。监测站配备的主要设备有：与基准站相同的 GNSS 接收机、天线对中盘、避雷针、摄像头、太阳能板、仪器箱、蓄电池、倾斜传感器、测点标志牌等(如图 10-15(a)所示)。

为保证电线杆的稳定性，其基础加工为地下 1.5 m×1.5 m×1.5 m 的基坑，先以混凝土浇注到 1.0 m 处，然后放入蓄电池和测斜仪，再全部用混凝土浇实(如图 10-15(b)所示)。

(a)

(b)

图 10-15　连续运行监测站示意图

3. 数据监控中心子系统

数据监控中心子系统是整个地表自动化监测系统的核心部分，与基准站之间依靠信号馈线连接，与监测站通过 3G 或 GPRS 无线网路连接。地表自动化监测系统的数据监控中心设在潘一东矿办公楼，主要由服务器、显示器、路由器、防火墙、自动化监测数据处理软件和 GIS 开采沉陷数据管理软件等组成，通过中国电信 2 M SDH 专线对外发布和接收数据。

数据监控中心配置的主要设备有(参见图 10-16)：HP Z800 X5550 服务器 1 台，三星 S22A330BW 显示器 1 台，TP-LINK TL-ER5510G 路由器(内置防火墙)1 台。

图 10-16　数据监控中心

数据监控中心主要由自动化监测系统软件和 GIS 地表移动变形空间管理分析软件组成，以地表移动监测信息综合数据库为核心，包含如图 10-17 所示的 8 个模块。

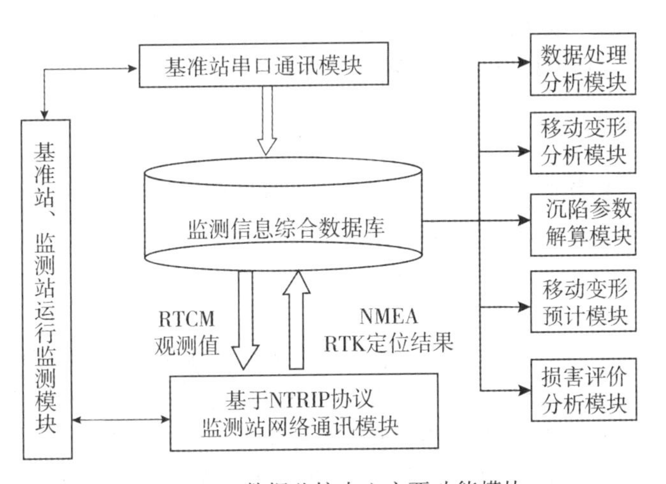

图 10-17　数据监控中心主要功能模块

4. 实时数据采集终端子系统

实时数据采集终端系统是基于当前 GNSS 和 GIS 的两项前沿技术——CORS 和 Mobile

GIS，结合开采沉陷监测的业务特点，研究基于移动 GIS 的网络 RTK（Network RTK，NRTK）在 PDA 上的应用、终端与数据中心的通讯、移动 GIS 数据组织、终端和数据中心数据融合等内容，解决当前开采沉陷数据采集技术手段落后、效率低、信息化程度低等问题。在 CORS 的空间信息框架下，集成 CORS 和移动 GIS 的先进技术，为“地表移动自动化监测系统软件”提供一套可靠、实用的实时数据采集终端。

系统的硬件主要由 PDA、全站仪、数字水准仪、科博 GNSS 接收机组成，如图 10-18 所示。PDA 用于加载开采沉陷信息采集系统软件，用于沉陷信息采集、管理、分析以及全站仪和 GNSS 接收机的智能控制；全站仪、数字水准仪和 GNSS 接收机用于快速获取监测点的空间信息，其中 GNSS 接收机具有网络 RTK 功能。

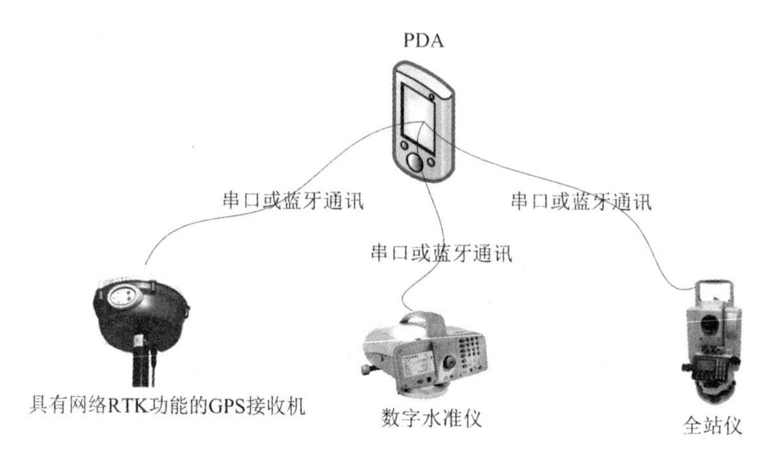

图 10-18　实时数据采集终端系统的硬件组成

5. 网络通讯子系统

网络通讯子系统是煤矿开采地表移动自动化监测系统的重要“脉络”，主要实现 GNSS 连续运行监测站子系统与数据监控中心子系统之间的双向通讯：监测站数据流可实时“流向”数据监控中心，同时可获得来自数据监控中心的“命令”和差分信息。

10.11.3　系统精度

煤矿开采沉陷自动化监测系统自 2013 年 12 月底建立以来，一直处于正常运行状态。为评价实时数据采集终端系统和连续运行监测站的测量精度，进行了试验研究。

1. 实时数据采集终端系统测量精度

(1)平面测量精度试验结果

该项测试主要是从内部测试实时数据采集终端系统测量结果的正确性，即测试其内部符合精度。在研究区的 50 个点上进行了试验，其中，部分点位于树底下，信号遮挡十分严重；部分点位于水渠旁边，附近有电杆和高大树木，观测条件较差。观测时，各点观测 15~30 次不等，利用移动终端测量的各次坐标分量的分布情况及其中误差，来衡量系统软件测量结果的正确性。结果表明，其平面位置和高程测量精度一般在±1.0 cm以内，完全能满足开采沉陷监测的精度要求。

(2)高程测量精度试验结果

该项测试主要是从外部测试实时数据采集终端系统软件高程位置测量结果的正确性和

精度。在研究区的 78 个点上进行了试验，试验时分别采用 2 台 Leica 公司生产的 Sprinter 150 数字水准仪和 2 台套移动终端进行外业数据采集。对于水准测量，按四等的要求进行观测；对于 RTK 测量，每个点测量 15 次以上。

试验结果表明：采用本项目研制的实时数据采集终端软硬件系统进行 RTK 测量时，高程(转换到 1985 国家高程基准下)测量精度均在±1.5 cm以内，平均精度分别为±4.7 mm；而其他商用产品的 RTK 高程测量精度在±2.5~±4.5 cm 以内，平均精度为±1.9 cm。与水准测量成果相比，实时数据采集终端的 RTK 测量与水准测量的差值平均值在±1.0 cm以内，差值中误差在±2.0 cm 以内；其他商用产品的 RTK 测量与水准测量的差值平均值在±5.0 cm 以内，差值中误差在±4.0 cm 以内。因此，与商用软件相比，本项目研制的实时数据采集终端的 RTK 水准高程测量精度有明显的提高，具有较明显的优势。

2. GNSS 连续运行监测站测量精度

利用2014 年4 月 16 日全天观测数据，在 WGS-84 坐标系下，对本项目建立的9 个 GNSS 连续运行监测站(CORS1~CORS9)在 X、Y、H 三个方向上的内符合精度进行统计分析。

试验结果表明：GNSS 连续运行监测站的平面内符合精度在±3~±7 mm 之间，平均约为±5.4 mm；高程方向的内符合精度在±6~±10 mm 之间，平均约为±8.3 mm。从内符合精度上来说，GNSS 连续运行监测站的平面位置测量精度完全满足开采沉陷监测的精度要求；高程测量精度受个别历元解算精度的影响较大，若以 2 倍中误差为限，剔除超限历元后，高程方向的内符合精度为±6.6 mm，可以满足开采沉陷监测对高程测量的精度要求。

对于 9 个连续运行监测站，总体来说，其内符合精度的中误差分别为±0.6 mm、±0.6 mm和0.8 mm，这说明自动化监测系统中，9 个连续运行监测站的监测精度是一致的，均可获得稳定的测量成果。

本节虽然以煤矿开采沉陷自动化监测为目标，以解决矿山开采沉陷监测过程中数据采集的瓶颈问题，但其技术方法体系同样适用于、也主要是针对矿山开采过程中地表重要建构筑物(如井筒、煤仓、桥梁、高层建筑等)的变形监测，也可为分析和掌握不同时间尺度下和回采条件变化时地表变形敏感区域的实时动态变化特征和规律提供自动化数据采集手段。同时，本项目的研究成果也可为研究 BDS 系统在水库大坝、山体滑坡崩塌、城市地表沉降等的变形监测领域的应用提供先期的研究基础。

§ 10.12 GPS 在电离层监测方面的应用

利用全球导航卫星系统(GNSS)信号探测电离层，具有覆盖面广、观测连续、实时性强、分辨率好、测量精度高，简单方便以及不受天气影响等优点，当前已成为观测研究电离层结构与变化和电离层空间天气的一种广泛应用的重要手段。通过测量 GNSS 信号不同频率的伪距和载波相位等数据，可分析获取不同卫星信号星下电离层穿刺点处的电离层电子浓度总含量(TEC)等参量，从而给出电离层有关参量的时空变化，这在电离层科学研究和工程应用上均有重要的意义。

利用 GPS 的双频观测量可以确定两个频率的 GPS 信号在电离层介质中传播的总时延量之差。在一级近似条件下，由这一时延差可以得到整个信号传播路径上电离层的总电子含量(李征航等，2005)。基于 GPS 技术进行电离层探测目前主要分为地基 GPS 电离层探测和空基 GPS 电离层探测。20 世纪 80 年代，全球或区域性地面 GPS 观测网络的陆续建立并投入使用，为地基 GPS 电离层探测提供了丰富的地面观测资料。这些研究包括利用 GPS 观测量进行局部范围内总电子含量的变化研究(如赤道、中高纬地区的电离层特性及其电离层扰动)；利用全球范围内数十个 GPS 观测站的资料研究磁暴期间的总电子含量变化(Ho 等，1996)；利用全球范围内的 GPS 观测站数据研究全球范围内的总电子含量分布及其变化过程(Mannucci 等，1998)等。1998 年，国际 GPS 服务(IGS)组织就意识到 GPS 是监测电离层活动最主要的技术手段。全球范围的 IGS 网已成为提取全球电离层信息最为有效的手段之一。

随着地基 GPS 电离层研究的开展，空基 GPS 电离层观测也逐步发展起来。大约从 20 世纪 90 年代开始，人们开始研究利用 GPS 掩星进行大气探测。随后相继发射了 Orsted、CHAMP、SAC-C 和 GRACE 等低轨卫星，美国与中国台湾合作的 COSMIC 计划也相继发射组网和投入运行，GPS 掩星探测电离层逐渐发展成为一个重要的研究方向之一。GPS 掩星探测具有精度高、垂直分辨率高、全球均匀覆盖等优点。利用 GPS 掩星技术探测电离层，极大地改善了反演结果的垂直分辨率，克服了地基电离层层析实验的不足。使用 GPS 掩星探测方法可以获得电离层和等离子层电子密度、异常分布和电离层扰动的全球连续三维图谱。掩星观测资料可以获得电子密度的垂直廓线，利用层析技术或数据同化技术可获得电子密度及其异常分布的三维图像。

总的来说，地基和空基 GPS 观测反演电离层参数可以研究电离层总电子含量的全球分布，电离层总电子含量的周日、季节、年变化规律特征，各种异常电离层现象如扰动、耀斑、日食，以及电离层不均匀结构引起的信号闪烁等方面的问题。GPS 监测电离层的方法不断更新和提高，已逐渐趋于高精度、近实时、高时空分辨率的监测，为电离层活动及其所反映的太阳活动规律的监测和研究提供了一条新的途径，也为地球上层大气动力学的研究注入了新的活力。

§10.13　GPS-R 遥感应用

全球卫星导航系统(GNSS)以美国 GPS 系统为代表取得了巨大的成功，对人类活动的各个领域都产生了空前的影响。不仅能够为全球用户提供高精度的导航定位和授时服务，还可以提供高时间分辨率的 L 波段微波信号源。随着 GNSS 系统研究的深入，从克服多路径效应问题入手，研究人员发现，地表反射的 GNSS 信号也可以被接收和利用，从而产生了一种全新的遥感方法。利用 GNSS 反射信号反演地表参数无需专门的雷达信号，成本低廉，全球覆盖范围广，也是对其他传统手段的有利补充，由此开辟了一个新的 GNSS 应用领域。人们把基于 GNSS 发射信号的遥感技术简称为 GNSS-R。

GNSS-R 技术可分为地基、岸基和空基。GNSS-R 可以反演获得地面积雪厚度，测量地面植被高度，监测地面土壤湿度变化，还可以反演海面风场等。

目前主要用于海洋遥感，可以利用 GNSS 的海面反射信号可获得海浪、潮汐和海面风场等的有效波高、潮位、海面风速风向等参数，具有重要的研究意义和广阔的应用前景。与传统的卫星遥感手段相比，GNSS-R 海洋遥感信息资源丰富，现在及将来会有 GPS、GLONASS、北斗及 GALILEO 系统的数十颗导航卫星可作为免费的信号源使用。每天全球均匀覆盖的反射事件可达数十万个，将成为海洋中尺度涡旋的有效遥感手段。GNSS-R 可全天候工作，可用于台风、海啸等恶劣天气条件下的海洋环境监测，对海洋学、海气相互作用、海上交通等研究与应用意义重大。

美国与欧洲的众多研究人员投入到了 GNSS-R 遥感技术的研究当中。在近 10 多年的时间里，利用岸基、热气球、飞机、飞船及卫星等平台，分别开展了信号接收、原理性验证、实际参数反演等实验，证明了 GNSS-R 海洋遥感理论及技术的有效性与可行性。在 GNSS-R 遥感技术逐渐成为一个崭新的研究领域的同时，许多新的问题也相应出现。首先，对于 GNSS-R 信号的接收、处理与接收机研制，GNSS 海面反射信号微弱，反射波振幅通常小于直达波的 1/3 甚至 1/2 以上，需要提高接收天线增益，并使用相干积分或其他技术对信号进行处理，尽可能提高信噪比。同时，GNSS 电波经海面反射后，由右旋圆极化变为左旋圆极化，电波信号随海面状况快速变化，多普勒频移可达 25 Hz 以上，常规锁相环接收机常常失锁，难以捕获有效信号，因此需要新的接收机以供使用。目前，欧洲 Starlab 研究所、欧洲空间技术研究中心、美国科罗拉多大学等单位都在进行开环接收机的相关研究，并已取得了很大进展。

§10.14　GPS 在其他领域中的应用

10.14.1　在农业领域中的应用

农业生产中增加产量和提高效益是根本目的。要达到增产高效的目的，除了适时种植高产作物，加强田间管理等技术措施外，弄清土壤性质，监测农作物产量、分布、合理施肥以及播种和喷撒农药等也是农业生产中重要的管理技术。尤其是现代农业生产走向大农业和机械化道路，大量采用飞机撒播和喷药，为降低投资成本，如何引导飞机作业做到准确投放，也是十分重要的。

利用 GPS 技术，配合遥感技术（RS）和地理信息系统（GIS），能够做到监测农作物产量分布、土壤成分和性质分布，做到合理施肥、播种和喷撒农药，节约费用，降低成本，达到增加产量、提高效益的目的。利用差分 GPS 技术可以做到：

① 土壤养分分布调查：在播种之前，可用一种适用于在农田中运行的采样车辆按一定的要求在农田中采集土壤样品。车辆上配置有 GPS 接收机和计算机，计算机中配置地理信息系统软件。采集样品时，GPS 接收机把样品采集点的位置精确地测定出来，将其输入计算机，计算机依据地理信息系统将采样点标定，绘出一幅土壤样品点位分布图。

② 监测作物产量：在联合收割机上配置计算机、产量监视器和 GPS 接收机，就构成了作物产量监视系统。对不同的农作物需配备不同的监视器。例如监视玉米产量的监视器，当收割玉米时，监视器记录下玉米所结穗数和产量，同时 GPS 接收机记录下收割该株玉米所处位置，通过计算机最终绘制出一幅关于每块土地产量的产量分布图。通过对土壤养分含量分布图的综合分析，可以找出影响作物产量的相关因素，从而进行具体的田间施肥等管理工作。

③ 合理施肥，精确农业管理：依据农田土壤养分含量分布图，设置有 GPS 接收机的“受控应用”的喷施器，在 GPS 的控制下，依据土壤养分含量分布图，能够精确地给田地的各点施肥，施用的化肥种类和数量由计算机根据养分含量分布图控制。

在作物生长期的管理中，利用遥感图像并结合 GIS 可绘出作物色彩变化图。利用 GPS 定位采集一定数量的土壤及作物样品进行分析，可以绘制出作物生长的不同时期的土壤含量的系列分布图。这样可以做到精确地对作物生长进行管理。

利用飞机进行播种、施肥、除草灭虫等工作，作业费用昂贵。合理地布设航线和准确地引导飞行，将大大节省飞机作业的费用。据国外介绍，利用差分 GPS 对飞机精密导航，估计会使投资降低 50%。具体应用中，利用 GPS 差分定位技术可以使飞机在喷撒化肥和除草剂时减少横向重叠，节省化肥和除草剂用量，避免过多的用量影响农作物生长。还可以减少转弯重叠，避免浪费，节省资源。对于在夜间喷施，更有其优越性。因为夜间蒸发和漂移损失小，另外夜间植物气孔是张开的，更容易吸收除草剂和肥料，提高除草和施肥效率。依靠差分 GPS 进行精密导航，引导农机具进行夜间喷施和田间作业，可以节省大量的农药和化肥。

GPS 技术在农业领域中的应用不仅是大面积种植，在小面积的农田，特别是在格网种植的小面积内，应用小型自动化设备，配合差分 GPS 导航设备、电子监测和控制电路，能够适应科学种田的需要，做到精确管理。这种设备投资较低，安装方便，操作灵活。

总之，GPS 技术在农业领域将发挥重要作用。在我国，尚需积极开展在农业中的应用研究以及相关设备的研制，特别在大平原地区，利用大规模的机械化生产的地区，应当重视 GPS 技术在农田作业和管理中的应用。

10.14.2 在林业管理方面的应用

GPS 技术在确定林区面积，估算木材量，计算可采伐木材面积，确定原始森林、道路位置，对森林火灾周边测量，寻找水源和测定地区界线等方面可以发挥其独特的重要的作用。在森林中进行常规测量相当困难，而 GPS 定位技术可以发挥它的优越性，精确测定森林位置和面积，绘制精确的森林分布图。

① 测定森林分布区域：美国林业局是根据林区的面积和区内树木的密度来销售木材。对所售木材面积的测量闭合差必须小于 1%。在一块用经纬仪测量过面积的林区，采用 GPS 沿林区周边及拐角处进行了 GPS 定位测量并进行偏差纠正，得到的结果与已测面积误差为 0.03%，这一实验证明了测量人员只要利用 GPS 技术和相应的软件沿林区周边使用直升飞机就可以对林区的面积进行测量。过去测定所出售木材的面积要求用测定面积的各拐角和沿周边测量两种方法计算面积，使用 GPS 进行测量时，沿周边每点上都进行了测量，而且测量的精度很高、很可靠。传统的方法将被淘汰。

② GPS 技术用于森林防火：利用实时差分 GPS 技术，美国林业局与加利福尼亚的喷气推进器实验室共同制定了“Frirefly”计划。它是在飞机的环动仪上安装热红外系统和 GPS 接收机，使用这些机载设备来确定火灾位置，并迅速向地面站报告。另一计划是使用直升飞机或轻型固定翼飞机沿火灾周边飞行并记录位置数据，在飞机降落后对数据进行处理，并把火灾的周边绘成图形，以便进一步采取消除森林火灾的措施。

10.14.3 在旅游及野外考察中的应用

在旅游及野外考察中，比如到风景秀丽的地区去旅游，到原始大森林、雪山峡谷或者大沙漠地区去进行野外考察，GPS 接收机是你最忠实的向导。可以随时知道你所在的位置及行走速度和方向，使你不会迷失路途。目前掌上型导航接收机、手表式的 GPS 导航接收机已经问世，携带和使用就更方便。可以说，GPS 的应用将进入人们的日常生活，其应用前景非常广阔。

主要参考文献

[1]边少锋，李文魁. 卫星导航系统概论[M]. 北京：电子工业出版社，2005.

[2]陈俊勇，胡建国. 建立中国差分 GPS 实时定位系统的思考[J]. 测绘工程，1998(1)：6-10.

[3]陈小明，刘基余，李德仁. OTF 方法及其在 GPS 辅助航空摄影测量数据处理中的应用[J]. 测绘学报，1997(2)：101-108.

[4]国家测绘局. 全球导航卫星系统连续运行参考站网建设规范[S](CH/T 2008). 北京：测绘出版社，2006.

[5]国家自然科学基金委员会地学部、中国地震局科技发展司. 高精度 GPS 观测资料处理、解释研讨会论文集[C]. 武汉，2001.

[6]国务院办公厅. 国家卫星导航产业中长期发展规划[J]. 政策分析，2013(6)：38-41.

[7]胡明城. IUGG 第 20 届大会大地测量文献综合报导[J]. 测绘译丛，1992(3)：1-28.

[8]李德仁，郑肇葆. 解析摄影测量学[M]. 北京：测绘出版社，1992.

[9]李清泉，郭际明. GPS 测量数据处理系统 GDPS 设计[J]. 工程勘察，1993(3)：61-64.

[10]李延兴. 首都圈 GPS 地形变监测网的布设与观测[J]. 地壳形变与地震，1996，16(2)：90-93.

[11]李英冰，徐绍铨. 利用 RTK 进行数字化测图的经验总结[J]. 全球定位系统，2005(5)：30-33.

[12]李毓麟. 高精度静态 GPS 定位技术研究论文集[M]. 北京：测绘出版社，1996.

[13]李征航，黄劲松. GPS 测量与数据处理[M]. 武汉：武汉大学出版社，2005.

[14]李征航，张小红. 卫星导航定位技术及高精度数据处理方法[M]. 武汉：武汉大学出版社，2009.

[15]刘大杰，施一民，过静珺. 全球定位系统(GPS)的原理与数据处理[M]. 上海：同济大学出版社，1996.

[16]刘基余，李征航，王跃虎，等. 全球定位系统原理及其应用[M]. 北京：测绘出版社，1993.

[17]刘基余. GPS 卫星导航定位原理与方法[M]. 北京：科学出版社，2003.

[18]刘经南，陈俊勇，张燕平，等. 广域差分 GPS 原理和方法[M]. 北京：测绘出版社，1999.

[19]刘经南，葛茂荣. 广域差分 GPS 的数据处理方法及结果分析[J]. 测绘工程，1998(1)：1-5.

[20]刘经南. GPS 卫星定位技术进展[J]. 全球定位系统，2000(2)：1-4.

[21]柳景斌. GALILEO 卫星导航定位系统及其应用研究[D]. 武汉：武汉大学，2004.

[22]吕伟才，高井祥，蒋法文，等. 煤矿开采沉陷自动化监测系统精度分析[J]. 合肥工业大学学报，2015，38(6)：846-850.
[23]吕伟才，蒋法文，杭玉付，等. 基于卡尔曼滤波的改善移动终端测量精度的方法[J]. 导航定位学报，2016，4(2)：47-52.
[24]宋成骅，许才军，刘经南. 青藏高原块体相对运动模型的 GPS 方法确定与分析[J]. 武汉测绘科技大学学报，1998，23(1)：21-25.
[25]王广运，郭秉义，李洪涛. 差分 GPS 定位技术与应用[M]. 北京：电子工业出版社，1996.
[26]王新洲. GPS 基线向量网粗差定位试验[J]. 武汉测绘科技大学学报，1995，20(2)：157-162.
[27]徐绍铨，高伟，耿涛，等. GPS 天线相位中心在垂直方向偏差的研究[J]. 铁道勘察，2004(3)：6-8.
[28]徐绍铨，黄学斌，程温鸣，等. GPS 用于三峡库区滑坡监测的研究[J]. 水利学报，2003(1)：114-118.
[29]徐绍铨，吴祖仰. 大地测量学[M]. 武汉：武汉测绘科技大学出版社，1996.
[30]徐绍铨，余学祥，黄学斌，等. 直接解算三维变形量 GPS 软件(Gquicks1.5)研制及在三峡库区滑坡监测中的应用[J]. 科技前沿与学术评论，2006(3)：20-25.
[31]徐绍铨，余学祥，吕伟才. GPS 变形监测信息的单历元解算方法研究[J]. 测绘学报，2002(2)：123-127.
[32]徐绍铨，余学祥. 用两颗 GPS 卫星进行变形监测的研究[J]. 大地测量与地球动力学，2004(17)：77-80.
[33]徐绍铨. GPS 定位技术在地籍测量中的应用及发展前景[J]. 中国土地科学，1995(2)：39-40.
[34]徐绍铨. GPS 水准的试验与研究[J]. 工程勘察，1994(3)：45-48.
[35]徐绍铨. 隔河岩大坝 GPS 自动化监测系统[J]. 铁路航测，2001(4)：42-44.
[36]许其凤. GPS 卫星导航与精密定位[M]. 北京：解放军出版社，1994.
[37]余学祥，董斌，高伟，等. 卫星导航定位原理及应用习题集与实验指导书[M]. 徐州：中国矿业大学出版社，2015.
[38]余学祥，吕伟才，柯福阳，等. 煤矿开采沉陷自动化监测系统[M]. 北京：测绘出版社，2014.
[39]余学祥，王坚，刘绍堂，等. GPS 测量与数据处理[M]. 徐州：中国矿业大学出版社，2013.
[40]余学祥，徐绍铨，吕伟才. GPS 变形监测的 SSDM 方法的理论与实践[J]. 测绘科学，2006(2)：32-35.
[41]余学祥，徐绍铨，吕伟才. GPS 变形监测数据处理自动化——似单差法的理论与方法[M]. 徐州：中国矿业大学出版社，2004.
[42]余学祥，徐绍铨，吕伟才. 三峡库区滑坡体变形监测的似单差方法与结果分析[J]. 武汉大学学报·信息科学版，2005，30(5)：451-455.

[43]余学祥，徐绍铨. GPS变形监测信息的单历元解算方法研究[J]. 测绘学报，2002，31(2)：123-128.
[44]余学祥. GPS变形监测信息获取方法的研究与软件研制[D]. 武汉：武汉大学，2002.
[45]张华海，余学祥. 矿区GPS网坐标转换的高崩溃污染率抗差估计[J]. 大地测量与地球动力学，1998(4)：22-29.
[46]赵长胜，等. GNSS原理及应用[M]. 北京：测绘出版社，2015.
[47]中国全球定位系统应用技术协会. 中国全球定位系统技术应用协会第六届年会论文集[C]. 北京，2001.
[48]中国全球定位系统应用技术协会. 中国全球定位系统技术应用协会第三届年会论文集[C]. 北京，1998.
[49]中国全球定位系统应用技术协会. 中国全球定位系统技术应用协会第四届年会论文集[C]. 北京，1999.
[50]中国全球定位系统应用技术协会. 中国全球定位系统应用技术协会第八届年会论文集[C]. 北京，2005.
[51]中国全球定位系统应用技术协会. 中国全球定位系统应用技术协会第九届年会论文集[C]. 北京，2007.
[52]中国全球定位系统应用技术协会. 中国全球定位系统应用技术协会第七届年会论文集[C]. 北京，2003.
[53]中国卫星导航系统管理办公室. 北斗卫星导航术语[S](BD 110001—2015). 2015. 10.
[54]中国卫星导航系统管理办公室. 北斗卫星导航系统公开服务性能规范[S]. 2013. 12.
[55]中国卫星导航系统管理办公室. 北斗卫星导航系统空间信号接口控制文件公开服务信号(2. 0版). 2013. 12.
[56]中华人民共和国国家质量监督检验检疫总局，中国国家标准化管理委员会. 全球定位系统(GPS)测量规范(GB/T 18314-2009)[S]. 北京：中国标准出版社，2009.
[57]中华人民共和国住房和建设部. 卫星定位城市测量技术规范(CJJ/T 73-2010)[S]. 北京：中国建筑工业出版社，2010.
[58]周忠谟，易杰军. GPS卫星测量原理与应用[M]. 北京：测绘出版社，1992.
[59]Chen Y. Some Test Resulte for Software Geotracer GPS[J]. Internal Repornt to Geotronics, 1996.
[60]Corbett S J, Cross P A. GPS Single Epoch Ambiguity Resolution [J]. Survey Review, 1995.
[61]Feng B, Herman M, Exner W, et al. Preliminary Results from the GPS/MET Atmospheric Remote Sensing Experiment [J]. GPS Trendsin Precise Terrestrial, Airborneand Spaceborne Applications, 1995.
[62]International GNSS Service(IGS), RINEX Working Group and Radio Technical Commission for Maritime Services Special Committee 104 (RTCM-SC104). The Receiver Independent Exchange Format Version 3. 03, 2015. 07. 14.
[63]Businger S, Chiswell S R, Bevis M, et al. The Promise of GPS in Atmospheric Monitoring

[J]. Bulletin of the American Meteorological Society, 1996, 77(1): 518.
[64] Ware R, Exner M, Feng D, et al. GPS Sounding of the Atmosphere from Low Earth Orbit: Preliminary Results[J]. Bulletin of the American Meteorological Society, 1997, 77(1): 19-40.
[65] Xu P, Cannon E, Lachapelle G. GPS Ambiguity Resolution by Integer Quadratic Programming[J]. Journal of Geodesy, 1996.